U0392359

家庭经典藏书

中華茶道

[主编] 董飞

线装书局

图书在版编目（CIP）数据

中华茶道／董飞主编 . － －北京：线装书局，2009.9　（2022.3）

ISBN 978－7－80106－991－7

Ⅰ. 中… Ⅱ. 董… Ⅲ. 茶－文化－中国 Ⅳ.TS971

中国版本图书馆 CIP 数据核字（2009）第 167182 号

中华茶道

主　　编：董　飞

责任编辑：李　琳

出版发行：线裝書局

　　　　　地　址：北京市丰台区方庄日月天地大厦B座17层（100078）

　　　　　电　话：010－58077126（发行部）010－58076938（总编室）

　　　　　网　址：www.zgxzsj.com

经　　销：新华书店

印　　制：北京彩虹伟业印刷有限公司

开　　本：710×1040 毫米　1/16

印　　张：112

字　　数：1220 千字

版　　次：2022 年 3 月第 1 版第 3 次印刷

印　　数：3001－9000 套

线装书局官方微信

定　　价：598.00 元（全四卷）

总　序

　　健康对每个人都是最重要的，有健康才会有一切。假设一个人有100000000万，前面的1代表健康，后面的0代表你的房子、车子、妻子、儿子、金子等，如果没有前面的健康1，后面都等于0。可是许多人只有到了病危的时候，才体会到健康和生命的重要。所以我们如何采取积极主动的手段，让自己少生病、不生病，成了摆在我们面前的一个重要课题。

　　当然，健康不仅包括身体健康，还包括心理健康。世界卫生组织宪章早在1948年就提出了健康的概念："健康不仅仅是不生病，而且是身体上、心理上和社会上的完好状态。"这就是说，健康不是单一的指身体没有疾病，而是包括了人的所有思维、行为等诸多方面。而要保持这一完好状态，就需要科学的健康管理。

　　实施健康管理，就是变被动的疾病治疗为主动地管理健康，达到节约医疗费用支出、维护健康的目的。健康管理的宗旨是调动个人及集体的积极性，有效地利用有限的资源来达到最大的健康改善效果。

　　现在，健康与养生已经成为热门话题。健康与养生是两个不同的概念。健康是养生的前提，养生是在健康的基础上提出来的，是对健康更加深入的理解与追求。健康偏重于理念，养生偏重于方法。要理解养生，先要理解健康。

　　如今，只要有钱什么都可以买到，但有一样东西是绝对买不到的，那就是健康。健康是人生最大的财富。提醒朋友们，不要拿自己的健康开玩笑，努力去理解健康和追求健康，享受生活的乐趣是我们生活中最重要的内容。

　　那么，如何综合个人、环境等各方面的因素，从整体上把握自己的健康，如何以更加正确的态度来对付疾病，以及改善自己的生活方式，更好地制定健康计划，延年益寿，本套书系——《中华健康管理书系》将为你解决你所遇到的麻烦和问题。本套书系包括《中华国医健康绝学》《中华养生秘笈》《养生大百科》《本草纲目》《黄帝内经》《心理医生》《家庭医生》《中华食疗大全》《中医四大名著》《饮食文化典故》等。

　　本套书系是由医学和养生专家、学者耗时五年时间编辑而成，是根据中国人的身体特点和生活习惯，专为国人量身定做。书系里提供了一种全新的健康哲学，一套全新的身心健康理念，她所传播的以拥有健康知识为基石的生活方式和对人类保健的全面的看法，必将成为一种全新的健康文化。总之，此套书系对于促进国人整体身体素质的提高，保障国人个人健康以及家庭的幸福将起到重要的作用。

中華茶道 精华解读

　　茶道是一种以茶为媒的生活礼仪，也被认为是修身养性的一种方式，它通过沏茶、赏茶、闻茶、饮茶，增进友谊，美心修德，学习礼法。喝茶能静心、静神，有助于陶冶情操、去除杂念，这与提倡"清静、恬淡"的东方哲学思想很合拍，也符合佛道儒的"内省修行"思想。茶道精神是茶文化的核心，是茶文化的灵魂。茶道是通过品茶活动来表现一定的礼节、人品、意境、美学观点和精神思想的一种饮茶艺术。它是茶艺与精神的结合，并通过茶艺表现精神。中国茶道主要内容讲究五境之美，即茶叶、茶水、火候、茶具、环境，同时配以情绪等条件，以求"味"和"心"的最高享受，被称为美学宗教。

　　《茶经》是中国乃至世界现存最早、最完整、最全面介绍茶的第一部专著，被誉为"茶叶百科全书"，由中国茶道的奠基人陆羽所著。此书是一部关于茶叶生产的历史、源流、现状、生产技术以及饮茶技艺，茶道原理的综合性论著，是一部划时代的茶学专著。它不仅是一部精辟的农学著作，又是一本阐述茶文化的书。它将普通茶事升格为一种美妙的文化艺能，是中国古代专门论述茶叶的一类重要著作，推动了中国茶文化的发展。

　　茶具按其狭义的范围是指茶杯、茶壶、茶碗、茶盏、茶碟、茶盘等饮茶用具。我国的茶具，种类繁多，造型优美，除实用价值外，也有颇高的艺术价值，因而驰名中外，为历代茶爱好者所青睐。由于制作材料和产地不同而分为陶土茶具、瓷器茶具、漆器茶具、玻璃茶具、金属茶具和竹木茶具等几大类。

　　茶艺是包括茶叶品评技法和艺术操作手段的鉴赏以及品茗美好环境的领略等整个品茶过程的美好意境，其过程体现形式和精神的相互统一，是饮茶活动过程中形成的文化现象。它起源久远，历史悠久，文化底蕴深厚，与宗教结缘。茶艺包括：选茗、择水、烹茶技术、茶具艺术、环境的选择创造等一系列内容。茶艺背景是衬托主题思想的重要手段，它渲染茶性清纯、幽雅、质朴的气质，增强艺术感染力。

　　品茶就是品其味，是一种极优雅的艺术享受。品茶讲究的是程序。中国是茶的故乡，茶文化是中华五千年历史的瑰宝，如今茶文化更是风靡全世界。这不仅仅是因为喝茶对人体有很多好处，更因为品茶本身就能给人们带来无穷的乐趣。品茶讲究审茶、观茶、品茶三道程序。

　　中国茶叶历史悠久，品质超群，各种各样的茶类品种，万紫千红，竞相争艳，犹如春天的百花园，使万里山河分外妖娆。中华名茶就是在浩如烟海诸多花色品种茶叶中的珍品，在国际上享有很高的声誉。中华名茶主要分为绿茶、红茶、乌龙茶、白茶、黄茶、黑茶和再加工茶等基本茶。

　　西湖龙井茶因产于中国杭州西湖的龙井茶区而得名，中国十大名茶之一。始产于宋代，明代益盛。龙井既是地名，又是泉名和茶名。其有"四绝"：色绿、香郁、味甘、形美。

　　洞庭碧螺春是中国传统名茶，产于江苏省苏州市太湖洞庭山，具有特殊的花朵香味。传说清康熙皇帝南巡苏州赐名为"碧螺春"。碧螺春条索紧结，蜷曲似螺，边沿上一层均匀的细白绒毛。

　　黄山毛峰又称徽茶，产于安徽省黄山。由清代光绪年间"谢裕泰茶庄"所创制。入杯冲泡雾气结顶，汤色清碧微黄，叶底黄绿有活力，滋味醇甘，香气如兰，韵味深长。由于新制茶叶白毫披身，芽尖峰芒，且鲜叶采自黄山高峰，遂将该茶取名为黄山毛峰。

　　铁观音原产于福建安溪，介于绿茶和红茶之间，属于半发酵茶类，铁观音独具"观音韵"，清香雅韵。除具有一般茶叶的保健功能外，还具有抗衰老、抗癌症、抗动脉硬化、防治糖尿病、减肥健美、防治龋齿、清热降火，敌烟醒酒等功效。

祁门红茶简称祁红，产于安徽省祁门、东至、贵池（今池州市）、石台、黟县，以及江西的浮梁一带。祁门红茶是红茶中的极品，享有盛誉，是英国女王和王室的至爱饮品，高香美誉，香名远播，美称"群芳最""红茶皇后"。

普洱茶属于特殊的黑茶，产于云南省的西双版纳、临沧、普洱等地区。外形色泽褐红，内质汤色红浓明亮，香气独特陈香，滋味醇厚回甘，叶底褐红。普洱茶是"可入口的古董"，不同于别的茶贵在新，普洱茶贵在"陈"往往会随着时间逐渐升值。

前 言

　　茶在我国被誉为"国饮"。翻开中华民族五千年的文明史，我们几乎在每一页历史上都可以嗅到茶香，茶滋润了中国人几千年，并且形成了具有民族特色的茶文化——茶俗、茶礼、茶艺、茶道等等。

　　茶的故乡在中国。追根溯源，茶最早是作为药物在百姓中使用的，就这样过了很长的一段时期，有了文人墨客的参与，茶才渐渐地有了它所特有的文化内涵，从而具备了形成茶道的必要条件。这就是当今茶道的本源。茶文化根植于华夏文化，其中渗透了古代哲学、美学、伦理学及文化艺术等理论，并与各种宗教的思想、教义产生了千丝万缕的联系。源远流长的中国茶文化假如从神农时代算起，已有四五千年的悠悠岁月；假如从陆羽撰写世界上第一部茶书《茶经》算起，也有一千多年的漫长时光，可依然历久弥新，生生不已。茶文化不老，是因为它具有厚重的内涵，具有传承的载体，具有流动的血脉。正因为如此，茶文化才成为不老的精灵；正因为如此，茶文化才成为说不尽的话题；正因为如此，茶文化才成为写不完的锦绣文章。

　　中华茶道，是茶文化的核心，是贯彻在饮茶和茶艺中的一种精神，是中国传统文化的精华之一。古语说："文人七件宝，琴棋书画诗酒茶。"茶通六艺，是我国传统文化艺术的载体。喝茶乃雅事，自古以来就是文人墨客的尚好。盛唐时流行文士茶道，也就是这个原因。中国人为什么爱茶，因为喝茶有益，喝茶有礼，喝茶有道。

　　当代茶圣吴觉农先生说："（茶道是）把茶视为珍贵、高尚的饮料，饮茶是一种精神上的享受，是一种艺术，或是一种修身养性的手段"（《茶经述评》）。

　　一代宗师庄晚芳先生说："茶道就是一种通过饮茶的方式，对人们进行礼法教育、道德修养的一种仪式。"（《中国茶史散论》）。

　　丁文说："茶道是一门以饮茶为内容的文化艺能，是茶事与传统文化的完美结合，是社交礼仪、修身养性和道德教化的手段。"（《茶乘》）。

　　陈香白说："中国茶道，就是通过茶事过程引导个体在本能和理智的享受中走

1

向完成品德修养,以实现全人类和谐安乐之道。"(《"茶道"》论释)。

余悦说:"作为以吃茶为契机的综合文化体系,茶道是以一定的环境氛围为基础,以品茶、置茶、烹茶、点茶为核心,以语言、动作、器具、装饰为体现,以饮茶过程中的思想和精神追求为内涵的,是品茶约会的整套礼仪和个人修养的全面体现,是有关修身养性、学习礼仪和进行交际的综合文化活动与特有风俗。"(《中国茶韵》)。

在英国人眼中,茶是"健康之液,灵魂之饮"。而法国在这一方面亦是不乏浪漫,将茶看成是"最温柔、最浪漫、最富有诗意的饮品"。

总之,茶道是养生之道,既是健身之道,也是道德修养之道。饮茶有益于身心健康。人们通过茶事活动可以增长知识、修身养性。"和"是茶文化主体精神之一,所谓"和"是强调人与自然、人与社会、人与人之间的和谐统一。这又与维护生态平衡和人们在工作、生活中互相协作、互相理解、团结奋进的精神相吻合。所以说,茶文化是培养当代青年良好素质的不可缺少的精神营养。

茶的效用价值自不待言,韦应物诗云:"性洁不可污,为饮涤尘烦。"

饮茶的妙趣不但在于它独有的色、香、味、形,而在于使人把心放在闲处,涤荡性灵,保持心境中一点清纯之气。

茶重在品,饮茶的哲学使我们轻松、宁静、自在,洗涤心中的忧虑与尘垢,清除一下俗念,既可在香清味甘中自得其乐,也可共同分享,借清茗做一下心灵的沟通。"诗写梅花月,茶煎谷雨春",品茶亦如品诗,真正的妙处是说不出的。在喧嚣繁杂的尘世里,我们需要一杯好茶。

为了让读者更进一步了解茶的相关知识、文化,掌握茶道的精髓,我们历经数载,特地编撰了《中华茶道》这套丛书。本套丛书系统地介绍了茶的起源、发展史;茶的酿造及传播;茶的分类及品饮;茶艺欣赏和茶道要义;茶的冲泡技法及茶具品鉴;茶与诗词书画以及名人与茶事等各类知识。本书在实用性的基础上,更注重趣味性,图文并茂,让读者通过茶道修身养性、品味人生、参禅悟道,从中获得精神上的享受和人格上的陶冶。

目　　录

家庭经典藏书

中華茶道

7

第一章　中华茶史

有人说,茶是造物者特别为我们中华民族安排的。

还在上帝创造天地前,我们的神农氏早已发现茶树,尝过茶叶。由嚼茶叶,而发明为采叶焙制,由采叶焙制,而改良为煎烹饮啜。茶已经和中国人的生活紧紧地联系在一起了。

在悠久的历史中,茶的清香、高雅与中国的民族性相结合,成为刻画"中国"的重要形象之一。

第一节　茶的起源

中国历史上有很长的饮茶记录,已经无法确切地查明到底是在什么年代了,但是大致的时代是有说法的。并且也可以找到证据显示,确实在世界上的很多地方饮茶的习惯是从中国传过去的。所以,很多人认为饮茶就是中国人首创的,世界上其他地方的饮茶习惯、种植茶叶的习惯都是直接或间接地从中国传过去的。

但是也有人能够找到证据指出,饮茶的习惯不仅仅是中国人发明的,在世界上的其他一些地方也是饮茶的发明地,例如印度、非洲等。1823 年,一个英国侵略军的少校在印度发现了野生的大茶树,从而有人开始认定茶的发源地在印度。中国当然也有野生大茶树的记载,都集中在西南地区,记载中也包含了甘肃、湖南的个别地区。茶树是一种很古老的双子叶植物,与人

1

们的生活密切相关。

在国内,也有关于茶树的最早原产地的争论,有好几种说法。不少人认为在云南,有一学者在认真研究考证以后断言,云南的西双版纳是茶树的原产地。人工栽培茶树的最早文字记载始于西汉的蒙山茶。这在《四川通志》中有载。

饮茶的发源时间

神农有个水晶肚,达摩眼皮变茶树。中国饮茶起源众说纷纭:追溯中国人饮茶的起源,有的认为起于上古,有的认为起于周,起于秦汉、三国、南北朝、唐代的说法也都有,造成众说纷纭的主要原因是因唐代以前无"茶"字,而只有"荼"字的记载,直到《茶经》的作者陆羽,方将"荼"字减一画而写成"茶"字,因此有茶起源于唐代的说法。其他则尚有起源于神农、起源于秦汉等说法。

神农说

唐·陆羽《茶经》:"茶之为饮,发乎神农氏。"在中国的文化发展史上,往往是把一切与农业、与植物相关的事物起源最终都归结于神农氏。而中国饮茶起源于神农的说法也因民间传说而衍生出不同的观点。有人认为茶是神农在野外以釜锅煮水时,刚好有几片叶子飘进锅中,煮好的水,其色微黄,喝入口中生津止渴、提神醒脑,以神农过去尝百草的经验,判断它是一种药而发现的,这是有关中国饮茶起源最普遍的说法。

另有说法则是从语音上加以附会,说是神农有个水晶肚子,由外观可得见食物在胃肠中蠕动的情形,当他尝茶时,发现茶在肚内到处流动,查来查去,把肠胃洗涤得干干净净,因此神农称这种植物为"查",再转成"茶"字,而成为茶的起源。

西周说

晋·常璩《华阳国志·巴志》："周武王伐纣，实得巴蜀之师，……茶蜜……皆纳贡之。"这一记载表明在周朝的武王伐纣时，巴国就已经以茶与其他珍贵产品纳贡与周武王了。《华阳国志》中还记载，那时并且就有了人工栽培的茶园了。

秦汉说

现存最早较可靠的茶学资料是在西汉，以王褒撰的《僮约》为主要依据。此文撰于汉宣帝神爵三年（公元前 59 年）正月十五日，是在茶经之前，茶学史上最重要的文献，其文内笔墨间说明了当时茶文化的发展状况，内容如下：

"舍中有客。提壶行酤。汲水作餔。涤杯整案。园中拔蒜。斫苏切脯。筑肉臛芋。脍鱼鳖。烹茶尽具。鳖已盖藏。舍后有树。当裁作船。上至江州。下

神农氏

到煎主。为府橡求用钱。推纺恶败。傻索绵亭。买席往来都洛。当为妇女求脂泽。贩于小市。归都担。转出旁蹉。牵牛贩鹅。武阳买茶。杨氏池中担荷。往来市聚。慎护奸偷。"

达摩禅定，"烹茶尽具"，"武阳买茶"，经考该"茶"即今茶。由文中可知，茶已成为当时社会饮食的一环，且为待客以礼的珍稀之物，由此可知茶在当时社会地位的重要。近年长沙马王堆西汉墓中，发现陪葬清册中有"□一笥"和"□一笥"竹简文和木刻文，说明当时湖南已有饮茶习俗。

六朝说

中国饮茶起于六朝的说法,有人认为起于"孙皓以茶代酒",有人认为系"王肃茗饮"而始,日本、印度则流传饮茶系起于"达摩禅定"的说法。然而秦汉说具有史料证据确凿可考,因而削弱了六朝说的正确性。

传说菩提达摩自印度东使中国,誓言以九年时间停止睡眠进行禅定,前三年达摩如愿成功,但后来渐不支终于熟睡,达摩醒来后羞愤交加,遂割下眼皮,掷于地上。不久后掷眼皮处生出小树,枝叶扶疏,生意盎然。此后五年,达摩相当清醒,然而还差一年又遭睡魔侵入,达摩采食了身旁的树叶,食后立刻脑清目明,心志清楚,方得以完成九年禅定的誓言,达摩采食的树叶即为后代的茶,此乃饮茶起于六朝达摩的说法。故事中掌握了茶的特性,并说明了茶素提神的效果。

饮茶的起因

现在我们可以论证茶在中国很早就被认识和利用,也很早就有茶树的种植和茶叶的采制。但是人类最早为什么要饮茶呢?是怎样形成饮茶习惯的呢?

祭品说

这一说法认为茶与一些其他的植物最早是作为祭品用的,后来有人尝食之发现食而无害,便"由祭品,而菜食,而药用",最终成为饮料。

药物说

这一说法认为茶"最初是作为药用进入人类社会的"。《神农本草经》中写道:"神农尝百草,日遇七十二毒,得茶而解之。"

食物说

"古者民茹草饮水","民以食为天",食在先,符合人类社会的进化规律。

同步说

最初利用茶的方式方法,可能是作为口嚼的食料,也可能作为烤煮的食物,同时也逐渐被视为药料饮用。

这几种方式的比较和积累最终就发展成为饮茶的习惯。

以上这几种说法中最宽泛的就是第四种,它把前面的三种说法加在一起,就成了自己"万无一失"的解释了。也许这种解释就是最恰当的了。

广泛普及

但是也可以考证,茶在社会中各阶层被广泛普及品饮,大致还是在唐代陆羽的《茶经》传世以后。所以宋代有诗云"自从陆羽生人间,人间相学事春茶"。也就是说,茶发明以后,有一千年以上的时间并不为大众所熟知。

茶树的发源地

对这一点的探求往往集中在茶树的发源地的研究上来。关于茶树的发源地,有以下几种说法。

西南说

我国西南部是茶树的原产地和茶叶发源地。这一说法所指的范围很大,所以正确性就较高了。

四川说

清·顾炎武《日知录》:"自秦人取蜀以后,始有茗饮之事。"言下之意,秦人入蜀前,今四川一带已知饮茶。其实四川就在西南,四川说成立,那么西南说就成立了。

云南说

认为云南的西双版纳一带是茶树的发源地,这一带是植物的王国,有原生的茶树种类存在完全是可能的,但是茶树是可以原生的,而茶则是活化劳动的成果。

川东鄂西说

陆羽《茶经》云:"其巴山峡川,有两人合抱者。"巴山峡川即今川东鄂西。该地有如此出众的茶树,是否就有人将其利用成了茶叶,没有见到证据。

江浙说

最近有人提出始于以河姆渡文化为代表的古越族文化。江浙一带目前是我国茶叶行业最为发达的地区,历史若能够在此生根,倒是很有意义的话题。

其实在远古时期肯定不止一个地方有自然起源的茶树存在。有茶树的地方也不一定就能够发展出饮茶的习俗来。前面说到茶是神农发明的,那么它在哪一带活动?如果某地既是"茶树原生地"又是"神农活动地",那么答案就是这里了。

第二节　茶的传播史

中国是茶树的原产地,然而中国在茶业上对人类的贡献,主要在于最早发现并利用茶这种植物,并把它发展成为我国和东方乃至整个世界的一种灿烂独特的茶文化。

中国茶业最初兴于巴蜀,其后向东部和南部逐渐传播开来,以至遍及全国。到了唐代,又传至日本和朝鲜,16世纪后被西方引进。所以,茶的传播史分为国内及国外两条线路。

茶在国内的传播

1.巴蜀是中国茶业的摇篮(先秦两汉)

顾炎武曾经指出,"自秦人取蜀而后,始有茗饮之事",即认为中国的饮茶是秦统一巴蜀之后才慢慢传播开来,也就是说中国和世界的茶叶文化,最初是在巴蜀发展为业的。这一说法,已为现在绝大多数学者认同。

巴蜀产茶,据文字记载和考证,至少可追溯到战国时期,此时巴蜀已形成一定规模的茶区,并以茶为贡品之一。

关于巴蜀茶业在我国早期茶业史上的突出地位,直到西汉成帝时王褒的《僮约》才始见诸记载,内有"烹茶尽具"及"武阳买茶"两句。前者反映成都一带,西汉时不仅饮茶成风,而且出现了专门用具;从后一句可以看出,茶叶已经商品化,出现了如"武阳"一类的茶叶市场。

西汉时,成都不但已成为我国茶叶的一个消费中心,且由后来的文献记载看,很可能也已成为最早的茶叶集散中心。不仅仅是在秦之前,秦汉乃至西晋,巴蜀仍是我国茶叶生产和技术的重要中心。

2.长江中游或华中地区成为茶业中心(三国西晋)

秦汉统一中国后,茶业随巴蜀与各地经济文化交流而增强。尤其是茶的加工、种植,首先向东部、南部传播。如湖南茶陵的命名,就很能说明问题。茶陵是西汉时设的一个县,以其地出茶而名。茶陵邻近江西、广东边界,表明西汉时期茶的生产已经传到了湘、粤、赣毗邻地区。

三国、西晋阶段,随着荆楚茶业和茶叶文化在全国传播的日益发展,也由于地理上的有利条件,长江中游或华中地区在中国茶文化传播上的地位,逐渐取代巴蜀而明显重要起来。

三国时,孙吴占据了现在苏、皖、赣、鄂、湘、桂一部分和广东、福建、浙江

7

全部陆地的东南半壁江山,这一地区也是这时我国茶业传播和发展的主要区域。此时,南方栽种茶树的规模和范围有很大的发展,且茶的饮用也流传到了北方高门豪族。

西晋时长江中游茶业的发展,还可从西晋时期《荆州土记》得到佐证。其载曰"武陵七县通出茶,最好",说明荆汉地区茶业的明显发展,而巴蜀独冠全国的优势,似已不复存在。

3.长江下游和东南沿海茶业的发展(东晋南朝)

西晋南渡之后,北方豪门过江侨居,建康(今江苏南京)成为我国南方的政治中心。这一时期,由于上层社会崇茶之风盛行,使得南方尤其是江东饮茶和茶叶文化有了较大的发展,也进一步促进了我国茶业向东南推进。这一时期,我国东南植茶,由浙西进而扩展到了现今的温州、宁波沿海一线。不仅如此,如《桐君录》所载,"西阳、武昌、晋陵皆出好茗",晋陵即常州,其茶出宜兴。表明东晋和南朝时,长江下游宜兴一带的茶业也著名起来。

三国两晋之后,茶业重心东移的趋势,更加明显化了。

4.长江中下游地区成为中国茶叶生产和技术中心(唐代)

如前所言,六朝以前,茶在南方的生产和饮用已有了一定发展,但北方饮者还不多。及至唐朝中期后,如《膳夫经手录》所载"今关西、山东,间阎村落皆吃之,累日不食犹得,不得一日无茶"。中原和西北少数民族地区,都嗜茶成俗,于是南方茶的生产,随之空前蓬勃地发展了起来。尤其是与北方交通便利的江南、淮南茶区,茶的生产得到了飞速发展。

唐代中叶后,长江中下游茶区,不仅茶产量大幅度提高,就是制茶技术也达到了当时的最高水平。这种高水准的结果,就是湖州紫笋和常州阳羡茶成为贡茶,从此茶叶生产和技术的中心,正式转移到了长江中游和下游。

江南茶叶生产,集一时之盛。当时史料记载,安徽祁门周围,千里之内,各地种茶,山无遗土,业于茶者七八。现在赣东北、浙西和皖南一带,在唐代时,其茶业确实有一个特大的发展。同时由于贡茶设置在江南,大大促进了江南制茶技术的提高,也带动了全国各茶区的生产和发展。

由《茶经》和唐代其他文献记载来看,这时期茶叶产区已遍及今之四川、陕西、湖北、云南、广西、贵州、湖南、广东、福建、江西、浙江、江苏、安徽、河南 14 个省区,几乎达到了与我国近代茶区大致相当的局面。

5.茶业重心由东向南移(宋代)

从五代和宋朝初年起,全国气候由暖转寒,致使中国南方南部的茶业较北部更加迅速地发展起来,并逐渐取代长江中下游茶区而成为宋朝茶业的重心。主要表现在贡茶从顾渚紫笋改为福建建安茶,唐时还不曾形成气候的闽南和岭南一带的茶业,明显地活跃和发展了起来。

宋朝茶业重心南移的主要原因是气候的变化,江南早春茶树因气温降低,发芽推迟,不能保证茶叶在清明前贡到京都。福建气候较暖,如欧阳修所说"建安三千里,京师三月尝新茶"。作为贡茶,建安茶的采制,必然精益求精,名声也愈来愈大,成为中国团茶、饼茶制作的主要技术中心,进而带动了闽南和岭南茶区的崛起和发展。

由此可见,到了宋代,茶已传播到全国各地。宋朝的茶区基本上已与现代茶区范围相符。明清以后,就只是茶叶制法和各茶类兴衰的演变问题了。

茶在国外的传播

随着我国茶叶生产的日益成熟及人们饮茶风尚的发展,还对外国产生了巨大的影响。一方面,朝廷在沿海的一些港口专门设立了市舶司管理海上贸易,包括茶叶贸易,准许外商购买茶叶,运回自己的国土。唐顺宗永贞元年,日本最澄禅师从我国研究佛学回国,把带回的茶种种在近江(滋贺县)。公元 815 年,日本嵯峨天皇到滋贺县梵释寺,寺僧便献上香喷喷的茶水。天皇饮后非常高兴,遂大力推广饮茶,于是茶叶在日本得到大面积栽培。在宋代,日本荣西禅师来我国学习佛经,归国时不仅带回茶籽播种,并根据我国寺院的饮茶方法,制定了自己的饮茶仪式。他晚年著的《吃茶养生记》一书,是日本第一部茶书。书中称茶是"圣药""万灵长寿剂",这对推动日本社会饮茶风尚的发展起了重大作用。

宋元期间,我国对外贸易的港口增加到八九处,这时的陶瓷和茶叶已成为我国的主要出口商品。尤其在明代,政府采取积极的对外政策,曾七次派遣郑和下西洋,他游遍东南亚、阿拉伯半岛,直达非洲东岸,加强了与这些地区的经济联系与贸易,使茶叶输出大量增加。

在此期间,西欧各国的商人先后东来,从这些地区转运中国茶叶,并在本国上层社会推广饮茶。明神宗万历三十五年(公元1607年),荷兰海船自爪哇来我国澳门贩茶转运欧洲,这是我国茶叶直接销往欧洲的最早纪录。以后,茶叶成为荷兰人最时髦的饮料。由于荷兰人的宣传与影响,饮茶之风迅速波及英、法等国。

1631年,英国一个名叫威忒的船长专程率船队东行,首次从中国直接运去大量茶叶。

之后,饮茶之风逐渐波及欧洲一些国家,当茶叶最初传到欧洲时,价格昂贵,荷兰人和英国人都将其视为“贡品”和奢侈品。后来,随着茶叶输入量的不断增加,价格逐渐降下来,成为民间的日常饮料。此后,英国人成了世界上最大的茶客。

印度是红碎茶生产和出口最多的国家,其茶种源于中国。印度虽也有野生茶树,但是印度人不知种茶和饮茶,直到1780年,英国和荷兰人才开始从中国输入茶籽在印度种茶。现今最有名的红碎茶产地阿萨姆,即是1835年由中国引进茶种开始种茶的。中国专家曾前往指导种茶制茶方法,其中包括小种红茶的生产技术。后发明了切茶机,红碎茶才开始出现,成了全球性的大宗饮料。

到了19世纪,我国茶叶的传播几乎遍及全球,1886年茶叶出口量达268万担。西方各国语言中“茶”一词,大多源于当时海上贸易港口福建厦门及广东方言中“茶”的读音。可以说,中国给了世界茶的名字、茶的知识、茶的栽培加工技术,世界各国的茶叶直接或间接地与我国茶叶有着千丝万缕的联系。总之,我国是茶叶的故乡,勤劳智慧的中国人民给世界人民创造了茶叶这一香美的饮料,这是值得我们后人引以为自豪的。

第三节　茶的发展史

在我国,茶被誉为"国饮",古代文献中更将茶赞为"南方之嘉木"。茶叶生产和饮用已经历了几千年的历史过程,现在,随着人们对保健和文化生活方面需求的日益多元化,人们对茶叶的需求也出现了新的要求。由于茶含有大量对人体起着一定保健和防病作用的成分,必然会吸引大量消费者去饮用它。茶,已成为人们生活中不可缺少的伴侣。茶,这种天然保健饮料必将愈来愈受到人们的青睐。

远古时期

追溯中国人饮茶的源流,最早可上溯至公元前 2737 年中古时代的神农氏,陆羽在他的《茶经》中有云:"茶之为饮,发于神农氏。"相传在公元前 2737 年时,他意外地喝到了加了野生茶树叶子所煮沸的水,觉得神清气爽;另有一说是他尝百草中了毒,嚼茶树叶方能化解,从此中国人日渐懂得对茶的药用、食用及饮用。《神农本草经》有"神农尝百草,日遇七十二毒,得茶而解之"。之说,当为茶叶药用之始。

公元前 1122—前 1116 年,我国巴蜀就有以茶叶为"贡品"的记载。

周秦两汉时期

西周:据《华阳国志》载,约公元前一千年周武王伐纣时,巴蜀一带已用所产的茶叶作为"纳贡"珍品,是茶作为贡品的最早记述。

东周:春秋时期婴相齐景公时(公元前 547—前 490 年)"食脱粟之饭,炙三戈、五卵、茗菜而已"。表明茶叶已作为菜肴汤料,供人食用。

在春秋战国后期及西汉初年,我国历史上曾发生几次大规模战争和人口大迁徙,特别在秦统一四川以后,促进了四川和其他各地的货物交换和经济交流,四川的茶树栽培、制作技术及饮用习俗,开始向当时的经济、政治、文化中心——陕西、河南等地传播。陕西、河南成为我国最古老的北方茶区之一,其后沿长江逐渐向长江中、下游推移,再次传播到南方各省。

西汉:公元前59年,已有"烹茶尽具""武阳买茶"的记载,这表明四川一带已有茶叶作为商品出现,是茶叶进行商贸的最早记载。

东汉:东汉末年、三国时代的医学家华佗《食论》中提出了"苦荼久食,益意思",是茶叶药理功效的第一次记述。

三国时期

江南初次饮茶的记录始于三国。史书《三国志》述吴国君主孙皓(孙权的后代)有"密赐荼荈以代酒",叙述孙皓以茶代酒飨客的故事,是"以茶代酒"最早的记载。

两晋南北朝时期

这个时期茶产渐多,关于饮茶的记载也多见于史册。及至晋后,茶叶的商品化已到了相当程度,茶叶产量也有所增加,不再被视为珍贵的奢侈品了。茶叶成为商品以后,为求得高价出售,乃从事精工采制,以提高其质量。

南北朝初期,以上等茶作为贡品,在南朝宋山谦之所著的《吴兴记》中载有:"浙江乌程县(即今吴兴县)西二十里,有温山,所产之茶,专门做进贡之用。"汉代,佛教自西域传入我国,到了南北朝时更为盛行。佛教提倡坐禅,饮茶可以镇定精神,利于清心修行,夜里饮茶可以驱睡,茶叶又和佛教结下了不解之缘,从而使饮茶之风渐渐风行起来,茶之声誉遂驰名于世。因此一些名山大川、僧道寺院所在山地和封建庄园都开始种植茶树。我国许多名茶有相当一部分是佛教和道教圣地最初种植的,如四川蒙顶、庐山云雾、黄山毛峰,以及天台华顶、雁荡毛峰、天目云雾、天目青顶、径山茶、龙井茶等,都是从名山大川的寺院附近出产的。从这方面看,佛教和道教信徒们对茶的栽种、采制、传播也起到了一定的作用。不过在当时,茶不是很普及,饮茶只是上层统治阶级的一种高尚生活享受和文人墨客益思助文的一种好办法而已。

南北朝以后,所谓士大夫之流,逃避现实,终日清谈,品茶赋诗,茶叶消费更大,茶在江南成为一种"比屋皆饮"和"坐席竟下饮"的普通饮料,这说明,在江南客来敬茶早已成为一种礼节。

唐代时期

唐代是茶作为饮料扩大普及的时期,并从社会的上层开始走向全民。

唐代宗大历五年(公元770年)开始在顾渚山(今浙江长兴)建贡茶院,每年清明前兴师动众督制"顾渚紫笋"饼茶,进贡皇朝。

唐德宗建中元年(公元780年)纳赵赞议,开始征收茶税。

公元780年左右,陆羽将他对茶相关的考察和经验集结成《茶经》,这是世上第一部茶书。他把诸家精华及诗人的气质和艺术思想渗透其中,奠定了中国茶文化的理论基础。而在此之前,人们对茶的名称莫衷一是,而陆羽在书中则统一用其中的"茶"字,这对于后世确立"茶"为总称是一大关键。此时,饮茶的风气已经颇为盛行,不仅贵族们喜爱啜饮,民间的饮茶之风也开始大为流行。

唐顺宗永贞元年(公元805年)日本僧人最澄大师从中国带茶籽茶树回国,是茶叶传入日本的最早记载。

唐懿宗咸通十五年(公元874年)出现专用的茶具。

总之,唐朝一统天下,修文息武,重视农作,促进了茶叶的生产发展。由于国内太平,社会安定,随着农业、手工业生产的发展,茶叶的生产和贸易也迅速兴盛起来了,成为我国历史上第一个高峰。饮茶的人遍及全国,有的地方,户户饮茶已成为习俗。茶叶产地分布长江、珠江流域和陕西、河南等14个区的许多州郡,当时以武夷山茶采制而成的蒸青团茶极负盛名。中唐以后,全国有 70 多个州产茶,辖 340 多个县,分布在现今的 14 个省、直辖市、自治区。

宋朝时期

宋太宗太平兴国元年(公元 976 年)开始在建安(今福建建瓯)设宫焙,专造北苑贡茶,从此龙凤团茶有了很大发展。

宋徽宗赵佶在大观元年(公元 1107 年)亲著《大观茶开》一书,以帝王之尊,倡导茶学,弘扬茶文化。

两宋的茶叶生产,在唐代至五代的基础上逐步发展。全国茶叶产区又有所扩大,各地精制的名茶繁多,茶叶产量也有增加。宋

宋徽宗赵佶

朝人则拓宽了茶文化的社会层面和文化形式,历史上就有"茶兴于唐,盛于宋"之说。宋人的饮茶风格非常精致,他们争相讲求茶品、火候、煮法和饮效等,使这时的茶事十分兴旺,但也使茶艺走向了繁复、琐碎和奢侈。

元代时期

到了元代,我国茶叶生产有了更大的发展,至元代中期,我国劳动人民做茶技术不断提高,讲究制茶功夫,有些形成了具有地方特色的名茶,当时被视为珍品,在南方极受欢迎。元时在茶叶生产上的另一成就,是用机械来制茶叶。据王祯《农书》记载,当时有些地区采用了水转连磨即利用水力带动茶磨和椎具碎茶,显然较宋代的碾茶又前进了一步。

明代时期

明太祖洪武六年(公元1373年),设茶司马,专门司茶贸易事。

明太祖朱元璋于洪武二十四年(公元1391年)九月发布诏令,废止过去某些弊制,废团茶,兴叶茶。从此贡茶由团饼茶改为芽茶(散叶茶),对炒青叶茶的发展起了积极作用。因此明代是我国古代制茶发展最快、成就最大的一个重要时代,它为现代制茶工艺的发展奠定了良好的基础。

朱元璋

1610年荷兰人自澳门贩茶,并转运入欧。1916年,中国茶叶远销丹麦。

1618年,皇朝派钦差大臣入俄,并向俄皇馈赠茶叶。

总之,明代时,茶肆经营已经很普遍,此时的饮茶方法由煮茶逐渐改为了泡茶,品茶活动也由户内转向了户外。此时,社会上非常流行"点茶""斗茶"之会,互相比较技术高低,一时蔚为奇观,饮茶之风颇有日渐风行之势。明代制茶的发展,首先反映在茶叶制作技术上的进步,元代茗茶杀青是用蒸青,茗茶揉捻只是"略揉"而已。至明代一般都改为炒青,少数地方采用了晒青,并开始注意到茶叶的外形美观,把茶揉成条索。所以后来一般饮茶就不再煎煮,而逐渐改为泡茶了。

清代时期

清初之时,精细的茶文化再次出现,制茶、烹饮等茶事虽然未回到宋人的繁琐,但茶风已开始趋向纤弱。

1657年中国茶叶在法国市场销售。

康熙八年(公元 1669 年)印属东印度公司开始直接从万丹运华茶入英。

康熙二十八年(公元 1689 年)福建厦门出口茶叶 150 担,开中国内地茶叶直接销往英国市场之先声。

1690 年中国茶叶获得美国波士顿出售特许执照。

光绪三十一年(公元 1905 年)中国首次组织茶叶考察团赴印度、锡兰(今斯里兰卡)考察茶叶产制,并购得部分制茶机械,后开始在国内宣传茶叶机械制作技术和方法。

康熙

1896 年福州市成立机械制茶公司,是中国最早的机械制茶业。

总之在清朝时期,我国茶叶生产已相当的发达,江南栽茶更加普及。据资料记载,1880 年,我国出口茶叶达 254 万担(1 担＝50 千克),1886 年最高达到 268 万担,这是当时我国茶叶出口最高的记载。

当今发展

如今,茶已经发展成为世界的三大无酒精饮品之一,爱好饮茶的人遍及全球。随着茶叶的传播,目前茶叶的生产和消费几乎遍及全世界的国家和地区。由于茶叶受到世界人民的欢迎,并成为三大饮料之一,所以世界茶业的发展速度也很快。目前,世界五大洲中已有 50 个国家种植茶叶,茶区主要集中在亚洲,茶叶产量占世界茶叶产量的 80% 以上。

我国是茶叶的故乡,加之人口众多、幅员辽阔,因此茶叶的生产和消费居世界之首。我国地跨 6 个气候带,地理区域东起台湾基隆,南沿海南琼崖,西至藏南察隅河谷,北达山东半岛,绝大部分地区均可生产茶叶,全国大致可分为四大茶区，包括江南茶区、江北茶区、华南茶区、西南茶区。全国茶叶产区的分布，主要集中在江南地区，尤以浙江和湖南产量最多，其次为四川和安徽。甘肃、西藏和山东是新发展起来的茶区，年产量还不太多。

党和政府十分重视茶叶的生产，建设了许多茶叶生产基地，发展了茶业的教学和科研工作，使我国茶叶事业得到了蓬勃的发展，全国名茶似锦，千姿百态，各具特色，如西湖龙井、庐山云雾、君山银针、黄山毛峰、洞庭碧螺春、蒙

西湖龙井

顶甘露、安溪铁观音等都香飘万里、驰名中外。全国共有16省（区）、600多个县（市）产茶，面积为100多万公顷，居世界产茶国首位，占世界茶园面积的44%，产量已超过800万担，居世界第二位，占世界总产量的17%。1984年全国出口茶叶280多万担，约占世界茶叶出口总量的16%，创外汇2亿多美元。

近年来，我国茶园面积已达1600多万亩，年产茶叶40万吨左右，茶叶出口量达13.5万吨左右。与此同时，随着我国茶叶生产的发展，全国茶叶科研机构和教育机构也得到了较大发展，已建立健全了科研和教育网络，大量的研究成果已推广应用，科学种茶、科学制茶和茶业管理的水平正在不断提高，这为中国茶文化的发展奠定了坚实的基础。

第四节　中华制茶史

魏晋采叶做饼

　　大概到了三国时期，人们饮用的茶已由生食生煮及晒干收藏后羹饮蔬食逐渐变为饼茶。三国时期魏·张揖《广雅》中就有这样的记载："荆巴间采茶作饼，成以米膏出之。"人们将采来的茶叶先做成饼，晒干或烘干，饮用时，碾末冲泡，加作料调和作羹饮。张揖《广雅》的这段记载，是现在我们能见到的有关茶的最早的加工茶叶的记载。这一时期也正是我国古代茶文化的萌芽阶段。从文献记载来说，汉以前乃至三国的茶史资料十分缺乏，我们无法确定这种饼茶的制作是经过怎样的处理方法，采来的茶叶可能经蒸青或略煮软化压成饼再晒干或烘干亦未可知。然而在两晋以后，随着茶文化与我国各地社会生活和其他文化的进一步相汇融合和相互影响，文人愈来愈多地加入了饮茶的行列，两晋时，不仅出现了《登成都楼》、孙楚《出歌》等吟及茶事诗歌，而且也出现了杜育《荈赋》一类专门描述茶的文学作品，由此我们可以推测文人与茶结下的不解之缘是从饼茶开始的。

唐代蒸青饼茶

　　及至唐代，人们饮用的饼茶已是用蒸青制茶法加工而成。早期的茶饼制作由于采制的茶叶基本上没有经过处理，因此制成的茶饼有着很浓的青草味。为了去掉青草味，经过反复实践研究总结，创造了蒸青制茶法。陆羽《茶经·三之造》记载："晴，采之，蒸之，捣之，拍之，焙之，穿之，封之，茶之干矣。"晴天将茶采摘下来，然后放到甑釜中蒸，再将蒸过的茶叶用杵臼捣碎，而后拍制成团饼，最后将一个个茶饼穿起来，焙干，封存。拍制有一定规承:规为铁制,或方或圆;承又称台或砧,常以石为之,及为制团茶或饼茶之法。经过这一加工程序,茶去掉了生腥的草味,变得更加鲜美甘醇。陆羽按色泽与外形,把这种个体外形多种多样的蒸青团、饼茶分成八种,并分别说明了各自的优劣。

当然,唐代以团饼茶为主,但少数地方,也有蒸而不捣或捣而不拍的散茶和末茶。此外,还有少数地方有炒青茶。

宋代龙凤团茶

宋代茶类及制茶方法与唐代基本相似,但制法有所改进,贡茶和斗茶制度逐渐形成。

团饼茶的精细制作及大发展是在宋代,不少史籍中也有"茶兴于唐,盛于宋"的说法。唐宋两代是古代茶叶生产与消费最兴盛的时期,宋代的茶叶生产较之唐代有了更大的进步。全国茶叶年产量达50多万担。自唐至宋,贡茶兴起,促进了茶的新产品不断涌现。据宋代的《北苑贡茶录》《东溪试茶录》《品茶要录》和《大观茶论》等书所述,当时的茶品分为四个等级,并逐渐演变成为各式的龙团、凤饼;在制法工艺上十分讲究,茶叶采摘后先经拣选,然后用蒸。蒸是各种饼茶共同的一道工序,但蒸后的工序则有所不同,有的蒸后研而压,有的蒸后压榨而研焙。

"龙凤团茶"是在严格的多道工序基础上精工细作而成的。它使用的是福建北苑的茶叶。龙凤团茶由于制法精细,选用的茶品优良,因此,味、香、色均为上乘。欧阳修《归田录》记述:茶之品莫贵于龙凤,谓之小团,凡二十八片,重一斤,其价值金二两,然金可有,而茶不可得。宋徽宗赵佶在《大观茶论》中曾称之为"名冠天下"。龙凤团茶的制作十分讲究:采—拣—蒸—榨—研—造—过黄,每道工序都有相应的工具与技术。在蒸茶时,将洗净的茶放入甑内蒸焙,除去草木的气味;榨茶,将茶分先后两次榨去水分,除去苦涩味;研茶,在盆内以杵研茶,加适量的水,研至水干茶热而后止,茶的干热要适当;造茶,将研好的茶膏放入圈制拓中压制成形,拓有方拓、花铸、

大龙、小龙等不同的模式;过黄,入
挎形成的模茶,要用火焙烤 6 ~ 15
次,火候要适当,火的大小和焙烤次
数要按铸的薄厚而定。最后将烤过
的团茶在沸水中过汤出色,放置在
密封的房间中,用扇急扇,使其成为
色彩光亮的团饼茶,经宿一夜,到翌
日以不烈火(低温)焙之,称之为
养火。

团饼茶的饮用可称得上是一种
艺术,它有着像团饼茶制作一样复
杂的程序,不像我们今天喝茶这样
简单方便。唐宋文人多茶客,他们以浓厚的兴趣投入于茶事活动之中。团
饼茶的饮用,需要一整套的工具,如用火炉以烤茶、用茶碾以碎茶、用茶罗以
过茶、用茶釜以煎汤、用茶碗来泡茶等等。

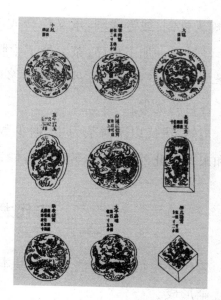

宋代的《龙凤团茶图谱》

元代蒸青散叶茶

元代基本沿袭宋代后期生产格局,以制造散茶和末茶为主。宋代散茶、
末茶,尚未形成单独完整的工艺,实为
团茶制作工艺的变向发展。

元代,出现了类似近代蒸青的生
产工艺。元代王祯在《农书·卷
十·百谷谱》中对当时制蒸青叶茶工
序有具体的记载。即将采下的鲜叶,
先在釜中稍蒸,再放到筐箔上摊晾,而
后趁湿用手揉捻,最后入焙烘干。可
以说,我国蒸青绿茶的制作工艺在元

王祯

代已基本定型。

　　散茶,弥补了团饼茶的一个致命的弱点。团饼茶制作过程中在蒸青后要用冷水冲洗使之冷却,以保持绿色不变,但这样便要两次压榨水分,必然会榨去茶汁,夺去了茶的真味,降低了茶的质量。散茶的制作则省却了这个环节,弥补了这一弱点。

　　从改蒸青团茶为蒸青散茶,保持茶叶原有的香味,再改蒸青散茶为炒青散茶,利用锅炒的干热,发挥茶叶的馥郁美味,到今天我们习见的绿茶,这样一个中国古代制茶工艺的重大改进和生产趋势的转变整整经历了宋、元、明三代,达三四百年的漫长历程。

明代炒青散叶茶

　　明代制茶技术有较大发展,以散茶、末茶为主,惟贡茶因沿袭宋制,饮茶保持烹煮习惯,团饼茶仍占相当比例。明洪武初,诏罢造龙团贡茶,团饼茶除易边马外,不再生产。时散茶独盛,制茶时杀青由蒸改为炒。作为唐宋时期占主导性的"蒸青"制茶法至明代已为"炒青"制茶法取代,并逐渐成为占主导性的制茶技术。明代张源《茶录》、明代陈师《茶考》、明代屠隆《茶说》、明代闻龙《茶笺》等专著中均有记载。

　　怎样才能使茶保持"色泽如翡翠",明代已经有了比较成熟的生产经验。由于社会对于炒青散茶的名茶需求日益高涨,这就要求"炒青"茶除制作技术提高之外,其茶叶原料也必须"鲜嫩"。关于"采茶",明人罗廪《茶解》说,采茶"须晴昼采,当时焙",意思是采茶必须在晴朗的白天进行,而且要及时加工,否则"色香味俱减"。对于采摘的茶叶,因易萎凋,故而要放在竹筒器中,而不能置于瓷器和漆器中,更"不宜见风日"。及至炒时,对"新采"之茶,要"拣去老叶及枝梗、碎屑"。至于名茶如松萝茶,其制法则更为考究。如在"采茶"时,除采摘茶芽外,还必须对茶芽进行挑拣,"取叶腴津浓者,除筋摘片,断蒂去尖",然后才可以炒制。

　　既是炒制茶,火候自然是十分关键的技术要点之一。明人张源曾在《茶录》中做了翔实的描述。明代"炒青"制法技术的理论总结已经系统化，标志着明代"炒青"茶日渐盛行并逐渐取代前朝"蒸青"茶。当然，这种变革与明朝统治正式宣布废团茶兴叶茶有着直接的关系。由于朝廷的诏令，散叶茶空前盛行，而自明代炒青绿茶广泛推行以后，炒青绿茶的工艺不断改进，各地生产不少各具特色的炒青绿茶。

散叶茶和绿茶的制茶史，反映了制茶经历了从简单到复杂(生煮羹饮到团饼茶)，再从复杂到简单(散叶茶和绿茶的出现)的过程。绿茶的产生，是茶类发展史上返璞归真的结果。

清代制茶新发展

清代制茶工艺发展迅猛，茶叶品类已从单一的炒青绿散茶发展到品质特征各异的绿茶、黄茶、黑茶、白茶、乌龙茶、红茶、花茶等多种茶类，制茶工艺也有了空前的发展和创新，此时的中国已成为世界上具有精湛制茶工艺和丰富茶类的国家。

第五节　中华饮茶史

中华民族是一个喝茶的民族，饮茶受中国人一贯的不偏不倚，无过与不及，凡事都合乎中庸的哲学思想和生活方式所支配，绝无造作的形式。

中国人饮茶，最讲究的是情趣，如"歌停曲终""停鼓看书""夜深共语""小桥书舫""茂林修竹""酒阑人散"都是品茗的最佳环境和时机。

"寒夜客来茶当酒"，不但表露出宾主间的和谐欢愉，而且蕴藏着一种高雅的情致。

中国人饮茶已有数千年的历史，随着制茶技术的发展和茶叶种类的增多，各朝代的饮茶方法也是形形色色，我们沿着朝代的变迁来探讨，可得到下列史料。

古时中国人最早从发现野生茶树到开始利用茶，是以咀嚼茶树的鲜叶开始的。而传说第一个品尝茶树的鲜叶并发现了它神奇的解毒功能的人就是神农氏。托名神农而作的汉代药书《神农本草经》中有这样的记载："神农尝百草之滋味，水泉之甘苦，令民知所避就，当此之时，日遇七十二毒，得茶而解。"神农氏是什么时代的人呢？《庄子·盗跖篇》称："神农之氏……只知其母，不知其父。"可见他生活于只知其母，不知其父的母系氏族社会。因此，茶的发现与利用迄今应该有万年左右的时间了。

　　古人最初利用茶的方式是口嚼生食，后来，便以火生煮羹饮，好比今天我们煮菜汤一样。在茶的利用之最早阶段是谈不上什么制茶的。那时人们把它做羹汤来饮用或以茶做菜来食用。《晏子春秋》这本记载春秋时代齐景公的宰相晏婴生平事迹的史书，就有一段以茶作餐菜的记载："婴相齐景公时，食脱粟之饭，炙三弋五卵，茗菜而已。"说晏婴身为国相，饮食节俭，吃糙米饭，

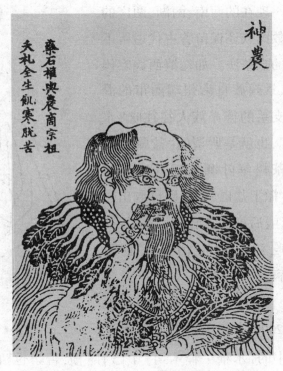

神农像，图出自明·朱天然撰《历代古人像赞》。

几样荤菜之外只有"茗菜而已"。晏婴吃的这种"茗菜"，就是新鲜的不经晒干的茶叶。这种以茶做菜的风俗，就是在现代还有某些地方仍保留着。如云南省基诺族至今还有吃"凉拌茶"的习惯，把采来的新鲜茶叶，揉碎放在碗里，加上少许大蒜、辣椒、盐等配料，再加上泉水拌匀，就成为美味可口的佳肴了。

春秋时代的生煮羹饮

后来,到了周朝和春秋时代,古人为了长时间保存茶叶以用作祭品,慢慢学会把茶叶晒干,随时取用。这种将茶叶晒干,用水煮羹的饮茶法,持续了很长时间。晋朝人郭璞为《尔雅》这部古代字典作注时还说,茶叶"可煮作羹饮",说明晋朝人曾采用这种饮茶法。

现在的西南、两湖、两广的少数民族还保留着古代遗留下来的吃茶法。如在滇西德宏傣族、景颇族自治州瑞丽市的濮族支系的德昂族人往往吃"水茶",也就是所谓的"盐腌"茶,将茶树鲜叶晒萎后入于小篓中,撒上盐巴,不日即可取出嚼吃,嚼后把叶渣吐掉。据说,这种吃法不但可消渴而且可治病。

顾炎武

据史料记载,中国西南地区 2000 多年前已产茶。秦汉成书的《尔雅·释木篇》中已有"槚,苦茶也"的记载。清代学者顾炎武在《日知录》里考证:"自秦人取蜀之后,始有茗饮之事。"

唐代的煎茶

中国的饮茶,不仅是解渴的生理需要,而且是一门艺术,更是一种文化,这门艺术的发轫就始于唐代,它的形式就是"煎茶"。

唐代流行的是饼茶,饼茶不宜直接煎饮,必须经过加工。加工的程序分炙、碾、罗三道。炙就是烤茶,饼茶存放时,会吸收一定的水分,烤干才容易逼出茶香。烤饼茶,不能通风烤,也不能在燃烧殆尽的余火灰烬上烤,否则火焰飘忽,冷热不匀,都会影响烤炙质量。烤炙时,用夹子夹住饼茶,尽量靠近火,不时翻转。烤出像蛤蟆背一样的小泡时,离火五寸,即用文火慢烤,等到饼面松开,再按原来方法重烤,直到水汽蒸发完毕为止。接着是碾,碾茶的用具是碾(包括堕,即碾床)与拂尘。茶碾在唐代一般用木制品,但宋代蔡襄《茶录》与宋徽宗《大观茶论》则主张用银与熟铁作碾,以为"碾以银为上,熟铁次之"。碾碎的茶末还要罗,才能使茶末不至于过粗。罗就是筛子,底盘以竹节做成,口径仅12厘米,上面覆以纱或绢。纱、绢的孔眼有多大,已难知晓。陆羽《茶经》曾云:"末之上者,其屑如细米","碧粉缥尘,非末也"。据此推测,高级的末茶既非片状,又非粉末,应该是细末状的颗粒。碾成罗毕的茶末,色泽金黄、均匀细整,是诗人歌咏的对象,唐人李群玉诗云:"碾成黄金粉,轻嫩如松花。"(《龙山人惠石廪方及团茶》)

末茶烤炙完毕,就可以煎茶了。煎茶包括两道程序:即烧水与煮茶。先将水放入"鍑"(一种大口锅,两侧有方形的耳,是陆羽设计的一种茶具)中烧开。到"沸如鱼目,微有声"时是第一沸。随即加入适量的盐来调味。到了"缘边如涌泉连珠",为第二沸。

这时舀出一瓢开水,用竹夹在"鍑"中搅动,形成水涡,使水的沸度均匀。然后用一种叫"则"的量茶小杓,量取一"则"茶末,投入水涡中心,再加以搅动。到茶汤"势若奔涛溅沫"时,称第三沸,将原先舀出的一瓢水倒回去,使开水停沸,这时,会出现许多"沫饽",即茶汤面上的浮沫、汤花。古人以为,茶以"沫饽"多为胜。《茶经》将茶的汤花分为沫、饽、花三类,说:"华(花)之薄者曰沫,厚者为饽,细轻者曰花。如枣花漂漂然于环池之上,又如回潭曲渚青萍之始生,又如晴天爽朗有浮云鳞然。其沫者,若绿钱浮于水湄,又如菊英堕于尊俎之中。饽者,以滓煮之,及沸,则重华累沫,皤皤然若积雪耳。"等到汤花漂浮,茶香也就发挥到恰到好处了,这时,便开始"酌茶"。

酌茶就是用瓢向茶盏分茶。酌茶的基本技巧是使各碗的沫饽均匀。沫饽是茶汤的精华，不匀，茶汤滋味就不一样了。茶汤与汤花均匀地分到各盏，每盏之中，嫩绿带黄的汤色上浮动着如同积雪的汤花，相映成趣，令人赏心悦目，唐代诗人常歌咏之。曹邺《故人寄茶》云："碧澄霞脚碎，香泛乳花轻。六腑睡神去，数朝诗思清。"刘禹锡《西山兰若试茶歌》云："白云满碗花徘徊，悠扬喷鼻宿醒散。"喝了这样的茶，鲜醇爽口，回味无穷，不但可以提神醒脑，还能够激发灵感，引发诗兴，难怪文人墨客"不可一日无茶也"。

酌茶的数量，陆羽也有一定的规定。陆羽反对煎茶随便添水，茶汤煎毕，"珍鲜馥烈者，其碗数三，次之者，碗数五"，也就是说，用一"则"末茶煎一升茶汤，如果要求茶味浓烈，可酌三碗，次一等的，酌五碗，原汁饮用，趁热喝完，不至于使"精英随气而竭"。剩下的，由于"沫饽"酌完，淡而无味，不是解渴就没必要去喝了。如果人数增为四人或六人，缺了一碗，则用"隽永"（即预先留下的茶汤）来补充。

北宋著名诗人梅尧臣像，图出自清·孔继尧绘《吴郡名贤图传赞》。

要将茶汤煮好，对燃料的选择也很关键，陆羽认为，最好用木炭，其次用硬柴。沾染了膻腥的木柴，或含油脂多的，以及朽木之类，都不宜用。用木炭燃烧的火，称之为"活火"。唐人是很重活火的，诗人李约曾说："茶须缓火炙，活火煎。活火谓炭火之有焰者。当使汤无妄沸，庶可养茶。始则鱼目散布，微微有声；中则四边泉涌，累累连珠；终则腾波鼓浪，水汽全消，谓之老汤。三沸之法，非活火不能成也。"（引自唐·温庭筠《采茶录》）

此外，茶汤品质高低与水质更有联系。

唐人的煎茶法细煎品饮，将饮茶由解渴升华为艺术享受。一道道烦琐工序之后，方才获得一种轻啜慢品的享用之乐，使人忘情世事，沉醉于一种恬淡、安谧、陶然而自得的境界，得到了物质与精神的双重满足，因而煎茶之法创自陆羽后，在整个唐代风行不衰。

宋代的点茶

宋代是中国历史上茶文化大发展的一个重要时期。宋代贡茶工艺的不断发展以及皇帝和上层人士的精诚投入，已取代了唐代由茶人与僧人领导茶文化发展的局面。从唐代开始出现的散茶，到了宋代使民间茶风更为普及，而茶坊、茶肆的出现更使茶开始走向世俗，并形成了有关茶的礼仪。

宋代茶是以工艺精致的贡茶——龙凤团茶和追求技艺的点茶技艺——斗茶、分茶为其主要特征的，可谓穷精极巧。宋人饮茶的方法，是从唐人的煎茶（煮茶）过渡到点茶。所谓点茶，即将碾细的茶末直接投入茶碗（盏）之中，然后冲入沸水，再用茶筅在碗中加以调和，茶中已不再投入葱、姜、盐一类的调味品。

宋代皇室饮茶之风较唐代更盛，宋太祖赵匡胤便有饮茶嗜好。在他以后继位的宋代皇帝皆有嗜茶之好，直至宋徽宗赵佶而达到顶峰，他甚至亲自写了一部论茶的著作《大观茶论》。皇家对高档茶叶的需求，极大地刺激了贡茶的发展。宋代茶叶生产的重心，已由长江中下游的湖州、宜兴一带，向更南方的福建一带转移，皇室的贡焙基地（专门生产贡茶的地方）也移至福建建安（今福建省建瓯市），此地生产的茶叶即称为"建茶"。因为建茶乃专供皇室享用的贡茶，因此其培植与采制技术也更为精良，并逐渐发展成为中国团茶（饼茶）的制作中心。由于其主要产地境内的凤凰山一带又名北苑，故也称"北苑茶"。北苑茶名目繁多，精品迭出，达到了饼茶生产的最高峰。

北苑茶以"龙凤团茶"而著称于世，它不再像唐代那样在茶饼上穿孔，而以刻有龙凤图案的模型压模出之。宋太平兴国年间（公元976—983年），贡品主要是龙凤团茶。咸平年间（公元998—1003年）初，丁谓造"大龙团"进贡皇室，其品质较龙凤团茶更为精良。庆历年间（公元1041—1048年），蔡襄造"小龙团"，较"大龙团"又胜一筹。自元丰至绍圣年间（1078—1097），又相继有"密云龙"和"瑞云翔龙"问世，其品质更为精良、名贵，到了登峰造极的地步。作为贡茶的龙凤团茶极为珍贵，即使朝廷官员也不易得，

家庭经典藏书——中华茶道

27

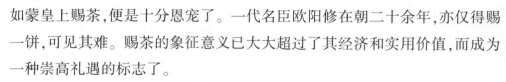

如蒙皇上赐茶，便是十分恩宠了。一代名臣欧阳修在朝二十余年，亦仅得赐一饼，可见其难。赐茶的象征意义已大大超过了其经济和实用价值，而成为一种崇高礼遇的标志了。

正因为这种精神上的象征意义，宋代在朝仪中加进了茶礼。贵族在婚嫁中引入了茶仪，在彩礼中也加入了茶，后世民间婚俗中的"下茶"礼即由此而来。

"斗茶"乃宋代茶之特色。斗茶又称"茗战"，顾名思义就是比赛茶叶质量的好坏。有人认为斗茶是中国古代茶艺的最高表现形式。斗茶大约始于五代，最早流行于福建建安一带，至北宋已颇为盛行。北宋大文学家范仲淹曾作《和章岷从事斗茶歌》一诗，生动地描绘了当时的斗茶情景。苏辙《和子瞻煎茶》一诗中有"君不见闽中茶品天下高，倾身事茶不知劳"之句，说得也是该地的斗茶之风。北宋中期以后，斗茶逐渐向北方传播，并很快风靡全国。上自达官贵人，中及文人墨客，下至平民百姓，无不由热衷而着迷。至北宋晚期，上层人士更是乐此不疲，南宋时人们对斗茶仍有兴趣。至元代斗茶已渐衰，到明代则基本绝迹。

宋人斗茶所用的主要是建安北苑所产的饼茶，且选择十分讲究。这种茶饼在碾磨以前，须用干净纸包起来捶碎，然后立即碾磨。碾后的茶末要放在茶罗上过筛，筛得越细越好，这样茶末入水后便能漂起来，汤花也能凝结，从而"尽茶之色"。

宋人斗茶的程序有好几道，首先是"熁盏"，即把盏加热一下。蔡襄说：

宋太祖赵匡胤像

"凡欲点茶,先须熁盏令热,冷则茶不浮。"然后是"调膏",就是根据盏的大小,用勺挑上一定量的茶末放入盏中,再注入沸水,然后调和茶末到浓膏油状,接着便可以进行"点茶"与"击拂"了。

点茶就是把茶瓶中煎好的水注入盏中。在宋人的诗文中,有时也把斗茶称作点茶,由此可见"点"在斗茶的整个过程中是相当重要的一环。点茶时注水要有节制,该注时注、该停时停。注水时,水要从壶嘴中喷涌而出以形成水柱,不能时断时续。不注时,一收即止,不得有零星水滴淋漓不尽。击拂是用一种特制的小扫帚状的工具——茶筅来搅动茶汤,动作也有一定的规矩,要不断旋转击打和拂扫茶盏中的茶汤,使之泛起汤花。

衡量斗茶的效果,有两个标准:一是看茶面汤花的色泽和均匀程度,二是看盏的内沿与茶汤相接处有没有水的痕迹。汤花面上要求色泽鲜白,民间把这种汤色叫作"冷粥面",意思是汤花像白米粥冷却后稍有凝结时的形状。汤花要均匀,叫作"粥面粟纹",就是像白米粟粒一样细碎均匀。汤花保持的时间较长,能紧贴盏沿而不散退的,叫作"咬盏"。散退较快的,

《斗茶图》,宋代刘松年绘。

或随点随散的,叫作"云脚涣乱"。汤花散退后,盏的内沿就会出现水的痕迹,宋人称为"水脚"。汤花散退早,而且先出现水痕的斗茶者,便是输家。

斗茶虽然始创于民间茶区,但由于它的技巧性强、趣味性浓,所以迅速地被文人士大夫所接受并加以发展。他们自煎自斗,从中得到享受,也在对

世事的厌倦与无聊中找到一种精神上的自我调节方法,为生活增添情趣。这种庄严肃穆、一丝不苟、全身心投入的斗茶活动,也许与那个时代所强调的内省功夫有关,但与陆羽茶道的那种炉中火红、釜中水沸、澄心静虑、面壁参禅式的万物冥化、天人合一的境界相比则明显相去颇远。

"分茶"则是宋茶又一大特色。所谓分茶,即宋人的一种烹茶游艺。

分茶的精妙之处在于分汤花。汤花是浮于茶汤之上的泡沫,是末茶烹饮时特有的现象。具体的做法大致是先将饼茶碾成茶末,放入沸水中煮到一定程度,便培育出很多的汤花来。然后将茶汤与汤花一起倒入茶盏之中,再用小勺巧妙搅动茶汤,于是在嫩绿淡黄的茶汤之上就会出现如霜似雪的白色汤花。由于宋代茶盏多为黑釉建盏,同时流行白茶,当器茶相遇之际,颜色对比分明,建盏盏面上的汤纹水脉就会变幻出各种各样的图案,有的像山水云雾,有的像花鸟鱼虫,有的又似各色人物,仿佛一幅幅瞬间万变的画图,因此也被称作"水丹青"。这种赏心悦目、极富观赏性的茶艺,深得宋人的喜爱,这不仅是他们生活中的一种雅玩,也常常出现在他们的诗文中,成为吟咏的对象。

北宋人陶谷在《荈茗录》中把"分茶"叫作"茶百戏",这种独特的烹茶游艺大约始于北宋初年是在当时文人士子中颇为流行的一种时尚文化娱乐活动。诗人陆游《临安春雨初霁》一诗中有"矮纸斜行闲作草,晴窗细乳戏分茶"之句,说的就是这件事。

明代的泡茶

明洪武二十四年(公元 1391 年)九月,明太祖朱元璋下诏废团茶,改贡叶茶(散茶)。其时人于此评价颇高,明代沈德符撰《野获编补遗》载:"上以重劳民力,罢造龙团,惟采芽茶以进……按茶加香物,捣为细饼,已失真味……今人惟取初萌之精者,汲泉置鼎,一瀹便啜,遂开千古茗饮之宗。"

两宋时的斗茶之风消失了,饼茶被散形叶茶所代替。碾末而饮的唐煮宋点饮法,变成了以沸水冲泡叶茶的瀹饮法,品饮艺术发生了划时代的变化。明人认为这种品饮法"简便异常,天趣悉备,可谓尽茶之真味矣"。

这种瀹饮法应该说是在唐宋就已存在于民间的散茶饮用方法的基础上逐渐发展起来的。早在南宋及元代,民间"重散略饼"的倾向已十分明显,朱元璋"废团改散"的政策恰好顺应了饼茶制造及其饮法日趋衰落,而散茶加工及其品饮风尚日盛的历史潮流,并将这种风尚推广于宫廷生活之中,进而使之遍及朝野。

散茶被诏定为贡茶,无疑对当时散茶生产的发展起了相当大的推动作用。从此散茶加工的工艺更加精细,外形与内质都有了改善和提高,各种品类的茶和各种加工方法都开始形成。散茶的许多"名品",也都在此时形成雏形。

茶叶生产的发展和加工及品饮方式的简化,使得散茶品饮这种"简便异常"的生活艺术更容易、更广泛地深入到社会生活的各个层面,流行于广大民间,从而使得茶之品饮艺术从唐宋时期宫廷、文士的雅尚与清玩,转变为整个社会文化生活的一个重要方面。从这个意义上来讲,正因为有散茶的兴起,并逐渐与社会生活、民俗风尚以及人生礼仪等结合起来,才为中华茶文化开辟了一个崭新的天地;同时也使得传统的"文士茶"对品茗境界的追求达到了一个更新更高的程度。

明初社会动荡多于安定,使许多文人胸怀大志而无法施展,不得不寄情于山水或移情于棋琴书画,而茶正可融于其中,因此许多明初茶人都是饱学之士。这种情况使得明代茶著极多,共计有50多部,其中有许多乃传世佳作。夏树芳录南北朝至宋金茶事,撰《茶董》二卷;陈继儒又续撰《茶董补》;朱权撰《茶谱》,于清饮有独到见解;田艺蘅在前人的基础上撰《煮泉小品》;陆树声与终南山僧明亮同试天池茶,撰写《茶寮记》,反映高人隐士的生活情趣;张源以长期的心得体会撰《茶录》,自不同凡响;许次纾写《茶疏》,独精于茶理;罗廪自幼喜茶,便以亲身经历撰写《茶解》;闻龙撰《茶笺》;钱椿年、顾元庆先后编校《茶谱》;等等。在这些人和书中,朱权及其《茶谱》贡献最大。

朱权(公元1378—1448年),为明太祖朱元璋第十七子,神姿秀朗,慧心

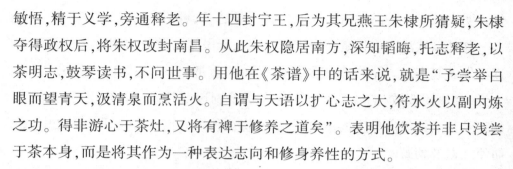

敏悟,精于义学,旁通释老。年十四封宁王,后为其兄燕王朱棣所猜疑,朱棣夺得政权后,将朱权改封南昌。从此朱权隐居南方,深知韬晦,托志释老,以茶明志,鼓琴读书,不问世事。用他在《茶谱》中的话来说,就是"予尝举白眼而望青天,汲清泉而烹活火。自谓与天语以扩心志之大,符水火以副内炼之功。得非游心于茶灶,又将有裨于修养之道矣"。表明他饮茶并非只浅尝于茶本身,而是将其作为一种表达志向和修身养性的方式。

朱权对废除团茶后新的品饮方式进行了探索,改革了传统的品饮方法和茶具,提倡从简行事,开清饮风气之先,为后世产生一整套简便新颖的烹饮法夯下了坚实的基础。

朱权认为团茶"杂以诸香,饰以金彩,不无夺其真味。然天地生物,各遂其性,莫若叶茶,烹而啜之,以遂其自然之性也"。他主张保持茶叶的本色、真味,顺其自然之性。朱权构想了一些行茶的仪式,如设案焚香,既净化空气,也是净化精神,寄寓通灵天地之意。他还创造了古来从未有的"茶灶",此乃受炼丹神鼎之启发。茶灶以藤包扎,后盛颐改用竹包扎,明人称为"苦节君",寓逆境守节之意。朱权的品饮艺术,后经盛颐、顾元庆等人的多次改进,逐渐形成了一套简便新颖的叶茶烹饮方式,于后世影响深远。自此,茶的饮法逐渐变成如今直接用沸水冲泡的形式。

与前代茶人相比,明代后期"文士茶"也颇具特色,其中尤以"吴中四杰"最为典型。所谓"吴中四杰",指的是文徵明、唐寅、祝允明和徐祯卿四人。这都是一些怀才不遇的大文人,于棋琴书画无所不精,又都嗜茶,因此他们能够开创明代"文士茶"的新局面。其中文徵明、唐伯虎于品茶,都有不少佳作传世,为后人留下了宝贵的资料。与前人相比,他们更加强调品茶时自然环境的选择和审美氛围的营造,这在他们的绘画中得到了充分的反映,像文徵明的《惠山茶会图》《陆羽烹茶图》《品茶图》等,以及唐寅的《烹茶画卷》《品茶图》《琴士图卷》《事茗图》等即为代表。图中高士或于山间清泉之侧抚琴烹茶,泉声、风声、古琴之声,与壶中汤沸之声合为一体;或于草亭中相聚品茗,又或独对青山苍峦,目送滔滔江水。茶一旦置身于自然之中,就不仅仅是一种物质的产品了,而成了人们契合自然、回归自然的重要媒介。

从宁王朱权到"吴中四杰",茶引导了明代无数失意政客、落魄文人走向隐逸的道路,"茶道"是他们生活沙漠中偶逢一憩的绿洲,也是他们精神上的桃源乐土。

到了晚明,文人们对品饮之境的追求又有了新的突破,开始讲究"至精至美"之境。在他们看来,事物的至精至美的极致之境就是"道","道"就存在于事物之中。张源首先在其《茶录》一书中提出了自己的"茶道"之说:"造时精,藏时燥,泡时洁。精、燥、洁,茶遭尽矣。"他认为茶中有"内蕴之神"即"元神",发抒于外者叫作"元体",两者互依互存,互为表里,不可分割。元神是茶的精气,元体是精粹外现的色、香、味。只要在事茶的过程中,做到淳朴自然、质朴求真、玄微适度、中正冲和,便能求得茶之真谛。张源的茶道追求茶汤之美、茶味之真,力求进入目视茶色、口尝茶味、鼻闻茶香、耳听茶涛、手摩茶器的完美境界。

张大复则在此基础上更进一步,说:"世人品茶而不味其性,爱山水而不会其情,读书而不得其意,学佛而不破其宗。"他想告诉我们的是,品茶不必斤斤于其水其味之表象,而要求得其真谛,即通过饮茶达到一种精神上的愉快,一种清心悦神、超凡脱俗的心境,以此达到超然物外、情致高洁的化境,达到一种天、地、人心融通一体的境界。这可以说是明人对中国茶道精神的发展与贡献。

清代的品茶

进入清代,中国茶文化的发展出现了新的局面。文士茶由于受明代以来,特别是晚明时期文士的避世、出世倾向的影响,而显得纤弱萎靡,影响逐渐缩小,使得千年以来由文士领导茶文化发展潮流的局面终告结束。然而,整个中国茶文化继续发展的势头并未受到抑制。它的主流——传统的文化精神开始转向民间,遍及市井,走向世俗。它继续深入发展,深入千家万户,与人们的日常生活、伦常礼仪结合起来,逐渐形成一种普遍的民间习俗。

家庭经典藏书——

清代后期的茶叶生产有惊人的发展，种植面积和产量都有大幅度的提高。流通领域则更为繁荣，茶庄、茶号一时纷纷出现，如江浙一带的"翁隆盛""汪裕泰"等百年老店，享誉一时。茶叶更以贸易的方式迅速走向世界，一度垄断了整个世界市场。于是，茶进入了商业时代。

由于清代统治者，尤其是康熙、乾隆等都酷好茗饮，因此整个上层社会

《红楼梦》插图《贾宝玉品茶栊翠庵》

饮茶风习极盛。上有所好，下必效之，这种风习很快影响民间。有清一代，茶馆兴隆，遍及各地。茶礼、茶俗发育得更为成熟，礼神祭祖，居家待客，茶成为必行的礼仪。《红楼梦》第四十一回"贾宝玉品茶栊翠庵"，写贾宝玉、薛宝钗、林黛玉等人，随同贾母来到贾府的家庙栊翠庵，庵中修行的女尼妙玉亲自捧了一个海棠花式雕漆填金"云龙献寿"的小茶盘，里面放一个成化窑出产的五彩小盖盅，献与贾母。茶是"老君眉"，水则是隔年积的雨水。后来，妙玉又特意在耳房为宝玉、宝钗、黛玉沏茶。妙玉拿出两只杯来，均为古玩珍奇和珍贵器皿。斟茶后，又分别端给宝钗、黛玉，之后，又把自己日常饮茶用的绿玉斗斟递与宝玉。瀹茶的水，更是上品，是五年前在玄墓蟠香寺收的梅花上的雪，统共得了一瓮，总舍不得吃，埋在地下，当年夏天开了，才饮过一回，故而清淳无比。闲谈中，妙玉还说过这样一番话：一杯为品，二杯即是解渴的蠢物，三杯便是饮驴。

由此可以看出，《红楼梦》中的"品"茶，要求是十分严格的，要配以珍贵

的器皿，上等的水。数量上，"一杯为品"之类的话，尽管只是打趣性质，但总是以少为宜。在古代，杯与碗两个量词，一般说，以碗为大。从唐代卢仝的连饮七碗，到妙玉的一杯为"品"，同为品饮，千年以来，竟发生了如此重大的变化。让我们沿着历史的轨迹，回顾一下古人品茶的林林总总。

中唐诗人吕温在《三月三日茶宴序》中记述："三月三日，上巳禊饮之日也，诸子议以茶酌而代焉。乃拨花砌，憩庭阴，清风逐人，日色留兴。卧指青霭，坐攀香枝，闲莺近席而未飞，红蕊拂衣而不散。乃命酌香沫，浮素杯，殷凝琥珀之色。不令人醉，微觉清思，虽五云仙浆，无复加也。座右才子南阳邹子、高阳许侯，与二三子顷为尘外之赏，而曷不言诗矣。"

欧阳修像，图出自明·吕维祺《圣贤像赞》。

吕温描绘了一次文人茶宴的盛况。可以看出，唐人品茶的要求大致是这样的：一是要有良好的自然条件与环境。"三月三日天气新"，正是暮春时节，草长莺飞。在风和日丽、百花盛开的环境里煎茶品饮，自然使人心醉。二是要有志同道合的茶友，所谓"南阳邹子、高阳许侯"等，都是作者的诗友，颇有"谈笑皆鸿儒"的意味。另外，当然是要煎得好茶，这样，才能获得"虽五云仙浆，无复加也"的感受。

宋人强调的也大致与此相似，欧阳修《尝新茶》诗，记载以新茶待客之事，说"泉甘器洁天色好，座中拣择客亦佳"。较之吕温，欧阳修突出了"器洁"，品饮的要求更明确、更高一些，这显然与宋人的"斗茶"之风有关。

明朝人的要求则更严格、更细致。明末的冯可宾《芥茶笺》谈到"茶宜"，提出了十三项，也就是宜于品的十三个条件。冯可宾还提出"禁忌"七条,也就是不利于饮茶的七个方面。明人许次纾《茶疏》中也有类似的论述。

古人品茶要求无非包括三个方面,即自然的、人际的、与茶本身的条件。作为饮料,力求茶质优良,水质纯净,是最基本的要求,任何饮料莫不如此。但是,品茶却对自然环境、人际关系有相当高的要求,则是它作为一门艺术、一种修养的关键。

第六节　中华茶文化史

历代茶文化概况

茶虽然被包含在茶文化之中,从某种意义上说,茶又是茶文化之源。正是有了神奇的天然茶树,才有后世茶的发现和利用。千百年来,历朝历代许多文人、士大夫饮茶蔚然成风,而这种饮茶风气的传承和扩大,便逐渐形成了中国的茶文化。

1.茶文化的萌芽期(魏晋南北朝)

饮茶在我国有着源远流长的历史。我国是茶的原产地。据植物学家考证,地球上有茶树植物已有六七千万年历史,而茶的发现和利用至少也有数千年历史。茶有文化,是人类参与物质、精神创造活动的结果。据说在4000多年以前,我们的祖先就开始饮茶了。秦汉之际,民间开始把茶当作饮料,起始于巴蜀地区。东汉以后饮茶之风向江南一带发展,继而进入长江以北。至魏晋南北朝,饮茶的人渐渐多起来。

茶饮方法在经历含嚼吸汁、生煮羹饮等初始阶段后,至魏晋南北朝时,开始进入烹煮饮用阶段。当时,饮茶的风尚和方式,主要有以茶品尝、以茶伴果而饮、茶宴、茶粥4种类型。

茶作为自然物质进入文化领域,是从它被当作饮料,并发现其对精神有积极作用开始的。一般来说,作为严格意义上的文化,首先总是通过文化人

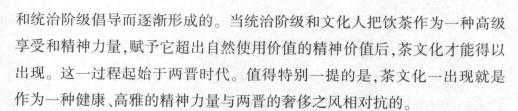

和统治阶级倡导而逐渐形成的。当统治阶级和文化人把饮茶作为一种高级享受和精神力量,赋予它超出自然使用价值的精神价值后,茶文化才能得以出现。这一过程起始于两晋时代。值得特别一提的是,茶文化一出现就是作为一种健康、高雅的精神力量与两晋的奢侈之风相对抗的。

魏晋南北朝,茶开始进入文化精神领域,主要表现在以下三个方面。

一是出现以茶养廉示俭的一些范例。

两晋时代,"侈汰之害,甚于天灾",奢侈荒淫的纵欲主义使世风日下,深为一些有识之士所诟病,于是出现了陆纳以茶为素业、桓温以茶替代酒宴、南齐世祖武皇帝以茶示简等事例。陆纳、桓温等一批政治家提倡以茶养廉、示简的本意在于纠正社会不良风气,这体现了当权者和有识之士的共同思想导向:以茶倡廉抗奢。其中最出名的应属陆纳以茶待客的故事。

东晋陆纳有廉名,任吴兴太守时,卓有声誉的卫将军谢安有一次去看他。对于这位贵客,陆纳不事铺张,只是清茶一碗,辅以鲜果招待而已。他的侄子非常不理解,以为叔父小气,有失面子,便擅自办了一大桌菜肴。客人走后,陆纳让人揍了侄子40棍,边揍边说,你不能给叔父增半点光,还要来玷污我俭朴的家风。陆纳认为,客来待之以茶就是最好的礼节,同时又能显示自己的清廉之风。

另一则故事说的是刘琨用茶解除孤闷的事。西晋末年,晋室内讧,天下大乱,北方匈奴乘虚而入。刘琨眼见丧师失地,国无宁日,心中十分苦闷,唯常以喝茶解闷消愁。当时在北方边地坚守的刘琨曾在一封给他侄子南兖州刺史刘演的信中说,以前收到你寄来的安州干姜一斤、桂一斤、黄芩一斤,这些都是我所需要的。但是当我感到烦乱气闷之时,却常常要喝一些真正的好茶来消解,因此你可以给我买一些好茶寄来。

到了公元5世纪末期的南朝,齐国的齐武帝萧赜在他的遗诏中说,我死了以后,千万不要用牲畜来祭我,只要供上些糕饼、水果、茶、饭、酒和果脯就可以了。后人对此评价说是齐武帝慧眼识茶。从周武王到齐武帝,茶先后登上大雅之堂,被奉为祭品,可见人们对茶的精神与品格,是逐渐得以认识的。

二是茶开始进入宗教领域。

道家修炼气功要打坐、内省,茶对清醒头脑、舒通经络有一定作用,于是出现一些饮茶可羽化成仙的故事和传说,这些故事和传说在《续搜神记》《杂录》等书中均有记载。南北朝时佛教开始兴起。当时战乱不已,僧人倡导饮茶,也使饮茶有了佛教色彩,促进了"茶禅一味"思想的产生。

三是茶开始成为文化人赞颂、吟咏的对象。

魏晋时已有文人直接或间接地以诗文赞吟茗饮,如杜育的《荈赋》、孙楚的《出歌》、左思的《娇女诗》等。另外,文人名士既饮酒又喝茶,以茶助谈,开了清谈饮茶之风,出现一些文化名士饮茶的逸闻趣事。

总之,魏晋南北朝时期,茶饮已被一些皇宫显贵和文人雅士看作高雅的精神享受和表达志向的手段。虽说这一阶段还是茶文化的萌芽期,但已显示出其独特的魅力。

2.茶文化的形成期(唐代)

唐代是中国封建社会发展的顶峰,同时,也是封建文化的顶峰。唐承袭汉魏六朝的传统,同时融合了各少数民族及外来文化的精华,熔铸了一段中国文化史上最辉煌的时期。随着饮茶风尚的扩展,以及儒、道、佛三教思想的渗入,茶文化逐渐形成独立完整的体系。

在唐代以前,我国已有1000多年饮茶历史,这就为唐代饮茶风气的形成奠定了坚实的基础。唐代中期,社会状况为饮茶风气的形成创造了十分有利的条件,饮茶之风很快遍及全国,并开始传播域外。

随着茶业的发展和茶叶产量的增加,茶已不再是少数人所享用的珍品,已经成了等同于米盐的、为社会生活不可缺少的物品。所以陆羽在《茶经·六之饮》中说,茶已成为"比屋之饮"。

唐人上至皇宫显贵、王公朝士,下至僧侣道士、文人雅士、黎民百姓,几乎所有人都饮茶。

《封氏闻见录》卷六《饮茶》中说:"自邹、齐、沧、棣,渐至京邑城市,多开店铺,煎茶卖之,不问道俗,投钱取饮。"民间还有茶亭、茶棚、茶房、茶轩和茶社等设施,供自己和众人饮茶。当时的茶肆已经十分普遍。

随着饮茶日趋普遍,人们待客以茶也蔚然成风,并出现了一种新的宴请形式——"茶宴"。唐人把茶看作比钱更重要的上乘礼物馈赠亲友,寓深情与厚谊于茗中。

有些文人、僧侣将啜茗与游玩茶山合而为一。有的文人从好饮、喜赏,进而深入观察、研究,总结种茶和制茶经验,品茗技艺的作品相继问世,代表性论著有陆羽《茶经》、张又新《煎茶水记》、温庭筠《采茶录》等。

《茶经》是我国第一部较全面地介绍唐代及唐代以前有关茶事的综合性茶业专著,全书详细论述了茶的历史和现状,从茶的源流、产地、制作、品饮等方面,总结了包括茶的自然属性和社会功能在内的一整套知识,又创造了包括茶艺、茶道在内的一系列的文化思想,基本上勾画出了茶文化的轮廓,是茶文化正式形成的重要标志。

唐代是中国饮茶史和茶文化史上一个极其重要的历史阶段,是中国茶文化的形成时期,是茶文化历史上的一座里程碑。

3.茶文化的兴盛期(宋代)

茶兴于唐而盛于宋。宋代的茶叶生产空前发展,饮茶之风非常盛行,既形成了豪华极致的宫廷茶文化,又兴起趣味盎然的市民茶文化。此外,宋代茶文化还继承唐人注重精神意趣的文化传统,把儒学的内省观念渗透到茶饮之中,又将品茶贯穿于各阶层日常生活和礼仪之中,由此一直延续到元明清各代。与唐代相比,宋代茶文化在以下三方面呈现出了显著的特点。

一是形成以"龙凤茶"为代表的精细制茶工艺。

宋代的气候转冷,常年平均气温比唐代低2℃~3℃,特别是在一次寒潮袭击下,众多茶树受到冻害,茶叶生产遭到严重破坏,于是生产贡茶的任务南移。太平兴国二年(公元977年),宋太宗为了"取象于龙凤,以别庶饮,由此入贡",派遣官员到建安北苑专门监制"龙凤茶"。龙凤茶是用定型模具压制茶膏并刻上龙、凤、花、草图案的一种饼茶。压模成型的茶饼上刻有龙凤的造型。龙是皇帝的象征,凤是吉祥之物,因而龙凤茶就显示了皇帝的尊贵并突显了皇室与平民区别。宋徽宗在《大观茶论》中写道："采择之精，制作之工，品第之胜，烹点之妙，莫不咸造其极。"

宋代创制的"龙凤茶"，把我国古代蒸青团茶的制作工艺推向一个历史高峰，拓宽了茶的审美范畴，即由对色、香、味的品尝，扩展到对形的欣赏，为后代茶叶形制艺术发展，奠定了审美基础。现今云南产的"圆茶""七子饼茶"之类和旧中国一些茶店里还能见到的"龙团""凤髓"的名茶招牌，就是沿袭宋代"龙凤茶"而遗留的一些痕迹。

二是"斗茶"习俗的形成和"分茶"技艺的出现。

"斗茶"又称"茗战"，就是品茗比赛，把茶叶质量的评比当作一场战斗来对待。随着宫廷、寺庙、文人聚会中茶宴的逐步盛行，特别是一些地方官吏和权贵为博帝王的欢心，千方百计献上优质贡茶，为此先要比试茶的质量，斗茶之风便日益盛行起来。范仲淹描写"茗战"的情况说："胜若登仙不可攀，输同降将无穷耻。"（《和章岷从事斗茶歌》）斗茶不仅在上层社会盛行，还普及到民间，唐庚《斗茶记》记其事说："政和二年，三月壬戌，二三君子，相与斗茶於寄傲斋。予为取龙塘水烹之，而第其品，以某为上，某次之。"三五知己，各取所藏好茶，轮流品尝，决出名次，以分高下。

宋代还流行一种技巧性很高的烹茶技艺，叫作分茶。宋代陶谷《清异录·百茶戏》中说："近世有下汤适匕，别施妙诀，使汤纹水脉成物象者。禽兽虫鱼花草之属，纤巧如画，但须臾即就湮灭。此茶之变也。时人谓'茶百戏'。"

斗茶和分茶在点茶技艺方面有相同之处，但就其性质而言，斗茶是一种茶俗，分茶则主要是茶艺，两者既有联系，又相区别，都体现了茶文化丰富的文化意蕴。

三是茶馆的兴盛。

茶馆，又叫茶楼、茶亭、茶肆、茶坊、茶室、茶居等，简而言之，是以营业为目的，供客人饮茶的场所。唐代是茶馆的形成期，宋代则是茶馆的兴盛期。

五代十国以后，随着城市经济的发展和繁荣，茶馆、茶楼也迅速发展和繁荣。京城汴京是北宋时期政治、经济、文化中心，又是北方的交通要道，当时茶坊鳞次栉比，尤以闹市和居民集中地为盛。在北方游牧民族的强逼之下，南宋建都临安（今杭州）后，茶馆有盛无衰，"处

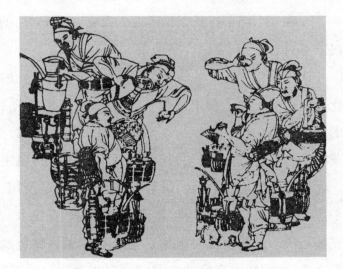

《斗茶图》，明代顾炳绘。

处有茶坊、酒肆、面店、果子、彩帛、绒线、香烛、油酱、食米、下饭鱼肉鲞、腊等铺"。《都城纪胜》说城内的茶坊很考究，文化气氛浓郁，室内"张挂名人书画"，供人消遣。《梦粱录》中也说"今杭城茶肆亦……插四时花，挂名人画，装点门面"。茶坊里卖奇茶异汤，冬月添卖七宝擂茶、馓子、葱茶、盐豉汤；暑月添卖雪泡梅花酒。

大城市里茶馆兴隆，山乡集镇的茶店茶馆也遍地皆是，只是设施相对简陋。它们或设在山镇，或设于水乡，凡有人群处，必有茶馆。

宋代文人著诗文歌吟茶事数量也众多，茶诗文中有涉及对茶政批判的，也有对茶艺、茶道进行细腻入微描写的。宋代的茶学专著也比较多，有25部，比唐代多19部。

4.茶文化的延续发展期（元明清）

在中国古代茶文化的发展史上，元明清是一个重要阶段，无论是在茶叶的消费和生产，还是在饮茶技艺的水平、特色等各个方面，都散发着令人陶醉的文化魅力。特别是茶文化自宋代深入市民阶层（最突出的表现是大小城市广泛兴起的茶馆、茶楼）以来，各种茶文化不仅继续在宫廷、宗教、文人士大夫等阶层中得以延续和发展，茶文化的精神也进一步植根于广大民众

41

之间,士、农、工、商都把饮茶作为友人聚会、人际交往的媒介。不同地区、不同民族都有着极为丰富的"茶民俗"。

元代虽然由于历史的短暂与局限,没能呈现文化的辉煌,但在茶学和茶文化方面仍然承续了唐宋以来的优秀传统,并有所发展创新。原来与茶无缘的蒙古族,自入主中原后,逐渐接受茶文化的熏陶。蒙古贵族尚茶,刺激了茶叶的生产,促进了茶艺的提高。元代茶文化特色主要有两个方面。

元代已开始出现散茶。饼茶主要为皇室宫廷所用,民间则以散茶为主。由于散茶的普及,茶叶的加工制作开始出现炒青技术,花茶的加工制作也形成完整系统。汉蒙饮食文化交流,还形成具蒙古特色的饮茶方式,开始出现泡茶方式,即用沸水直接冲泡茶叶。这些为明代炒青散茶的兴起奠定了基础。这是其一。

元代对知识分子不尊重,很长时间停办科举,仕途也很险恶,许多文人以茶诗文自嘲自娱,还以散曲、小令等借茶抒怀。如著名散曲家张可久弃官隐居西湖,以茶酒自娱,写《寒儿令·春思》言其志;乔吉感慨大志难酬,"万事从他",却自得其乐地写道"香梅梢上扫雪片烹茶"。茶入元曲,茶文化因此多了一种文学艺术表现形式。这是其二。

明代饮茶风气鼎盛,是中国古代茶文化又一个兴盛期的开始,其特色主要有以下三个方面:

一是形成饮茶方法史上的一次重大变革。历史上正式以国家法令形式,废除团饼茶的是明太祖朱元璋。他于洪武二十四年(公元 1391 年)九月十六日下诏:"罢造龙团,惟采茶芽以进。"从此向皇室进贡的只要芽叶形的蒸青散茶。皇室提倡饮用散茶,民间自然蔚然成风,并且将煎煮法改为随冲泡随饮用的冲泡法,这是饮茶方法上的一次革新,从此改变了我国千古相沿成习的饮茶法。

二是形成紫砂茶具的发展高峰。紫砂茶具始于宋代,到了明代,由于受到横贯各文化领域潮流的影响、文化人的积极参与和倡导、紫砂制造业水平的逐步提高和即时冲泡的散茶流行等多种原因,而逐渐走上了繁荣之路。

宜兴紫砂茶具的制作，相传始于明代正德年间，当时宜兴东南有座金沙寺，寺中有位被尊为金沙僧的和尚，平生嗜茶，他选取当地产的紫砂细砂，用手捏成圆坯，安上盖、柄、嘴，经窑中焙烧，制成了中国最早的紫砂壶。此后，有个叫龚(供)春的家僮跟随主人到金沙寺侍读，他巧仿老僧，学会了制壶技艺，所制壶被后人称为"供春壶"，视为珍品，有"供春之壶，胜如白玉"之说，供春也被称为紫砂壶真正意义上的鼻祖，第一位制壶大师。到明万历年间，出现了董翰、赵梁、元畅、时朋"四家"，后又出现时大彬、李仲芳、徐友泉"三大壶中妙手"。明代人崇尚紫砂壶几近狂热的程度，"今吴中较茶者，必言宜兴瓷"，"一壶重不数两，价值每一二十金，能使土与黄金争价"，可见明人对紫砂壶的喜爱之深。

三是为茶著书立说形成了一个新的高潮。中国是最早为茶著书立说的国家，明代达到又一个兴盛期，而且形成鲜明特色。明太祖朱元璋第17子朱权于1440年前后编写《茶谱》一书，对饮茶之人、饮茶之环境、饮茶之方法、饮茶之礼仪等做了详细的介绍。陆树声在《茶寮记》中，提倡于小园之中，设立茶室，有茶灶、茶炉，窗明几净，颇有远俗雅意，强调的是自然和谐美。张源《茶录》中说："造时精，藏时燥，泡时洁。精、燥、洁，茶道尽矣。"这句话简明扼要地阐明了茶道真谛。明代茶书对茶文化的各个方面加以整理、阐述和开发，其创造性和突出贡献在于全面展示明代茶业、茶政空前发展和中国茶文化继往开来的崭新局面，其成果一直影响至今。

到了清代，其茶文化的主要特点有三个方面：

一是形成了更为讲究的饮茶风尚。清朝满族祖先本是中国东北地区的游猎民族，以肉食为主，进入北京成为统治者后，养尊处优，急需消化功效大的茶叶饮料，于是普洱茶、女儿茶、普洱茶膏等，深受帝王、后妃、吃皇粮的贵族们喜爱，有的用于泡饮，有的则用于熬煮奶茶。嗜茶如命的乾隆皇帝，一生与茶结缘，品茶鉴水有许多独到之处，也是历代帝王中写作茶诗最多的一个，晚年退位后，在北海镜清斋内专设"焙茶坞"，悠闲品茶。民间大众饮茶方法的讲究表现在很多方面，如"杭俗烹茶，用细茗置茶瓯，以沸汤点之，名为摄泡"。到了清代后期,由于市场上有六大茶类出售,人们已不再单饮一种茶类,而是根据各地风俗习惯选用不同的茶类,如江浙一带人大都饮绿茶,北方人喜欢喝花茶或绿茶。不同地区、民族的茶习俗也因此而慢慢形成。

二是茶叶外销的历史高峰形成。清朝初期,以英国为首的资本主义国家开始大量从我国运销茶叶,使我国茶叶向海外的输出猛增。英国在16世纪从中国输入茶叶后,茶饮逐渐普及,并形成了特有饮茶风俗,讲究冲泡技艺和礼节,其中有很多中国茶礼的痕迹。早期俄罗斯文艺作品中有众多的茶宴茶礼的场景描写,这也是我国茶文化在早期俄罗斯民众生活中的反映。

三是茶文化开始成为小说描写对象。诗文、歌舞、戏曲等文艺形式中描绘"茶"的内容很多。在众多小说话本中,茶文化的内容

齐白石名画《煮茶图》

也得到充分展现。"一部《红楼梦》,满纸茶叶香。"《红楼梦》中达260多处言及茶,咏茶诗词(联句)有10多首。它所载形形色色的饮茶方式、丰富多彩的名茶品种、珍奇的古玩茶具和讲究非凡的沏茶用水是我国历代文学作品中记述和描绘茶艺最为全面的。

清末至新中国成立前的100多年,资本主义入侵,战争频繁,社会动乱,传统的中国茶文化日渐衰微,饮茶之道在中国大部分地区逐渐趋于简化,但这并不意味着中国茶文化的完结。从总趋势上看,中国的茶文化是在向下

层延伸,这更丰富了它的内容,也更增强了它的生命力。在清末民初的社会中,城市乡镇的茶馆茶肆、大碗茶摊、处处林立,盛暑季节道路上的茶亭及善人乐施的大茶缸处处可见。"客来敬茶"已成为普通人家的礼仪美德。

5.茶文化的再现辉煌期(当代)

新中国成立后,百业待兴,茶文化活动未能成为重点提倡的文化事业,一度还遭到极"左"路线的冲击。改革开放以后,特别是 20 世纪 80 年代中后期以来,随着人们物质和文化生活的改善,在国内外各种因素的促进下,中国的茶文化出现蓬勃发展的态势。以改革开放以后为界定的现代茶文化与古代茶文化相比,更具时代特色,不但使以中国茶文化为核心的东方茶文化在世界范围内掀起又一个热潮,而且内涵更为博大精深,既有人文历史,又有科学技术;既有学术理论,又有生活实践;既有传统文化,又推陈出新。因此,可以毫不夸张地说,这是继唐宋以来,茶文化出现的又一个新高潮。其特点主要表现在以下几个方面:

一是茶艺交流蓬勃发展。20 世纪 80 年代末以来,茶艺交流活动在全国各地蓬勃发展,特别是城市茶艺活动场馆迅猛涌现,已成为一种新兴产业。目前,中国的许多省、市、自治区,以及一些重要的茶文化团体和企事业单位都相继成立了茶艺交流团(队),使茶艺活动成为一种独立的艺术门类。譬如,2005 年 4 月,全国第三届民族茶艺大赛在云南思茅隆重举行,有 31 支茶艺队参赛;应 2005 年中国重庆永川国际茶文化旅游节组委会的邀请,上海茶界派出三支茶艺队,分三天与重庆广大茶人、爱茶人进行交流演出。同时,各地还相继推出了许多富含创意的茶文化活动,如清明茶宴、新春茶话会、茗香笔会、新婚茶会、品茗洽谈会等,极大地推动了社会经济文化的发展。

二是茶文化社团应运而生。众多茶文化社团的成立对弘扬茶文化、引导茶文化步入健康发展之路和促进"两个文明"建设起到了重要作用。1990年,在"茶圣"陆羽的故乡——湖北天门成立了"陆羽茶文化研究会";在陆羽多年从事茶事活动和著述《茶经》的居住地——浙江湖州成立了"陆羽茶

45

文化研究会"；在北京，一个以团结中华茶人和振兴中华茶业为己任的全国性茶界社会团体——"中华茶人联谊会"宣告成立，并组织召开了"海峡两岸茶业研讨会"等多项茶事活动。1993 年，一个以宣传、交流、推广、弘扬茶文化，促进社会文明，推动茶叶科研和茶业经济发展为宗旨的国际性茶文化社团组织——"中国国际茶文化研究会"成立，说明茶文化的发展正在稳步前进。

三是茶文化节和国际茶会不断举办。每年各地都举办规模不一的茶文化节和国际茶会，如西湖国际茶会、中国溧阳茶叶节、中国广州国际茶文化博览会、武夷岩茶节、普洱茶国际研讨会、法门寺国际茶会、中国信阳茶叶节、中国重庆永川国际茶文化旅游节等，都已举办过多次。至 2005 年，上海国际茶文化节已经连续举办了 12 届；中国国际茶文化研究会，每两年举办一次国际茶文化研讨会，2006 年在山东青岛举行了第 9 届国际茶文化研讨会。有的国际茶会从茶文化的不同侧面举办专题性学术研讨，如中国杭州和上海、美国、日本、韩国等相继围绕以茶养生，举行"茶·品质·人体健康"学术研讨会。这种茶学界与科研、医学界的对话，充分显示茶学与医学相结合所取得的可喜成果。有的国际茶文化活动还开到了国外，如 1998 年9 月底在美国洛杉矶召开的"走向 20 世纪的中华茶文化国际研讨会"，就是国内茶文化学者与美国当地文化界联合举办的。另外，北京、云南的昆明和思茅、福建的福州和安溪、陕西的西安、浙江的湖州、山西的五台山、福建厦门、香港、台湾等地，也都举行过不同主题的茶文化节或大型茶会、学术讨论会。这些活动从不同侧面、不同层次、不同方位，深化了茶文化的内涵。

四是茶文化书刊推陈出新。目前，不少专家学者对茶文化进行了系统的、深入的研究，已出版了数百种茶文化专著。此外，还有众多茶文化专业期刊和报纸，报道信息、研讨专题，使茶文化活动拥有了较高的文化品位和理论基础。如江西社会科学院农业考古编辑部，从 1991 年起每年出版两期"中国茶文化"专号，每期 80 余万字，集中发表有关茶文化的研究论文和知识小品等，辟有"茶叶历史""茶文化研究""茶具""茶馆""茶艺""茶俗"等

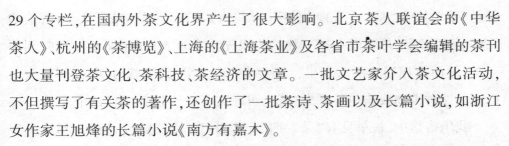

29个专栏,在国内外茶文化界产生了很大影响。北京茶人联谊会的《中华茶人》、杭州的《茶博览》、上海的《上海茶业》及各省市茶叶学会编辑的茶刊也大量刊登茶文化、茶科技、茶经济的文章。一批文艺家介入茶文化活动,不但撰写了有关茶的著作,还创作了一批茶诗、茶画以及长篇小说,如浙江女作家王旭烽的长篇小说《南方有嘉木》。

五是茶文化教学研究机构相继建立。目前,中国已有10多所高等院校设有茶学专业、培养茶业专门人才。有的高等院校还成立茶文化研究所,开设茶艺专业和茶文化课程。一些主要的产茶地区也设立了相应的省级茶叶研究所。许多茶叶主要产销地区,还成立了专门的茶文化研究机构,如北京大学东方茶文化研究中心、上海茶文化研究中心、上海市茶业职业培训中心、香港中国国际茶艺会等。

与此同时,日本的日中茶沙龙和日本中国茶协会,韩国的韩国茶道协会、韩国茶人联合会和韩国陆羽茶经研究会,以及北美茶科学文化交流协会等茶文化团体也都应运而生。它们与业已存在的各国茶文化团体一起开展交流活动,为全球范围的茶文化普及做出了应有的贡献。

除此而外,随着茶文化活动的高涨,除了原有综合性博物馆有茶文化展示外,杭州的中国茶叶博物馆、四川茶叶博物馆、漳州天福茶博物院、上海四海茶具馆、香港茶具馆等也相继建成。

“茶”字的由来

我国对茶的野生利用已有5000年之久。西周时移为家种,也有3000多年的历史了。然而这个“茶”字的出现却要晚得多。

“茶”字的出现,大都认为在中唐,约公元8世纪,以前指称茶的是“荼”字。

荼,一字多义,又一字多音。《辞海》“荼”字条,注明三个读音:一与“途”字同音;二与“茶”字同音;三与“书”字同音。“荼”在指称茶时,读音也是"茶"，因为"荼"是茶的古体字。《辞海》又在"苦荼"条下注释：苦荼的"荼"读"茶"字，苦荼就是茶。我们的祖先虽在近 5000 年前就发现并利用了茶，然而在相当长的时期里，没有"茶"这个字，到汉魏时期，民间口头上已把茶这种植物或饮料称呼为"茶"，可在文字上还假借"荼"这个字。

我国古籍中，最早见有"荼"字的记载始于《诗经》。《诗经·邶风·谷风》有"谁谓荼苦，其甘如荠"之句。但此"荼"字，是茶，是菜，还不明确。至公元前 200 年《尔雅》成书后，始将荼定为茶。至于"荼"字何时改写为"茶"字，据清代学者顾炎武考证，"茶"字是从唐会昌元年（公元 841 年）柳公权书写《玄秘塔碑铭》、大中九年（公元 855 年）裴休书写《圭峰禅师碑》时开始，因此他确定"茶"字的变形"变于中唐以下也"。此后，"茶"字的形、音、义才固定下来。

茶的各种称呼、字形及传播

茶在古代是一物多名，特别在陆羽《茶经》问世以前，除了"荼"以外，还有许多雅号别称，如槚、蔎、茗、荈等。

我国最早解释词义的专著《尔雅·释木》载："槚，苦荼。"（晋）郭璞注："树小如栀子，冬生叶，可煮作羹饮。今呼早采者为茶，晚取者为茗，一名荈，蜀人名之苦荼。"

晋王微《杂诗》有句："待君竟不归，收领令就槚。"诗人等候友人不至，只好收拾起待客物品，饮槚自慰了。诗人所饮的"槚"和前面《尔雅》所载的"槚"，显然都是茶。

西晋杜育作《荈赋》："灵山惟岳，奇产所钟，厥生荈草，弥谷被岗。"赋中说的生于高山的奇产"荈草"，即是茶。

唐杜甫《进艇》诗中有"茗饮蔗浆携所有，瓷罂无谢玉为缸"之句，这里的"茗"亦是茶。

《三国志·吴》"韦曜传"："或密赐茶荈以当酒。"

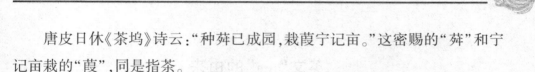

唐皮日休《茶坞》诗云："种莳已成园，栽葭宁记亩。"这密赐的"莳"和宁记亩栽的"葭"，同是指茶。

除了茶、茗、莳、槚、诧、蔎、葭、选之外，茶的别称还有槁、皋芦、瓜芦、水厄、过罗、物罗、姹、葭茶、苦茶、酪奴等称呼。茶的别称，在唐以后多数已不用，也有延续用的，如"茗"，用得还比较多，今人常称饮茶为"茗饮"或"品茗"。

茶的雅号也不少，如一名"不夜侯"。晋张华《博物志》称"饮真茶，令人少眠，故茶美称不夜侯，美其功也"。又名"清友"，据宋苏易简《文房四谱》言："叶嘉字清友，号玉川先生。清友为茶也。"又名"余甘氏"，据李郛《纬文琐语》称："世称橄榄为余甘子，亦称茶为余甘子，因易一字，改称茶为余甘氏"。亦有雅称"森伯""涤烦子"的。随着名茶的出现，往往以名茶之名代称，如"龙井""乌龙""毛峰""大红袍""肉桂""铁罗汉""水金龟""白鸡冠""雨前"等。称谓极多，数不胜数，不一而尽。

不少专家认为，地球上北纬45°以南，南纬30°以北区域内的50多个国家和地区所种植的茶，全部源于滇、贵、川。俄语、英语、德语、日语、法语这几种语言中茶的发音，都是我国"茶叶"一词的音译。虽然它们是福建巴蜀茶叶音律的变态，但茶叶的原意是不容置疑的。

"茶"字的音、形、义是中国最早确立的，并由中国输往世界各地。1610年中国茶叶作为商品输往欧洲的荷兰和葡萄牙，1638年输往英国，1664年输往俄国，1674年输往美国纽约，因此世界各国对茶的称谓均源于中国"茶"字的音，如英语"tea"，德语"tee"，法语"the"等都是由闽南语茶字（te）音译过去的，俄语的"чан"和印度语音"cha"是由我国北方音"茶"音译的，而日语茶字的书写即汉字的"茶"字。

可以看出"茶"字最早出现于中国，世界各国对茶的称谓都是由中国"茶"字音译过去的，只是因各国语种不同发生变化而已，由此也可以说明，茶的称谓发源于中国。

英文"tea"的由来

"tea"在英语中是茶的意思。在英语中"tea"这个单词,人们一致认为是由福建沿海地区"茶"字的发音转译过去的。

中国地大物博,民族众多,因而在语言和文字上也是异态纷呈。同样的"茶"字,在不同的方言体系中,发音是不一样的。在福建厦门一带的方言中,茶的发音为"te"(近似"贴"音),而厦门、漳州、泉州三地自唐设立"市舶司"管理船舶载货进出口以来,一直是中国茶叶出口的主要市场。那些漂洋过海来中国进行贸易的西洋商人,买了大批的茶叶带回去。他们在福建听到人们叫茶为"te",回去之后,便告诉国人这东西叫作"te"。

但是,为什么茶在英文中写作"tea",读音是"梯"而不是"贴"呢?

据相关正音学者说,"tea"是十六、十七世纪时才形成的。那时 e 和 a 两字母连写,作为"双元音","tea"读起来就有点类似于"贴"。

茶文化的结晶——《茶经》

公元 758 年左右,唐代陆羽编写了世界上最早的一卷茶叶专著——《茶经》。《茶经》的诞生,是中国茶文化发展到一定阶段的重要标志,是唐代茶业发展的需要和产物,是对唐代茶文化的一个重要归纳,同时又对之后茶文化的发展起到了积极的推动作用。

《茶经》是中国第一部系统地总结唐代及唐代以前有关茶事的综合性著作,也是当时世界上第一部茶书。作者收集了历代茶叶史料、记述了亲身调查和实践的经验,对唐代及唐代以前的茶叶历史、产地,茶的功效、栽培、采制、煎煮、饮用的知识技术都做了较为详尽的阐述,是中国古代最完备的一部茶书,它使茶叶生产从此有了比较完整的科学依据,对中国茶文化发展起到了一定的推动作用。

陆羽,字鸿渐,一名疾,字季疵,号竟陵子。生于唐玄宗开元年间,复州竟陵郡人(今湖北省天门市)。

《茶经》的问世不仅使"世人益知茶",陆羽之名也因此广为流传。

《茶经》后,自唐代中、晚期至五代,各种与茶有关的著作相继出现。据《宋史·艺文志》记载,陆羽在《茶经》三卷之外,又有《茶记》一卷,此外还有如皎然《茶诀》

茶圣陆羽像

三卷;温庭筠《采茶录》一卷;佚名《茶苑杂录》一卷;裴汶《茶述》;张又新的《煎茶水记》一卷;温从云等的《补茶事》;毛文锡的《茶谱》一卷;蔡襄《茶录》二卷;沈立《茶法易览》十卷;吕惠卿《建安茶用记》二卷;章炳文《壑源茶录》一卷;宋子安《东溪试茶录》一卷;熊蕃《宣和北苑贡茶录》一卷等。不见于《艺文志》的还有陶穀的《茗录》一卷;宋徽宗赵佶的《大观茶论》;审安老人的《茶具图赞》一卷;周绛的《补茶经》一卷;刘异的《北苑拾遗》一卷;王端礼的《茶谱》;蔡宗颜的《茶山节对》一卷、《茶谱遗事》一卷;曾伉的《北苑总录》十二卷;还有佚名的《北苑煎茶法》一卷;佚名的《茶法总例》一卷;佚名的《茶杂文》一卷;佚名的《茶苑杂录》一卷等大量论茶的书,形成了中国的茶道精神。

明清两朝,有关茶的题材,开始大量进入文人雅士的作品中,由此可看到茶文化的普及程度是相当高的。到清朝,茶类愈加繁多,并多有出口,甚至形成了专门的出口茶叶的行业。而关于茶的书、诗更是多得不计其数。

第七节　中国的贡茶

贡茶是中国茶叶发展史上的一种特定现象,也是中国封建社会的特有产物。贡茶虽然使千百万茶农蒙受辛苦,但在客观上它也推动了茶叶生产技术的发展,是茶文化中的一个重要组成部分。

贡茶的起源

贡茶的缘起与封建制度的建立密切相关,贡茶与其他贡品一样,其实质是封建社会里君主对地方有效统治的一种维系象征,也是封建礼制的需要。贡茶的产生,据史料记载,可追溯到公元前一千多年前的周武王时期。武王伐纣时,巴蜀就以茶等物品纳贡。这种现象有着极为明显的政治色彩,纳贡,即意味着君臣关系的确立。在中国封建社会中,贡品主要被用来满足君主及上层阶级的物质和文化生活需要,即所谓"致邦国之用"。

随着贡品需求量的增大,贡赋制度逐渐变得严密起来。从"随山浚川,任土作贡",发展到设官分职进行管理。出现所谓"九赋""大贡"。大贡即"祀贡、嫔贡、器贡、币贡、材贡、货贡、服贡、物贡"。茶叶就是"物贡"中的一类。

到了西汉时期,贡茶逐步明确化。如王褒《僮约》有"武阳买茶""烹茶尽具"之句,间接地反映了上层阶级的饮茶情况;长沙马王堆西汉墓中出土的"槚笥",表明了茶在贵族生活中的地位;后来,还有反映西汉皇室用茶的文学作品,如《飞燕外传》所述:"咸帝崩后,后夕寝中惊啼其次。侍者呼问,方觉,乃言曰:吾梦中见帝,帝赐吾坐,命进茶。左右奏帝云,向者侍帝不仅,不合啜此茶。"

三国时期,吴国末帝孙皓,每为食宴"无不竟日,座席无能否,率以七升为限,虽不悉入口,皆浇灌取尽。曜素饮酒不过三升,初见礼异时,常为裁减,或密赐茶荈以当酒"(陈寿《三国志·吴志》)。这些用茶无疑属于贡品。后来,又有"晋温峤上表贡茶千印,茗三百斤"(宋·寇宗《本草衍义》),"温山出御荈"(宋·山谦之《吴兴记》)的记载。

贡茶除了贡物制度的强制性征取之外,还有一种地方上的主动推荐贡献现象。这种现象也是使贡茶进一步扩大的重要原因。请看以下几段资料:

"义兴贡茶非旧也,前此故御史大夫李栖筠实典是邦。山僧有献佳茗者,会客尝之。野人陆羽以为芳香甘辣,冠于他境,可荐于上。栖筠从之,始进万两,此其滥觞也。厥后因之,征献浸广,遂为任土之贡,与常赋邦侔矣。"

"两浙茶产虽佳,宋祚以来未经进御。李溥为江淮发运使,章宪垂廉时,溥因奏事,盛称浙茶之美,云:自来进? 惟建州茶饼,浙茶未尝修贡,本司以羡余钱买到数千斤,乞进入内。"(明·徐献忠《吴兴掌故集》)

这两段资料表明了唐宋时期的贡焙制度的确立与这种由下荐上的进贡形式直接相关,也表明了一时一地的物产,可以通过上贡的形式,达到名扬四海的目的。

历代贡茶概况

1.唐代贡茶

唐代是我国茶业和茶叶文化发展史上一个重要时代。史称"茶兴于唐","荼"去一划,始有"茶"字;陆羽作《茶经》,才出现茶书;茶始收税,才建立茶政;茶始销边,才有边茶生产和"茶马贸易";各种茶宴、茶会兴起,并进入宫廷;名茶产区多有贡茶生产。

贡茶制形成于唐代。其较为直接的缘由主要是佛教与茶事的活动。据史料载:东汉时佛教传入我国。当时各地梵宫寺院多至 300 余座,僧侣云集。各寺于白云深处劈岩削谷,栽种茶树者,焙制茶叶,名云雾茶。上层人物和皇帝信仰佛教、支持佛教,并把敬茶作为封建帝王礼敬佛祖最高礼仪,于是王室为了满足自己对物质生活和文化生活的需要,就十分崇尚饮茶,重视贡茶生产和贡茶制的完善。

唐代贡茶分民贡和官焙。

民贡:即由地方主动贡献。朝廷还选择茶叶品质优异的州郡纳贡。当时的贡茶地区计有十六郡。这十六郡包括今湖北、四川、陕西、江苏、浙江、福建、江西、湖南、安徽、河南等十个省。因此,不难看出,凡是当时有名的茶叶产区,几乎无例外地都要以茶进贡。

唐代茶具:白釉茶炉及茶釜

官焙:随着饮茶需求的不断扩大,朝廷又直接设立贡茶院,官营督造,专业制作贡茶,开辟了贡焙制,这是贡茶的另一个重要的来源和主要组成方式。大历五年(770),一所著名的贡茶院在湖州长兴和常州宜兴交界的顾渚山建立。

顾渚山,东临太湖,西北依山,峰峦叠翠,云雾弥漫,土层深厚,土壤肥沃,茶树生态环境优越。顾渚贡茶院规模宏大,组织严密,管理精细,制作精良。除中央指派官吏负责管理外,当地州长官也兼有义不容辞的督造之责。每年初春时节,清明之前,贡焙新茶制成后,快马专程直送京都长安,献给皇帝。从长兴顾渚到京都行程三四千里,日夜兼程,快马加鞭,十日赶到,所以叫"急程茶"。

据《长兴县志》载:"顾渚贡院建于唐代大历五年(公元770年),迄至明洪武八年(公元1375年),兴盛时期长达605年。"

2.宋代贡茶

宋代是我国茶业发展史上一个有较大改革和建设的时代。旧籍说茶业兴于唐,盛于宋。宋代饮茶风俗已相当普及,朝野"茶会""茶宴""斗茶"之风相当盛行。帝王嗜茶也数宋代最甚,宋徽宗赵佶更是爱茶颇深,并亲自撰写了《大观茶论》。宋代贡茶在唐代的基础上有了较大的发展,在制造上更上一层楼,无论采摘、焙制、造型、包装、递运、进献诸方面都有明细规定,命名也十分讲究。

宋初,贡茶规模很大,五代遗存的割据政权南唐、吴越、闽均向宋廷大量贡茶。宋代焙局除保留顾渚贡茶院之外,在建州北苑又设专门采进贡茶的官焙,规模之大,役工之多,采造之繁,远远超过前代。

建州的地理环境与湖州顾渚相比,丛山深岙,云雾缭绕,纬度更低,更靠南面,气候决定茶叶质量优异,保证了"京师三月尝新茶"。

在太平兴国初年,北苑贡焙只造龙凤团茶一种。至道初,除龙凤茶外,又造石乳、白乳以进。庆历年间,造小龙团以进。自小团出,龙凤遂为次。元丰年间,又造密云龙,其品又高于小团之上。绍圣时,又改密云龙为瑞云翔龙。徽宗赵佶崇尚白茶,于是白茶遂为第一。北苑贡茶争奇斗异,代有新品出产;新品一出,前茶即降为凡品,以致名目愈来愈多,举不胜举。以北宋末年的北苑贡茶为例,就有 40 余品目。

宋代在建州大规模设置贡焙,客观上有力地推动和促进了闽南以至我国整个南部茶叶生产的发展。另外,据记载,建州所产蜡茶已开始从海上向海外输出,一定程度上促进了中外经济文化的交流。

3.元代贡茶

唐、宋时期茶叶消费生产多以饼茶为主。到了元代,除了继续前人的饼茶制造,还出现散茶消费生产,而且其地位越来越重要。元代以生产散茶、末茶为主,团饼数量相对较少。元代团饼茶仅限于充贡,主要是供皇室宫廷

所用，民间饮茶之风趋向条形散茶。

元代，是中国贡茶经过唐、宋的发展高峰到明、清的继续发展之间的一个承上启下的时期。

元王朝的统治阶级是游牧民族，在入主中原后，也逐渐接受了汉族茶文化的熏陶。元代宫廷饮茶，宋风尚存。至元十五年（公元1278年）朝廷还设有专门官职，掌管内廷茶叶的供需。他们虽然对茶极为需要，但是没有唐宋王朝那样奢侈讲究。朝廷用茶虽然仍继续保留宋代遗留下的一些御茶园和官焙，但是贡茶制有所削弱。据统计，大德三年（公元1299年），全国还有120处茶园受朝廷控制造贡茶。

当然，宫廷与民间之所好，并无绝对，即使散茶、末茶，有一些精品在元代王室宫廷中，也有所用，而蜡茶在民间也偶有所用。宫廷有酥茶与清茶，皇宫就例用酥茶，大臣日常则用茶芽烹制的清茶。

元代茶叶的饮用，主要还是沿前人的煎煮法。同时也开始出现了泡茶方式，即用沸水直接冲泡茶叶。蒙古宫廷饮茶，吸收了某些汉族的饮茶方式，结合了本民族饮茶特点，形成了具有蒙古特色的饮茶方式。

4.明代贡茶

明代贡茶经历了一个变革时期。

首先是明代贡焙制在原有基础上又有所削弱。太祖朱元璋出身元末农民起义，转战江南广大茶区，对茶事有所接触。他在南京称帝后，见进贡的是精工细琢的龙团凤饼茶，感叹不已。他认为这既劳民又耗国力，因之诏令罢造。这一举措，实质上是把我国唐代炙烤煮饮团饼茶，改革为直接冲泡散条茶的"一瀹而啜"法，遂开我国数百年茗饮之宗，客观上把我国造茶法、品饮法推向一个新的历史时期，具有重要的历史意义和现实意义。

其实，茶叶到了明代，产制方法又有一个重大的变革，不但将饼茶改成了散形茶，而且将蒸青改为炒青，为今日绿茶生产奠定了基础。至明中后期，改制已臻完善。

此外,有些名茶历代皆为贡品,始终保持着传统的优势地位。也有一些茶叶虽然没有列为贡品,但也天下传名。由于明代贡茶采用散茶,宋代建立的北苑龙团贡茶制度,在历时 260 多年后,于明嘉靖三十六年(1557)被终止。

5.清代贡茶

清代茶业进入了茶文化历史中的鼎盛时期,全国形成了以产茶著称的区域和区域化市场。贡茶产地进一步扩大,江南、江北的著名产茶地区都有贡茶,有些贡茶则是皇帝亲自旨封的。大量的历史名茶逐渐出现。

乾隆皇帝

康熙三十八年(公元 1699 年),圣祖玄烨南巡路过江苏太湖,巡抚宋荦购朱正元以独家精制、品质极为优异的洞庭山所产"吓煞人香"茶进贡。圣祖品尝后大为赞赏,赐以其名,称碧螺春。从此,该茶每年必采办进贡,并成为绿茶的极品,成为中国茶之代表。

乾隆十六年(公元 1751 年),高宗弘历南巡,为搜刮地方名产,诏令曰:"进献贡品者,庶民可升官发财,犯人重刑减轻。"徽州名茶"老竹铺大方",就是当时老竹庙和尚大方创制进贡。高宗就赐以"大方"为茶名,也岁岁精制进贡。浙江杭州的西湖龙井村,至今还保存着当年高宗游江南时封为御茶的十八棵茶树。

第二章　中华茶道

第一节　茶道源流

　　茶道,是一种以茶为媒的生活礼仪,也被认为是一种修身养性的方式。它通过沏茶、赏茶、饮茶,增进友谊,美心修德,学习礼法,是很有益的一种和美仪式。茶道最早起源于中国,中国人至少在唐或唐以前,就在世界上首先将茶饮作为一种修身养性之道。唐朝《封氏闻见记》中就有这样的记载:"茶道大行,王公朝士无不饮者。"这是现存文献中对茶道的最早记载。在唐朝寺院僧众念经坐禅,皆以茶为饮,清心养神。当时社会上茶宴已很流行,宾主在以茶代酒、文明高雅的社交活动中,品茗赏景,各抒胸襟。唐吕温在《三月三茶宴序》中对茶宴的优雅气氛和品茶的美妙韵味,作了非常生动的描绘。

　　在唐宋年间人们对饮茶的环境、礼节、操作方式等饮茶仪程都已很讲究,有了一些约定俗成的规矩和仪式,茶宴已有宫廷茶宴、寺院茶宴、文人茶宴之分,对茶饮在修身养性中的作用也有了相当深刻的认识。宋徽宗赵佶是一个茶饮爱好者,他认为茶的芬芳和品味,能使人闲和、宁静、趣味无穷:"至若茶之为物,擅瓯闽之秀气,钟山川之灵禀,祛襟涤滞,致清导和,则非庸人孺子可得知矣。中澹闲洁,韵高致静……"

南宋绍熙二年(公元1191年),日本僧人荣西首次将茶种从中国带回日本,从此日本才开始遍种茶叶。在南宋末期(公元1259年)日本南浦昭明禅师来到我国浙江省余杭县的径山寺求学取经,学习了该寺院的茶宴仪程,首次将中国的茶道引进日本,成为中国茶道在日本的最早传播者。日本《类聚名物考》对此有明确记载:"茶道之起,在正元中筑前崇福寺开山南浦昭明由宋传入。"日本《本朝高僧传》也有:"南浦昭明由宋归国,把茶台子、茶道具一式带到崇福寺"的记述。直到日本丰臣秀吉时代(公元1536~1598年,相当于我国明朝中后期)千利休成为日本茶道高僧后,才高高举起了"茶道"这面旗帜,并总结出茶道四规:"和、敬、清、寂"。显然这个基本理论是受到了中国茶道精髓的影响而形成的,其主要的仪程框架规范仍源于中国。

中国的茶道早于日本数百年甚至上千年,但遗憾的是,中国虽然最早提出了"茶道"的概念,也在该领域中不断实践探索,并取得了很大的成就,却没有能够旗帜鲜明地以"茶道"的名义来发展这项事业,也没有规范出具有传统意义的茶道礼仪,以至于使不少人误以为茶道来源于他邦。中国的茶道可以说是重精神而轻形式。有学者认为必要的仪式对"茶道"的旗帜来说是较为重要的,没有仪式光自称有"茶道",虽然也不能说不可以,搞得有茶就可以称道,那似乎就泛化了,最终也"道可道,非常道"了。

泡茶本是一件很简单的事情,简单得来只要两个动作就可以了:放茶叶、倒水。但是在茶道中,那一套仪式又过于复杂或是过于讲究了,一般的老百姓肯定不会把日常的这件小事搞得如此复杂。

事实上中国茶道并没有仅仅满足于以茶修身养性的发明和仪式的规范,而是更加大胆地去探索茶饮对人类健康的真谛,创造性地将茶与中药等多种天然原料有机地结合,使茶饮在医疗保健中的作用得以大大地增强,并使之获得了一个更大的发展空间,这就是中国茶道最具实际价值的方面,也是千百年来一直受到人们重视和喜爱的魅力所在。

有人说,西方人性格像酒,火热、兴奋但也容易偏执、暴躁、走极端,动辄决斗,很容易对立;中国人性格像茶,总是清醒、理智地看待世界,不卑不亢,执着持久,强调人与人相助相依,在友好、和睦的气氛中共同进步。这话颇

有些道理。

表面看,中国儒、道、佛各家都有自己的茶道流派,其形式与价值取向不尽相同。佛教在茶宴中伴以青灯孤寂,在于明心见性;道家茗饮寻求空灵虚静,避世超生;儒家以茶励志,沟通人际关系,积极入世。也许有人要问,无论意境和价值取向不都是很不相同吗?

其实不然。这种表面的区别确实存在,但各家茶文化精神有一个很大的共同点,即:和谐、平静,实际上是以儒家的中庸为提携。

与无边的宇宙和大千世界相比,人生活的空间环境是那样狭小,因此,人与自然,人与人之间便难免有矛盾冲突。解决这些矛盾的办法,在西方人看来,就是要直线运动,不是你死,便是我活,水火不容。中国人不这么看。在社会生活中,中国人主张有秩序,相携相依,多些友谊与理解。在与自然的关系中,主张天人合一,五行协调,向大自然索取,但不能无休无尽,破坏平衡。水火本来是对立的,但在一定条件下却可相容相济。儒家把这种思想引入中国茶道,主张在饮茶中沟通思想,创造和谐气氛,增进彼此的友情。饮茶可以更多地审己、自省,清清醒醒地看自己,也清清醒醒地看别人。

陆羽创中国茶艺,无论形式、器物都首先体现和谐统一。他所做的煮茶风炉,形如古鼎,运用《周易》思想为指导,而《周易》被儒家称为"五经之首"。陆羽除用易学象数原理严格定风炉的尺寸、外形,还运用了《易经》中三个卦象:坎、离、巽,来说明煮茶包含的自然和谐的原理。坎在八卦中为水;巽在八卦中代表风;离在八卦中代表火。陆羽在三足间设三窗,于炉内设三格,三格上,一格书"翟",翟为火鸟,然后绘离的卦形;一格书坎,绘坎卦图样;另一格书"彪",彪为风兽,然后绘巽卦。陆羽说,这是表示"风能兴火,火能煮水"。故又于炉足上写下:"坎上巽下离于中","体均五行去百疾"。

在中国茶文化中,处处贯彻着和谐的人文精神。宋人苏汉臣有《百子图》,一大群娃娃,一边调琴、赏花、欢笑嬉戏,一边拿了小茶壶、茶杯品茶,宛如中华传统的大家庭,孩子虽多并不打架,而能和谐共处。至于直接以《同胞一气》命名的俗饮图,或把茶壶、茶杯称为"茶娘""茶子",更直接表达了这种亲和态度。中华民族亲和力特别强,各民族有时也兄弟阋墙,家里打架,但总是打了又和。遇外敌入侵,更能同仇敌忾。清代茶人陈鸣远,造了一把别致的茶壶,三棵老树虬根,用一束腰结为一体,左分枝出壶嘴,右出枝为把手,三根与共,同含一壶水,同用一支盖,不仅立意鲜明,取"众人捧柴火焰高""共饮一江水"等古意,而且造型自然、高雅、朴拙中透着美韵。此壶命名为"束柴三友壶",主题一下被点明。

中国历史上,无论煮茶法、点茶法、泡茶法,都讲究"精华均分"。好的东西,共同创造,也共同分享。从自然观念讲,饮茶环境要协和自然,程序、技巧等茶艺手段既要与自然环境协调,也要与人事、茶人个性相符。青灯古刹中体会茶的苦寂;琴台书房里体会茶的浓韵;花间月下宜用点花茶之法;民间俗饮要有欢乐与亲情。从社会观说,整个社会要多一些理解,多一些友谊。茶壶里可装着天下宇宙,壶中看天,可以小中见大。

第二节 茶道之美

茶道贵乎简约之美。简者,简易也;约者,俭约也。茶道的俭约化与简易化,两者密切相关连着:俭约必简易;简易必俭约。此种简约之美,恰恰正是中国茶道的优良审美传统的一大特色。

若问,这种简约之美,它是在什么特定的社会历史条件下形成的呢?

我国早在魏晋南北朝时期,社会上就发生了两种风尚之间彼此殊异和彼此消长的状况,这两种风尚就是尚酒的奢靡之风与尚茶的俭约之风。两者由于各自在社会生活中表现出了迥乎其异的物质效应与精神效应,因而也就不能不迫使人们对之做出了不同的评价与选择。

且看其时南北朝廷频频颁布的禁酒令:

隆安五年(公元401年),以岁饥,禁酒。(引自《晋书·安帝本纪》)

元嘉十二年(公元435年)六月,丹阳、淮南、吴兴、义兴大水,断酒。(其后待到元嘉二十年、二十一年,则又在局部地方颁禁酒令。)(引自《宋

书·文帝本纪》）

河清四年（公元656年）二月壬申，以年谷不登，禁沽酒。（引自《北齐书·武成帝本纪》）

太安四年（公元458年）始设酒禁。是时年谷屡登，士民多因酒致酗讼，或议主政。帝恶其若此，故一切禁之。（引自《魏书·刑罚志》）

北魏文成帝太安四年颁的禁酒令中，更有极其严酷的刑罚，谓："酿、沽、饮，皆斩之。"（引自《魏书·刑罚志》）

由此可见，不论酿酒，卖酒，还是饮酒，竟一概都犯了杀头之罪，其严酷程度若此。于是，作为对于尚酒之风的一种社会抵制，包括物质抵制和精神抵制，文明而俭约的尚茶之风便就此悄然兴起。与之同时，茶树的种植，

宋代茶具：吉州窑木叶纹盏

则亦由长江流域的上游而扩展延伸到了中游并下游一带，处处茶园，葱茏生色。特别是在江南的那些产茶区域境内，大大小小茶园更是举目可见，包括有官家茶园、私家茶园、道观茶园、寺院茶园，弥谷披冈，景象不凡。其时尚茶之风，不仅使市井民众深受浸染，而且多少朝廷官吏，以及文人、隐士之辈，也被席卷其中，竞相饮茶。当初，文人、隐士圈内本来是盛行着一种酒佐清谈的世风，其因为在乱世的恐怖政治氛围笼罩之下，他们不得不整日价嗜酒以逍遥遁世，醉饮以浇愁释闷，或者借酒以抒悲怀，或者借酒以寄叹息。而后来，当禁酒令频频颁布之后，他们这才开始转而结缘于茶，从而便也养成了茶佐清谈的世风，这就更使其表现出了道家的审美情怀和人生态度。

我国魏晋南北朝时期这种不施铺张、不设盛馔、佐以瓜果、伴以清谈的小型茶果宴，蕴含有中国茶道的简约之美这个审美特色。

当然，毋庸讳言，中国茶道的审美取向亦有其复杂而曲折的历史。例如我国历史上的宫廷茶道和贵族茶道，尤其是唐代以后的宫廷茶道和贵族茶

道,就恰恰是跟中国茶道的简约之美背道而驰。这是因为它们追求的是森严的礼仪,既有百般繁缛的程式,又有百般豪奢的排场,还奉行那套不堪斯文、蹂躏文明的跪拜之礼。这些弊端全然有悖于中国茶道崇尚简约之美的优良审美传统。无怪乎历代宫廷茶道和贵族茶道,尽管堂皇之至,威风之至,然而却毕竟是没有什么生命力的,终于随着封建王朝及其封建社会制度被彻底消灭,它们也就不可避免地被现代文明淘汰或取替。

　　而相比之下,中国城乡遍布的那种饮之随意、行之简易且俭约的庶民茶道,尤其是明代以来普遍推行的撮泡茶这种即冲即饮的茶道俗风,恰恰就更体现出了富有自然之美和简约之美的这个审美传统特色。这是中国茶道文化富有顽强生命力和竞争力的一个突出表现。

第三节　茶道之礼

　　中国向来被称为"礼仪之邦"。现代人一提起"礼",便想起封建礼教、三纲五常。其实,儒家思想中的礼,并不都是坏的,比如敬老爱幼、兄弟礼让、尊师爱徒,便都没有什么不好。

　　人类社会是一架复杂无比的大机器,先转哪个把手,哪个轮子,总要有个次序。中国人主张礼仪,便是主张互相节制、有秩序。茶使人清醒,所以在中国茶道中也吸收了"礼"的精神。

　　南北朝时,茶已用于祭礼,唐以后历代朝廷皆以茶兴社稷、旺宗庙,以至朝廷进退应对之盛事,皆有茶礼。宋代宫廷茶文化的一种重要形式便是朝廷茶仪,朝廷春秋大宴皆有茶仪。宋徽宗作有《文会图》,无论从徽宗本身的地位或这幅画表现的场景、内容都不可能是一般文人的寻常茶会。图的下方有四名侍者分侍茶酒,茶在左,酒在右,看来茶的地位还在酒之上。巨大的方案可环坐十二个位次,宴桌上有珍馐、果品及六瓶插花,树后石桌上有香炉与琴。整个宴会环境是在阔大的厅园之中,决不似同时期书斋捧茶,或刘松年的《卢仝烹茶图》那样自在闲适。由此可见,文人以茶为聚会仪式,或朝廷亲自主持文人茶会已是日常性的活动。所以,在《宋史·礼志》《辽史·礼志》中,到处可见"行茶"记载。《宋史》15卷《礼志》载,宋代诸王纳妃,称纳彩礼为"敲门",其礼品除绢、酒、彩帛之类外,还有"茗百斤"。这不是一种随意的行为,而是一种必行的礼仪。

自此以后,朝廷举行会试有茶礼,寺院有茶宴,民间结婚有茶礼,居家茗饮皆有礼仪制度,方丈以茶礼为丛林清修的必备礼仪。《家礼仪节》中,茶礼是重要内容。元代德辉的《百大清规》中,十分具体地规定了僧人出入茶寮的规矩。如何入蒙堂,如何挂牌点茶,如何焚香,如何问讯,主客座位,如何点茶、起炉、收盏、献茶,如何鸣板送点茶人……规定十分详尽。至于僧堂点茶仪式,同样有详细规定。这可以说是影响禅宗茶礼的主要经典,但同样也影响了世俗茶礼的发展。明人丘浚的《家常礼节》更深刻地影响着民间茶礼,甚至影响到国外,如韩国至今家常礼节仍重茶礼。

茶礼过于繁琐,当然使人感到不胜其烦,但其中贯彻的精神还是有许多可取之处的。如唐代鼓励文人奋进,向考场送"麒麟草",清代表示尊重老人举行"百叟宴",民间婚礼夫妻行茶礼表示爱情的坚定、纯洁,都有一定的积极意义。

当然,茶礼中也有陈规陋俗,如旧北京有些官僚,不愿听客人谈话了便"端茶送客",就是官场陋俗。

但总而言之,茶礼所表达的精神,主要是秩序、仁爱、敬意与友谊。现代茶礼可以说是把议程简约化、活泼化,而"礼"的精神却加强了。无论大型茶话会,或客来敬茶的"小礼",都表现了中华民族好礼的精神。

第四节　茶道精髓

中国人视道为体系完整的思想学说,是宇宙、人生的法则、规律,所以,中国人轻易不言道,不像日本茶有茶道,花有花道,香有香道,剑有剑道,连摔跤搏击也有柔道、跆拳道。在中国饮食、玩乐诸活动中能升华为"道"的只有茶道。茶道在中国文化中往往没有一个科学的、准确的定义，而要靠个人凭借自己的悟性去贴近它、理解它。早在我国唐代就有了"茶道"这个词，例如，《封氏闻见记》中云："又因鸿渐之论，广润色之，于是茶道大行。"唐代刘贞亮在饮茶十德中也明确提出："以茶可行道，以茶可雅志。"

尽管"茶道"这个词从唐代至今已使用了一千多年，但至今在《新华辞典》《辞海》《词源》等工具书中均无此词条。那么，什么是茶道呢？

我国学者对茶道的解释受老子"道可道，非常道。名可名，非常名"的思想影响，"茶道"一词从使用以来，历代茶人都没有给他下过一个准确的定义，直到近年对茶道见仁见智的解释才热闹起来。

吴觉农先生认为：茶道是"把茶视为珍贵、高尚的饮料，因茶是一种精神上的享受，是一种艺术，或是一种修身养性的手段。"

庄晚芳先生认为：茶道是一种通过饮茶的方式，对人民进行礼法教育、道德修养的一种仪式。庄晚芳先生还归纳出中国茶道的基本精神为："廉、美、和、敬"，他解释说："廉俭育德、美真廉乐、合诚处世、敬爱为人。"

陈香白先生认为：中国茶道包含茶艺、茶德、茶礼、茶理、茶情、茶学说、茶道引导七种义理，中国茶道精神的核心是"和"。中国茶道就是通过茶，引导个体在美的享受过程中走向完成品格修养，以实现全人类和谐安乐之道。陈香白先生的茶道理论可简称为"七艺一心"。

周作人先生则说得比较随意，他对茶道的理解为："茶道的意思，用平凡的话来说，可以称作为忙里偷闲，苦中作乐，在不完全现实中享受一点美与和谐，在刹那间体会永久。"

台湾学者刘汉介先生提出："所谓茶道是指品茗的方法与意境。"

其实，给茶道下定义是件费力不讨好的事。茶道文化的本身特点正是老子所说的："道可道，非常道。名可名，非常名。"同时，佛教也认为："道由心悟。"如果一定要给茶道下一个定义，把茶道作为一个固定的、僵化的概念，反倒失去了茶道的神秘感，同时也限制了茶人的想象力，淡化了通过用心灵去悟道时产生的玄妙感觉。用心灵去悟茶道的玄妙感受，好比是"月印千江水，千江月不同。"有的"浮光耀金"，有的"静影沉璧"，有的"江清月近人",有的"水浅鱼读月",有的"月穿江底水无痕",有的"江云有影月含羞",有的"冷月无声蛙自语",有的"清江明水露禅心",有的"疏枝横斜水清浅,暗香浮动月黄昏",有的则"雨暗苍江晚来清,白云明月露全真"。月之一轮,映像各异,"茶道"如月,人心如江,在各个茶人的心中对茶道自有不同的美妙感受。

茶道不同于茶艺,它不但讲求表现形式,而且注重精神内涵。

这里援引林治先生的解释,他认为"和、静、怡、真"应作为中国茶道的四谛。因为,"和"是中国茶道哲学思想的核心,是茶道的灵魂;"静"是中国茶道修习的不二法门;"怡"是中国茶道修习实践中的心灵感受;"真"是中国茶道终极追求。

"和"为中国茶道哲学思想的核心

茶道追求的"和"源于《周易》中的"保合大和"。"保合大和"的意思指,实践万物皆有阴阳两要素构成,阴阳协调,保全大和之元气以普利万物,才是人间真道。陆羽在《茶经》中对此论述的很明白。惜墨如金的陆羽不惜用250个字来描述它设计的风炉。指出,风炉用铁铸从"金";放置在地上从"土";炉中烧的木炭从"木";木炭燃烧从"火";风炉上煮的茶汤从"水"。煮茶的过程就是金木水火土悟心相生相克并达到和谐平衡的过程。可见五行调和等理念是茶道的哲学基础。

儒家从"大和"的哲学理念中推出"中庸之道"的中和思想。在儒家眼里和是中,和是度,和是宜,和是当,和是一切恰到好处,无过亦无不及。儒家对和的诠释,在茶活动中表现得淋漓尽致。在泡茶时,表现为"酸甜苦涩调太和,掌握迟速量适中"的中庸之美。在待客中表现为"奉茶为礼尊长者,备茶浓意表浓情"的明礼之伦。在饮茶过程中表现为"饮罢佳茗方知深,赞叹此乃草中英"的谦和之礼。在品茗的环境与心境方面表现为"普事故雅去虚华,宁静致远隐沉毅"的俭德之行。

"静"为中国茶道修习的必由之路

中国茶道是修身养性,追寻自我之道。静是中国茶道修习的必由途径。如何从小小的茶壶中去体悟宇宙的奥秘?如何从淡淡的茶汤中去品味人生？如何在茶事活动中明心见性？如何通过茶道的修习来澡雪精神，锻炼人格，超越自我？答案只有一个字——静。

老子说："至虚极，守静笃，万物并作，吾以观其复。夫物芸芸，各复归其根。归根曰静，静曰复命。"

庄子说："水静则明烛须眉，平中准，大匠取法焉。水静伏明，而况精神。圣人之心，静，天地之鉴也，万物之镜。"

老子和庄子所启示的"虚静观复法"是人们明心见性，洞察自然，反观自我，体悟道德的无上妙法。

道家的"虚静观复法"在中国的茶道中演化为"茶须静品"的理论实践。宋徽宗赵佶在《大观茶论》中写道："茶之为物，……冲淡闲洁，韵高致静。"

徐祯卿《秋夜试茶》诗云：

静院凉生冷烛花，风吹翠竹月光华。

闷来无伴倾云液，铜叶闲尝字笋茶。

梅妻鹤子的林逋在《尝茶次寄越僧灵皎》的诗中云：

白云南风雨枪新，腻绿长鲜谷雨春。

静试却如湖上雪，对尝兼忆剡中人。

诗中无一静字，但意境却幽极静笃。

戴昺的《赏茶》诗：

自汲香泉带落花，漫烧石鼎试新茶。

绿阴天气闲庭院，卧听黄蜂报晚衙。

连黄蜂飞动的声音都清晰可闻，可见虚静至极。"卧听黄蜂报晚衙"真可与王维的"蝉噪林欲静，鸟鸣山更幽"相比美。

苏东坡在《汲江煎茶》诗中写道：

活水还须活火烹，自临钓石汲深清。

大瓢贮月归春瓮，小勺分江入夜瓶。

雪乳已翻煎处脚，松风忽作写时声。

枯肠未易禁散碗，卧听山城长短更。

生动描写了苏东坡在幽静的月夜临江汲水煎茶品茶的妙趣，堪称描写茶境虚静清幽的千古绝唱。

中国茶道正是通过茶事创造一种宁静的氛围和一个空灵虚静的心境，当茶的清香静静地浸润你的心田和肺腑的每一个角落的时候，你的心灵便在虚静中显得空明，你的精神便在虚静升华净化，你将在虚静中与大自然融涵玄会，达到"天人和一"的"天乐"境界。

得一静字，便可洞察万物、道识天地、思如风云、心中常乐，且可成为男儿中之豪情。道家主静，儒家主静，佛教更主静。我们常说："禅茶一味。"在茶道中以静为本，以静为美的诗句还很多。

唐代皇甫曾的《陆鸿渐采茶相遇》云：

千峰待逋客，香茗复丛生。

采摘知深处，烟霞美独行。

幽期山寺远，野饭石泉清。

寂寂燃灯夜，相思一磬声。

这首诗写的是境之静。

宋代杜小山有诗云：

寒夜客来茶当酒，竹炉汤沸火初红。

寻常一样窗前月，才有梅花便不同。

这首诗写的是夜之静。

清代郑板桥诗云：

不风不雨正清和，翠竹亭亭好节柯。

最爱晚凉佳客至，一壶新茗泡松萝。

这首诗写的是心之静。

在茶道中，静与美常相得益彰。古往今来，无论是羽士还是高僧或儒生，都殊途同归地把"静"作为茶道修习的必经大道。因为静则明，静则虚，静可虚怀若谷，静可内敛含藏，静可洞察明激，体道入微。可以说："欲达茶道通玄境，除却静字无妙法。"

"怡"是中国茶道中茶人的身心享受

中国茶道是雅俗共赏之道，它体现于平常的日常生活之中，不讲形式，不拘一格,突出体现了道家"自恣以适己"的随意性。同时,不同地位、不同信仰、不同文化层次的人对茶道有不同的追求。历史上王公贵族讲茶道,他们重在"茶之珍",意在炫耀权势,夸示富贵,附庸风雅。文人学士讲茶道重在"茶之韵",托物寄怀,激扬文思,交朋结友。佛家讲茶道重在"茶之德",意在去困提神,参禅悟道,间性成佛。道家讲茶道,重在"茶之功",意在品茗养生,保生尽年,羽化成仙。普通老百姓讲茶道,重在"茶之味",意在去腥除腻,涤烦解渴,享受人生。无论什么人都可以在茶事活动中取得生理上的快感和精神上的畅适。

参与中国茶道,可抚琴歌舞,可吟诗作画,可观月赏花,可论经对弈,可独对山水,亦可以翠娥捧瓯,可潜心读《易》,亦可置酒助兴。儒生可"怡情悦性",羽士可"怡情养生",僧人可"怡然自得"。中国茶道的这种怡悦性,使得它有极广泛的群众基础,这种怡悦性也正是中国茶道区别于强调"清寂"的日本茶道的根本标志之一。

"真"——中国茶道的终极追求

"真"是中国茶道的起点,也是中国茶道的终极追求。

中国茶道在从事茶事时所讲究的"真",不仅包括茶应是真茶、真香、真味;环境最好是真山真水;挂的字画最好是名家名人的真迹;用的器具最好是真竹、真木、真陶、真瓷,还包含了对人要真心,敬客要真情,说话要真诚,心境要真闲。茶事活动的每一个环节都要认真,每一个环节都要求真。

中国茶道追求的"真"有三重含义:

追求道之真,即通过茶事活动追求对"道"的真切体悟,达到修身养性,品味人生之目的;

追求情之真,即通过品茗述怀,使茶友之间的真情得以发展,达到茶人之间互见真心的境界;

追求性之真,即在品茗过程中,真正放松自己,在无我的境界中去放飞自己的心灵,放牧自己的天性,达到"全性葆真"。

爱护生命,珍惜声明,让自己的身心都更健康,更畅适,让自己的一生过得更真实,做到"日日是好日",这是中国茶道追求的最高层次。

69

放牧自己的天性,达到"全性葆真",才是茶道的最终目的。

第五节　茶道人间

贵族茶道

茶为洁品,它的功能被人们所认识,被列为贡品,首先享用它的自然是皇帝、皇妃再推及皇室成员,再推及达官贵人。"小家碧玉"一朝选在君王侧,还能保持质朴纯洁吗?恐怕很难。这叫近朱者赤,近墨者黑。

茶列为贡品的记载最早见于晋代常据著的《华阳国志·巴志》,周武王发动、联合当时居住川、陕一带的庸、蜀、羡、苗、微、卢、彭、消几个小国共同伐纣,凯旋而归。此后,巴蜀之地所产的茶叶便正式列为朝廷贡品。此事发生在公元前1135年,离今已有3000年之久。

周武王

列为贡品从客观上讲是抬高了茶叶作为饮品的身价,推动了茶叶生产的大发展,刺激了茶叶的科学研究,形成了一大批名茶。中国社会是皇权社会,皇家的好恶最能影响全社会习俗。贡茶制度确立了茶叶的"国饮地位",也确立了中国是世界产茶大国、饮茶大国的地位,还确立了中国茶道的地位。

但茶一旦进入宫廷,也便失去了质朴的品格和济世活人的色彩。总之,贡茶坑苦了老百姓。

为了贡茶,当此时,男废耕,女废织,夜不得息,昼不得停。茶之灵魂被扭曲,陆羽所创立的茶道被异化,生出一个畸形物:贵族茶道。茶被装金饰银,脱尽了质朴;茶成了坑民之物,不再济世活人。达官贵人借茶显示等级秩序,夸示皇家气派。

贵族茶道的茶人是达官贵人、富商大贾、豪门乡绅之流的人物，不必具有诗词歌赋、琴棋书画的修养，但一要贵，有地位；二要富，有万贯家私。于茶艺四要"精茶、真水、活火、妙器"无不求其"高品位"，用"权力"和"金钱"以达到夸示富贵之目的，似乎不如此便有损"皇权至上"，有负"金钱第一"。

由贡茶而演化为贵族茶道，达官贵人、富商大贾、豪门乡绅于茶、水、火、器无不凭借权力和金钱求其极，虽然很违情悖理，其用心在于炫耀权力和富有，但源于明清的潮闽功夫茶虽为贵族茶道，却一直发展至今并日渐大众化。

雅士茶道

古代的"士"有机会得到名茶，有条件品茗，他们最先培养起对茶的精细感觉。茶助文思，他们又最先体会茶之神韵。他们雅化茶事并创立了雅士茶道。受其影响，此后相继形成茶道各流派。

中国古代的"士"和茶有不解之缘，可以说没有古代的士便无中国茶道。此处所说的"士"是已久仕的士，即已谋取功名捞得一官半职者，或官或吏，最低也是个拿一份工资的学差，而不是指范进一类中举就患精神病的腐儒，也不是严监生一类为多了一根灯草而咽不下最后一口气的庸儒，那些笃实好学但又囊空如洗的寒士亦不在此之列。

中国文人嗜茶者在魏晋之前不多，诗文中涉及茶事的汉有司马相如，晋有张载、左思、郭璞、张华、杜育，南北朝有鲍令晖、刘孝绰、陶弘景等，人数寥寥，而其中懂品饮者仅三五人而已。但唐以后凡著名文人不嗜茶者几乎没有，不仅品饮，还咏之以诗。唐代写茶诗最多的是白居易、皮日休、杜牧，还有李白、杜甫、陆羽、卢仝、孟浩然、刘禹锡、陆龟蒙等；宋代写茶诗最多的是梅尧臣、苏轼、陆游，还有欧阳修、蔡襄、苏辙、黄庭坚、秦观、杨万里、范成大等。原因大抵是魏晋之前文人多以酒为友，如魏晋名士"竹林七贤"，山涛有八斗之量，刘伶更是拼命喝酒，"常乘一鹿车，携酒一壶，使人荷铺随之，云：死便掘地以埋"。唐以后知识界颇不赞同魏晋的所谓名士风度，一改"狂放啸傲、栖隐山林、向道慕仙"的文人作风，人人有"入世"之想，希望一展所学、留名千秋，文人作风变得冷静、务实，以茶代酒便蔚为时尚。

陆游

这一转变有其深刻的社会原因和文化背景，是历史的发展把中国的文人推到这样的位置——担任茶道的主角。中国文人颇能胜任这一角色：一则，他们多有一官半职，特别是在茶区任职的州府和县两级的官和吏员近水楼台先得月，因职务之便可大品名茶。贡茶以皇帝为先，而事实上他们比皇帝还要"先尝为快"；二则，在品茗中培养了对茶的精细感觉，他们大多是品茶专家，既然"穷春秋，演河图，不如载茗一车"，茶中自有"黄金屋"，茶中自有"颜如玉"，当年为功名头悬梁、锥刺股的书生们而今全身心投入茶事中，所以，他们比别人更通晓茶艺，并在实践中不断改进茶艺，著之以文传播茶艺；三则，茶助文思，有益于吟诗作赋，李白可以"斗酒诗百篇"，一般人做不到，喝得酩酊大醉，头脑发胀，手难握笔何以能诗？但茶却令人思勇神爽，笔下生花。正如元代贤相、诗人耶律楚材在《西域从王君玉乞茶因其韵》中所言：

啜罢江南一碗茶，枯肠历历走雷车。

黄金小碾飞琼雪，碧玉深瓯点雪芹。

笔阵兵陈诗思奔，睡魔卷甲梦魂赊。

精神爽逸无余事，卧看残阳补断霞。

茶助文思，兴起了品茶文学、品水文学，还有茶文、茶学、茶画、茶歌、茶戏等；又相辅相成，使饮茶升华为精神享受，并进而形成中国茶道。

雅士茶道是已成大气候的中国茶道流派。

茶人主要是古代的知识分子，以"入仕"的士为主体，还包括未曾发迹的士,以及有一定文化艺术修养的名门才俊、青楼歌妓、艺坛伶人等。对于饮茶,主要不图止渴、消食、提神,而在乎导引人之精神步入超凡脱俗的境界,于闲情雅致的品茗中悟出人生之真谛。茶人之意在乎山水之间,在乎风月之间,在乎诗文之间,在乎名利之间,希望有所发现、有所寄托、有所忘怀。

耶律楚材

"雅"体现在下列几个方面:

一是品茗之趣;

二是茶助诗兴;

三是以茶会友;

四是雅化茶事。

正因为文人的参与才使茶艺成为一门艺术,成为一种文化。文人又将这门特殊的艺术与文化、与修养、与教化紧密结合,从而形成雅士茶道。受其影响,此后又形成其他几个流派。所以说是中国的"士"创造了中国茶道,原因就在此。

禅宗茶道

僧人饮茶历史悠久,因茶有"三德",利于丛林修持,由"茶之德"生发出禅宗茶道。僧人种茶、制茶、饮茶并研制名茶,为中国茶叶生产的发展、茶学的发展、茶道的形成立下了不朽之功劳。

明代乐纯著《雪庵清史》并列举居士"清课"有"焚香、煮茗、习静、寻僧、奉佛、参禅、说法、作佛事、翻经、忏悔、放生……","煮茗"居第二,竟列于

73

"奉佛""参禅"之前,这足以证明"茶佛一味"的说法是千真万确的。

和尚饮茶的历史由来已久。《晋书·艺术传》记载:

"敦煌人单道开,不畏寒暑,常服小石子,所服药有松、桂、蜜之气,所饮茶苏而已。"

这是较早的僧人饮茶的正式记载。单道开是东晋时人,在邺城昭德寺坐禅修行,常服用有松、桂、蜜之气味的药丸,饮一种将茶、姜、桂、桔、枣等合煮的名曰"茶苏"的饮料。清饮是宋代以后的事,应当说单道开饮的是当时很正宗的茶汤。

壶居士《食论》中说:"苦茶,久食羽化,与韭同食,令人体重。"长期喝茶可以"羽化",大概就是唐代卢仝所说的"六碗通仙灵;七碗吃不得,惟觉两腋习习清风生"。与韭菜同食,能使人肢体沉重,是否真如此,尚无人验证。作者壶居士显然是化名,以"居士"相称定与佛门有缘。

僧人饮茶已成传统,茶神出自释门便不足为怪。

陆羽自小就跟着智积学习煮茶技艺,并迷上了这门技艺,终于在建中元年48岁时在湖州完成了世界第一部茶学专著《茶经》。陆羽能写成此书与他长期在茶区生活有关,但更主要是得益于佛门经历。可以说,《茶经》主要是中国僧人种茶、制茶、烹茶、饮茶生活经验的总结。中国茶道在寺庙香火中熏过一番,所以自带三分佛气。

僧人为何嗜茶?其茶道生发于茶之德。佛教认为"茶有三德":坐禅时通夜不眠;满腹时帮助消化;茶可抑制性欲。这三条皆是经验之谈。

释氏学说传入中国成为独具特色的"禅宗",禅宗和尚、居士日常修持之法就是坐禅,要求静坐、敛心,达到身心"轻安",观照"明净"。其姿势要头正背直,"不动不摇,不委不倚",通常坐禅一坐就是3个月,老和尚难以坚持,小和尚年轻瞌睡多,更难熬,饮茶正可提神驱睡魔;饭罢就坐禅,易患消化不良,饮茶正可生津化食;佛门虽清净之地,但不染红尘亦办不到,且不说年轻和尚正值青春盛期难免想入非非,就是老和尚见那拜佛的姣姣女子亦难免神不守舍,饮茶即能转移注意力、抑制性欲,这些原因合在一起,使得茶成了佛门的首选饮料。

　　僧人的另一个突出贡献就是种茶,培植名茶。茶产于山谷,而僧占名山,名山有名寺,名寺出名茶。最早的茶园多在寺院旁,稍晚才出现民间茶园。

　　古代多数名茶都与佛门有关,如有名的西湖龙井茶,陆羽《茶经》说:"杭州钱塘天竺、灵隐二寺产茶。"宋代,天竺出的香杯茶、白云茶列为贡茶。乾隆皇帝下江南在狮峰胡公庙品饮龙井茶,封庙前18棵茶树为御茶。显然,阳羡茶的最早培植者是僧人。屯溪绿茶曾名松萝茶,由一位佛教徒创制。明代冯时可于《茶录》记载:"徽郡向无茶,近出松萝茶最为时尚。是茶始于一比丘大方,大方居虎丘最久,得采制法。其后于松萝结庵,来造山茶于庵焙制,远迹争市,价倏翔涌,人因称松萝茶。"武夷岩茶与龙井齐名,属乌龙茶系,有"一香二清三甘四活"之美评,其中又以"大红袍"为佳。传说崇安县令久病不愈,和尚献武夷山茶,这位县官饮此茶后竟出了奇事,百病全消。为感激此茶济世活人之德,县官亲攀茶崖,把一件大红袍披于茶树之上,故此茶以"大红袍"名之。不论此说是否合情理,武夷茶与佛门有缘则是真实无伪的。安溪铁观音"重如铁,美如观音",其名取自佛经。普陀佛茶产于佛教四大名山之一的浙江舟山群岛的普陀山,僧侣种茶用于献佛、待客,直接以"佛"名其茶。庐山云雾原是野生茶,经寺观庙宇的僧人之手培植成家生茶,并进入名茶系列。别说产于中国的茶,就是日本的茶也是由佛门僧人由中国带回茶种在日本种植、繁衍的。

　　毫不夸张地说,中国茶的发现、培植、传播和名茶的研制,佛门僧人做出了重要贡献。目前,见之于文字记载的产茶寺庙有扬州禅智寺、蒙山智炬寺、苏州虎丘寺、丹阳观音寺、扬州大名寺和白塔寺、杭州灵隐寺、福州鼓山寺、天

唐代茶具:越窑釜

75

台雁荡山天台寺、泉州清源寺、衡山南岳寺、西山白云寺、建安能仁院、南京栖霞寺、长兴顾清吉祥寺、应灵县金山号绍兴白云寺、丹徒招隐寺、江西宜慧县普利寺、岳阳白鹤寺、黄山松谷庵、吊桥庵和云谷寺、东山洞庭寺、杭州龙井寺、徽州松萝庵、武夷天心观等等。

世俗茶道

茶是雅物,亦是俗物。进入世俗社会,行于官场,染几分官气;行于江湖,染几分江湖气;行于商场,染几分铜臭;行于戏场,染几分脂粉气;行于社区,染几分市侩气;行于家庭,染几分小家子气。熏得几分人间烟火,焉能不带烟火气。这便是生发于"茶之味"以"享乐人生"为宗旨的"世俗茶道",其中大众化的部分发展前景可观。

当茶进入官场,与政治结缘,便演出一幕幕雄壮的、悲壮的、伟大的、渺小的、光明的、卑劣的历史话剧。

唐代,朝廷将茶沿丝绸之路输往海外诸国,借此打开外交局面。都城长安能成为世界大都会、政治经济文化之中心,茶亦有一份功劳。太宗时,文成公主和亲西藏,带去了香茶,此后,藏民饮茶成为时尚,此事在西藏传为历史美谈。文宗李昂太和九年(公元835年),为抗议榷茶制度,江南茶农打死了榷茶使王涯,这就是茶农斗争史上著名的"甘露事变"。

明代,朝廷将茶输边易马,作为杀手锏,欲借此"以制番人之死命",茶成了明代一个重要的政治筹码。

清代,左宗棠收复新疆,趁机输入湖茶,并作为一项固边的经济措施。

清代官场钦定有特殊的程序和含义,有别于贵族茶道、雅士茶道、禅宗茶道。在隆重场合,如拜谒上司或长者,仆人献上的盖

左宗棠

碗茶照例不能取饮，主客同然。若贸然取饮，便视为无礼。主人若端茶，意即下了"逐客令"，客人得马上告辞，这叫"端茶送客"。主人令仆人"换茶"，表示留客，这叫"留茶"。

茶作为有特色的礼品，人情往来靠它，挖门子搭桥铺路也得靠它。茶通用于不同场合，成事也坏事，温情又势利，茶虽洁物亦难免落入染缸，常扮演尴尬角色，但借茶行"邪道"，罪不在茶。

茶入商场，又是别样面目。在广州，"请吃早茶"是商业谈判的同义语。一盅两件，双方边饮边谈。隔着两缕袅袅升腾的水汽打开了"商战"，看货叫板，讨价还价，暗中算计，价格厮杀，终于拍板成交，将茶一饮而尽，双方大快朵颐。没茶，这场商战便无色彩，便无诗意。只要吃得一杯早茶，纵商战败北，但那茶香仍难让人忘怀。

茶入江湖，便添几分江湖气。江湖各帮各派有了是是非非，不诉诸公堂，不急着"摆场子"打个高低，而多少讲点江湖义气，请双方都信得过的人物出面调停仲裁，地点多在茶馆，名叫"吃讲茶"。

茶道进入社区，趋向大众化、平民化，构成社区文化的一大特色。如城市的茶馆就很世俗，《清稗类钞》记载：京师茶馆，列长案，茶叶与水之资，须分计之；有提壶以注者，可自备茶叶，出钱买水而已。汉人少涉

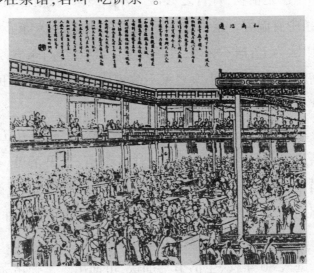

清代《点石斋画报》中的茶馆图

足，八旗人士，虽官至三四品，亦厕身其间，并提鸟笼，曳长裙、就广坐，作茗憩，与茶人走卒杂坐谈话，不以为忤也。

民国年间的北京茶馆融饮食、娱乐为一体，卖茶水兼供茶点，还有评书

77

茶馆,说得多是《包公案人》《雍正剑侠》《三侠剑》等,顾客过茶瘾又过书瘾;有京剧茶社,唱戏者有专业演员也有下海票友,过茶瘾又过戏瘾;有艺茶社,看杂耍,听相声、单弦,品品茶,笑一笑,乐一乐。

文人笔下的茶馆虽不甚雅,却颇有人间烟火气,在老残先生的"明湖居茶馆",可欣赏鼓书艺人王小玉的演出;在鲁迅先生的"华老栓茶馆"里可听到杀革命党的传闻并目睹华小栓吃人血馒头的镜头;在沙汀先生的"其香居茶馆"可见到已成历史垃圾的袍哥、保甲长、乡绅之流;在老舍先生的"茶馆"里你更可见到1889年清末社会各色人等,比如闻鼻烟的、玩鸟的、斗蛐蛐的、保镖的、吃洋教的、特务、打手……最后是精明一生的王掌柜解下腰带无奈地了其一生……总之,一个小茶馆几乎就是人间社会的缩影。

茶叶进入家庭,便有家居茶事。清代查为仁《莲坡诗话》中有一首诗:

书画琴棋诗酒花,当年件件不离它。

而今七事都更变,柴米油盐酱醋茶。

茶已是俗物,日行之必需。客来煎茶,联络感情;家人共饮,同享天伦之乐,茶中有温馨。茶道进入家庭贵在随意随心,茶不必精,量家之有;水不必贵,以法为上;器不必妙,宜茶为佳。富贵之家,茶事务求精妙,可夸示富贵、夸示高雅,不足为怪;小康之家不敢攀比,法乎其中;平民家庭纵粗茶陶缶,只要烹饮得法,亦可得茶趣。

综上所述,茶作为俗物,由"茶之味"竟生发出五花八门的茶道,可叫官场茶道、行帮茶道、商场茶道、社区茶道、平民茶道、家庭茶道,茶中有官气、有霸气、有匪气、有江湖气、有市侩气、有脂粉气、有豪气、有小家子气,这一切都发端于"口腹之欲",其主旨是"享乐人生",非道非佛,更多儒学的内蕴。将其完整化、系统化,我们可概称为"世俗茶道"。

进入80年代,生活节奏加快,市面出现了速溶茶、袋泡茶。城市里最便民的还是小茶馆,饮大碗茶,花钱少,省事,是最经济实惠的饮料。小茶馆和卖大碗茶的增多使饮茶的富贵风雅黯然失色。中国老百姓最欢迎的还是世俗茶道(主要指大众化茶道)。中国人在,茶道在,但茶道不再复现明清时代的格局。

中华茶道

第六节　茶道类型

对茶道进行分类,有助于认识和理解各类茶道,为关注和热心茶道者进入茶道的艺术殿堂提供捷径。各类型茶道除了在茶道礼仪、规范、美学、环境、茶道器具等方面都有相应的要求外,还都有各自的侧重点。

根据茶道思想与活动目的及当代现状,茶道类型大致分为修行类茶道、修身类茶道、礼仪类茶道、表演类茶道等四类。

修行类

修行类茶道是僧侣、道家或清雅脱俗之人,借助于饮茶养生怡情,参禅悟道,修养精、气、神,排除世俗欲望,破除红尘烦恼,以达到超凡脱俗的境界。这是中国茶道中历史最悠久的一种茶道类型。古代修行类茶道的代表性人物是皎然、卢仝、赵州和尚等。

修行类茶道以清静为本,要求环境清静空明,窗明几净,或松涧泉边,或松竹之下,或皓月清风,能让人产生虚空笃静的心境。饮茶比较讲究独品得神,对饮得趣,三人得味。人宜少不宜多,所谓"独品得神"是也。若有共饮之人,也需清雅脱俗以符合修行心境。环境、物品、质地以自然质朴为主,色彩以简素及冷色调为主。若在室内饮茶,布置以简洁、宽敞为特点,以达到超凡脱俗境界的要求。

修行类茶道是以饮茶、品茗作为人的一种感悟方法,是从人的生理至心理直至心灵的多层次感受,有一个从量变到质变的飞跃过程。沏茶、品茶过程中多种因素的累积,是一个量变的过程,如观赏茶器、茶叶及沏茶的过程,嗅闻茶香,品味茶汤,品茗感受的过程是茶与心灵的和谐过程,使人返璞归真。

修行类茶道的审美情趣表现在超脱世俗的生活态度和精神境界,与现实生活有一定的距离,审美意象要求"简古""淡泊""平淡"。

修身类

修身类茶道是古今文人墨客作为熏陶自身道德情操,提高自身文化修养的一种途径与手段的茶道类型。

茶道是中国传统文化的精粹内容之一,饱含着民族精神。陆羽《茶经》"三之造"中"伊公羹、陆氏茶"及金木水火土相生相克的思想内涵,深刻揭示了中国古代文人修身齐家治国平天下的传统思想以及朴素的世界观及其方法论。

修身类茶道使当今实践者通过茗饮活动修身养性,体悟大道,涵养情操,调和五行,心平气和,不伍于世流,不污于时俗。

茶道作为一种雅文化,不仅需要茶好、水美、器雅,还需要与茶道活动相适应的环境。一般而言,茶道场所需洁净雅致,可在室外,如风景秀美的山林野地、松石泉边、茂林修竹、皓月清风,也可在室内。

茶道环境包括茶室建筑风格、装饰格调、空间的感觉意境、陈列物品、壁面布置等。

茶道环境的清雅与否带给人们心灵的感受是有所不同的,品茗赏景,置身于别具一格的茶道环境中,人们感觉轻松、舒适、清新,是因为这种气氛能松弛神经,使人处于不受干扰、放松的状态。

茶道环境设计与布置还包括光线、自然景观、花草树木、山石水,包括茶案、茶席、奉茶处所及室内其他三雅(插花、挂画、焚香)等清雅环境的手段,以及茶座、茶具、背景、地面处理等。

齐白石名画《寒夜客来茶当酒》

修身类茶道的长期实践者往往表现为志向高远,仪表端庄,气质高雅,待人真诚,举止优雅大气,谈吐儒雅,虚怀若谷。

礼仪类

礼仪性茶道是注重礼节,表示待客礼仪的一种茶道类型。

中国是文明古国、礼仪之邦,素有客来敬茶的习俗。茶是礼仪的使者,可融洽人际关系,它代表着人们的素养,是文明的体现。

在礼仪性茶道活动中,主宾互致礼貌,能体现良好的道德修养,也能感受茶道活动带来的愉悦心情。

礼是人们约定俗成的良好行为规范,是表示尊敬的动作与态度等;茶道活动中的礼节、礼貌、礼仪依据不同的茶道类型有不同的表达,茶道中的礼节是指跪姿、鞠躬、作揖、握手、点头、注目、手势、眼神、鼓掌等。

礼貌是茶道活动过程中服饰、容貌、表情、言语、举止等谦逊、恭敬的外在表现,贯穿于人的言、听、视、动的整个过程之中。虽然各种茶道的礼节、礼貌表达方式不尽一致,但要求礼貌发自内心的诚恳和谦恭是一致的。茶道礼仪是为表示礼貌与尊敬所采取的,与茶道内涵相协调的一种规格、行为、语言的规范。茶道中的礼还要求茶道活动的参与者讲究仪表,它具有一定标准。当然仪表不单纯是先天决定的,还与人的后天修养密切相关。

茶道礼仪的表达包括人们行为举止的姿势和风度,是人的所有行为举止的反映。而茶道活动的备茶、选具、投茶、冲泡、奉茶等程式具有多姿多彩的姿态、姿势。

表演类

表演类茶道是为了满足观众观摩和欣赏需要而进行演示的一种茶道类型。

表演类茶道又是一种综合的艺术创造活动,表演过程中的每一瞬间,以及动作、音乐、器具、整体环境的和谐与协调无不体现着创作者、设计者、表

演者的综合文化素养与艺术造诣。

表演类茶道在提供人们茗饮享受和精神享受的同时，还轻松怡然地向人们传递某种人生感悟。表演类茶道是展示与传授沏茶技法和品饮艺术的一种方式，也是观众了解、学习茶道的一种渠道，更是人们了解传统文化、民俗文化和提高审美情趣的一种途径。

为了提高表演效果，除了要注意表演台、奉茶处所等安排要方便品茗者观看，还需改善背景效果，选择、设计相宜的音乐配合其间。此外，表演者的服装与发型应与所表演的主题相符合，能有效地衬托表演的主题，使观众集中注意力，容易理解和认同表演型茶道。服装应得体，衣着端庄、大方，符合审美要求，还应考虑服饰和茶具的融合与协调。如"唐代宫廷茶礼"表演，表演者的服装与发型应是唐代宫廷服装与发型，并使用仿唐代宫廷的茶具，配置唐代宫廷音乐；"白族三道茶"表演者穿白族的民族特色服装，并使用白族特有的专用茶器具，配置白族的民族音乐；"禅茶"表演者则穿禅衣为宜，使用佛家专用茶器具，背景音乐采用佛教音乐等。

表演类茶道的种类繁多，单就宗教类的就有道教的道茶、神仙茶、太极茶；佛家的禅茶、童子茶、佛茶、观音茶、罗汉茶；宫廷类的仿唐宫廷茶、满族宫廷茶、皇家茶艺；民俗类的白族三道茶、阿婆茶、傣族竹筒茶、佤族烤茶、拉祜族火炭茶；名茶类的有绿茶系列、红茶系列、乌龙茶系列等。

第七节　茶与儒、佛、道

茶道与儒家

儒家崇尚"中庸之道"，中庸之道亦被看成是我国人民的智慧。它反映了我国人民对和谐、平衡以及友好精神的认识与追求。茶虽然对人的神经有一定的刺激兴奋作用,但它的基本诉求是:和而不乱,嗜而敬之。品茶的特有氛围能使人沉静,把心放在闲处,从而使人可以冷静地处理日常事务。

茶性与人性

中国人尊崇孔孟之道,尊儒学,重礼教,正因为有了儒家的学说和思想,才成就了我国的礼仪之邦。儒家的学说和思想一直是我国古代封建社会的精神支柱,其影响之深广,远远超过佛教和道教。

虽然现代人已经认识到了封建礼教对社会发展的负面影响,但我们不可否认儒家的思想观念早已根深蒂固地扎根于我们的生活之中,想彻底消除它的影响几乎是不可能的。往往在不经意间,在生活的细微处,我们都可以找到儒家思想在我们身上留下的痕迹。

儒家思想的主张是崇尚礼乐,他们在人们日常的品茗中亦发现了"修身,齐家,治国,平天下"的大道理。从中挖掘出了处世的进退之道。

早在南北朝以前更早的时期,茶就被用在祭礼之上。茶道重礼,这和儒家重礼异曲同工。陆羽甚至认为,在进行茶道时,"二十四器缺一,则茶废矣。"茶道礼仪之严,可见一斑。

我国自唐朝以来,宫廷中的重要活动(春秋大祭、殿试,以及举行的群臣大宴等等)都有一定的茶仪茶礼,以示尊重。进入宋代,儒家更将茶礼引入了老百姓的日常生活之中。就是所谓的家礼之中,如普通家庭中的婚丧嫁娶修屋筑路待客等大事,无不举行茶礼。甚而有"无茶不成礼"的说法,客来敬茶的说法也是因此而来,由此可见儒教的礼制在当时社会的影响之深入。

茶道器具的配合务求和谐,环境务求清静雅致,在形式上和内容上必须和谐统一。这从陆羽的风炉设计思路上都可以看得出来。

儒家认为饮茶可以使人清醒,更可以使人更多的自省,可以养廉(茶以养廉),可以修身,可以修德。

唐代刘贞亮曾总结过茶的"十德",除了"以茶尝滋味""以茶养身体""以茶驱睡气""以茶散郁气""以茶养生气""以茶除病气"之六德之外,他似乎更看重精神性的另四德:"以茶利礼仁""以茶表敬意""以茶可雅心""以茶可行道"。这些都代表了儒家的观点。

"茶最宜精行俭德之人",(见陆羽·《茶经·一之源》),所以认为品茶之人,品德至为重要,茶道强调了茶对于人格的自我完善性的重要性。

品茶一旦上升到了与人格节操相对应的高度,也就是对茶的清淡宁静品格的欣赏十分和谐地统一起来了。人品和茶品的高度统一,就无意中达成了心灵与自然的自然契合,这正是儒家所要求的"天人合一"的最高境界。

茶品与人品

古人认为,喝茶是雅事,所以,一起喝茶的人亦不能太俗。因而就有了品茶、品人,茶品、人品之说。在这一方面,古人是丝毫不会含糊的。

明人屠隆在《考槃余事》中说:"使佳茗而饮非其人,犹汲泉以灌蒿莱,罪莫大焉;有其人而未识其趣,一吸而尽,不暇辨味,俗莫大焉。"

明人陆树声与徐渭都作有《煎茶七类》之文,二人把"人品"列在首位。陆树声说:"煎茶非漫浪,要须其人与茶品相得。"徐渭也说:"煎茶虽微清小雅,然要须其人与茶品相得。"

同时代的许次纾在他所著的《茶疏》"论客"一节中说:"宾朋杂沓,止堪交错觥筹;乍会泛交,仅须常品酬酢。惟素心同调,彼此畅适,清言雄辨,脱略形骸,始可呼童篝火,汲水点汤。"

陈继儒在其所著的《岩栖幽事》中则说:"一人得神,二人得趣,三人得味,七八人是名施茶。"由此可见,品茶时的人数是有严格限制的,否则就落下了"施茶"的话柄。张源在《茶录》中亦有类似的说法:"饮茶以客少为贵,客众则喧,喧则雅趣乏矣。独啜曰神,二客曰胜,三四曰趣,五六曰泛,七八曰施。"

茶道与僧道

茶道是中国的本土文化,而佛教来自异域,这中间有什么必然的联系吗?其实茶道的大兴,佛教也是功不可没。有这么一个传说:公元475年,达摩法师取道海路,经过几年的努力,才在中国的广东登陆。当时,魏王热衷于佛教,特此邀请达摩法师来到金陵(即现今的南京),达摩广设禅宗,一心培养弟子,在窑洞里修行了9年。有一传说:当他坐禅感到疲倦时便口嚼茶叶。消除睡意。又传说,他取下自己的眼皮扔到地上而变成了茶叶。这些传说是否真实,不得而知。后来,达摩法师逆长江而上,在回印度的途中成了佛。

实际的情形是当佛教刚刚传入我国时,其影响也是极为微弱的。当时的佛教传播者意识到要使佛教真正地扎根于中国,就必须和中国的国情相容。否则的话,传播佛教的目的几乎是不可能的任务。茶是一个很好的媒介。因此,茶道与佛教相互借力,就有了今天的茶道的兴盛和佛教在中华大地的广为流传。

渊源

茶和佛教的关系,是一个相互促进的关系,在现实的生活上,佛教特别是禅宗需要茶叶来协助修行的功能,而这种嗜茶叶的风尚,又促进了茶业的发展。而精神境界上,禅是讲求清净、修心、静虑,以求得智慧,开悟生命的道理:茶是被药用特用作物,有别于一般的农作物,它的性状与禅的追求境界颇为相似。于是"禅茶一味""茶意禅味",茶与禅形成一体,饮茶成为平静、和谐、专心、敬意、清明、整洁,至高宁静的心灵境界。饮茶即是禅的一部分,或者可以说:"茶是简单的禅""生活的禅"。

往往名寺都有好茶,这几乎是一定之规律,我们不禁要问,这又是为什么?其实道理很简单,佛门清修,讲究的就是清心寡欲,修身养性,心静如水。品茶时也讲究清、静、洁、和，这和佛教的主导思想不谋而合，这也就难怪人们会说"茶禅一味"，这里面还是有它的道理的。

早在晋代，佛教和茶就结下了缘。相传晋代名僧慧能曾在江西庐山东林寺以自制的佳茗款待挚友陶渊明"话茶吟诗，叙事谈经，通宵达旦"。佛教和茶结缘对推动饮茶风尚的普及并向高雅境界以至发展到创立茶道，做出了不可磨灭的贡献。

西汉末期，作为世界三大宗教之一的佛教自印度传入中国；东汉初，在封建统治阶级中间流行，宣扬"人死精神不灭"，因果报应，不杀生，不偷盗，不淫邪，不妄言，不饮酒，慈悲为本，行善修道等等教义。由于当时战乱频繁，硝烟四起，人民生命涂炭，劳苦大众，富贵荣禄者都可以从佛教教义中得到精神上的慰藉，统治阶级则可以利用佛教麻醉人民，因而传播很快。

佛教的传播者认识到，要使佛教在中国扎根必须与中国国情相糅合。佛教传入中国，在思想意识形态和教义上竭力吸收我国传统文化，并互相渗透互为影响。东晋后期，佛教领袖慧远竭力把儒家封建礼教和佛教因果报应沟通起来，宣扬孝顺父母，尊敬君主，是合乎因果报应教义的。并直接提出"佛儒合明论"。隋唐时代一些佛教宗派，是调和中国传统思想而创立的，华严宗学者宗密用《周易》"四德"（元、亨、利、贞）调和佛身"四德"（常、乐、我、净）。以"五常"（仁、义、礼、智、信）调含"五戒"（不杀生、不偷盗、不淫邪、不饮酒、不妄言）力图两者相融合。北宋天台宗学者智园，宣扬"非仲尼之教，则国无以治，家无以宁，身无以安"。而"国不治，家不宁，身不安，释氏之道，何由而行哉？"他还提出"修身以儒，治心以释"儒释共为表里的主张，因而发展成为有中华民族特色的宗教。

渗透

佛教对茶道的渗透，史料中有魏晋南北朝时期丹丘和东晋名僧慧远嗜茶的记载。可见"茶禅一味"源远流长。但形成气候始于中唐。

中唐时期，虽然经历了七八年政治动乱，相继又出现了"中兴"时期，由于北方民生凋敝，国家财源发生危机，有识之士认识到南方气候温和，雨水充沛，土壤肥沃，资源丰富，大面积的土地特别是山区没有得到合理开发利用，潜力很大，因而动员

明慧茶院：背景明慧茶院，地处西山之麓，隐于千年古刹大觉寺之内。

全民垦荒，扩大粮食作物等种植面积，增加国家税赋收入，收到显著效果，茶叶生产也就是在这种形势下蓬勃发展起来的。这是茶道形成的社会基础。

陆羽"更隐苕溪"后，以湖州为中心，积极开展茶事活动，与皎然、李冶、颜真卿、孟郊等名僧贤达交往密切，他们谈经论道，品茗赋诗，从而推动了茶道的形成和发展。

茶道的兴起，推动了寺院中茶会、茶宴和各种形式茶道的流行。

寺院僧侣敬神、坐禅、念经、会友终日离不开茶。禅茶道体现了自然、朴素、养性、修心、见性的气氛，也糅合了儒家和道家思想感情。唐僖宗以皇家最高礼仪秘藏在法门寺地宫金银系列茶具从设计、塑造和摆设的位置（和佛骨舍利同放在后室）更令人信服地认识到"茶禅一味"的真谛。

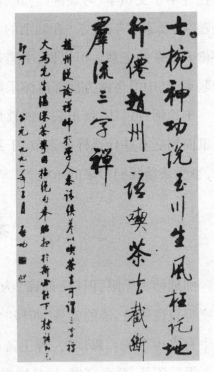

茶与佛教

唐朝茶业的兴盛与佛教兴盛是不可分开的，特别是佛教的禅宗影响茶业的发展特别大。根据封演所著《封氏闻见记》所载："开元中，泰山灵岩寺大兴禅教。学禅务于不寐，又不夕食，唯许饮茶，人自怀夹，到处煮饮，从此转相仿效，遂成风俗。"又根据陆羽《茶经·七之事》引释道悦《续名僧传》："宋释法瑶姓杨氏，河东人。永嘉中过江，遇沈台真，请真君武康小山寺，年垂悬车，饭所饮茶。永明中，敕吴兴礼致上京，年七十九。"又摘引《宋录》："新安王子鸾、豫章王子尚诣县济道人于八公山，道人设茶茗，子尚味之曰：此甘露也，何言茶茗？"从此可看出，在魏晋南北朝时期，我国的僧道在江淮以南的寺庙中，已经有尚茶的风气了。

有趣的是，被奉为茶圣的陆羽，自幼就被竟陵龙盖寺的智积禅师收养，并在寺中学文识字、习颂佛经，其后又于唐代诗僧皎然和尚结为"生相知，死相随"的缁素忘年之交。在陆羽的《自传》和《茶经》中都有对佛教的颂扬及对僧人嗜茶的记载。可以说，中国茶道从一开始萌芽，就于佛教有千丝万缕的联系，其中僧俗两方面都津津乐道，并广为人知的便是——禅茶一味。

不论何种说法，反正茶与佛教是结下了不解之缘了。对于爱茶人来说，这里面到底有些什么样的细节，于我们并不重要，重要的是如何饮好一杯好茶，享受茶给我们带来的乐趣。

茶与禅

佛理博大无限，但以"四谛"为总纲。传说释迦牟尼成道之后，第一次在鹿野苑说法时，谈的就是"四谛"之理。而"苦、集、灭、道"四第以苦为首。人生有多少苦呢？佛以为，有生苦、老苦、病苦、死苦、怨憎会苦、爱别离苦、求不得苦等等，总而言之，凡是构成人类存在的所有物质以及人类生存过程中精神因素都可以给人带来"苦恼"，佛法求的是"苦海无边，回头是岸"。参禅即是要看破生死观、达到大彻大悟，求得对"苦"的解脱。

苦

众所周知,清茶入口,第一反应就是——苦。初次品茶的人甚至还有可能将刚喝进口的茶喷口而出,只有久经沙场的老茶客才能品出其中的真味。

茶性本苦,这早在李时珍的《本草纲目》就有记载:"茶苦而寒,阴中之阴,最能降火,火为百病,火清则上清矣"从茶的苦后回甘,苦中有甘的特性,佛家可以产生多种联想,帮助修习佛法的人在品茗时,品味人生,参破"苦谛"。茶的这种与佛教的苦谛直有异曲同工之妙。这也就是为什么茶与禅密不可分的第一要素吧。

静

佛教主静。佛教坐禅时的五调(调心、调身、调食、调息、调睡眠)以及佛学中的"戒、定、慧"三学也都是以静为基础。佛教禅宗便是从"静"中创出来的。参禅时,必须静坐,这是到达空无的必由之路。只有在静虑中才能参悟高深的佛理。然而人在静坐静虑的过程中,难免会疲劳发困,这时候,能提神益思克服睡意的只有茶,茶便成了禅者最好的"朋友"。

凡

千利休是日本茶道的宗师,他曾说过:"茶之本不过是烧水点茶。"有如一名著名的禅师说的:佛就是,饿了就吃,困了就睡。茶和禅一样的道理,所有的都是简单的,禅是要求人们通过在静虑时,从平凡的小事中去领悟大道。茶道和禅具有同样的本质,也是从微不足道的日常生活琐碎的平凡生活中去感悟宇宙的奥秘和人生的哲理。

放

现代人往往有各种各样的苦恼,所有的这些苦恼皆缘于我们心底里有太多的欲望,这些欲望使我们的内心对太多的事情都"放不下",这是所有

苦恼的根源所在,在佛教的修行中,特别强调的就是"放下"。那么放下一切到底是放什么呢? 近代高僧虚云法师说:"修行须放下一切方能入道,否则徒劳无益。"放下的实质就是内六根,外六尘,中六识,这是佛教所称的十八界,所有的这些都要放下,总之,身心世界都要放下。放下了一切,人自然轻松无比,看世界天蓝海碧,山清水秀,日丽风和,月明星朗。品茶也强调"放",放下手头工作,偷得浮生半日闲,放松一下自己紧绷的神经,放松一下自己被囚禁的心性。

贡献

前面我们曾经讲过,"自古名寺出名茶"自古以来,僧人大多都爱茶、嗜茶,并将茶作为修身静虑的必备之物。为了自己的日常饮用和待客,寺庙大多都有自己专属的茶园,值得注意的是,在古代也只有寺庙最具备研究并发展制茶技术和茶文化的条件。僧人对茶的需要从客观上推动了茶叶生产的发展,为茶道的发展提供了可靠的物质基础。

《全唐诗》中载有:刘禹锡《西山兰若试茶歌》:"山僧后檐茶数丛,春来映竹抽新茸。宛然为客振衣起。自傍苦丛摘鹰嘴。斯须炒成满室香,便酌沏下金沙水。"诗僧齐己《闻道林诗友尝茶因有寄》:"枪旗冉冉绿丛园,谷雨初晴叫杜鹃。摘带岳华蒸晓露,碾和松粉煮春泉。"郑巢《送琇上人》:"古殿焚香处,清羸坐石棱。茶烟开瓦雪,鹤迹上潭水。"刘得仁《慈恩寺塔下避暑》:"僧真生我静,水淡发茶香。坐象东楼望,钟声振夕阳。"曹松《宿溪僧院》:"少年云溪里,禅心夜更闲;煎茶留静者,靠月坐苍山"。牟融《游报本寺》:"茶烟袅袅笼禅榻,竹影萧萧扫径苔"。李嘉祐《同皇甫御题荐福寺一公房》:"啜茗翻真偈,燃灯继夕阳。"武元衡《资圣寺贲法师晚春茶会》:"禅庭一雨后,莲界万花中。时节流芳暮,人天此会同"。李中《赠上都先业大师》:"有时来兴寻师去,煮茗同吟到日西。"黄滔的诗句"笔马松间不忍归,数巡香茗一枰棋。"由此可见,唐代寺庙的饮茶风气的兴盛状况,饮茶时间,

从初春到寒冬,从早晨到傍晚,从日落到深夜,可说是"穷日继夜"。从饮茶的活动来看,诵经、坐禅、饭店、纳凉、休息、吟诗、下棋等,都离不开茶。也可从中看出唐朝寺庙的寺前、寺后、庭中、墙外都种了茶,并且是自种、自制、自饮的。而中国北方的赵州高僧从稔禅师,曾留下"吃茶去"的偈语,更使得茶在寺庙僧团的生活中扮演着重要角色了。中国在唐朝的时代,饮茶的盛况已经普及全国。也正因为如此,自从唐代以后,无数的名僧为我们的史籍留下了不可胜数的茶史资料。

另外高僧们写茶诗、吟茶词、做茶画,或与文人唱和茶事,也丰富了茶文化的内容。佛教"梵我一如"的哲学思想及"戒、定、慧"三学的修习理念提升和深化了茶道的思想内涵,使茶道更有神韵。特别是"梵我一如"的世界观于道教的"天人和一"的哲学思想相辅相成,形成了中国茶道美学对"物我玄会"境界的追求。

郑板桥有一副对联写得很妙:"从来名士能评水,自古高僧爱斗茶。"佛门寺院持续不断的茶事活动,对提高茗饮技法,规范茗饮礼仪等都大有帮助。在南宋宗开禧年间,经常举行上千人大型茶宴,并把四秒钟的饮茶规范纳入了《百丈清规》,近代有的学者认为《百丈清规》是佛教茶仪与儒家茶道相结合的标志。

要真正理解禅茶一味,全靠自己去体会。这种体会可以通过茶事实践去感受。也可以通过对茶诗、茶联的品位去参悟。

名寺出名茶

所谓"名寺出名茶",在寺僧的努力培植下,在历代都出现知名的茶来,唐朝《国史补》中提到的一些名茶,例如:福州方山露芽、剑南蒙顶石花、岳州澧湖含膏、洪州西山白露、荆州荆门团黄等等。北宋时,苏州西山水月庵的"水月茶"、杭州于潜"天目山茶"、宣州宁国的"鸠山茶"、扬州"蜀冈茶"、会稽"日铸"、洪州"双井白芽"等等。这些历史名茶,就是出于寺僧创制、宣传出来的珍品。至于近代的一些名茶，例如"黄山毛峰"，主要产地是安徽省黄山松谷庵、吊桥庵和云谷寺一带；"六安瓜片"的极品，是产于齐云山的水井庵；"霍山黄芽"，主要产在安徽省大别山的太阳乡长岭庵；而休宁"松萝茶"是产在安徽省的歙县，是明朝比丘大方结庵于松萝时所创制的名茶。

从各种茶诗、茶文和名茶的出现，无不表明茶与佛教的关系密切，佛教需要茶，而茶通过由佛教寺庙的建立、寺僧的研究采制技术、讲究品饮艺术及茶文学的宣传等等过程逐步发展。

吊桥庵

因此，今天讲茶艺，研究茶文化，已经脱离不了宗教的关系，所以饮茶文化或者饮茶生活，也算是某一种生活的信仰，某一种信仰的生活了，而无需要再问饮茶时是否要信仰那一种宗教才行。

中国茶道得佛教文化的滋养，如石蕴玉，如水含珠。在茶道中佛典和禅语的引用，往往可启悟人的慧性，帮助人们对茶道内涵的理解，并从中得到悟道的无穷乐趣。

无

"无"是历史上禅僧常书写的一个字，也是茶室中常挂的墨宝。"无"不是世俗所说的"无"，而是超越了世俗认为的"有""无"之上的"无"，是佛教的世界观的反映。讲到"无"，不能不提起五祖传道的典故。禅宗五祖弘忍在将传授衣钵前曾召集所有的弟子门人，要他们各自写出对佛法的了悟心得，谁写得最好就把衣钵传给谁。弘忍的首座弟子神秀是个饱学高僧，他写道：

身是菩提树，心如明镜台。

时时勤拂拭，莫使惹尘埃。

弘忍认为这偈文美则美，但尚未悟出佛法真谛。而当时寺中一位烧水小和尚慧能也做了一偈文：

菩提本无树，明镜亦非台。

本来无一物，何处惹尘埃。

弘忍认为，"慧能了悟了"。于是当夜就将达摩祖师留下的袈裟和衣钵传给了慧能。因为慧能明白了"诸性无常，诸法无我，涅槃磐寂静"的真理。只有认识了世界"本来无一物"才能进一步认识到"无一物中物尽藏，有花有月有楼台。"茶学界普遍认为，只有了悟了"无"的境界，才能创造出"禅茶一味"的真境。"无"是茶道艺术创造的源泉。

直心是道场

茶道界把茶室视为修心悟道的道场。"直心"即纯洁清静之心，要抛弃一切烦恼，灭绝一切妄念，存无杂之心。有了"直心"，在任何地方都可以修心，若无"直心"就是在最清静的深山古刹中也修不出正果。

茶道认为现实世界即理想世界，求道、证道、悟道在现实中就可进行，解脱也只能在现实中去实现。"直心是道场"是茶人喜爱的座右铭。

平常心是道

"平常心"是指把"应该这样做，不应该那样做"等等按世俗常规办的事的主观能动彻底忘记，而应保持一个毫无造作，不浮不躁，不卑不亢，不贪不嗔的虚静之心。

茶道与道家

中国茶道和日本茶道的最大区别在于更讲究自然，随意，少了日本茶道的繁文缛节，更体现了我国传统文化的内涵。由前文我们知道了茶道在佛教中更加强调茶道与禅的融合，也就是所谓的"禅茶一味"，以茶助禅，以茶礼佛，在品茶的过程中体味禅道，茶道的苦寂，使品茶不知不觉中了悟佛理

禅机,从而达到了修身养性,明心见性的目的。

道家的学说和佛教的思想却有所区别。道家的理念是追求"天人和一",表现在茶道之中亦是如此,这一理念也就是后来的茶道的灵魂。道家的思想在茶道中同时还提供了崇尚自然,崇尚朴素,崇尚真的美学理念和重生、贵生、养生的思想。所有的这些理念主要表现在以下几个方面:

亲近自然

亲近自然的主旨在于在茶道之中表现出人对回归自然的渴望,以及人对"道"的本质的认知。具体地说,亲近自然的主要表现为品茶人在品茶时乐于与自然亲近,在思想情感上能与自然交流,在人格上能与自然相比拟并通过茶事实践去体悟自然的规律。这一思想正是道家"天地与我并生,而万物与我唯一"思想的典型表现。中国茶道与日本茶道不同,中国茶道表现品茶之人在品茶时追求寄情于山水,忘情与山水,心融于山水的境界。元好问的《茗饮》:

> 宿醒来破厌觥船,紫笋分封入晓前。
>
> 槐火石泉寒食后,鬓丝禅榻落花前。
>
> 一瓯春露香能永,万里清风意已便。
>
> 邂逅化胥犹可到,蓬莱未拟问群仙。

就是茶人在品茗时天人合一契合自然的具体写照。诗人以槐火石泉煎茶,对着落花品茗,一杯春露一样的茶能在诗人心中永久留香,而万里清风则送诗人梦游华胥国,并羽化成仙,神游蓬莱三山,可视为人化自然的极致。茶人也只有达到人化自然的境界,才能化自然的品格为自己的品格,才能从茶壶水沸声中听到自然的呼吸,才能以自己的"天性自然"去接近,去契合客体的自然,才能彻悟茶道、天道、人道。

自然化的人

"自然化的人"也即自然界万物的人格化、人性化。中国茶道吸收了道家的思想,把自然的万物都看成具有人的品格、人的情感,并能与人进行精

神上的相互沟通的生命体,所以在中国茶人的眼里,大自然的一山一水一石一沙一草一木都显得格外可爱,格外亲切。

在中国茶道中,自然人化不仅表现在山水草木等品茗环境的人化,而且包含了茶境以及茶具的人化。

对茶境的人化,平添了茶人品茶的情趣。如曹松品茶"靠月坐苍山",郑板桥品茶邀请"一片青山入座",陆龟蒙品茶"绮席风开照露晴",李郢品茶"如云正护幽人堑",齐己品茶"谷前初晴叫杜鹃",曹雪芹品茶"金笼鹦鹉唤茶汤",白居易品茶"野麋林鹤是交游",在茶人眼里,月有情、山有情、风有情、云有情,大自然的一切都是茶人的好朋友。诗圣杜甫的一首品茗诗写道:

> 落日平台上,春风啜茗时。
>
> 石阑斜点笔,桐叶坐题诗。
>
> 翡翠鸣衣桁,蜻蜓立钓丝。
>
> 自逢今日兴,来往亦无期。

全诗人化自然和自然人化相结合,情景交融、动静结合、声色并茂、虚实相生。

苏东坡有一首把茶人化的诗:

> 仙山灵雨湿行云,洗遍香肌粉未匀。
>
> 明月来投玉川子,清风吹破武林春。
>
> 要知冰雪心肠好,不是膏油首面新。
>
> 戏作小诗君莫笑,从来佳茗似佳人。

正因为道家"天人合一"的哲学思想融入了茶道精神之中,在中国茶人心里充满着对大自然的无比热爱,中国茶人有着回归自然、亲近自然的强烈渴望,所以中国茶人最能领略到"情来爽朗满天地"的激情以及"更觉鹤心杳冥"那种与大自然达到"物我玄会"的绝妙感受。

尊人

中国茶道中,尊人的思想在表现形式上常见于对茶具的命名以及对茶的认识上。茶人们习惯于把有托盘的盖杯称为"三才杯"。杯托为"地"、杯盖为"天",杯子为"人"。意思是天大、地大、人更大。如果连杯子、托盘、杯盖一同端起来品茗,这种拿杯手法称为"三才合一"

贵生

贵生是道家为茶道注入的功利主义思想。在道家贵生、养生、乐生思想的影响下,中国茶道特别注重"茶之功",即注重茶的保健养生的功能,以及怡情养性的功能。

道家品茶不讲究太多的规矩,而是从养生贵生的目的出发,以茶来助长功行内力。如马钰的一首《长思仁·茶》中写道:

一枪茶,二枪茶,休献机心名利家,无眠未做差。

无为茶,自然茶,天赐茶心与道家,无眠功行加。

可见,道家饮茶与世俗热心于名利的人品茶不同,贪图功利名禄的人饮茶会失眠,这表明他们的精神境界太差。而茶是天赐给道家的琼浆仙露,饮了茶更有精神,不嗜睡就更能体道悟道,增添功力和道行。

更多的道家高人都把茶当作忘却红尘烦恼,逍遥享乐精神的一大乐事。对此,道教南宗五祖之一的白玉蟾在《水调歌头·咏茶》一词中写得很妙。

二月一番雨,昨夜一声雷。枪旗争展,建溪春色占先魁。采取枝头雀舌,带露和烟捣碎,炼作紫金堆。碾破春无限,飞起绿尘埃。 汲新泉,烹活火,试将来,放下兔毫瓯子,滋味舌头回。唤醒青州从事,战退睡魔百万,梦不到阳台。两腋清风起,我欲上蓬莱。

坐忘

"坐忘"是道家为了要在茶道达到"至虚极,守静笃"的境界而提出的致静法门。受老子思想的影响,中国茶道把"静"视为"四谛"之一。如何使自己在品茗时心境达到"一私不留"、一尘不染,一妄不存的空灵境界呢?道家也为茶道提供了入静的法门,这称之为"坐忘",即忘掉自己的肉身,忘掉自己的聪明。茶道提倡人与自然的相互沟通,融化物我之间的界限,以及"涤除玄鉴""澄心味象"的审美观照,均可通过"坐忘"来实现。

无己

道家不拘名教,纯任自然,旷达逍遥的处世态度也是中国茶道的处世之道。道家所说的"无己"就是茶道中追求的"无我"。无我,并非是从肉体上消灭自我,而是从精神上泯灭物我的对立,达到契合自然、心纳万物。"无我"是中国茶道对心境的最高追求,近几年来台湾海峡两岸茶人频频联合举办国际"无我"茶会,日本、韩国茶人也积极参与,这正是对"无我"境界的一种有益尝试。

道法自然,返璞归真

中国茶道强调"道法自然",包含了物质、行为、精神三个层次。

物质方面,中国茶道认为:"茶是南方之嘉木。"是大自然恩赐的"珍木灵芽",在种茶、采茶、制茶时必须顺应大自然的规律才能产出好茶,行为方面,中国茶道讲究在茶事活动中,一切要以自然味美,一切朴实味美,动则行云流水,静如山岳磐石,笑则如春花自开,言则如山泉吟诉,一举手,一投足,一颦一笑都应发自自然,任由心性,毫不造作。

精神方面,道法自然,返璞归真,表现为自己的性心得到完全解放,使自己的心境得到清静、恬淡、寂寞、无为,使自己的心灵随茶香弥漫,仿佛自己与宇宙融合,升华到"无我"的境界。

第三章　茶的品鉴

俗话说："开门七件事,柴、米、油、盐、酱、醋、茶。"在中国几乎人人都会喝茶,但要品饮到一杯香茶却非易事。明代茶人许次纾在《茶疏》中说:"茶滋于水,水借乎器,汤成于火,四者相须缺一而废。"也就是说要想喝到一杯好茶,不仅要有好茶、好水、好茶具、好的冲泡方法,还要讲究好的环境和氛围。这样看来饮茶还真是一门学问呢!

第一节　茶的制作

茶是人类生活必须饮料,茶叶的制造加工受到人文环境、文化背景、地理环境以及品种、消费者习惯等诸多因素的影响而变化多端,复杂无比。因此,要讨论茶的制造的过程,必须包涵多个角度,如市场、产地、栽培品种、形状等,但由于茶的制造始自中国,中国茶叶加工发酵过程为骨干。因此本节系以发酵为主要介绍内容,而推及其他内容。

发酵在茶叶的制造上可解释为茶叶中所含的酵素作用,引起茶叶成分的变化,因此茶在制造上依此分成三大类。

1.不发酵茶

绿茶所属之龙井、瓜片、珠茶、眉茶、碧螺春、煎茶、玉露番茶、抹茶皆包括在类。

2.半发酵茶

乌龙包种、冻顶、铁观音、青眉、白毛猴、白牡丹、莲心、银针武夷、水仙等为主。

3.全发酵茶

红茶所属小叶种红茶、阿萨姆红茶等皆包括在内。

不发酵茶

不发酵茶的制造,以保持大自然绿叶的新鲜,重现新绿为原则,自然、清香、清纯、而不带苦涩是其最高要求,我国高级绿茶如杭州龙井以及太湖东西山的碧螺春的制造,以手工为主,少量加工,从有明一代以后,发展成固定技艺,至今绿茶的制造,仍不脱其范畴。

一、炒青

茶叶脱离母枝后,酵素开始作用(水分开始蒸发),为了中止其发酵,必须杀青。以蒸气行之,称为蒸青,以热锅宝行之,称为炒青。中国高级绿茶的制造,一向以小锅炒青,从明代传下来的制茶绝艺,光是炒青一项就包含了散、抖、带、甩、挤、挺.抠、扣、抓、扪、荡、拓、捏、压、磨、搓、揉等 18 种不同手法。日本制造绿茶,则用蒸青。台湾绿茶以外销为主,杀青系以滚筒加温,由自动给叶机送人。杀青后的茶叶重量约减少 1/3,杀青后的叶质柔软均匀,不焦不黄,无青臭味。

二、揉捻

杀青后的茶叶以输送带送入揉捻机揉捻,揉捻的目的在成形及破坏茶叶细胞组织(使茶汁易溶),揉捻可分 3~4 个步骤。初揉及再揉,中揉及精揉。揉捻的过程中,原料的判断,如叶的老嫩,时间的控制,必须恰到好处,以保持色泽及滋味。

如粗老茶叶,要加长时间;在揉捻中,必使茶叶条型聚结而不碎,弹性良好,有光泽而无异味,若带银灰色则为精揉过度。

三、干燥

再干整形为绿茶最后步骤,以回旋方式,用热风吹拂反复翻动,让水分逐渐减少，直至茶叶颜色鲜绿而富光泽，茶片成叶梗干燥完全者，易揉成茶末。在干燥中，最重要的是不可让茶叶有焦叶或其他人工异味。

绿茶之制法单纯品质较易控制，在品种的选择上，以叶绿素含量多，茶单宁含量少为佳。最适制的品种有青心乌龙、台茶五号、青心大有，日本薮北种等，不适合制造的为条枝红心、台湾山茶、阿萨姆大叶种。

在低温茶区，在低温时间（16℃~22℃）较适制造。须注意露水及雨水对品质的影响，在形状上条型为眉茶，珠形为绿茶，茶角、茶末、茶梗、茶头为副茶。

半发酵茶

半发酵茶的制造，为中国制茶的特色。全世界的茶叶制造，没有能较其做法之繁复，变化之复杂、手段之细腻，也当然无一能及其品质之优越者。套句俗话说正是"仅此一家，别无分号"。

中国茶叶在唐时即已盛行民间饮用，由于民生之富庶及王室对茶之要求，遂使茶叶之产制日益精进，从陆羽茶经之制造法到宋蔡襄"茶绿"，可以看出制茶方式、形态之演变。自宋以来，武夷山产制之茶，已开始驰名天下，如龙团、凤饺、御苑玉芽等贡品，都是武夷茶区的特产。台湾居民祖先，远自大陆移入，制茶技术，亦传自大陆。半发酵茶的鼻祖，应始自严茶，依此为蓝本，再参照铁观音或白茶的加工技术，可依各地传入不同之品种，配合季节、茶芽的特性，靠经验之累积及技术的修正，才演变成今日文山包种、老田寮的乌龙，一定形式不同色香味的半发酵特色产品。

顾名思义，半发酵茶的发酵应在50%。其实，半发酵茶只是一泛称，轻酵如包种茶，重如铁观音，举凡在红茶与绿茶之间，皆可称之。

发酵之定义，换言之就是酵素的氧化，其科学依据假定，绿茶中，儿茶素的含量是100%，则包种茶减少12.7%左右，乌龙茶减少58.7%左右，红茶减少87.2%左右，换句话说，以儿茶素为依据，包种茶的儿茶素含量为87.3%，乌龙茶为41.3%，红茶仅为12.8%。儿茶素含量越多，水色越浅，反之越深，松柏常青茶与冻顶青茶,属较特殊之一种,其儿茶素含量在 70.80%,氧化了20% ~ 30%。

半发酵茶的制造,前述的氧化作用只是过程中,诸多化学变化的一种,由于其成品多属高级茶,品质之控制无法随心所欲,即使加工技术已非常高超,尚须加上天时、地利的配合,工作辛劳,人工成本高、效率低一直是尚未克服的难题。

制造半发酵茶的首先要考虑的是茶树之品种,这也是半发酵茶四种类型中相同的要件,这样才能保持优良品种的特质,产制技术亦以品种为中心,从育苗、栽培、采摘,均有一定法则。如银针之摘一心,乌龙之一心二叶,寿眉之采至第三叶,包种茶之嫩叶对口开面存点芽为优。

包种茶的制造

包种茶系半发酵茶类中属发酵程度较轻的一种茶类,茶叶中儿茶素类8% ~ 18%被氧化,外观色泽碧绿,茶汤水包山蜜绿至蜜黄或金黄锴,滋味甘醇有活性,香氧清纯具茶香。我国包种茶区分布极广,而以广东、广西、福建、台湾包种茶最具代表性,其他如冻顶茶、松柏常青、苗栗明德茶等亦属包种茶类。

制造方法:

1.茶菁原料

(1)制造包种茶,茶菁之选择以对口叶质矛盾,叶肉肥厚、色呈淡绿者为佳。

(2)如施用氮肥过多,鲜叶颜色呈浓绿,水分含最高。制成茶叶色泽蝉黑,香气不扬。

(3)茶菁原料品质不同者(如不同品种,上午菁、下午菁、晚菁等)宜分别制造,以利品质控制。

(4)适当控制茶菁入厂量,以当日菁当日制完为原则,茶菁入厂后应立即摊开散热(尤其是气温高时),以免鲜叶因闷热红变生成"死茶"。

2.日光萎凋(或热风萎凋)

(1)日光萎凋法:将茶菁摊于麻布埕或筛(每平方公尺摊放 0.6~1.0 公斤生叶)置日光下晒萎凋,萎凋叶画温度(或称日晒温度)以 30~40℃ 为宜,口晒温度高于 40℃ 时宜用纱网遮阴以免晒伤变成"死菜"。萎凋过程中视茶菁水分消散情形经翻二至三次使萎凋平均,萎凋时间一般为 10~20 分钟(太阳微弱时可延长至 30~40 分钟。视茶菁水分消散情形而定)。

(2)热风萎凋法:日晒温度在 28℃ 以下或阴雨天气寸,宜以热风萎凋代替口光萎凋。利用热风萎凋的方式有二种:一为设置热风萎凋室群用于燥机或热风炉之热风以风管导入室内萎凋架下方(切忌热风直接吹向茶菁),室内另设新鲜空气的入口及出口,使空气对流,热风萎凋室之温度以 35~38℃ 为宜(热风温度 40~45℃)。摊叶厚度每平方公尺 0.6~2.0 公斤生叶,萎凋时间一般为 20~50 分钟。另一种方式为设置送风式萎凋机,将生叶平均摊放于萎凋槽内,摊叶厚度 5~10 厘米.热风温度 35~38℃,风速每分钟 40~80 米.萎凋所需时间一般为 10~30 分钟。热风萎凋进行中宜轻翻茶菁二至三次使茶菁萎凋均匀,雨水菁宜多翻几次使叶表水分容易消失而易于萎凋之进行。

3.室内萎凋及搅拌

(1)茶菁经日光萎凋或热风萎凋,即移入常温的萎凋室薄摊于筛,摊叶厚度每平方米 0.6~1.0 公斤,静置 1~2 小时叶缘因水分蒸散而呈萎凋起微波纹时行第一次搅拌,动作宜轻,时间宜短(约搅拌一分钟)。

(2)随搅拌次数之增加而动作渐次加重,搅拌时间亦随之增长,摊叶亦逐渐增厚,而静置时间可逐渐缩短,一般搅拌次数为 3~5 次,每次搅拌后静置时间为 60~1 20 分钟。

(3)最后一次搅拌已午时夜分,气温猛降,故静置时摊叶宜厚,若为初春,冬初低温期中,则搅拌后宜将茶菁装入高 60 公分之竹篮中静置,以提高叶中温加速发酵作用的进行而产生包种茶特有的香气与滋味。

(4)最后一次搅拌后静置 60~180 分钟,俟臭菁味消失而发出清香时即予炒青。

（5）室内萎凋,第一次与第二次搅拌程度,包种茶极为轻微,仅将鲜叶轻轻拨动翻转而已,若初时下手过重则生叶容易受伤而引起"包水"现象,致使外观色泽暗黑滋味苦涩,但室内萎凋时若搅拌不足则包种茶特有之香气不扬,甚而具臭菁味,因此须视茶树品种、茶菁性质,季节与天候状况调整室内萎凋所需时间及搅拌次数。

4.炒青

（1）炒青可利用手炒锅或炒青机,炒青温度以160~180℃,初炒时具"拍,拍"声响为宜。

（2）炒青时间随茶青性质及投入量而异,炒至无臭菁味,以手握之叶软有疏松感,芳香扑鼻即可,包种茶切忌炒青过度,叶缘有刺手感或炒焦,亦不可起锅太早,茶菁未炒熟致成品带菁味及红梗。

5.揉捻

（甲）条型包种茶之揉捻法:

茶叶炒青完成出锅后,以手翻动2~3次使热气消散,随即投入揉捻机胴内揉捻,包种茶之外观不重视芽尖及白毫,故稍重揉捻无妨,即初次揉捻6~7分钟稍予放松解块扬去热气,再加压揉捻3~4分钟,可增加外形之美丽。

（乙）半球型包种茶之揉捻:

半球型包种茶是将茶叶经此特殊的团揉过程,才能获致其独特的外观与风味。团揉时火候(温度)、压力及水分消散速率之控制,对半球型包种茶的外观及滋味影响甚大,半球型包种茶之揉捻包括:初揉、初干及团揉(包布揉及覆炒)等三大步骤,兹分别说明如下:

（1）初揉:

半球型包种茶之初揉与条形包种茶之揉捻法相同。

（2）初干及静置:

将揉捻叶解块后置乙种干燥机(手拉式干燥机)初:初干至茶叶表面无水握之柔软有弹性不粘手(俗称半干)。茶叶加工制造至此时已深夜,可将初干之茶叶摆于竹制容器里,置避风处静置,隔日再行团揉。

（3）团揉：

将初干之茶叶先以圆筒炒青机或焙笼或乙种干燥机加热回软,加热至叶中温达 60~65℃,再装入特制之布球袋中,以布球揉捻机或手工行团揉。团揉时宜不时解袋松茶。再覆火,再团揉之,使茶叶中水分慢慢消散,茶叶外形逐渐紧结。

6.干燥及焙火

（1）干燥机干燥法：

使用甲种干燥机干燥茶叶,于干燥机热风进口温度在 100~105℃时,将茶叶依干燥机之能量（摆叶厚度 273 厘米）进行干燥,所需时间为 25~30 分钟。

若茶叶过于粗老,为使条型美观,可采用二次干燥法,即先将茶叶初干（以干燥机烘焙 6~10 分钟）,然后再取出摊凉回润,再以揉捻机复揉整型,增进条索美观,然后行第二次干燥,此时热风温度以 80~90℃为宜。

（2）焙笼干燥法：

将揉捻后之茶叶摊于焙笼中（每笼约摊 2 公斤）置焙炕上烘焙之,以焙火温度 105~110℃进行初焙.初焙应不时翻动茶叶,以使茶叶平均干燥,翻茶时应将焙笼移出焙炕,以免茶末掉落火中燃烧生烟,致使茶叶带烟味影响品质,初焙时间为 3~8 分钟,茶叶初焙完成,自焙笼中取出摊凉 30~60 分钟使叶中水分渗散均匀。再进行复焙,茶叶放入量可较初焙时增加一倍,焙火温度 85~95℃,所需时间 40~60 分钟,喜较高"火路"者可延长至 90~120 分钟。

乌龙茶的制造

乌龙茶制造法与包种茶制造法大致相同,仅选用茶菁原料之标准,萎凋程度,搅拌用力轻重及时间长短不同外,其他制造程序与包种茶大同小异,故仅就与包种茶制造上不同之处加以说明,读者可参考前述包种茶制造法,了解各制造过程之目的及要领而应用于乌龙茶之制造。

1.茶菁原料

制造乌龙茶,茶菁原料以选用心芽肥大,白毫多,叶质柔软之"一心二叶"为宜,高级乌龙茶(膨风茶)采一心二叶,至于入厂后茶菁之处理及其他注意要点同包种茶制造法。

2.日光萎凋(或热风萎凋)

制造乌龙茶其日光萎凋法与包种茶的制造相同,惟乌龙茶日光萎凋时间较长,萎凋程度较重,萎凋程度以叶面光泽消失,呈波浪状起伏,嫩梗部因消水表皮呈现皱纹,心芽及第一叶柔软下垂。萎凋完成时,茶菁重量减少率为25%~35%(即100公斤生叶,萎凋后剩下65~75公斤)。

3.室内萎凋及搅拌

制造乌龙茶,室内萎凋及搅拌方法同包种茶制造法,惟乌龙茶搅拌次数及搅拌力量较包种茶为多且重,乌龙茶第一次,第二次搅拌用力宜轻,切忌用力过重致茶叶受伤,走水不良,而呈"包水"现象,使茶叶发酵不正常致叶面呈黑褐色,外观欠艳丽,汤色不明亮。乌龙茶室内萎凋及搅拌得当,则茶叶走水正常,叶缘逐渐呈红褐色,心芽呈银白色,等到叶面1/3~2/3呈红色褐色且闻之有熟果香即可炒青。

4.炒青

乌龙茶炒青法同包种茶之炒青;只是乌龙茶萎凋较重。炒青前茶叶水分含量较少;故炒青温度宜较包种茶为低,其火力约为炒包种茶之八分火力,炒至菁味消失,发出熟果香,心芽呈银白色,以手握之叶缘微干脆有刺手感即可。

5.静置回润

此回润过程为制造高级乌龙茶特有之步骤,茶叶炒青后即用浸过清洁水之湿布包闷静置10~20分钟,使茶叶回软无干脆刺手感,揉捻时易于成型且避免碎叶及茶芽被揉损。

6.揉捻

乌龙茶(尤其是膨风茶)之外观不重条索之紧结,而重视揉捻度平均,芽叶完好无破损,更重白毫之有无,故揉捻时用力不可太重,揉捻时间宜短。

7. 干燥

乌龙茶干燥法同包种茶干燥法。但热风温度宜较包种茶低（约低10℃），且焙火时间不宜过长，一般行一次干燥即可。

红茶的制造

红茶在制造过程中与乌龙茶、包种茶最大不同之处，在于它不经过日光萎凋这个过程，而直接放在温室槽架上静置，让茶叶产生氧化作用有苦涩味的儿茶素被氧化掉约87%左右，所以它的滋味柔润而带焦糖香制成品因化学变化的稳定而不排斥其他摄加料，所以广受饮食偏向习惯性的欧美人所欢迎。以英国为例，其本身并不产茶，对红茶的调味加工技术却有百年以上历史，而其复制品行销全世界，并包括了原产红茶的国家。

高级红茶的采摘，以人工居多，标准采法是一心两叶，采摘季节与制成品品质的关系，恰好与包种茶相反，以春季所采制最差，夏、秋品质较优，优良的红茶，茶干乌黑油亮，带白毫，茶汤红艳剔透，香味成熟饱满。

采茶图

制造过程

采摘→萎凋→揉捻→解块→发酵→干燥→切断→筛分→风选→混合→装箱

绿茶的制造

绿茶的外观，随制茶种类不同而成：

针形（玉露）

扁形（龙井大方）

扁圆（煎茶）

圆珠形(珠茶)

卷曲(眉茶)

绿茶的色泽：

蒸青：碧绿带油光。

炒青：翠绿带白毫(高级龙井、碧螺春、毛峰)，或墨绿带灰光(眉茶)。

绿茶开汤后的水色，蒸青者较翠绿，炒青较黄绿，无论是蒸青或是炒青，其香气给人的感觉是清新而有新鲜感，如果打一个比方，它类似蔬菜烫煮后那种鲜香。茶汤滋味有活性、有鲜味、有甘味为佳，若有苦涩味及菁昧则表示在制造上有失败之处，绿茶制造过程最重要为杀青。

茶叶制造过程中，因叶片细胞与空气所产生的氧化作用程度不同，所以分类也不同，不发酵茶，即是未经氧化生成作用的茶通称之为绿茶。绿茶的茶菁，在采摘后，不经日晒或静置或搅拌：直接以高温抑制其氧化作用，用蒸氧为之称蒸青，用釜锅炒之谓炒青，一般言之蒸青制造，数量较多较大，炒青较少较积品质之优劣高下，极易判断。

(一)蒸青绿茶：覆下茶、煎茶、碾茶、抹茶、玉绿茶、番茶(茎茶、棒茶、粉茶、川柳茶)、珠茶(明前暇目等)。

(二)炒青绿茶：龙井、珠茶，眉茶、碧螺春、瓜片、毛峰、雀舌、云雾茶、蒙顶茶、松针、青花茶、信阳毛尖、泉岩辉白、涌溪火青、敬亭绿雪、六安瓜片等。绿茶含有丰富的维生素，以维生素 C 最多，是可以取代蔬菜的一种饮料。

制造过程：

采摘→杀青→揉捻→解块→干燥→再揉→干燥整型→切断→筛分→除茎→风选→混合→装箱

黑茶制法

黑茶初制

初制分为杀青、初揉飞渥堆、复揉、干燥等工序。制成的黑毛茶为紧压茶的

中華茶道

原料。

湿热作用

茶叶加工过程中利用湿度和温度使叶子产生物理化学变化的过程。在高温高湿条件下,茶叶中茶多酚、色素物质等发生氧化、聚合、降解、转化等变化,能促进茶叶色香味的形成。利用湿热作用的加工工艺主要有黑茶渥堆、黄茶闷黄。此外,在杀青、干燥工序中亦有湿热作用的影响。调控方法是控制茶坯温度、含水率、作用时间以及外界环境的温、湿度等因素。

后发酵作用

亦称"渥堆变色"。黑茶制造中,在水分、温度、氧气和微生物代谢活动的综合作用下,引起儿茶素氧化、缩合、多糖类水解等一系列复杂的化学变化,形成黑茶特有的色香味的过程。在这一过程中,叶温升高,含水率下降,过氧化氢酶活化能增加(鲜叶为100%,杀青叶为0,后发酵叶为24.8%~36%),多酚类物质被氧化减少,使黑茶粗老味和苦涩味降低,叶色由绿色变为黄褐色。影响后发酵作用的技术条件是水分、温度、氧气。控制后发酵作用的传统生产方法是靠筑堆大小、厚薄松紧及门窗的启闭来调控保温。使用人工加温保湿设备,可使生产周期缩短到传统生产的1/3~1/4,堆内各处温、湿、氧相对均匀一致,品质得到很大的改善。当茶堆表面出现热气而凝结有水珠、叶色变褐、青气消除、发出有刺鼻的酒糟味和酸辣味时,为后发酵适度。

渥堆

亦称"沤堆"。黑茶初制工序。利用微生物酶促作用和湿热作用下的热物理化学变化,使茶叶内含物发生复杂变化,塑造黑茶品质特征的技术。方法是将一定含水率的茶坯适当压紧堆积。如湖南黑茶渥堆,要求茶坯含水率为60%左右;湖北老青茶则以30%左右为宜。一般堆高40~100厘米,室温25℃以上,相对湿度85%左右。技术要素是控制适当的含水率、堆温、堆的大小、松紧和渥堆时间等。在原料粗老、含水率低、气温较低时,需堆

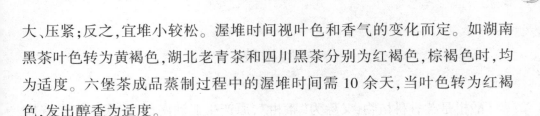

大、压紧;反之,宜堆小较松。渥堆时间视叶色和香气的变化而定。如湖南黑茶叶色转为黄褐色,湖北老青茶和四川黑茶分别为红褐色,棕褐色时,均为适度。六堡茶成品蒸制过程中的渥堆时间需 10 余天,当叶色转为红褐色,发出醇香为适度。

黄茶制法

黄茶初制

分为湿坯闷黄(以君山银针为代表)和干坯闷黄(见"霍山黄大茶")两种。前者主要工序是杀青、摊放、初烘、摊放,初包(闷黄)、复烘、摊放、复包(闷黄)、干燥、熏烟分级。后者主要工序是杀青、揉捻、初烘、堆积(闷黄)、烘焙、熏烟。

闷黄

亦称"闷堆"。黄茶初制工序。以湿热作用使茶叶内含成分发生一定的化学变化,形成黄茶品质特征的技术措施。分湿坯闷黄(杀青后或揉捻后堆积)和干坯闷黄(毛火后堆积)。堆的大小、茶坯温度、含水率和闷黄时间是影。向闷黄质量的主要技术因素。湿坯闷黄的茶坯含水率为 25% ~ 30%,时间 6~8 小时;干坯闷黄,茶坯含水率在 15% 左右。需时 3~7 天。当叶色变黄,香气显露时为适度。

拍汗

黄茶闷黄的措施。茶坯紧装在竹制容器内盖紧半小时色变黄。

初包

黄茶初制中第一次闷黄措施。用纸将茶坯包紧,在湿热下促其叶色变黄。

酸柑茶

酸柑是芸香科植物，又称为"番柑"，原产生亚洲南部，在我国广东省梅县一带所盛产的酸柑，外形较一般柑橘大，直径约有 10～15 厘米，造型颇为美观，但是果肉很酸，不适合食用，所以才叫"酸柑"。

因酸柑不适合食用，亦由于广东梅县一带产茶，于是有人把酸柑和茶叶掺混一起加工，制成"酸柑茶"，冲泡之后，作为降火气、治疗中暑、食欲不振、咳嗽或扁桃体发炎等家庭必备药品。

酸柑约在七八分熟时就要摘下，先贮存十来天，酸柑皮就会软化，捏压时，觉得干硬，柔韧的比较利于制作，否则若因果实水分太多，则容易破裂。选啬酸柑，用圆柱形空罐头的口部将酸柑上端蒂头附近，挖转出圆洞，然后将挖出的皮置放一旁，可作为盖子用。挖出内部的柑肉，掺和你所爱好的茶叶充分搅拌成团状，或者再加上几片柠檬和"佛手"之类的中药材，再塞压入空的酸柑壳内，将刚刚挖下的圆形柑皮盖上，用绳线把酸柑上下环绕交叉绑紧，可圈绑成八条纹路或五条纹路状，使柑皮呈现出花瓣式凹纹，一可固定，亦可增加美观。绑牢后，用木板将果粒压挤成扁圆形放入蒸笼里，蒸到熟透为止。最后，将之置于阳光下曝晒；若阴雨天时，则用绳子串挂在炉灶上烟囱管旁边，利用热气将酸柑茶熏烤烘干。当酸柑皮由金黄色转变为黄褐色，直到变成又硬又粗糙的黑褐色固体时，就成了。

制成的酸柑茶，闻起来有一股淡淡的茶香和稍微甜腻的陈皮香。饮用时，将酸柑茶连皮切成小片，用开水冲泡，浓度多少随意，可斟酌加入少许冰糖，喝起来，嗯！酸、甘、香、苦、涩别有一番滋味。

第二节 茶的品类

绿茶种类

绿茶是我国产量及花色品种最多的一种茶类,遍布我国 19 个产茶省。我国绿茶不仅产区广、产品多而且质量好,是我国出口的主要茶类,出口量占世界绿茶总出口量的 74%。绿茶的品质特点为:干茶外形呈绿色,条索紧结,香气清高,滋味鲜爽,汤色清澈明亮,叶底黄绿。

各种绿茶的生产都要经过三道程度,即杀青、揉捻、干燥。杀青就是利用高温破坏鲜叶中酶的活性,制止多酚类的氧化,保持鲜叶中的绿色,并使鲜叶散失部分水分,变得柔软,为揉捻造型打下基础,还可去除青草气。杀青是制作绿茶的第一步,更是形成绿茶品质的关键工序。杀青方式分为加热杀青和蒸汽杀青两种。揉捻就是揉搓茶叶表面使之形成一定的形状,同时适当的揉破茶叶细胞,使茶汁敷于茶叶表面,便于冲泡后茶汁溶解于水中。干燥的目的是为了蒸发茶叶里剩余的水分、固定品质、塑造外形以便于储藏。干燥分晒干、烘干、炒干三种方法。晒干的绿茶叫晒青绿茶,烘干机具烘干的叫烘青绿茶,用铁锅加热炒干的叫炒青绿茶。

1.晒青绿茶

利用阳光晒干制作成的茶称为晒青绿茶。产量不多,50 年代遍布云南、陕西、四川、湖北、广西、河南、湖南、广东等局部地区。产品有滇晒青、陕青、川青、鄂青、贵青、豫青、湘青、粤青等。

晒青茶因原料较粗糙,制作过程简单,品质不及烘青、炒青绿茶,从 70 年代开始逐渐被炒青及烘青茶所代替,目前除云南、四川、陕西等一些地区由于长期饮用形成习惯,仍保持少量生产外,其他地区产量极少。

2.烘青绿茶

用烘干方法所制的绿茶称烘青绿茶。它具有外形条索完整紧直,干茶色泽翠绿或墨绿,汤色清明,滋味醇和,叶底显黄等特点。其中又分为普通烘青和特种烘青。

普通烘青:一般用来制作窨制花茶的茶胚,经鲜花窨制后,外形基本没有变化,但内质香气却因鲜花品种不同发生了很大的变化,具有明显的花香,香气高鲜,滋味浓厚。普通烘青主要产于福建、浙江、安徽、江苏、湖南、湖北、贵州、江西等地。

特种烘青:多采用细嫩的芽叶,经过精细加工后制作成的名茶。如安徽的太平猴魁、黄山毛峰、敬亭绿雪,浙江的顾诸紫笋、天目青顶,还有产于福建和湖南的优质烘青绿茶等。下面向您介绍几种有代表性的名优烘青绿茶。

(1)太平猴魁

是烘青绿茶中尖茶类的极品名茶之一,产于安徽省黄山市黄山区(原为太平县)新明乡的猴坑、猴岗、颜村三村。猴坑一带所产尖茶,外形魁伟,品质最好,号称尖茶的魁首,故名魁尖。

黄山区产茶历史可追溯到明朝以前。清朝末年,南京一些知名茶庄,纷纷在太平茶区设茶号收购加工尖茶,后来猴坑茶农王老二(王魁成)在太平境内最高峰凤凰尖茶园,选肥壮幼嫩的茶芽,精工细制成"王老二魁尖"(现称"魁尖"),由茶商高价运往南京销售,因风格独特,质量超群引起饮用者的极大兴趣。茶商争相订货,制法不断改进,品质日趋完美。

猴坑一带,天然林木苍郁,年平均气温 14~15℃,年平均降水量 1650~2000 毫米,土层肥沃,通气透水性好,茶树生长良好,芽肥叶壮,持嫩性强。茶园多分布在坐南朝北的山上或峡谷里,阳光照射时间短,昼夜温差大,有利于有益物质的积累,并且采摘猴魁之时,正是兰花开花吐芳的季节,遍野的兰花对猴魁的品质产生了很大的影响。

太平猴魁采摘特别讲究,谷雨前后,当20%芽梢长到一芽三叶初展时即可采摘,并严格做到"四拣八不要"。拣山——拣高山、阴山茶园;拣棵——

拣生长旺盛的茶树;拣枝——拣挺直茁壮的幼枝;拣尖——拣匀整一致的一芽二叶,"尖头"要求芽叶肥壮,老嫩适度,且芽尖和叶尖长度相齐。"拣尖"时,无芽不要、芽叶过大不要、过小不要、瘦弱不要、弯曲不要、色淡不要、紫芽不要、病虫危害不要。一般上午采,中午拣,当天制完。

太平猴魁的品质特点是:两叶抱一芽,芽藏而不露,有"两刀夹一枪"之称;成茶挺直,呈两头尖、不散不翘不弓弯的特点;色泽苍绿匀润,绒毫多而不显,叶脉绿中隐红,汤色清澈明亮,香气高爽,带有明显的兰花香,滋味醇厚,具有香高持久、耐泡的特点。质量上乘的猴魁,开水冲泡时,杯中芽叶成朵,或浮或降,叶碧汤清,相映成趣。

(2)黄山毛峰

黄山位于我国安徽省境内,黄山产茶历史悠久。明代许次纾《茶疏》中记载:"若吴之虎丘,钱塘之龙井,美味浓郁,并可与山介雁行,次浦极称黄山"。说明黄山茶在300年前就很有名了。据《黄山志》记载:"连花庵旁就石

黄山毛峰

隙养茶,多清香冷韵,袭人断腭,谓之黄山云雾茶"。这就是黄山毛峰的前称。

黄山境内海拔 700~800 米的桃花峰、云谷寺、吊桥庵、慈光阁一带为黄山毛峰的主产地。风景区以外的汤口村、岗村、杨村、芳村也是黄山毛峰的主要产区。现在黄山毛峰的产区已经扩展到黄山市的徽州区、黄山区、歙县等地。这里山高谷深,溪涧遍布,植被繁茂,气候温和,雨量充沛,年平均气温 15~16℃,年降水量 1800~2000 毫米,土壤属山地黄壤,土层深厚,质地疏松,透水性好,含有丰富的有机质和磷钾肥,呈酸性,适宜茶树生长。优越的生长环境,为黄山毛峰优良品质的形成创造了极其良好的条件。加之茶区遍生香花,采茶季节正是山花烂漫之时,由于花香熏染,使茶香气馥郁芬芳,

113

滋味醇厚甘甜。

　　黄山毛峰分一至三级，采制非常精细。在清明节前后采制特级茶，以一芽一叶初展为标准，茶农称为"麻雀嘴微开"，茶叶采回后还要精心拣剔，拣出不符合要求的叶、梗，剔除冻伤叶和病虫害叶，保持整齐、纯净。

　　黄山毛峰的品质特点是：外形细扁稍卷曲，形似雀舌有峰毫，奶叶（又称鱼叶）呈金黄色，色泽嫩绿油润，俗称"象牙色"。冲泡后芽叶肥壮成朵，香气清鲜高长，汤色杏黄清澈，滋味醇厚回甘。芽叶在水中徐徐下沉，宛若兰花，颇具观赏性。

　　黄山毛峰在建国初期，曾被列为全国十大名茶之一；1982 年、1986 年由商业部召开的全国名茶评比会上连续两届被评为全国名茶；1987 年被商业部授予部级名茶称号。

（3）六安瓜片

六安瓜片

　　产于安徽省六安、金寨和霍山三县之毗邻的山区和低山丘陵，因形如瓜子故得名"瓜片"。六安瓜片分内山瓜片和外山瓜片两个产区。内山瓜片产地有金寨县的响洪甸、鲜花岭、龚店，六安的黄涧河、双峰、龙门冲、独山，霍山县的诸佛庵一带。外山瓜片产地有六安市的石板冲、石婆店、狮子岗、骆家庵一带。产量以六安为最多，品质以金寨为最优，又以金寨县齐云山蝙蝠洞一带的茶品为最好，故而又名"齐山名片"

　　据史料记载，六安茶自唐朝以来，一直享有盛名。但六安瓜片的历史渊源，却尚无从考证。经茶学工作者多年考察认为：六安瓜片问世于 1905 年前后，由六安茶行一评茶师，从收购的绿大茶中拣取嫩叶，剔除梗朴，作为新产品投入市场获得成功。其后多家茶行受到启发，在采摘时，挑选细嫩的叶片,精心加工后,成茶似葵花子,遂称瓜子片,后称片茶。

六安瓜片产区年平均气温 15℃,年平均降水量 1200~1300 毫米,土壤质地疏松,土层深厚,茶园多在山坡冲谷之中,生态环境优越。

六安瓜片的采制与其他茶叶不同,春茶要在谷雨后,新梢以形成"开面",采摘标准以一芽二三叶或二三叶对开为准,采回后,将嫩叶、老叶分离制作。六安瓜片的采摘、扳片、炒制、烘焙功能皆有独到之处,品质也别具一格。

六安瓜片的滋味特点:外形似瓜子形的单片,自然平展,叶缘微翘色泽宝绿,大小匀整,不含芽尖、梗茎。冲泡后清香高爽,滋味鲜醇回甘,汤色碧绿清澈,叶底厚实嫩绿明亮。

(4)顾渚紫笋

产于浙江省长兴县的顾渚山,又名湖州紫笋,是我国著名的上品贡茶。

顾渚贡茶院从唐代宗大历五年(公元 770 年)兴建至明朝洪武八年"罢贡"为止,前后历时 600 余年。可以说紫笋茶是我国名茶中产制历史最悠久的茶品之一。明末清初外始,紫笋茶逐渐消失。70 年代末,为恢复紫笋名茶,浙江长兴县有关单位紧密合作,努力挖掘创新,获得可喜成果。自从顾渚贡茶园创建以来,紫笋茶已四易其品:唐朝时为蒸青碾压饼茶,宋朝时为蒸青、研膏、压模龙团茶,明时以炒青芽茶为贡品,20 世纪 70 年代末的紫笋茶已改制为半烘炒的条形茶,现为浙江省的一类名茶。

顾渚紫笋要采摘一芽一叶初展,极为幼嫩的鲜叶。鲜叶采回后需经5—6 小时摊放,待含水量降至 72% 左右发出清香时炒制。

顾渚紫笋的品质特点:外形卷叠,银毫显露,色泽翠绿;香气馥郁,汤色清澈,茶味鲜醇,汤色明亮。自 1979 年试制以来,历届都被评为部级或省级优质名茶。

(5)江山绿牡丹

江山绿牡丹又名仙霞化龙,产于浙江开化。因色泽翠绿,形似牡丹,产于仙霞岭而得名。早在宋代仙霞茶就有"奇茗极精"的美誉。明代正德皇帝路过仙霞岭时,品尝该茶后赞不绝口,命名为"绿茗"并定为御茶。清代以后绝迹，80年代经江山土特产公司组织当地工艺精湛的制茶师傅进行试制，终获成功。

江山绿牡丹

绿牡丹产于仙霞岭北麓，浙江江山市保安乡尤溪两侧山地，以裴家地、龙井等村所产品质最佳。产地土壤肥沃，雨量充沛，山高雾浓，适宜茶树生长。

绿牡丹采制技术精湛。清明节前采摘，谷雨后结束，要求做到"四不采"：雨露叶不采，紫色叶不采，瘦小叶子不采，病虫叶不采。采摘标准为一芽一叶，或一芽二叶初展，芽长于叶。

绿牡丹自研制成功后，受到海内外宾客的欢迎，一直供不应求。

江山绿牡丹的品质特点：条直似花瓣，形态自然，犹如牡丹，白毫显露，色泽翠绿诱人，冲泡后，香气鲜醇爽口，汤色碧绿清澈，叶底成朵。

（6）敬亭绿雪

产于安徽省宣城市的敬亭山，明代时期曾列为贡茶，是安徽最早的名茶之一。

敬亭绿雪曾闻名江南，但到近代采制工艺失传，在70年代中期重新恢复研制，获得成功，失传多年的历史名茶再度饮誉神州大地。

敬亭山展黄山余

敬亭绿雪

脉,原名昭亭山,山区峡谷幽深,山石重叠,竹小荫浓,云雾蒸腾,日照时间短,气候温和湿润,土壤肥沃疏松,茶树生长繁茂,芽叶肥壮鲜嫩。每年清明至谷雨间采摘,专采"一叶抱一心"的刚刚开展的细嫩芽叶。采摘时还要做到以下四点:一要做到对加叶、鱼叶、老叶、紫芽、病虫叶、焦边叶等六不采;二要做到轻采轻放,勤采勤放,防止鲜叶变质;三要做到及时摊放;四要做到当天鲜叶当天制完。

敬亭绿雪的品质特点:形似雀舌,挺直饱润,芽叶色绿;冲泡后香气清鲜持久,带有兰花香,滋味醇和鲜爽,汤色清澈碧绿,叶底嫩绿明亮,连续冲泡两三次滋味不减。

敬亭绿雪风格独特,自重新问世以来深受各界的欢迎。有赞美之词云:"酌向素瓷浑不辨,乍疑花气卜山泉,今罕见"。

(7)峨眉毛峰

产于四川省雅安县凤鸣乡,原名凤鸣毛峰。四川雅安地区茶叶栽培生产历史悠久,早在唐代陆羽《茶经》中就有记载,迄今已有1200多年的历史。1978年雅安地区茶叶公司与桂花村联合,在原基础上,选早春一芽一叶初展优质原料,采用炒、揉、烘交替进行的工艺,创制出特种绿茶名品峨眉毛峰。

峨眉毛峰

雅安地处四川盆地西部边缘,与西藏高原东麓接壤,受西藏高原大地形和雅安所处四面环山地形的影响,雨量充沛,气候温和,冬无严寒,夏无酷暑,群山青翠,烟雨蒙蒙,土壤肥沃,土层深厚,表土疏松,酸度适宜,茶树长势良好,持嫩性强,内含物质丰富,为名茶生产创造了良好的条件。

峨眉毛峰的品质特点:条索紧细匀卷,秀丽多毫,色泽嫩绿油润;冲泡后,香气高鲜愉悦,滋味醇甘鲜爽,汤色微黄而碧,叶底明绿匀整。

(8)天山绿茶

是福建省的历史名茶,为闽东烘青绿茶的极品。主要产于福建的宁德、古田、屏南三县的天山山脉,尤以里天山、中天山和外天山所产的茶品为最优。天山绿茶产制历史久远,生产工艺经历多次变革。宋代生产团茶和饼茶,到了元、明代生产"茶饼"供作礼品和祭祀品,1781 年前后,天山所产的芽茶被列为贡品。明、清以后改制成炒青,到了 1979 年,又改制为烘青绿茶。历史上天山所产绿茶品种繁多,而今,除少数品种失传外,多数已经恢复,如天山雀舌、凤眉、明前、清明等,并创制了清水绿、天山毛峰、天山银毫、四季春毛尖等新的品种。

天山绿茶

天山位于东海之滨,这里山峰险峻,海拔 1300 米左右,林木参天,云海翻滚,年均气温 15℃左右,年降水量 1800～1900 毫米左右,土壤肥沃,结构疏松,茶树多长在岩间或山坡上,树壮芽肥,是制作天山绿茶的优质原料。

天山绿茶花色品种不同,所需原料也不同,如雀舌和凤眉等传统珍品,选用叶质肥厚,持嫩性强的天山菜茶品种为原料,采摘标准为一芽一叶或一芽二叶初展。制作清水绿等新创制的名茶,则选用大、中叶种的芽叶为原料,采摘标准以一芽二叶初展为主。

天山绿茶的品质特点:外形条索壮实、嫩匀、色泽翠绿、油润;冲泡后,香气芬芳带珠兰香,滋味鲜爽回甘耐泡,汤色清澈明亮,叶底鲜翠嫩匀。一般认为天山绿茶具有三绿的特色,即色泽翠绿,汤色碧绿,叶底嫩绿。冲泡三到四次,茶味犹存。饮后幽香四溢,齿颊留香,令人心旷神怡。

(9) 平水珠茶

产于浙江省绍兴镇东南的平水茶区。因珠茶外形圆紧,呈颗粒状,重实如珍珠,故以"珠"命名。

平水产茶历史悠久,远在唐代平水就是茶叶的集散地。到了清代,浙东茶叶几乎都在平水加工转运出口,平水珠茶在国际茶叶市场上名声显著。

平水茶区包括浙江绍兴、嵊州市、萧山、诸暨、上虞、余姚、天台、奉化、东阳等县市。整个产区峰峦起伏,云雾缭绕,溪流纵横,气候温和,非常适宜茶树生长。

珠茶是我国最早出口的商品之一,18 世纪初,珠茶以"贡熙茶"为名,风靡世界茶坛。在伦敦茶叶市场上,除了我国武夷茶,就数珠茶的价格最高。茶价之高,不亚于珠宝,曾被誉为"绿色的珍珠"。1984 年 9 月,天坛牌特级珠茶在西班牙马德里举行的第 23 届世界优质产品评选大会上,荣获金质奖。产品畅销西北非洲、欧洲、东南亚国家及美国。

(10)径山茶

径山茶

径山茶又名径山香茗,因产于浙江省余杭区西北境内之天目山东北峰的径山而得名,为浙江省传统历史名茶之一。据《继余杭县志》记载:"开山祖钦师曾手植茶树数株,采以供佛,逾年蔓延山谷,其味鲜芳特异,今径山茶足也。"可见径山茶产茶始于唐朝开寺僧法钦,足见其历史悠久。

径山位于浙江省余杭、临安交界处,分东西两径,东径通余杭,西径连临安的天目山,故又有"两径"之称。这里属亚热带季风气候区。径山有凌霄、堆珠、鹏博、晏坐、御爱五大峰,茶树多分布在峰谷的山坡中。这里群山环抱,云遮雾罩,泉水潺潺,参天古树为茶树遮挡着阳光,日照短,昼夜温差大,常年日照 1970 小时左右,无霜期 240 天左右,年降水量 1600～1800 毫米,土壤肥沃,土层深厚,土质疏松,对茶树生长十分有利。

径山茶属烘青绿茶,于每年谷雨前采制的品质为佳。采摘标准为一芽一叶或一芽二叶初展,通常制作 1 公斤径山茶需采 6.2 万个左右的芽叶。

径山茶的品质特点:外形条索纤细苗秀,芽毫显露,色泽翠绿,香气清幽,滋味鲜醇,汤色嫩绿莹亮,叶底嫩匀明亮,经饮耐泡。

径山茶自 1978 年恢复生产以来,在省、市名茶评比中,连续三年蝉联冠军,荣获最佳名茶称号。1985 年 6 月农牧渔业部在南京召开的全国名茶、优质茶评选会上被评为 11 种全国名茶之一,并获优质产品金杯奖。

(11)南糯白毫

产于云南省西双版纳州的勐海县的南糯山,创制于 1981 年,是云南名茶的后起之秀,曾连续两年被评为全国名茶。

南糯白毫

南糯山原始森林遮天蔽日,这里气候宜人,年平均气温 18 ~ 21℃,昼夜温差明显,雨量充沛,年平均降水量 1500 毫米左右,土壤肥沃,腐殖层厚达 50 厘米左右,矿物质含量丰富,非常适宜茶树生长。

南糯白毫选用云南大叶种,芽叶肥嫩,叶质柔软,茸毫特多,富含茶多酚、咖啡因等成分,为南糯白毫的优良品质提供了物质基础。

南糯白毫一般只采春茶,3 月上旬开采,采摘标准为一芽二叶,为烘青类绿茶。

南糯白毫的品质特点:外形条索紧结,有锋苗,密披白毫,香气馥郁清醇,滋味浓厚醇爽,汤色黄绿明亮,叶底嫩匀成朵,经久耐泡,饮后齿颊留香,生津回甘。

3.炒青绿茶

用铁锅炒干的方式制作成的茶称炒青绿茶。因加工过程中受到的作用力不同,制作成成品茶后,形成了长条形、扁平形、圆珠形、针形、螺形等不同形状,故又名长炒青、圆炒青、扁炒青和特种炒青等。

长炒青:加工过程中将鲜叶整理成长条状,经过精制后,统称眉茶,分特眉、珍眉、凤眉、绣眉、贡熙、片茶、末茶等花色,主要产于江西、浙江、安徽三省,此外湖南、贵州、河南也有生产。产于江西婺源县的称婺绿炒青,产于上饶的称饶绿炒青,产于浙江杭州一带的称杭绿炒青,产于淳安一带的称遂绿炒青,产于温州一带的称温绿炒青,产于安徽屯溪一带的称屯绿炒青,产于舒城一带的称舒绿炒青。此外还有产自湖南的湘绿炒青,贵州的黔绿炒青,河南的豫绿炒青等。

长炒青应具备外形条索紧结,色泽润绿,香气高爽,汤色明亮,滋味浓厚鲜爽,叶底嫩绿明亮的特点。但因产地不同,制作技术有所差别,除具有炒青绿茶的共同特点外,又具有各地区的特征。

婺绿炒青:外形条索粗壮匀整,色泽深绿有光泽,滋味醇厚清爽,是炒青绿茶中的上品。

屯绿炒青:外形条索均匀整齐壮实,色泽微灰有光泽,香高持久,滋味浓厚爽口。

遂绿炒青:品质接近屯绿炒青。

温绿炒青:条索紧细稍扁,显毫,色泽灰绿,香气鲜嫩,滋味鲜爽。

舒绿炒青:条索紧细,色泽灰绿,香气高,滋味尚浓,微涩。

杭绿炒青:外形条索紧细,色泽绿润,香气清高,滋味尚浓。

湘绿炒青:外形条索尚紧,微扁,色泽稍灰暗,香气尚高,滋味尚浓。

黔绿炒青:外形条索直而带扁、略松,香气尚高,滋味浓厚。

圆炒青:外形颗粒圆紧,因产地及制作方法不同,又分为平炒青、泉岗辉白、涌溪火青等。

平炒青:产于浙江嵊州市、新昌、上虞等县。要求颗粒圆结重实,色泽乌绿油润,香气浓厚纯正,汤色明绿,叶底绿亮、匀嫩。

泉岗辉白:产于浙江嵊州市泉岗。外形似珠茶且卷曲,色泽绿中带灰白,香高,有板栗香,滋味浓爽,汤色嫩绿明亮,叶底匀整、绿亮。

涌溪火青:产于安徽泾县。外形似绿豆,紧结,多白毫,色泽墨绿泛光,香气清香鲜爽,有兰花香,汤色浅黄透明,滋味醇厚回甘,叶底嫩绿显黄。

扁炒青:一种外形扁平的炒青绿茶。因产地和制作方法不同,主要分为龙井、旗枪、大方三种。

龙井:主要产于浙江省杭州市西湖区,又称西湖龙井。外形扁平挺秀,光滑齐匀,色泽绿中显黄,汤色清明,味甘鲜美。

旗枪:主要产于浙江杭州市龙井茶区四周毗邻的余杭、富阳、萧山等县。外形扁平瘦长,光洁度稍差,香气清爽,汤色嫩绿明亮,滋味醇厚。

中華茶道

大方：产于安徽歙县和浙江临安、淳安三县的毗邻地区。外形似竹叶，扁平匀齐，挺直光滑，色泽深绿油润，香气浓烈，汤色淡黄明亮，滋味浓纯爽口。

特种炒青：之所以叫特种炒青，是因为鲜叶要采摘细嫩的原料，在加工过程中，为了保持芽叶的完整，在炒制到接近成品茶时，改用烘干机具烘干而成。如洞庭碧螺春、信阳毛尖、蒙顶甘露、安化松针、金奖惠明、庐山云雾、古丈毛尖、桂平西山茶等等。

下面向您介绍几种有代表性的名优炒青绿茶：

（1）西湖龙井

西湖龙井，简称龙井，生长在浙江省杭州市风景优美的西湖西南的龙井村四周的山区。

西湖产茶历史悠久，早在唐代陆羽的《茶经》中就记载杭州天竺、灵隐二寺产茶。到了宋代，上天竺香林

西湖龙井

洞产的宝云茶、香林茶和下天竺白云峰产的白云茶，被列为贡品。到了明代已把龙井茶列为上品。据说清朝乾隆皇帝下江南巡查杭州时，曾到狮峰山下胡公庙品饮龙井茶，赞不绝口，并将庙前十八棵茶树，封为御茶。

龙井茶产地分布在狮峰山、龙井村、梅家坞、云栖、五云山、虎跑、灵隐一带。以狮子峰所产最佳，称为狮峰龙井，其色泽嫩黄，高香持久；龙井村所产，以其芽叶肥嫩，芽锋显露，茶味较浓为特色；梅家坞所产龙井，做工精湛，色泽翠绿，形似碗钉，扁平光滑，汤色碧绿，味鲜爽口。这些地方多为海拔30米以上的坡地，西北有白云山和天竺山为屏障，阻挡冬季寒风的侵袭，东南有九曲十八涧河谷深广。产地林木繁茂，年平均气温16℃，年降水量1500

毫米左右。尤其春茶吐芽时节，常常细雨蒙蒙，云雾缭绕，茶区土壤深厚，多为沙质酸性红土，通气透水性好，致使茶树根深叶茂。龙井茶区的茶树品种，柔嫩而细小，富含丰富的氨基酸、儿茶素、叶绿素和多种维生素。优越的自然条件和优良的茶树品种，为龙井茶优良品质的形成提供了良好的条件。

龙井茶的采制技术相当讲究，有三大特点：一要早，二要嫩，三要勤。清明前采头茶，称为"明前茶"，其嫩芽初绽，形似莲心，故称"莲心"，每制1公斤干茶需鲜叶7万个左右，极为珍贵。谷雨前采制的称"雨前茶"，采一芽一叶，叶似旗，芽似枪，称"旗枪"。立夏之季采摘的茶，因茶芽发育较大，附有两片叶子，形似雀舌，称"雀舌"。

西湖龙井茶的品质特点：西湖龙井茶具有"色绿、香郁、味甘、形美"的品质特点。外形似碗钉，扁平挺秀，光滑齐匀，色泽翠绿，香气浓郁，冲泡后香郁味醇，香而不冽，饮后觉得有一种"太和之气"弥留于唇齿之间。

（2）碧螺春

产于江苏省苏州太湖的洞庭山，又名洞庭碧螺春，为绿茶中的珍品。洞庭产茶历史悠久。据《清嘉录》记载，碧螺春的由来有这样一个传说，洞庭东山有个碧螺峰，石壁上生出几株野茶，茶叶长得特别茂盛，大家看到后，不停地采摘，竹篓都装不

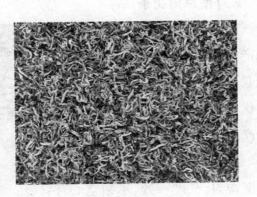

碧螺春

下了，于是就将茶叶放在怀中，鲜叶受了热气，散发出一股奇特的香气，大家禁不住惊呼"吓煞人香"！从此以后，就把这种茶叶叫作"吓煞人香"（意思是真是太香了）。有一年清朝康熙皇帝巡视浙江回京，途经太湖，当地巡抚进献"吓煞人香"茶。康熙饮后赞不绝口，但觉名称不雅，于是赐名"碧螺春"。

碧螺春产于江苏省苏州太湖洞庭山，洞庭分东、西两山，东山为半岛连接陆地，西山则是屹立于太湖之中的岛屿。洞庭二山，气候温和，年平均气

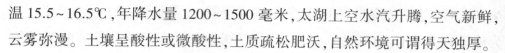

温 15.5~16.5℃,年降水量 1200~1500 毫米,太湖上空水汽升腾,空气新鲜,云雾弥漫。土壤呈酸性或微酸性,土质疏松肥沃,自然环境可谓得天独厚。

春天登上洞庭山,山上的李、桃、杏、白果、石榴等各种鲜花竞相开放,碧螺春那一簇簇鲜嫩的茶蓬就生长在果树之间,果树犹如一把把巨伞为茶树挡风遮雪,掩映骄阳。茶树、果树根脉相连,茶吸果香,花窨茶味,——这也许就是碧螺春茶独有的天然花香果味的奥妙所在。

采制碧螺春茶需高超的技艺,每年春分前开采,谷雨前后结束,通常采一芽一叶初展,叶的背面密生绒毛,采回后,要马上去粗取精,剔除老叶、大叶及变色叶。制作一斤高级碧螺春大约需要六到七万朵细嫩的鲜叶。从采、拣到制作,三道工序都必须精细。稍有疏忽,制成的鲜叶质量差别很大。

碧螺春茶的品质特点:外形条索纤细,卷曲如螺,绒毫密披,嫩绿隐翠,冲泡后,清香幽雅,滋味甘醇鲜爽,汤色碧绿清澈,叶底嫩绿明亮。

(3)南京雨花茶

南京雨花茶创制于 1958 年,原产于南京中山陵和雨花台园林风景区,雨花茶外形奇特秀丽,内质优良,闻名中外,是南京的一大特产。

雨花茶的采制十分讲究,要求嫩度均匀,长度一致,不采空心芽,

南京雨花茶

病虫芽,紫芽。具体采摘标准是采摘半开展的一芽一叶为原料,当新梢萌发至一芽二、三叶时采下一芽一叶,芽叶长度 2~3 厘米。特级茶一芽一叶占总量的 80%以上,通常炒制一公斤特级雨花茶,需采 9~10 万个芽叶。

雨花茶的品质特点:外形似松针,条索紧直、浑圆,两端略尖,锋苗挺秀,茸毫隐露,色呈墨绿,香气浓郁高雅,滋味鲜醇,汤色绿而清澈,叶底嫩匀明亮。沸水冲泡,芽芽直立,上下沉浮,犹如翡翠,清香四溢。品饮一杯,沁人肺腑,齿颊留香。

(4)信阳毛尖

信阳毛尖产于河南省南部大别山区的信阳市。信阳产茶历史悠久，唐代已被列为全国著名淮南茶区主要产茶县之一。清代信阳毛尖的独特风格即已定型。

信阳毛尖

信阳毛尖的茶园主要分布在车云山、集云山、天云山、云雾山、震雷山、黑龙潭等处海拔 300~800 米的山谷之间。这里年平均气温 15℃，年降水量 1200 毫米左右。群峦叠翠，溪流纵横，土壤肥沃，缕缕云雾滋润了肥壮的茶芽，为制作独特风格的茶叶，提供了天然条件。

制作信阳毛尖，采摘是关键，一般在四月中下旬开采，以细嫩多毫的一芽一叶为标准。采后仔细挑选，精心制作。

信阳毛尖的品质特点：条形细紧壮实，色泽翠绿光润，白毫显露。冲泡后，香气清高持久，有熟板栗香，滋味醇厚，回甘生津，汤色明亮清澈。

(5) 蒙顶茶

"扬子江中水，蒙山顶上茶"。蒙顶茶是我国名茶中的极品。

蒙山产茶距今已有二千多年的历史。相传在西汉末年，有甘露普慧禅师，在蒙山上清峰栽了七棵茶树，直至清雍正年间尚在，产量不多，制成茶泡饮，能治百病。

蒙山茶远在东汉时代，就由当地茶农采制后，奉献给地方官。从唐朝开始作为贡茶，一直沿袭到清朝，1000 多年间年年岁岁，皆为贡品，这在中国茶叶史上，实属罕有。

蒙顶茶产于四川邛崃山脉之中的蒙山。蒙山位于成都西部，地跨名山、雅安两县。山势巍峨，重云积雾；山上古木参天，林木苍翠，清泉遍渠。蒙山茶之所以成为我国名茶珍品，因素很多，优越的自然环境，是一个重要方面。

中華茶道

蒙顶山地势北高南低,茶园土层深厚,疏松,这里气候温和,雨量充沛,最大的特点是三多:雨多、雾多、云多。每年降水天数达 220 多天,上面有云雾覆盖,下面有沃土滋养,正是茶树生长的好地方。

蒙顶茶

蒙顶茶的品质特点:蒙顶茶是蒙山所产各式名茶的总称,其中品质最佳的如"蒙顶甘露""蒙顶石花""蒙顶黄芽"。

蒙顶甘露:外形紧卷多毫,色泽嫩绿油润,叶嫩芽壮,汤色清明,香馨高爽,味醇甘鲜。

蒙顶石花:外形扁直整齐,汤色碧绿,香气纯正鲜爽,滋味持久。

蒙顶黄芽:外形扁直黄亮,芽呈金黄色,汤色清黄明亮,香气清爽纯正,滋味浓烈鲜美。

(6)婺源茗眉

婺源茗眉产于江西省婺源县,属绿茶类珍品之一,因条索纤细似古代仕女的秀眉而得名。婺源县早在唐代就已经栽培生产茶叶了,距今已有 1200 年的历史。婺源历来以产茶量多,品质优良而著称。茗

婺源茗眉

眉茶更是采用上梅州茶树良种和本地大叶种的鲜叶为原料精细加工而成,该茶芽叶肥壮,满披白毫,萌芽早而匀齐,含有丰富的有效成分。

婺源县是江西省的主要绿茶产区之一,特别是婺源境内的郭公山、溪头、江湾、沱川、古坦等地,地势高峻,峰峦起伏,气候温和,雨量充沛,土质腐殖层深厚,山谷间常被云雾笼罩,为茶树的生长创造了优越的自然条件。

婺源茗眉的采摘标准为一芽一叶初展,白毫浓密,芽叶肥壮,大小一致,嫩度一致,无病虫害,忌采紫色芽叶,要求在晴天雾散后采,采摘时不能用指甲掐采,以免造成红蒂。

婺源茗眉的品质特点:外形紧细纤秀,弯曲似眉,锋毫显露,色泽翠绿光润,香气清高持久,汤色黄绿清澈,滋味醇厚清爽,叶底柔嫩。

(7)庐山云雾

庐山云雾茶产于江西省庐山,据《庐山志》记载,庐山云雾始于东汉,由当时寺庙僧侣栽制。唐朝时,庐山茶已很著名了,到宋代已有洪州鹤岭茶、洪州双井茶、白露、鹰爪等名茶,但这时还没有云雾茶的名称。到了明代,庐山云雾茶已出现在《庐山志》

庐山云雾

中。由此可见庐山云雾茶命名已有 300 多年的历史。

庐山北临长江,东毗鄱阳湖,最高峰海拔 1543 米,山峰陡峭,峡谷幽深。长江中游,是我国夏季最热的地区之一,可登上庐山暑气顿消。似春的气候有利于茶树的生长和优质品质的形成。由于江湖水汽蒸腾,形成云雾,年雾日平均 195 天,春夏之交,更是云雾最多的季节,月雾日平均 20 多天。茶树的萌芽期一般在 4 月下旬至 5 月初,这时云雾弥漫,即使身在山中,也难见此山全貌。湿度大,云雾多,是茶树生长的理想条件,造就了云雾茶的独特品质。

采制庐山云雾茶一般在谷雨后至立夏前。采摘标准为一芽一叶初展,长度不超过 5 厘米,剔除紫叶、病虫害叶,经过精细加工后制成成品茶。

庐山云雾茶的品质特点:外形芽壮叶肥,条索秀丽光滑,白毫显露,色泽翠绿,香气芬芳,高长,汤色绿而透明,滋味鲜爽,浓醇味甘,经久耐泡。

金奖惠明

(8)金奖惠明

又名云和惠明、景宁惠明,简称惠明茶,产于浙江省景宁县赤木山惠明寺周围。相传在唐朝大中年间,畲族老人雷太祖在惠明寺周围,辟土

种茶,成为赤木山区发展茶叶生产的创始人。清咸丰年间(1851～1861 年)始有名气,1915 年在巴拿马举办的万国博览会上,中国选送的"惠明茶"被公认为茶中珍品,荣获一等证书和金质奖章,人们称其为"金奖惠明",遂即成为闻名国内外的名茶。

惠明茶产区,自然条件十分优越,赤木山林木葱茏,云山雾海,气象变化万千,每当春秋季节,从山上远眺,但见山下茫茫烟霞,经月不散,这里土壤以酸性黄壤和香灰土为主,土壤肥厚而润泽。受气候和土壤的影响,长期以来,逐渐形成了茶树本地品种的特点。茶农把这里的茶树分为大叶茶、竹叶茶、多芽茶、白芽茶和白茶等品种,大叶茶因叶片宽大而出名,是制作惠明茶的优良品种。

惠明茶的鲜叶采摘标准为一芽二叶初展为主,采回后进行筛分,使芽叶大小一致。精细加工后制成成品茶。

惠明茶的品质特点:条形细紧壮实,色泽绿翠光润,白毫披布;冲泡后香气清高,带蕙兰香;滋味鲜爽醇浓,耐冲泡;汤色翠绿、清澈,叶底细嫩、绿亮。

(9) 休宁松萝

产于安徽休宁。松萝茶历史悠久,在明代已盛名远播。

关于松萝茶茶名的来历,传说颇多,据清代宋永岳《亦复如是》中记载:制艺名家讳焕龙慕名到松萝山,僧人将其带到后山,未

休宁松萝

见有茶,却见满山古松高五、六丈,僧人曰:"茶在松桠,系鸟衔茶子,堕松桠而生,如桑寄生然,名曰松萝,取茑与女萝施于松上意也"。复叩其摘采之法,僧以仗扣松根石罅而呼曰:"老友何在",即有二三巨猿跃至,饲以果,猿次第升木采撷下。此故事颇为传奇,不可信以为真。松萝茶因产于松萝山而得名。

据当地老年人回忆,1920 年前后,松萝山上寺庙完好,僧人众多,举行佛事活动,栽培、采制松萝茶,每年清明谷雨季节,茶商、香客云集采购松萝茶,作药疗疾,其后因社会动荡渐衰。

松萝山位于休宁县城约15公里,与琅源山、天宝山、金佛山相望,最高峰海拔882米,茶园多分布在海拔600~700米之间,山势险峻,悬崖峭壁,山上树木苍绿,气候温和,雨量充沛,土壤肥沃,土层深厚。生态环境适合茶树生长。

松萝茶的采摘要求严格,在谷雨前后开园,采一芽二三叶,鲜叶采回后要经过验收,不能夹带鱼叶、老片、梗等,并做到现采现制。

休宁松萝的品质特点:外形条索紧结、卷曲,色泽银绿光润;冲泡后,香气高爽持久,滋味浓厚回甘,汤色绿翠,叶底绿亮。松萝茶区别于其他名茶的显著特点是"三重":色重、香重、味重,即色绿、香高、味浓。

松萝茶有较高的药用价值,古医书中多有记载。近年来,一些高血压、肾炎等患者试服松萝茶治疗,症状有所减轻。

(10) 都匀毛尖

产于贵州都匀地区,又名"白毛尖""细毛尖""鱼勾茶",是黔南三大名茶之一。都匀产茶历史悠久,相传,明代时,都匀毛尖已列为贡品。

都匀毛尖

都匀毛尖主产于都匀市的团山乡,以团山乡的哨脚、哨上、黄河、黑沟、钱家坡所产品质最佳。这里山谷起伏,峡谷溪涧,林木苍郁,云雾笼罩,气候温和,平均气温15.5℃,冬无严寒,夏无酷暑,年降水量1404毫米左右,尤其春夏之交,细雨蒙蒙,极利茶芽萌发。

毛尖茶选用当地的苔茶良种,具有发芽早、芽叶肥壮、茸毛多、持嫩性强的特性,内含成分丰富。清明前后开采,采摘标准为一芽一叶初展,长度不超过2厘米。采回后的茶叶必须经过精心拣剔,剔除不符合要求的鱼叶、叶片及杂质等物,摊放1~2小时,表面水分蒸发干净即可炒制,通常炒制500克高级毛尖茶约需5.3-5.6万个芽头。

都匀毛尖的品质特点:外形条索纤细,披白毫,香清高,色黄绿;冲泡后,香气清鲜,滋味鲜浓,汤色清澈;叶底匀绿泛黄。"三绿透三黄"是都匀毛尖

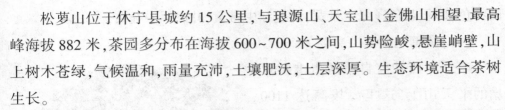

的特色,即干茶色泽绿中带黄,汤色绿中带黄,叶底绿中显黄。

(11)覃塘毛尖

产于广西壮族自治区贵港市覃塘的平天山上,这里海拔高达 1100 米,山高林密,云雾缭绕,漫射光多,昼夜温差明显,溪渠纵横,空气湿润,紫叶岩风化土深厚、肥沃、疏松,适宜茶树生长。

覃塘毛尖

覃塘毛尖创制于 1970 年,选取从福建引进的福鼎大白茶嫩梢,采摘标准为一芽一叶或一芽二叶初展,采回的鲜叶要精心挑选,选择长短、色泽均匀一致的芽叶,剔除紫芽叶、病虫叶等。

覃塘毛尖的品质特点:条索纤细圆直,色泽绿翠,锋毫显露;冲泡后,香气清鲜,滋味醇厚,汤色黄绿,叶底明绿。

(12)桂平西山茶

因产于广西桂平市的西山上而得名,又名棋盘石西山茶、棋盘仙茗,为广西名茶之最。西山产茶始于唐代,到了明代已享盛名。

桂平西山茶

桂平市的西山海拔 700 米左右,集名山、名寺、名泉、名茶于一地,山中古树参天,绿林浓荫,云雾弥漫,乳泉晶莹,冬不枯,夏不溢,气候温和,雨量充沛。山腰的奇峰怪石之间,是茶树生长的理想环境。

西山茶于每年的 2 月底或 3 月初开采,挑选一芽一叶或一芽二叶初展,长度不超过 4 厘米,要求芽叶大小、长短、色泽均匀一致,保持芽叶完整新鲜。通常炒制一公斤西山茶需采 8 万个左右的芽叶,勤采嫩摘是西山茶的采摘特点。

西山茶的品质特点:外形条索紧结,纤细匀整,呈龙卷状,黛绿色带银尖,茸毫显露,幽香持久,滋味醇和,回甘鲜爽,汤色碧绿清澈,叶底嫩绿明亮。

(13) 涌溪火青

产于安徽省泾县涌溪的丰坑、盘坑、石井坑、湾头山一带,其中丰坑的团结岩、阴上岩、岩脚下,盘坑的鸡爪坞、兰花坑、饭井坑,石井坑的鹰窝岩等地的茶叶品质为佳,是我国极品绿茶之一。

涌溪火青

涌溪火青茶,始于明代。有关它的来历,当地有这样一个传说:古时候涌溪有一名叫刘金的秀才,外号罗汉先生,一年春天在涌溪弯头山发现一株"金银茶"(半边黄叶半边白叶的茶树),便采回细嫩芽叶创制成"涌溪火青",后进贡给皇帝,火青茶随之传名。

火青茶产区山高谷深,河溪密布,清泉长流,气候温和,雨量充沛,年平均温度15℃,年降水量1600毫米左右。茶园土壤为乌沙土,土层深厚,有机质含量丰富,为茶树生长创造了得天独厚的环境。

火青茶每年清明节后3~5天开采。采摘标准为一芽二叶,芽叶长度为3厘米左右,个头均匀,肥壮挺直。采回的鲜叶,要严格拣剔,做到"十二不要":鱼叶、病虫叶、阔叶、芽叶不齐及节间长的叶、"半边翘"的叶、对夹叶、老叶、团叶、破碎叶、单片叶、受冻叶、芽头萎缩及超过长度的叶,一概不要。鲜叶要摊放6小时左右方可制作。

火青茶的品质特点:外形颗粒圆润,紧结重实,色泽墨绿油润,白毫隐伏,毫光显露,花香浓郁,鲜爽持久,滋味醇厚,爽口甘甜,汤色嫩绿微黄,鲜艳明亮,叶底嫩匀,杏黄有光泽。

(14) 安化松针

安化松针:产于湖南省安化县。安化县芙蓉山、云台山产茶历史悠久,早在宋代,茶树已经是"不种自生"。安化所产"芙蓉青茶""云台云雾"两茶,曾被列为贡品。但历史几经变革,采制方法失传。1951年,安化茶叶实验场派技术人员赴芙蓉山、云台山挖掘名茶遗产，并总结国内名茶采制特点，历经 4 年终于创制出绿茶珍品——安化松针。

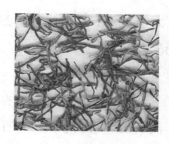

安化松针

安化松针的品质特点：外形细直秀丽，翠绿匀整，宛如松针，白毫显露；冲泡后，香气浓厚，滋味甜醇，茶汤清澈明亮；叶底嫩匀。

（15）峨眉竹叶青

峨眉竹叶青：产于四川省峨眉山。竹叶青的命名，尚有一番来历。1964 年 4 月下旬的一天，国务院副总理陈毅一行途经四川，来到峨眉山，在万年寺休息。老和尚为陈毅泡了一杯绿茶，陈毅饮后顿觉心旷神怡，劳倦顿消，连连称赞，老和尚介绍

峨眉竹叶青

说："此茶产于峨眉山，用独特工艺制成，但没有名字，请首长给起个名字吧！"陈毅高兴地说："我看这茶叶形似竹叶，清秀悦目，就叫竹叶青吧！"从此峨眉竹叶青就有了自己的名称。

峨眉山产茶历史悠久，始于唐代。竹叶青茶是总结峨眉山万年寺僧人长期栽培、制茶技术基础上发展而成的。从 60 年代开始批量生产。

在峨眉山海拔 800~1200 米山腰的万年寺、清音阁、白龙洞、黑水寺一带，是盛产竹叶青的好地方，这里群山环抱，终年云雾缭绕，翠竹茂密，为茶叶生长创造了良好的条件。

制造竹叶青茶，要求采摘早春一芽一叶或一芽二叶初展的细嫩匀整的鲜叶，大小一致。

竹叶青茶的品质特点：外形扁平挺直，两头尖细，形似竹叶，色泽嫩绿油润，香气高鲜，汤色清明，滋味浓醇；叶底浅绿匀嫩，饮后余香回甘。

（16）日铸雪芽

产于浙江省绍兴会稽山日铸岭，简称日铸茶，又名"兰雪"，属炒青绿茶的古今名茶。绍兴日铸产茶历史悠久，茶圣陆羽曾将其评为珍贵香茗。南宋大诗人陆游是绍兴人，对家乡的名茶更是赞不绝口，其有诗云："囊中

日铸雪芽

日铸传天下，不是名泉不合尝。"宋代日铸茶名极盛，被列为贡品。到了清朝，康熙皇帝巡游江南时，品尝了醇香扑鼻的日铸茶，称赞不已，并在日铸设立"御茶园"，从此日铸茶岁岁朝贡。

日铸岭分为上祝和下祝两个自然村，下祝村御茶湾所产的日铸茶，味醇香异，为日铸茶的绝品。日铸岭上峰峦叠嶂，地势高峻，苍松翠竹，溪流潺潺，云雾缭绕，气候湿润，土质肥沃，年平均气温16.5℃，年平均降水量1418毫米，全年无霜期230天左右，是茶树生长的优良环境。

日铸茶，清明节开采，采摘标准为一芽一叶初展，采摘时要挑选细嫩肥壮的芽梢，采回的鲜叶要精心拣剔。

日铸茶的品质特点：外形条索浑圆，紧细略钩曲，形似鹰爪，银毫显露，色泽绿翠，茶香清鲜持久，滋味醇厚回甘，汤色黄绿明亮，叶底嫩匀成朵。

(17) 紫阳毛尖

产于陕西省紫阳县境内。紫阳县位于陕西南部，大巴山的北麓，汉水流域，是我国传统的名茶产地之一。紫阳茶品质优异，在历史上享有盛名，早在汉唐时期就曾作为贡茶晋献宫廷，随着丝绸之路销往西域和海外。在清代紫阳毛尖已被列入全国名茶。

紫阳县汉江两岸的近峡谷地区，层峦叠嶂，云雾缭绕，冬暖夏凉，茶园土壤多为花岗岩和薄层黄沙土，呈酸性和微酸性，矿物质丰富，有机质含量高，土质疏松，通透性良好，是茶树生长的适宜地区。另外紫阳县还是我国两个富硒区之一，因土壤中含硒量高，茶叶及其他植物中含硒量都十分丰富。硒

133

是人体中不可缺少的元素,具有抗癌、抗辐射、抗衰老和提高人体免疫力的作用。经研究表明,有四十多种疾病的发生与缺硒有关,如心血管病、克山病等。

紫阳毛尖采用绿茶良种紫阳种和紫阳大叶泡,茶芽肥壮,茸毛特多。

紫阳毛尖的品质特点:外形条索圆直紧细、肥壮、匀整,色泽翠绿,白毫显露;内质香气持久,汤色嫩绿、清亮,滋味鲜爽回甘,叶底肥嫩完整,嫩绿明亮。

(18)古劳茶

产于广东省高鹤县古劳镇的丽水、茶山、麦水、下陆等地,是广东省的历史名茶,至今已有 1600 多年历史。

古劳镇所处海拔 200~400 米,这里气候温暖,年平均气温 21.8℃,全年基本无霜,年降水量 1700 毫米左

古劳茶

右,云雾笼罩,空气湿润。茶园绿树遮阴,碧草铺地,土层深厚,土地肥沃,有机质和矿物质含量丰富,非常适宜茶树生长。

古劳茶主要有古劳、古劳银针和古劳青茶三个品类。古劳银针为古劳茶的珍品,以丽水所产翠岩银针品质最佳。早在清初(公元 1644~1735年)已负盛名,但到了光绪年间,古劳银针几乎失传。直到 20 世纪 50 年代后,这一古老的历史名茶才得以重生。

古劳茶树分青芽和红芽两种类型。前者称青蕊,后者称红蕊。红芽型鲜叶制成的古劳茶香气较低,青芽型鲜叶制成的古劳茶香气清高。高级古劳银针采用青芽型鲜叶加工而成,于春分前后采摘一芽一叶初展,芽叶长度1.5~2.0 厘米,芽色黄绿,茸毛密披,称为"雪谷芽";普通古劳银针清明前后开采,采摘标准为一芽二叶初展,色泽深绿,称为"黑蕊";古劳青茶采摘标准为一芽二、三叶,称为"劈蕊"。

古劳银针的品质特点:条索紧结圆直如针,色泽银灰显毫,香气高醇持

久,滋味醇和回甘,汤色绿而明亮,叶底细嫩匀整。

(19) 无锡毫茶

产于江苏省太湖之滨的无锡市郊,是江苏名茶中的新秀,于 1973 年由无锡市茶叶研究所、无锡市大浮林果场、原无锡市农林水利局等单位的茶叶研究人员历经 7 年协作研究而成。1979 年通过科技鉴定,相继获得省、市重大科技成果奖,优质名茶称号。

无锡毫茶的主产区分布在沿太湖丘陵地带的十多个茶林场,这里四季分明,气候温和,年平均气温 15.5℃,年降水量 1400 毫米左右,年相对湿度 80% 以上。土壤肥沃,土壤多为微酸性黄棕壤,有机质含量丰富。优越的地理环境,适宜从福建引进的无性大毫良种的生长。该品种茶有吐芽早,萌发力强,芽头肥壮,茸毫特多,内含成分丰富的特点。在茶农的科学精心的管理下,茶树生长茂盛,产量成倍增加,年产量已由 1980 年的一吨增长到 1992 年的 41 吨。

无锡毫茶鲜叶原料标准分为四级,一级以一芽一叶初展为主;二级以一芽一叶半开展为主;三级以一芽一叶开展为主;四级以一芽二叶初展为主。夏、秋茶以一芽二叶开展为主。一二级的芽长 3~3.5 厘米,加工一公斤一级毫茶需 3~4 万个芽叶。

无锡毫茶的品质特点:条索肥壮卷曲,色灰透翠,身披茸毫,香高持久,滋味鲜醇,汤色绿而明亮,叶底肥嫩。

(20) 金坛雀舌

产于江苏省常州市金坛区方麓茶场,是江苏省新创制的名茶之一。1982 年由原金坛市经营管理局和原国营金坛市方麓茶场科技人员在总结传统茶叶和名茶采制经验的基础上研制而成。

金坛雀舌

金坛产茶历史悠久,据《金坛县志》记载:"金坛设县于隋,物产之特殊者有稆稻、茶叶"。曹袋先于 1750 年在《句容县志(物产)》中记载:"乾茶,出乾元观"（乾元观列在金坛区境内）。1923年冯煦在《金坛县志》中记载：
"茶叶出郁冈山者佳,出方山者尤佳"。如今,在罗村乡屯头村还保留着树龄约150余年的老茶树。

金坛雀舌茶区主要分布在金坛区西部方山、茅山东麓的丘陵山区,境内山峦起伏,苍松翠竹连绵,森林覆盖率达30.5%,水库塘坝密布,山清水秀,景色秀丽,茶园土层深厚,土质肥沃,富含有机质。生态环境良好,适宜茶树生长。

金坛雀舌于清明前后开采,采摘标准以芽苞和一芽一叶初展为主。特级茶以芽苞为主,要求芽长3厘米以下,细嫩匀整,色泽一致。一斤特级雀舌需4~4.5万个芽叶,采回的鲜叶进厂后要均匀地摊放在竹匾上,并要精细拣剔,剔除鱼叶、单片、紫芽等芽叶,并放在通风阴凉处摊薄3~4小时后,方可炒制。

金坛雀舌的品质特点:扁平挺直,条索匀整,状如雀舌,色泽绿润,香气清高,滋味鲜爽,汤色明亮,叶底嫩匀。内含成分丰富,水浸出物中茶多酚、氨基酸、咖啡碱含量丰富。

(21) 九华毛峰

产于安徽省九华山以及九华山区的柯村、杜村、庙前、朱备、陵阳、南阳一带。

九华山脉位于青阳县城南,北临长江,南连黄山,方圆约200华里,主峰十王峰海拔高度1342米。此外千米以上的高峰还有14座。山间多奇峰、怪石、山泉、瀑布,林木茂密,竹海连绵。九华山区和黄山山区为安徽省两个主要毛峰茶产区,九华毛峰品质仅次于黄山毛峰,为安徽省主要历史名茶。

九华山产茶历史悠久,始于唐代,兴于宋代,初时为寺庙和尚所栽,只供坐禅驱睡和招待香客、游人使用。据南宋《九华山录》记载:"至化城寺,……谒金地藏塔,……僧祖瑛独居塔院,献土产茶,味敌北苑"。北苑茶产于建州(福建省建阳区),是当时的名茶,作者以此来赞誉九华山茶。

九华毛峰于4月中、下旬开采,采摘标准为一芽一二叶初展,按鲜叶芽叶组成分为三等。一等一芽一二叶占80%以上,无对夹叶;二等一芽一二叶占60%~80%,有少量对夹叶;三等一芽一二叶占40%~60%,有少量初展的一芽三叶。同时要求无表面水,无鱼叶、茶果等杂质。采回的鲜叶摊放待制。

九华毛峰的品质特点:外形条索稍曲,匀齐显毫,色泽绿润稍泛黄,香气高长,汤色黄绿明亮,滋味鲜纯回甘,叶底柔软匀亮成朵。

(22)舒城兰花

产于安徽省舒城、桐城、庐江、岳西一带。以舒城晓天白桑园的产品最著名,为兰花茶的上品。

兰花茶名的来历有两种说法:一是茶叶相连于枝上,形状好像一枝兰花草;二说采制时正值山中兰花盛开,茶叶吸附兰花香,故而得名。

舒城兰花

舒城晓天一带地处大别山支脉,土壤属山地乌沙土,肥沃疏松,通气透水性好。茶园处于高山密林,碧草芳花之中,并常年在云烟缥缈、雾露笼罩下生长,加上茶农的精心培育管理,故而根深枝繁,芽叶肥壮。

兰花茶采摘从清明节开始,采摘标准为一芽二三叶,采回的鲜叶晾干表面的水分后,及时加工,力求现采现制。

兰花茶的品质特点:条索细卷呈弯钩状,芽叶成朵,色泽翠绿匀润,锋毫显露,兰花香明显持久,滋味甘醇,汤色嫩绿明亮,泛浅黄色光泽,叶底匀整,呈嫩黄绿色,梗嫩芽壮,叶质厚实,冲泡时似朵朵兰花盛开。

蒸青绿茶

4.蒸青绿茶

杀青时以热蒸气高温处理,再进行揉捻、干燥,故称为蒸青绿茶。蒸气杀青是我国古代的杀青方式,唐朝时传到日本,沿用至今。我国现有蒸青绿茶品种不多,主要产于湖北、浙江、福建、安徽四省。

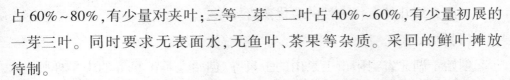
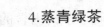

下面介绍几种有代表性的名优蒸青绿茶：

（1）仙人掌茶

创始于湖北省当阳市玉泉山的玉泉寺，创始人是玉泉寺的中孚禅师，中孚禅师俗姓李，是唐代著名诗人李白的族侄。中孚禅师不但喜爱饮茶，更制的一手好茶。每年春天春茶萌芽的时候，中孚禅师就采摘玉泉山上的细嫩茶叶，精心制作扁形如掌、清香甘醇的好茶。有一年，中孚禅师云游江南，在金陵（现南京）恰遇其叔李白，中孚就以随身携带的茶作为礼物送与李白。李白品饮后，觉得此茶如掌，清香芬芳，与自己品饮过的不少名茶相比，别有一番滋味。又因是中孚禅师创制，遂命名为仙人掌茶。并作诗称赞此茶。

玉泉山远在战国时期就被誉为"三楚名山"，山势巍峨，山间云雾弥漫，溪流纵横，山花烂漫，翠岗起伏，仅树木品种就多达300余种。生产仙人掌茶的玉泉寺长住和尚1000余人，如今这里办起了玉泉寺茶场。1981年开始恢复仙人掌茶的制作，一举成功。

仙人掌茶分为特级、一级和二级，制作特级仙人掌茶要求采摘一芽一叶，芽长于叶，多白毫，芽叶长度为2.5～3厘米。制作讲究，分为蒸汽杀青、炒青做形、烘干定型三道工序。

仙人掌茶的品质特点：外形扁平如掌，色泽翠绿，白毫显露。冲泡之后，芽叶舒展，嫩绿纯净，似莲花朵朵立于水中，汤色嫩绿明亮，清香幽雅，沁人心脾，滋味醇厚爽口，初啜清淡，回味甘甜，继之醇厚鲜爽，弥留于齿颊之间，令人心旷神怡，回味隽永。

自1981年开始，仙人掌茶多次被评为湖北省的优质名茶。凡来玉泉山观光的游客，必尝此佳茗，饮后赞不绝口。

（2）恩施玉露

产于湖北省恩施市东郊的五峰山。这里气候温和，雨量充沛，云雾缭绕，土质深厚肥沃，良好的生态环境，不但促进了茶叶生长，而且茶树内含的叶绿素、蛋白质、氨基酸和芳香物质，特别丰富，为制造优质的玉露茶创造了天然的条件。远在宋代，这里就已经生产茶叶了。恩施玉露的制作，相传始于清康熙年间，因茶的味道鲜爽，外形翠绿，豪白如玉，格外显露，故名为"玉露"。

玉露茶的品质特点：外形条索紧圆光滑、纤细挺直似针、色泽苍翠绿润。汤色嫩绿明亮，香气清爽，滋味醇和。

（3）中国煎茶

产于浙江、福建、安徽三省，主要销往日本。

中国煎茶的品质特点：外形条索细紧、挺直、呈针状，色泽鲜绿或深绿油润有光泽，冲泡后，有清香，滋味醇和稍涩，茶汤呈浅黄绿色，叶底青绿。

红茶种类

红茶，以适宜制作本品的茶树新梢为原料，经萎凋、揉捻、发酵、干燥等工艺精制而成。因干茶色泽和冲泡后的茶汤以红色为主调，故得名。

红茶出现于绿茶之后，红茶与绿茶相比，无论外形、色泽，还是香气、滋味都大不相同。首先，加工红茶时，鲜叶不经过杀青，而是先萎凋，使其失掉一部分水分和青草气；接着进行揉捻、发酵，使鲜叶里的化学成分发生变化，从而使绿色变成红色，香气物质由原先的50多种，增至300多种；最后通过适时干燥，使茶叶停止发酵，制成成品茶。

由于红茶制作方法不同，成品茶的品质风格也有所不同，分为工夫红茶、红碎茶和小种红茶。

1.工夫红茶

工夫红茶是我国特有的红茶品种，也是我国传统出口商品。因制造工艺讲究、技术性强而得名。加工中特别强调：发酵时一定要到绿叶变成铜红色才能烘干，而且要烘出香甜浓郁的味道才算恰到好处。我国有19个产茶省，其中有

工夫红茶

12个省先后生产工夫红茶。我国工夫红茶品种多、产地广。主要工夫红茶花色品种有产于安徽祁门一带的祁红，产于云南西双版纳、临沧、风庆一带

的滇红,产于福建闽北一带的闽红,江西一带的宁红,四川的川红,湖北的宜红,湖南的湖红,浙江的越红等。下面向您介绍几种有代表性的工夫红茶。

（1）祁门红茶

主产于安徽省祁门县,是我国传统工夫红茶的珍品。据历史记载,清朝光绪年间,祁门生产绿茶,品质优良,后有安徽黟县人余干臣,从福建回乡经商,仿照闽红试制红茶,并设立茶庄销售,获得成功。由于茶价高,销路好,人们纷纷效仿,逐渐形成了祁门红茶。

祁门红茶

祁门县地处安徽南端,境内河流山溪纵横,山势陡峻,林木繁茂,土质肥沃,腐殖质含量较高,结构疏松,透水、透气性好,保水性强。早晚温差大,特别是春夏季节,由于雨雾弥漫,空气极其湿润,日照时间短,使茶树的持嫩期得以延长。

祁红于每年的清明前后至谷雨前采摘,以一芽两叶为主,其制作除基本的萎凋、揉捻、发酵、烘干的初制过程,还要经过挑选、筛分、审评、提选、分级、复火、拼配等精制工序,才能形成形质兼优的成品茶。

在国际市场上把"祁红"和印度大吉岭茶、斯里兰卡乌伐红茶并列为世界公认的三大高香茶,并将祁红誉为"王子茶""茶中英豪""群芳最"。

祁门红茶的品质特点:外形条索紧细秀长,芽毫显露,锋苗秀丽,色泽乌润,汤色明艳清澈,叶底鲜红明亮,香气浓郁高长,似蜜糖香,又似蕴含兰花香,滋味醇厚,回味持久,在国际市场上被誉为"祁门香"。

（2）滇红工夫

简称滇红,产于云南南部与西南的临沧、保山、凤庆、勐海、昌宁、云县等地。

云南地处我国西南边陲,主要茶产区所处位置被科学家称为"生物优生地带"。境内山岭纵横,河谷渊深,地貌错综复杂。属亚热带气候,年平均气温 15~18℃之间,昼夜温差平均超过 10℃以上。雨量充沛,常年云雾缭绕。森林茂盛,落叶枯草形成深厚的腐殖层。土壤肥沃疏松,茶树芽壮叶肥,即使长到 5—6 片叶,仍质软而嫩。

滇红工夫因采制时期不同,其品质具有季节性变化。一般春茶较好,夏茶稍差,秋茶最差。春茶条索肥壮,身骨重实,净度好,叶底嫩匀。夏茶正值雨季,茶叶生长快,虽芽毫显露,但净度较低,叶底较硬。秋茶因茶树生长代谢作用转弱,成茶身骨轻,净度低,嫩度差。

滇红茸毫显露为其品质的一大特点。其毫色可分为淡黄、菊黄、金黄等类。产于凤庆、云县、昌宁等地的滇红,毫色多呈菊黄色;产于勐海、临沧、普文、双江等地的滇红,毫色多呈金黄色。同一茶园春季采制的一般毫色较浅,夏茶较深。

滇红的品质特点:条索肥壮紧结、重实匀整,色泽乌润,茸毫特多。香气浓郁,但因产地不同,香气有所差别,一般以滇西的云县、昌宁、凤庆所产为好,不但香气高长,而且带有花香。而滋味则以滇南的工夫红茶为佳,具有滋味醇厚、刺激性强的特点。

(3) 宁红工夫

宁红工夫是我国最早的工夫红茶之一,主要产于江西省修水县。修水产茶距今已有 1000 余年的历史。宁红的制作始于道光年间(公元 1821~1850 年),清光绪十八年(1893 年)宁红已成为著名红茶,大量外销。光绪三十年(1904 年)宁红被列为贡品。

宁红茶产区峰峦叠嶂,林木苍翠,雨量充沛,土质肥厚,气候温和,在春夏之间,正当茶树发芽之时,常云凝深谷,雾罩山岗,浓雾日达 80~100 天,相对湿度 80%左右,茶树生长根深叶茂,茶芽肥硕,叶肉厚软,内含化学成分丰富。

宁红的品质特点:条索紧结,圆直多毫,锋苗挺拔,略显红筋,乌黑油润,汤色浓亮红艳,滋味醇厚甜和,香高持久似祁红。

(4) 川红工夫

产于四川省宜宾等地,是二十世纪 50 年代产生的工夫红茶,是我国高品质工夫红茶中的后起之秀，以色、香、味、形俱佳而畅销国际市场。

四川省是我国茶树发源地之一，茶叶生产历史悠久。四川地势北高南低，东部形成盆地，秦岭、大巴山挡住北来寒流，东南向的海洋季风可直达盆地。年降雨量 1000~1200 毫米，气候温和，年均气温 17—18℃，茶园土壤多为山地黄泥及紫色砂土，十分适合茶树生长。川红工夫生产于四川东南部地区，即长江流域以南边缘地带，包括宜宾、江津、内江、涪陵四地区及重庆、自贡两市所属部分地区。这里茶树发芽早，采摘期长，全年采摘期长达 210 天以上。秋茶产量占全年的 30% 左右。

川红工夫的品质特点：条索肥壮、圆紧、显毫，色泽乌黑油润；冲泡后，香气清鲜带果香，滋味醇厚爽口，汤色浓亮，叶底红明匀整。

(5) 宜红工夫

产于湖北宜昌、恩施两地。湖北宜昌地区是我国古老茶区之一。茶圣陆羽曾把宜昌地区的茶叶列为山南茶之首。宜昌红茶问世于 19 世纪中叶，至今已有百余年的历史。

宜红工夫产地山林茂密，河流纵横，年均气温 13~18℃，年降水量 800~1500 毫米，无霜期 220~300 天，气候温和，雨量充沛，土壤大部分属于酸性黄红壤土，非常适宜茶树生长。

宜红工夫的品质特点：条索紧细有毫，色泽乌润；冲泡后，香气甜纯高长，滋味鲜纯，汤色、叶底红亮。茶汤冷却后，有"冷后浑"的现象产生，是我国高品质的工夫红茶之一。

(6) 闽红工夫

系福建特产，由于茶叶产地不同，茶树品种不同，品质风格不同，又分为白琳工夫、坦洋工夫和政和工夫。

白琳工夫：产于福鼎市太姥山白琳、湖林一带。太姥山地处闽东偏北，与浙江毗邻，地势较高，山上植被繁茂，岩壑争奇，茶树生长在崖林之间，茶树根深叶茂，芽毫雪白。自 19 世纪 50 年代白琳工夫产生以来，人们不断改进提高制作方法，精选福鼎大白茶的细嫩芽叶制成的工夫红茶，外形条索紧结纤秀，含有大量的橙黄白毫，香气鲜爽，汤色叶底艳丽红亮，取名"桔红"

意思是像橘子般红艳的工夫红茶,风格独特,在国际市场上很受欢迎。

白琳工夫的品质特点:外形条索细长弯曲,茸毫多呈绒球状,色泽黄黑;冲泡后,香气鲜爽带甘草香,滋味清鲜甜和,汤色浅亮,叶底鲜红带黄。

坦洋工夫:产于福建福安、拓荣、寿宁、周宁、霞浦一带。相传清咸丰、同治年间(公元1851~1874年),坦洋村人胡福四(又名胡进四),试制红茶成功,经广州运销西欧,很受欢迎。从此后,茶商纷纷进山采购,并设立洋行,周围各县茶叶亦渐云集坦洋。

坦洋工夫的品质特点:外形细长匀整,有白毫,色泽乌黑有光泽;冲泡后,香气清醇甜和,滋味鲜醇,汤色鲜艳呈金黄色,叶底红匀。

政和工夫:政和工夫产于闽北,主产地为政和县。政和县全县山岭重叠,丘陵起伏,气候温和雨量充沛,年平均气温为18.5℃,年降水量为1600毫米以上,茶园多开辟在缓坡处,土层深厚,非常适合茶树生长。

政和工夫一经问世,即享有盛名。但60年代后,因改制绿茶,仅保持少量生产。

政和工夫的品质特点:政和工夫有大茶和小茶之分。大茶采用政和大白茶制成,是闽红三大工夫茶的上品,外形近似滇红,但条索较细,毫多,色泽乌润,冲泡后,香气高而鲜甜,滋味浓厚,汤色红浓,叶底肥壮;小茶用小叶种茶树原料制成,条索紧细,色泽暗红,冲泡后,香似祁红,滋味醇和,汤色浅,叶底红匀。

(7)湖红工夫

湖红工夫主要产于湖南省安化、桃源、涟源、邵阳、平江、浏阳、长沙等县市,是我国历史悠久的工夫红茶之一,对我国工夫红茶的发展起了十分重要的作用。

湖南省是中国茶的发源地之一,产茶历史悠久,湖红工夫据现在已有百余年的历史,据史料记载,"清咸丰三年(公元1858年)首先在安化改制,临湘继之"。据《同治安化县志》记载:"方红茶之初兴也,打包封箱,客有昌称武夷茶以求售者。熟知清香厚味,安化固十倍武夷,以至西洋等处无安化字号不买"。同治《巴陵县志》(1872年)有"道光二十三年(公元1843年)与外洋通商后,广人携重金来制红茶,农人颇享其利。日晒,色微红,故名'红茶'",同治《平江县志》(1874年)载有"道光末,红茶大盛,商民运以出洋,岁不下数十万金"。由于安化红茶销路好,汉寿、新化、湘阴、平江、浏阳、长沙等地相继生产,最高年产40多万担。后因战事等原因减至15万担(1936年),最低仅为2~3万担(1949年)。50年代开始恢复红茶的生产,至1988年湖南红茶产量高达40万担,其中工夫红茶10万担,成为我国工大红茶产量较高的省之一。

湖红工夫的主产区安化、新化、涟源一带,位于湘中地段,处雪峰山脉,位于资江中游,四季分明,土壤为红黄土,微酸性,适宜茶树生长。湖南不但产制红茶经验丰富,而且具有众多的适制红茶品种的种质资源。著名茶学专家吴觉农先生评论湖南:"这里有同祁门和宜昌一样为国外所欢迎的高香红茶,还可以栽培和发展与云南相同的国际上著名的大叶种红茶。"

湖红工夫的品质特点:安化所产,外形条索紧结尚肥实,锋毫好,香气高,滋味醇厚,汤色浓,叶底红,稍暗;平江所产,香高,但欠匀净;长寿街及浏阳大围山一带所产香高味厚;新化、桃源所产,条索紧细,豪较多,锋苗好,但叶肉较薄,香气较低;涟源所产,条索紧细,香气较淡。

(8)越红工夫

产于浙江省绍兴、诸暨、嵊州等地。浙江省系我国绿茶的主要产地之一,早期平阳、泰顺等地生产的工夫红茶称为"温红",但品质较差,为外销低级红茶。1955年绍兴、诸暨、嵊县等县,由绿茶生产改为红茶生产,后又扩大至长兴、德清、桐炉等县,称为"越红"。越红工夫以条索紧结挺直,重实匀齐,显锋毫,净度高的优美外形著称。杭县、富阳县部分地区生产的称为"杭红",后因龙井、旗枪的发展,杭红很少生产。另外杭州市周浦的湖、上堡、张余、冯家、社井、上阳、下阳、仁桥一带还生产"龙井红茶"——"九曲红梅",以湖埠大坞山所产最佳,距今已有百余年的历史。外形条索细如发丝,抓起来相互钩挂呈环状,色泽乌润,滋味浓郁,香气芳馥,汤色鲜亮,叶底红艳成朵。九曲红梅系内销的高级工夫红茶,其品质优异,畅销上海、杭州、苏州等大中城市。

越红工夫的品质特点:条索紧细挺直,色泽乌润;冲泡后香气纯正,滋味浓醇,汤色红亮,叶底稍暗。

2.小种红茶

起源于 16 世纪,是福建省的特产。小种红茶的产生说法不一,当地有这样一个故事:清道光末年,局势动荡不安,有一支军队,从福建崇安的星村经过,占领了当地的茶厂,当时厂里有很多没有加工的青茶,这些青茶因为潮湿发酵变成了黑色,并产生了特殊的气味。厂主非常着急,赶紧用炒锅和松柴烘干,稍加筛分拣剔后运往福州试销。不料这种特殊香味的小种茶,赢得了许多人的喜爱,从此小种红茶风靡一时。

小种红茶因产地和品质不同,分为正山小种和外山小种。正山小种产于崇安县星村乡桐木关一带,也称"桐木关小种"或"星村小种"。政和、坦洋、古田、沙县等地所产的仿照正山小种的小种红茶,统称外山小种。在小种红茶中只有正山小种经久不衰。

正山小种"正山"之意,乃表明是真正的"高山地区"所产。崇安县星村的曹墩和桐木关一带,地处武夷山脉的北段,地势高峻,海拔 1000~1500 米,冬暖夏凉,年平均气温 18℃,年降水量 2000 毫米左右。春夏之间,终日云雾缭绕。该地土层深厚,土质肥沃,因此茶蓬繁茂,叶质肥厚嫩软。

正山小种的品质特点:外形条索肥厚重实,色泽乌润有光泽,冲泡后汤色艳红,经久耐泡,滋味醇厚似桂圆汤,气味芬芳浓烈带松烟香。加入牛奶,茶香不减,形成糖浆味奶茶,甘甜爽口,别具风味。

3.红碎茶

红碎茶是国际茶味市场的大宗产品,目前占世界茶叶总出口量的 80% 左右,印度是红碎茶生产和出口最多的国家,有百余年的历史,而在我国发展,则是近 30 年的事。

红碎茶是指在加工过程中,将鲜叶经加工后制作成颗粒状,与普通红茶的碎末,不可混为一谈。红碎茶的制作分为传统制法和非传统制法两类。

传统红碎茶:是指按最早制造红碎茶的方法,即茶叶经萎凋后采用平揉、平切,再经发酵、干燥制成的红碎茶,滋味浓,但成本高,产量低,在我国

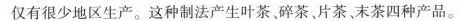

仅有很少地区生产。这种制法产生叶茶、碎茶、片茶、末茶四种产品。

传统红碎茶的品质特点：颗粒紧结重实，色泽乌黑油润，香气浓烈，滋味醇厚，汤色红浓。

非传统红碎茶：又分为洛托凡红碎茶（Ro-torvane）、C·T·C红碎茶、L·T·P红碎茶。

洛托凡红碎茶：又称转子机红碎茶。这种红碎茶制造时，揉切工序是由转子机完成的。我国转子机制法系于70年代在广东英德、江苏芙蓉等地率先采用的。该茶除具有外形美观、色泽乌润等特点外，内质浓度较传统红碎茶好，而且成本较低，为我国大部分地区所采用。

洛托凡红碎茶的品质特点：条索紧卷呈颗粒状，色泽乌润或棕黑油润；汤色浓亮，香气浓烈，有较强的刺激性。

C·T·C红碎茶：是指揉切工序采用C·T·C切茶机切碎制成的红碎茶。1982年海南南海茶厂引进C·T·C制法的机械生产红碎茶，但没有大面积推广。

C·T·C红碎茶的品质特点：外形紧实呈颗粒状，色泽棕黑油润，冲泡后香味浓强鲜爽，叶底红艳匀齐，是国际卖价较高的一种红茶。

L·T·P红碎茶：是指劳瑞式（Laurie TeaProcesser）锤击机切碎而制成的红碎茶。因色泽欠佳，不利拼和，因而目前未能大面积推广。

L·T·P红碎茶的品质特点：外形颗粒紧实匀齐，色泽棕红，欠油润；香气鲜爽欠浓强，叶底红艳细匀。

乌龙茶种类

乌龙茶又名青茶，它综合了绿茶和红茶的制法，属半发酵茶类，基本工艺过程是晒青、晾青、摇青、杀青、揉捻、干燥等工序。乌龙茶的品质特点是既有绿茶的清香又有红茶的醇厚浓鲜。乌龙茶由于产地、加工工艺的不同，分为闽北乌龙、闽南乌龙、广东乌龙和台湾乌龙。

1.闽北乌龙茶

花色品种很多，最负盛名的是武夷岩茶，如大红袍、肉桂、白鸡冠、铁罗汉、千里香、水金龟、不知春等。闽北乌龙除武夷岩茶外还有闽北水仙、闽北乌龙等品种。

（1）武夷岩茶

武夷岩茶

武夷山位于福建和江西接壤的崇安县境内，所产之茶久负盛名，蜚声中外。它的创制和发展在世界茶叶史上有着很高的地位和深远的影响。

武夷山是我国红茶、乌龙茶的发源地。早在南北朝时期就有将鲜叶制作成饼状，以"森伯之祖"而闻名。在唐代武夷茶就已经作为馈赠的珍品了。到了北宋时期，民间斗茶盛行，武夷茶作为贡茶，技术和品质不断改进，制作出的外形精美的龙团、凤饼可与黄金争价，而且数量极少。到了元代，武夷山设立"御茶园"专门从事御茶生产。明代武夷山自安徽传入松萝茶制法，改进了岩茶的加工过程，使岩茶气味更清香，并停止团茶制造，改为散形茶，就成为现有岩茶的前身。明朝末期，武夷岩茶声名远播，结果引起了大小官吏的种种敲诈勒索，茶农不胜其扰，纷纷逃离茶区，以致出现山荒茶枯，一片衰败的景象。18世纪中叶，武夷茶又开始复兴。18世纪末期武夷岩茶销往欧美等国，受到许多国家和地区人民的喜爱，被誉为"百病之药"。

武夷岩茶之所以独具神韵，久负盛名，主要是由于它具有优越的生长环境，优良的茶树品种和精湛的制作工艺。

武夷山优越的自然环境，给岩茶提供了得天独厚的生长条件。岩茶区内，气候温和，冬暖夏凉，年平均温度18～18.5℃，雨量充沛，年降水量2000毫米左右。山涧岩壑之间，到处幽涧泉流，常年云雾弥漫，年平均相对湿度在80%左右。茶园大多在山坑岩壑之间，四周山峦做屏障，为茶树遮挡阳光。日照短、无风害，有利于茶树的生长。岩石风化后的园土，含有丰富的矿物质和有机质，为茶叶化学成分的形成提供了优良的条件。

武夷山是天然的植物园，茶树品种也十分丰富。山中生长着世代流传的有性群体茶树品种,经长期自然杂交,演变出许多优良单株。

武夷岩茶独特的制作工艺更决定了岩茶的优良品质。武夷岩茶制作精巧兼有红绿茶制造原理的精华,又不断创新和发展,使岩茶的制作技术日臻完善。

岩茶的采摘不同于其他茶类,标准采法是"三叶半开面",即顶端驻芽开一半,以下三叶全展开时最好。采摘春茶一般在谷雨后立夏前,夏茶在夏至前,秋茶在立秋后。鲜叶力求新鲜完整。雨天不采,有露水不采,烈日不采,最好的采摘时间是上午 9～11 时,下午 14～17 时次之。名丛、单丛的鲜叶分开制作,务使成为尽善尽美的成品。

武夷岩茶产茶地点不同,品质也不尽相同,武夷岩中心地带所产的茶叶,其品质香高味醇厚,岩韵特显。武夷岩边缘地带所产的茶叶,称为半岩茶,岩韵略逊于正岩茶。崇溪、九曲溪、黄柏溪溪边靠武夷岩两岸所产的茶叶,称洲茶,品质又低一等。

武夷岩茶的品质特点:条索壮结匀整,色泽青褐油润呈"宝光",叶面呈蛙皮状沙粒白点,俗称"蛤蟆背";冲泡后香气馥郁隽永,具有特殊的岩韵,滋味醇厚回甘,清活爽口。汤色橙黄,清澈艳丽;叶底"绿叶红镶边",呈三分红七分绿,且柔软红亮。

武夷岩茶品名众多,而又各具特色,武夷名丛属岩茶之王,在名丛中,又以大红袍、铁罗汉、白鸡冠、水金龟武夷四大名丛最为珍贵。

大红袍:在武夷名丛中享有最高声誉。它既是茶名,又是茶树名。大红袍产于天心岩九龙巢的高岩峭壁上。岩顶终年有细小甘泉由岩谷滴落,滋润茶地,随水滴落的还有丰富的有机质化合物,形成大红袍得天独厚的生长条件。

大红袍的品质很有特色,其他名丛冲泡七次后茶味已极淡,但大红袍冲泡九次后仍保持原茶真味,不失桂花香。

铁罗汉:武夷山最早的名丛,茶树生长在武夷山慧苑岩的鬼洞。

白鸡冠:成名于明代,早于大红袍。茶树原生长在武夷山慧苑岩火焰峰的外鬼洞中。因茶树嫩叶白中带嫩黄色,叶片向上卷曲似鸡冠故得名。

水金龟:据说该茶长在武夷山天心崖葛寨峰下,属天心寺庙所有。后经大雨冲至牛栏坑半山岩石凹处,为此,兰谷山业主就势砌石保护此茶。这种茶树与众不同,枝条纵横交错,形似龟背上的花纹,且绿叶浓密,油光发亮,似只大金龟,故命名为水金龟。

(2)武夷肉桂

又名肉桂、玉桂,因具有典型的桂皮香而得名,原产于武夷山慧苑岩,另说原产于武夷山马振峰,现产于武夷山水帘洞、三仰峰、马头岩、桂林岩等峰岩之中和九曲溪畔,种植面积达1700多亩。

"武黄名岩所产之茶,各有其特殊之品。"(蒋叔南《武夷山游记》)肉桂茶除了具有岩茶的滋味特色外,更以其香高持久备受人们的欢迎。肉桂茶条索匀整,紧结卷曲,色泽褐绿油润有光泽。叶背有青蛙皮状白点。肉桂的桂皮香明显,佳者带乳香,冲泡四五次后仍有余香。滋味醇厚回甘,咽后齿颊留香汤色橙黄清澈,叶底黄亮。红点鲜明,呈绿叶红镶边。

(3)闽北水仙

闽北水仙始于清道光年间,因其味似水仙花而得名。闽北水仙条索紧结重实,叶端扭曲;色泽暗沙绿油润,呈蜻蜓头,青蛙腿状;滋味醇厚回甘,汤色清澈橙黄,香气浓郁,具兰花清香;叶底厚软黄亮,呈绿叶红镶边,有三红七青之说。

2.闽南乌龙茶

最著名的是安溪铁观音,此外还有黄金桂、黄棪、乌龙、奇兰、水仙、毛蟹、梅占等品种。

(1)安溪铁观音

产于福建省安溪县。铁观音既是茶名又是茶树名,主产区在福建省安溪县西部的内安溪一带。这里群山环抱,峰峦绵延,属亚热带季风

安溪铁观音

气候,常年云雾缭绕,年平均气温15~18.5℃,年均无霜期长达292天,年降

水量 1700~1900 毫米,相对湿度 78% 以上,土壤大部分为酸性红壤,土层深厚,有机物含量丰富。

铁观音茶一年分四次采制,谷雨至立夏为春茶,约占年产量的 50%,香高味重,耐泡;夏至至小暑为夏茶,叶单薄带苦涩味;暑茶在大暑后,较夏茶好;秋分至寒露为秋茶,香气高锐,但茶味不及春茶浓厚。鲜叶采摘标准必须在茶芽形成驻芽,顶叶形成小开面或中开面时,及时采下二三叶。采时要做到八不:强烈日光下不采,雨水茶不采,雾水茶不采,采时不折断鲜叶,不折叠叶张,不碰碎叶尖,不带单片,不带鱼叶和老梗。一般午后开采,当晚加工,制茶均在夜间进行,历时 10 小时制成成品茶。

铁观音茶的品质特点:成品茶外形条索卷曲、壮结、沉重、匀整、色泽油润,呈沙绿色红点明显,呈蜻蜓头状,叶表带白霜,汤色金黄,浓艳清澈,叶底肥厚明亮,滋味醇厚甘鲜有蜜味,香气高锐浓烈,馥郁持久,有"七泡留余香"的说法。

(2)黄金桂

黄金桂是由黄旦(电称黄琰)品种的茶树嫩梢制成,产于福建的安溪。因其汤包金黄,香气奇特似桂花,故名黄金桂。黄旦萌芽较早,一般四月中旬开始采制,采摘标准为一芽二三叶,新梢刚刚形成驻芽,顶叶呈小开面或中开面时采下。过嫩,成品茶香味低闷带苦涩,过老味道淡薄,香粗次。

黄金桂的品质特点:条索紧细,色泽润亮油润,冲泡后,香气优雅,有桂花香,滋味甘鲜,汤色金黄明亮,叶底中央黄绿,边缘朱红,柔软明亮。

(3)永春佛手

产于福建省永春县,是用佛手品种茶树嫩梢制成的乌龙茶,因叶形与香橼柑的叶片相似故又名"香橼"。

香橼茶区位于载云山下,境内山峦起伏,树木苍翠,四季如春,香橼茶树为无性系品种,灌木型、大叶类、中芽种,适应性广,抗逆性较强,单产高,一芽三叶嫩梢重 1.5 克,为一般适制乌龙茶品种的 1.3~2 倍。树姿形态奇特,分枝稀疏。枝条细软似蔓,披张到地,叶大,呈椭圆形,大的如掌,多水平着生,叶片扭曲隆起,主脉弯曲,叶缘锯齿稀钝,缺刻较不明显。

永春佛手分四季采制，以春季为最好，采摘标准为新梢展开四至五叶，顶芽形成驻芽时采下二三叶，一般是下午采，傍晚制作。

永春佛手茶的品质特点：条索紧结、肥壮、卷曲呈蚝干状，色泽沙绿乌润；冲泡后，香气浓锐，滋味甘厚，且耐泡，汤色橙黄清澈，叶底黄绿明亮。

永春佛手长期以来，在闽、粤、港、澳等地区及东南亚侨胞中备受欢迎。产区群众常用以制作盐茶和柚米茶，治疗痢疾、中暑、高血压等症。

3.广东乌龙茶

包括凤凰单枞、凤凰水仙、饶平乌龙等品种。

凤凰水仙：产于广东潮州市凤凰镇乌岽村，传说南宋末年，宋帝南下潮州，经过凤凰山区乌岽山时，侍从采下一种像鸟嘴一~样尖的茶叶为宋帝解渴，饮后止咳生津，效果甚佳。为此广为栽种，称为"宋种"。至今乌岽山还保留着 3000 余棵树龄在百年以上的单株大茶树。

凤凰山区位于潮安区东北部，四面青山环绕，气候温暖，雨量充沛，茶树均生长在海拔 1100 米以上的山区，终年云雾弥漫，空气湿润，昼夜温差大，年平均气温在 22℃ 以上，年降水量为 1900 毫升左右，土壤肥沃深厚，有机质含量丰富，是理想的植茶之地。

凤凰水仙生长在广东潮安、饶平、丰顺、焦岭、平远等县。凤凰水仙清明前后到立夏采摘为春茶，采摘标准为嫩梢形成驻芽后，第一叶开展到中开面时为适宜，过嫩，成茶苦涩，香气低沉，过老，茶味粗淡，不耐泡，采摘时间以午后为最好。凤凰水仙由于选用原料优次及制作精细程度不同，按品质优劣可分为凤凰单枞、凤凰浪菜、凤凰水仙三个品级，其中凤凰单枞被评为全国名茶。

凤凰单枞系凤凰水仙群体中选拔优良单株茶树，精心培育、采摘、加工而成的。因香气、滋味的差异，当地习惯将单枞茶按香型分为黄枝香、桃仁香、芝兰香、玉桂香、通天香等多种。凤凰单枞有形美、香郁、味甘等特点。

凤凰水仙的品质特点：条索挺直肥大，色泽黄褐，俗称"鳝鱼皮"色，油润有光；冲泡后香气持久，有天然花香，滋味醇爽回甘，耐冲泡，汤色橙黄清澈，沿碗沿显金黄色彩圈，叶底肥厚柔软，边缘朱红，叶腹黄亮。

4.台湾乌龙茶

由于地理条件得天独厚,世界各地的茶叶,在台湾地区几乎都能生产,可以说是世界上一个特殊的茶区。

台湾地区最初的制茶方法,是从福建武夷山和安溪引进的,主要生产乌龙茶,以后创制出有台湾特色的包种茶。20世纪40年代初,由于太平洋战争爆发,乌龙茶在美国的市场受到冲击,致使台湾地区乌龙茶生产一落千丈,开始向印度引进"阿萨母"种,发展红茶生产。50年代初台湾地区应市场的需要,又扩大了绿茶的生产。目前台湾地区茶类众多,但仍以青茶为主要茶类。台湾地区制茶工业同业公会为了出口方便,将台湾地区生产的青茶统称为乌龙茶,其中包括台湾乌龙和台湾包种,并按其发酵程度及香味风格分为三种,即清香乌龙茶、浓香乌龙茶、香槟乌龙茶。

(1)清香乌龙茶

多为台湾包种类,因发酵较轻,干茶外形呈绿色,冲泡后汤色金黄清澈,香气清新有天然花果香,滋味清醇,留香持久,喉韵无穷,叶底柔嫩明亮,芽叶完整。其中包括:文山包种、冻顶乌龙、高山茶等。

文山包种茶:产于台湾地区台北县的坪林乡、石碇乡、深坑乡、新店市等地。文山包种茶采制工艺讲究,雨天不采,带露水不采,晴天要在上午十一时至下午三时这段时间采摘,这时鲜叶经过雨露的滋润,又经一段晨光的照射,叶面的露水已蒸发,茶叶所含水分适中;采摘要选择新梢顶芽形成驻芽后的一二日,其下二三叶尚未硬化时,采下一芽二三叶;采时需用双手弹力平断茶叶,断口成圆形,不可用力挤压断口,以免影响茶质。一般在谷雨前后及白露前后是采制高级包种茶的季节。

文山包种茶的品质特点:成品茶外形自然卷曲,条索紧结,干茶具有兰花香气;冲泡后汤色碧绿,鲜艳明亮,入口滋味清香甘醇,有天然花香,留香持久,叶底鲜绿,芽叶完整。

文山包种茶具有香、浓、醇、韵、美五大特色,并含有丰富的营养保健成分,可起到强心、利尿、消除疲劳、防止血管硬化等功效。

冻顶乌龙茶:产于台湾地区南投县鹿谷乡章雅村冻顶山一带。冻顶乌龙名字的由来,有人认为是因山高,山顶被冰雪覆盖而得来,其实不然。盛产冻顶乌龙的鹿谷乡,海拔500~900米,气候温和,年平均气温22℃,终年迷雾多雨,空气湿度大,致使山路湿滑难行,上山的人要绷紧脚趾,台湾俗语称"冻脚尖"才能上得去,这就是冻顶山名字的由来,茶因山而得名。虽然山路难行,但山地土壤却深厚细软,排水性能良好,潮湿的空气和松软的土壤,为茶树创造了优良的生长环境。

冻顶乌龙茶属于台湾清香型的包种类茶,与文山包种茶系姊妹茶。两者的差异只是文山包种茶以清香著称,而冻顶乌龙茶却以喉韵回甘见长。冻顶乌龙茶全部采自优良品种青心乌龙的茶树上。采制高级冻顶乌龙茶一般在每年的3月下旬至5月下旬,采摘标准为未开展的一芽二叶。采摘时间以每天的上午10时至下午2时最佳,采后立即送工厂加工。

冻顶乌龙茶的品质特点:外形呈半球状,条索紧结整齐,叶尖卷曲成球,色泽墨绿鲜艳,并带有青蛙皮状的灰白点,干茶具有强烈的芳香。冲泡后,汤色橙黄,清澈明亮,清香幽雅,近似桂花香,滋味醇厚,喉韵甘滑,回甘力强,叶底柔嫩明亮,叶身淡绿,叶橼红镶边。

冻顶乌龙茶精工制作,品质优异,色、香、味俱佳,深受人们的喜爱,成为台湾茶的代表茶,凡是涉足台湾茶者,必言冻顶。冻顶乌龙在台湾茶叫市场上居领先地位。冻顶乌龙茶的包装独具风格,以梅花数量表示等级,五朵梅花为最高级,依次递减;以梅花颜色区分茶类,鲜红的梅花表示半发酵茶,暗红色的梅花表示发酵茶。

台湾高山茶:台湾高山茶准确地说是台湾高山乌龙茶,系指茶区在海拔1000米以上的高山所产的茶叶。高山茶园是1980年以后陆续开辟出来的茶区,大部分种植青心乌龙种。茶区主要分布在阿里山、玉山、雪山、中央山、台中山等山区。高山茶产品常以其产地山名命名,如阿里山茶、玉山茶、梅山茶、雾社茶、庐山茶、梨山茶等,都属于高山优质茶。

高山茶的品质特点:外形美观整洁,色泽墨绿有光泽。因产地不同,冲泡后各具独特的清香、花香、果香、焦糖香等味道。滋味醇厚,汤色橙黄,叶底柔嫩呈绿叶红镶边。

中華茶道

（2）浓香乌龙茶

用传统方法制作,焙制时间长,外观呈褐色的半发酵乌龙茶。滋味浓厚独特,有助消化、去油腻的作用,故又名健康茶。台湾地区的铁观音茶就是这种茶的代表。

台湾铁观音:台湾铁观音又名木栅铁观音,产于台湾地区台北市郊指南宫风景游览区以南的木栅县。

木栅铁观音虽是仿照福建安溪铁观音的制作方法,但无论从干茶的外形还是茶汤的口味,都不同于福建的铁观音。木栅铁观音发酵程度比较重,达到50%,在烘焙上采取三揉三焙,文火长焙的方法。干茶的外形卷曲呈球形,颜色墨绿油润。冲泡后汤色金黄,清澈明亮,滋味甘滑,香气浓郁,带乳香。

1976年当时的台北市长张丰绪先生到木栅地区视察时,品尝到木栅铁观音后,赞赏其好似天上的甘露一样,并命名为"一滴露"。

香槟乌龙茶:香槟乌龙茶是一种接近红茶的重发酵茶,属于台湾乌龙茶的乌龙类,因采摘嫩芽焙制,外观白毫点点,又称白毫乌龙茶。此茶传入欧美后,欧美人视它为台湾乌龙的代表,称其为"东方美人茶"。品饮此茶时如滴入一二滴白兰地酒,风味更佳,故又称之为"香槟乌龙茶"。1980年台湾知名人士谢东闵视察苗栗茶区时,因该茶白毫似寿眉,寓"福如东海,寿比南"之意,引申名为"福寿茶"。此茶还有一个名字叫"膨风茶",膨风茶的"膨风"一词是台湾苗栗一带客家话中形容人说大话、吹牛吹到尽头的意思,但膨风茶品质优异并非吹牛。不过据说该茶历来产量很少,销售时没有标准价格,茶商乱喊价,乱吹其品质,故称之为"膨风茶"。

东方美人茶的产区分布在台湾北部,主要产区有台北县的文山,台北市的南港,新竹的峨眉、北埔、横山,苗栗的头屋、三湾、头份等,以台北文山区的坪林为最佳,但坪林一带以生产文山包种茶为主,东方美人茶的产量不及苗栗县。

适合制作东方美人茶的品种有:青心大冇、硬枝红心、白毛猴、青心乌龙、大叶乌龙等。白毛猴幼嫩芽叶茸毛多而长,尤其适合制作东方美人茶。

制作东方美人茶要在五六月份,五六月份的台湾天气炎热,茶园易遭到一种名叫小绿叶蝉的害虫危害,此虫又叫浮尘子,身体很小,多栖于芽叶背面,刺吸芽梢汁液,严重时致使芽梢红褐枯焦,芽叶萎缩,茶叶无收。但是制作东方美人茶却要选用被小绿叶蝉轻度危害过的茶园,这时,遭小绿叶蝉吸食过的茶树新梢,长出一芽二三叶便停止生长,嫩叶呈金黄色,芽苞肥大茸毛显露,正适合制作东方美人茶。

东方美人茶的品质特点:外形似花朵,叶片褐红,心芽嫩白,嫩梗黄褐,色泽油润,三色交映,独具特色。冲泡后,汤色呈琥珀般橙红色,香气幽雅,滋味甘润。耐冲泡,五泡后仍有余香。叶底淡褐有红边,叶片完整,芽叶连枝。

东方美人茶以其独特的外观和汤美、味香的内质,赢得了国内外客商的赞誉,并不是"膨风"(吹牛)的结果,它优异、稳定的品质风格使其百年不衰,在台湾乌龙茶的外销市场上保持着崇高的声誉,成为台湾茶的代表。

黄茶种类

黄茶属轻发酵的茶类,具有"黄叶黄汤"的特点。制作工艺与绿茶有相似之处,不同点是在制茶过程中加以焖黄。黄茶制造历史悠久,有不少名茶都属于此类。黄茶,按鲜叶的嫩度和芽叶的大小,分为黄大茶、黄小茶和黄芽茶三类。

黄大茶中著名的品种有安徽黄大茶、广东的大叶青茶等。

黄小茶中著名的品种有湖南岳阳的北港毛尖、宁乡的沩山毛尖、湖北的远安鹿苑、浙江的平阳黄汤等。

黄芽茶中著名的品种有湖南岳阳的君山银针、安徽霍山的霍山黄芽、浙江德清的莫干黄芽、四川名山的蒙顶黄芽等。

(1)君山银针

产于湖南岳阳的君山,君山又名洞庭山,位于西洞庭湖中。古时君山茶仅年产一斤多,现年产也只有 300 公斤,售价为我国名茶之最。

君山岛位于岳阳城西 15 公里处。岛上土壤肥沃,多沙质壤土,年平均

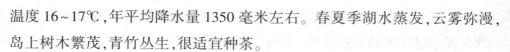

温度 16~17℃,年平均降水量 1350 毫米左右。春夏季湖水蒸发,云雾弥漫,岛上树木繁茂,青竹丛生,很适宜种茶。

君山银针于每年清明节前三四天采摘,拣采春茶的芽头,为防止擦伤芽头和茸毛,盛茶篮内衬有白布,制作一公斤银针约需 5 万个茶芽,并要求做到九不采:雨天不采、露水不采、紫色芽不采、空心芽不采、开口芽不采、冻伤芽不采、虫伤芽不采、瘦弱芽不采、过长、过短芽不采。芽头要求长 25~30 毫米,宽 3~4 毫米,肥壮重实,一个芽头包含三四个已开化却未开展的芽叶。

君山银针的制作非常精细,分为摊青、杀青、初包、复烘、摊凉、复包、足火等工序,历时 72 小时。

君山银针的品质特点:外形芽头肥壮挺直、匀齐、满披茸毛,色泽金黄泛光,有"金镶玉"之称;冲泡后,香气清鲜,滋味甜爽,汤色浅黄,叶底肥厚嫩黄。

用玻璃杯冲泡君山银针,别有一番奇妙美景。当水注入杯中时,芽头冲向水面,几分钟后,茶芽慢慢下沉,竖立于杯底,沉浮起落,往返三次,故君山银针有"三起三落"之称。最后茶芽竖立于杯底,似鲜笋萌发,芽光水色,浑然一体,茶香四溢,妙趣横生。

(2)蒙顶黄芽

产于四川名山区的蒙山。蒙山产茶,距今已有 2000 多年的历史。自唐代至清代,此茶皆为贡品,是我国历史上最有名的贡茶之一。现今,一些传统品类的名茶如蒙顶甘露、石花、黄芽、米芽、万春银叶、玉叶长春等,均被保留下来,并加以改进提高。

蒙顶茶

蒙顶山区气候温和,年平均气温

13℃,年平均降水量 2000 毫米左右,一年中云雾日长达 260 多天,有云多、雾多、雨多的特点。茶区土层深厚,林木苍翠,清泉遍渠。在这上有天雾覆

盖,下有沃壤滋养的自然环境中,茶树生长繁茂,茶芽鲜嫩。

蒙顶黄芽于每年清明节前开始采摘,挑选肥壮的芽和一芽一叶初展的芽头,要求做到五不采:紫芽不采、露水芽不采、瘦芽不采、病虫危害芽不采、空心芽不采。采回的芽要及时摊放,及时加工。

蒙顶黄芽的品质特点:外形扁平,色泽微黄,芽毫毕露;冲泡后甜香浓郁,滋味鲜醇回甘,汤色黄亮,叶底全芽,嫩黄匀齐,为蒙山茶中的极品。

(3)霍山黄芽

产于安徽霍山,为唐代 20 种名茶之一。清代为贡茶,然而经过历代的演变,以后竟致失传,现在的霍山黄芽是 20 世纪 70 年代恢复生产的,主要产于佛子岭水库上游的大化坪、姚家畈、太阳河一带,其中以大化坪的金鸡坞、金山头,金竹坪和乌米尖即"三金一乌"所产的黄芽品质最佳。

霍山黄芽

黄芽产区位于皖西大别山区,海拔 800 米以上,这一带峰峦叠嶂,泉多溪长,树木繁密,大量鸟类栖息,撒下大量粪便,土壤十分肥沃,年平均温度 14~16℃,年降水量 1400 毫米左右,生态环境优越,所产茶叶芽嫩、叶肥、品质优良。

霍山黄芽开采期一般在谷雨前 3~5 天,采摘标准为一芽一叶或一芽二叶初展,要求采摘非常细嫩的幼芽,并保持新鲜。

霍山黄芽的品质特点:形如雀舌,芽叶细嫩,多毫,色泽黄绿;冲泡后,香气鲜爽,有熟栗子香,滋味醇厚回甘,汤色黄绿清明,叶底黄亮嫩匀。

(4)沩山毛尖

产于湖南宁乡的大沩山,是我国传统名茶。据说,早在唐代就已著称于世。在建国

沩山毛尖

157

初期 50 年代,毛泽东在品尝了沩山毛尖后,大为赞赏。刘少奇生前把沩山毛尖作为家乡茶,款待国内外友人。

沩山最高海拔千余公尺,山上有一天然盆地,地势高峻,群峰环绕,林木繁茂,溪河环绕,卢花瀑布一泻千丈,常年云雾缥缈,罕见天日,素有"千山万山朝沩山,人到沩山不见山"之说。这里年降水量 1600~1800 毫米左右,年平均气温 15℃左右,气候温和,光照时间短,茶园土壤为黑色沙质土壤,土层深厚,腐殖质丰富。茶树久受甘露滋润,不受寒暑侵袭,根深叶茂,梗壮芽肥。

沩山毛尖于清明节后 7~8 天开采,芽叶标准为一芽一叶或一芽二叶初展。采摘时要求严格,要做到紫叶不采,虫伤叶不采,鱼叶不采。当天采当天制,以保持新鲜。沩山毛尖制作工艺特殊,分杀青、焖黄、轻揉、烘焙、拣剔、烟熏六道工序。其中烟熏是沩山毛尖的独特之处,熏烟时间长达 16~20 小时,直至足干,从而使茶叶具有烟香。对一般茶来说,具有烟味,会影响茶的品质,而对沩山毛尖来说,带有烟香,却是质量上乘的标志。

沩山毛尖的品质特点:外形叶缘微卷成块状,色泽黄亮油润,白毫显露;冲泡后松烟香浓厚芬芳,滋味醇甜爽口,汤色橙黄明亮,叶底黄亮嫩匀。

沩山毛尖深受边疆人民的喜爱,被视为茶中珍品。

白茶种类

白茶是我国特产,属轻微发酵茶。因成品茶多芽头,满披白毫,色白隐绿而得名。目前我国白茶产地主要在福建省福鼎、政和、松溪、建阳等县。主要种植品种有福鼎大白茶、政和大白茶及水仙等,这些品种,幼嫩芽叶上披满白色茸毛,为人们采制白茶提供了物质条件。

白茶基本制作工艺简单,但对原料有特殊要求,必须采摘嫩芽以及以下 1~2 片嫩叶都满披白毫。制作时,不炒不揉,只晒干或用文火烘干即可,使白色茸毛在茶的外表完整地保留下来。

白茶的主要品种有白毫银针、白牡丹、贡眉(寿眉)等。

(1)白毫银针

产于我国福建福鼎、政和等地,简称银针,又称白毫,因其成品多为芽头,纤细如针,满披白毫,色白如银而得名。清嘉庆初年(1796年之后)福鼎一带有人用菜茶的壮芽为原料,创制银针白毫。从1885~1889年间,改为福鼎大白茶和政和大白茶的壮芽为原料,产制银针。

白毫茶区地处中亚热带,境内丘陵起伏,常年气候温和湿润,年平均气温18.5℃,年降水量1600毫米左右,土质肥沃,适宜种茶。

制作白毫银针一般在三月下旬至清明节,采摘肥芽或一芽一叶,然后用手指将真叶、鱼叶轻轻剥离。剥出的茶芽均匀地薄滩于水筛上(一种竹筛),在微弱日光下晒至八九成干后,采用30~40℃的文火慢烘至足干制成毛茶,再将毛茶用六、七号筛,过筛,筛上面的为优质品,筛下面的为次等品,然后再用手精心拣除梗片、杂物等,分批用文火焙干,趁热装箱。

白毫银针的品质特点:外形挺直如针,芽头肥壮,满披白毫,色白如银,此外因产地不同品质略有差异,福鼎所产茶芽茸毛厚,色白,富光泽,汤色呈浅杏黄色,滋味清鲜爽口;政和产者,滋味醇厚,香气清芬。

银针茶性寒凉,有解毒、退热、祛暑、降火的功效,被视为治疗麻疹的良药。

(2) 白牡丹

产于福建政和、建阳、松溪、福鼎等县。以绿叶夹银色白毫芽,形似花朵,冲泡后,绿叶托着嫩芽,宛若蓓蕾初绽而得名。于20世纪20年代创制于建阳水吉乡。

制作白牡丹的原料主要采自政和大白茶和福鼎大白茶良种茶树芽叶,有时少量采用水仙品种茶树芽叶。传统采摘标准是春茶第一轮嫩梢采下一芽二叶,要求芽叶满披白色茸毛,芽与叶的长度基本相等。制作工艺简单,只有萎凋及焙干两道工序。

白牡丹的品质特点:外形似枯萎花朵,二叶抱一芽,芽心肥壮,叶张肥嫩,色泽灰绿或暗青苔色,叶背布满白色茸毛;冲泡后,香气清芬,滋味鲜爽,汤色杏黄或橙黄,叶底浅灰,叶脉微红,芽叶连枝。其性清凉,有清热降火之功效,为夏季佳饮。

(3)贡眉(寿眉)

贡眉,又称寿眉。主产于福建省南平市建阳区;此外,建瓯、浦城等县也有生产,产量占白茶总产量的一半以上。制造贡眉选用一芽一叶至一芽二三叶,含有嫩芽、壮芽的茶树新梢为原料。制作工艺与白牡丹基本相同。

贡眉的品质特点:毫心显露而多,色泽翠绿,汤色橙黄或深黄,叶底匀整、柔软、鲜亮,叶张主脉呈红色,味醇爽,香鲜纯。产品主要销往港、澳等地区。

黑茶种类

黑茶属后发酵茶,是我国特有的茶类,黑茶的原料一般较粗老,采摘时多为一芽五六叶,叶粗梗长,加工时要经过高温杀青、揉捻、堆积作色、干燥等工序,其中堆积发酵时间较长,因而叶色多呈黑褐色,故称黑茶。早在11世纪前后,即北宋熙宁年间(公元1074年)就有用绿毛茶变黑的做法。最早的黑茶是由四川生产的,四川生产的绿毛茶要运输到西北地区销售,由于交通不便,运输困难,必须减少体积,于是就将茶叶蒸压成块,在加工的过程中,要经过二十多天的湿胚堆积,于是毛茶由绿色变成了黑色,并形成了独特的风味,这就是黑茶的由来。

黑茶又是制作紧压茶的原料,主要供边疆少数民族饮用,因此又称边销茶,其中,少量用来出口。黑茶的年产量,仅次于红茶、绿茶产量,成为我国的第三大茶类。主要产于湖南、湖北、四川、广西、云南等省,产品主要有湖南黑茶、四川边茶、老青茶、普洱茶、六堡茶等。

(1)湖南黑茶

原产于湖南安化,现已扩大到桃江、沅江、汉寿、宁乡、益阳、临湘等地。在明万历年间,就有贩卖湖南黑茶的。

湖南黑茶历史上最多的时期,是在清光绪年间,当时年产14~15万担。现代产量大增,是原先的4倍以上。

湖南黑茶的品质特点:湖南黑茶分为四个级别,一级茶条索紧卷、圆直,叶质较嫩,色泽黑润;二级茶条索尚紧,色泽黑褐尚润;三级茶条索欠紧,呈泥鳅色;四级茶叶张大而粗老,条松扁,色黄褐。湖南黑茶的内质要求是香气醇厚,无涩味,有松烟香,汤色橙黄,叶底黄褐。

以湖南黑茶为原料制成的紧压茶有黑砖茶、花砖茶、茯砖茶和湘尖。

(2) 四川边茶

产于四川。雅安、天全、荥经等地所产的边茶专销康藏,称为南路边茶,是压制康砖和金尖的原料。而灌县、崇庆、大邑等地所产的边茶,专销四川西北部,称为西路边茶,是压制茯砖和方包茶的原料。

南路边茶有毛庄茶和做庄茶之分。毛庄茶是用采割下来的鲜枝叶,杀青后不经蒸揉而直接干燥制作而成的。毛庄茶又称金玉茶,叶质粗老,呈摊片状,色泽枯黄,香气清淡。做庄茶是用采割下来的枝叶,杀青后,还要经过扎堆、晒茶、蒸茶、骝茶、渥堆发酵后再进行干燥制作而成。成品做庄茶,茶叶粗老含有少量茶梗,叶张卷折成条,色泽棕褐如猪肝色,内质香气纯正,有老茶香,滋味平和,汤色黄红明亮,叶底棕褐粗老。

(3) 老青茶

主产于湖北蒲圻、咸宁、通山、崇阳、通城等地;此外,湖南的临湘也有生产,距今已有100多年的生产历史。

老青茶足压制青砖茶的原料,分为里茶和面茶两种。面茶较精细,制作时经过杀青、初揉、初晒、复炒、复揉、渥堆、晒干而制成。里茶是经过杀青、揉捻、渥堆、干燥而制成。

老青茶的品质特点:一级茶(洒面),条索较紧,稍带白梗,色泽乌绿。二级茶(二面)叶子成条,红梗为主,叶色乌绿微黄。三级茶(里茶)叶面卷皱,红梗,叶色乌绿。

普洱茶

(4) 普洱茶

产于云南西双版纳、思茅等地。因古时将此茶运往滇南重镇普洱镇集中加工后再销往康藏等地,故名普洱茶。

中华茶道

161

普洱茶生产历史悠久,在唐朝的时候,康藏地区的兄弟民族,就已经饮用普洱茶了。

普洱茶树属乔木型大叶种,具有发芽早,持嫩性好,芽叶肥壮,茸毛特多,叶质柔软,鲜叶水浸出物多等特点,为优良品种之一。产地气候温和,年平均气温19℃左右,年降水量1300~1600毫米,常年云雾缭绕,日照短,四季温差小,昼夜温差大,为茶树提供了优越的生长环境。

普洱茶的品质特点:外形条索粗壮肥大,色泽乌润或褐红色,香气浓郁,耐泡;汤色明黄,滋味醇厚回甘,并具有独特的陈香。

普洱茶,历来被认为具有降低血脂、减肥、助消化、暖胃、抑菌、生津、止渴、醒酒、解毒等功效,是一种保健饮。

再加工茶类

花茶种类

花茶,又名熏花茶、窨花茶、香片茶等。茶叶吸收了花的香气,使茶既有花香又有茶味,在我国北方地区,是一种非常受消费者欢迎的茶品。花茶的历史悠久,早在唐代陆羽《茶经·六之饮》中记载:"用葱、姜、蒜、枣、橘皮、茱萸、薄荷之属,煮之百沸"。可见当时已经有在煮饮茶汤时,加入调料,以益茶味的做法。宋代,花茶生产有了更加详细的记载,明代花茶生产有所扩展,无论对茶叶和花的选择,还是用花量与茶叶的配比,都更加的成熟。清代,开始出现大量商品花茶的生产。

花茶的品种很多,因窨花的香花不同,分为茉莉花茶、珠兰花茶、玫瑰花茶、玳玳花茶、白兰花茶、柚子花茶、桂花花茶、金银花花茶等。因茶胚原料不同,可分为烘青花茶、炒青花茶、红茶花茶、乌龙茶花茶等。茶胚不同,所窨香花也不同,如炒青绿茶,有浓郁的板栗香,不如烘青绿茶香气鲜爽纯和,所以烘青绿茶更适合窨制茉莉花茶,红茶滋味醇厚,窨制玫瑰花可以提高红茶的花香果味,乌龙茶最好选用香气浓郁的桂花。

各种花茶,虽各有特点,但总的品质要求一致,即高级花茶既要花香鲜灵持久,又要保持茶叶本身的滋味;冲泡后,香气清锐芬芳,不闷不浊,滋味醇厚,汤色清澈,叶底匀亮。

1.茉莉花茶

主产于福建福州和江苏苏州,是花茶主要品种之一,销区大,产量多,品种丰富。

茉莉花茶

茉莉花茶的质量,与所选用的茶胚和窨花所用的鲜花的数量、花期有很大的关系。制作高级的茉莉花茶,多采用优质烘青绿茶做茶胚,选择每年7~8月的含苞待放的茉莉花(这时的茉莉花因气温高,阳光充足,故花朵饱满重实,香气浓郁),混合窨制而成。一般说来,凡投花量大,窨花次数多的香气就会清高持久,反之则香气低沉,口感淡薄。

茉莉花茶的品质特点:干茶外形紧结匀整,色泽绿而油润,香气鲜灵持久,滋味醇厚鲜爽,汤色黄绿明亮,叶底嫩匀柔软。

2.珠兰花茶

主产于安徽歙县和福建漳州,是我国主要花茶品种之一,因香气芬劳浓烈,持久耐贮藏等优点,受到消费者的欢迎。

窨制珠兰花茶需用两种不同科的香花,既属金粟兰科的珠兰和属楝科的米兰,它们的花形相似,但香形却略有差异,珠兰淡雅芬芳,米兰清香幽雅,在生产中把两种混合在一起,以达到取长补短的目的。而茶胚多选用优质的绿茶,黄山毛峰、徽州烘青、老竹大方等。

珠兰花茶的品质特点:外形条索紧细匀整,色泽墨绿油润,花粒黄中带绿,冲泡后,珠兰花似珠帘悬于杯中,茶叶徐徐沉入杯底,美不可言;品啜时,既有幽雅芳香的花香,又有高档绿茶的鲜爽甘美,汤色淡黄透明,叶底黄绿细嫩,深受消费者的喜爱。

珠兰花的香气隽永持久,在窨制完后,并不将珠兰干花筛去,而是同茶叶一起密封在干燥的茶箱中3~4个月,这样往往比刚窨制好的茶的香气更加沁人心脾。

中華茶道

3.玫瑰花茶

产地分布在福建、浙江、广东等地。用玫瑰窨制花茶历史悠久,早在我国明代,钱椿年编、顾元庆校的《茶谱》中就有详细的记载。玫瑰、蔷薇、月季均属于蔷薇科,这些香花都具有浓郁甜美的芬芳,是窨制花茶的重要原料。我国目前生产的玫瑰花茶主要有玫瑰红茶、玫瑰绿茶、九曲红梅、墨红红茶等。其中以浙江杭州生产的九曲红梅和广东生产的玫瑰红茶最为著名。

玫瑰花茶的品质特点:既保持茶胚原有的滋味,又具有鲜花浓郁甜美的香气,深受福建、广东、浙汀等地消费者的欢迎。

4.桂花花茶

桂花花茶产于广西桂林、四川成都、重庆、湖北咸宁、福建安溪等地。窨制花茶的桂花主要有颜色金黄,具有浓郁芬芳的金桂、花色为金红色,香气稍淡的丹桂、花为白色,香气浓郁的银桂、花为黄白色,香气淡雅的四季桂等。

桂花香气浓郁而高雅、持久,无论窨制绿茶,还是窨制乌龙茶、红茶均可取得较好的效果。桂花花茶中的主要品种有桂花绿茶、桂花乌龙茶、桂花红茶等。

桂花烘青绿茶:是桂花茶中的大宗品种,主产于广西桂林、湖北咸宁。主要品质特点是:外形条索紧细匀整,色泽墨绿光润,冲泡后,香气浓郁持久,滋味醇香爽口,汤色黄绿明亮,叶底嫩黄柔软。

桂花乌龙:产于福建安溪,品质特点是:条索粗壮重实,色泽褐润,香气高雅隽永,滋味醇厚回甘,汤色橙黄明亮,叶底深褐柔软。

桂花红茶:主要以红碎茶为茶胚,外形颗粒紧细匀一,色泽乌润,冲泡后,香气浓郁,滋味甜爽,汤色红亮,叶底红匀。

紧压茶种类

紧压茶生产历史悠久,诸如唐代的团饼茶、宋代的龙团凤饼等。制作时,采用茶树鲜叶经杀青、磨碎、压磨成型、烘干等工艺制作而成。现代的紧压茶与古代的制法不同,大多是以绿茶、红茶、黑茶的毛茶为原料经蒸压成型而制成,属再加工茶。紧压茶因主要销往边疆少数民族地区,故习惯上又称之为边销茶。紧压茶具有较强的防潮性能,便于运输和贮藏,并具有较强的消食祛腻的功效,成为边疆地区各民族日常生活的必需品。我国的紧压茶产区集中在湖南、湖北、四川、云南、贵州等省。花色品种多,加工方法也不尽相同。主要品种有沱茶、米砖茶、黑砖茶、花砖茶、茯砖茶、青砖茶、普洱方茶、竹筒香茶、方包茶、湘尖、六堡茶、紧茶、圆茶、饼茶等。现将主要品种介绍如下。

1.沱茶

主要产于云南下关茶厂,此外重庆(前四川省)也有少量生产。沱茶早在明代万历年间就已经开始生产,距今已有300年的历史。沱茶从表面上看似圆面包,从底下看像厚壁碗,中间下凹,独具特点。有关沱茶名字的由来传说颇多,有的说,此茶过去销往四川沱江一带,而得名沱茶。有的说,滇西人习惯把块状物体称为"坨"因而起名"坨茶",这种"坨茶"销往四川"叙府"(今宜宾地区),用当地的沱江水冲泡,味道甚佳,使坨茶名誉倍增,久而久之,逐渐演变成现在的"沱茶"。沱茶的种类因原料不同分为绿茶沱茶和黑茶沱茶。绿茶沱茶是以较细嫩的晒青绿毛茶为原料,经蒸压后制作而成,又称云南沱茶;黑茶沱茶是以普洱茶为原料,蒸压而成,又称云南普洱沱茶。重庆沱茶选用中上等晒青、烘青和炒青毛茶加工而成。

(1)云南沱茶:以一二级滇青为原料,蒸压成碗状,外径8厘米,高4.5厘米,外观显毫,香气馥郁,滋味醇厚回甘,汤色橙黄明亮。云南沱茶1989年获得全国名茶称号。

(2)云南普洱沱茶:用普洱散茶蒸压而成,外形似碗状,紧结,色泽褐红,有独特的陈香,滋味醇厚回甘,汤色红浓明亮。

(3)重庆沱茶:以所用原料的优次分为"特级重庆沱茶""重庆沱茶""山城沱茶"三种。成品茶外形似碗状,色泽乌黑油润,汤色橙黄明亮,叶底较嫩匀,滋味醇厚甘和,香气馥郁陈香。

重庆沱茶曾获1983年第22届世界优质食品评选大会金质奖。

2.竹筒香茶

主要产于云南西双版纳的勐海县,文山州的广南县、腾冲市等地,因具有浓郁的竹筒香味而得名,是云南省特有的茶类,距今已有200多年的历史。制作方法独特,制作时将鲜叶和糯米饭同蒸,蒸软并吸收糯米饭香,装入竹筒慢慢烤干后制成。也有将杀青、揉捻后的茶叶放入竹筒中,慢慢烤干制做成的。

竹筒香茶的品质特点:外形呈圆柱形,直径3~8厘米不等,长8~20厘米不等,柱体光滑,茸毫较多,色泽绿色或深褐色。冲泡后,香气浓郁芬芳,具有竹香、糯米香、茶香三香一体,滋味醇厚清澈,叶底肥嫩柔亮。

3.六堡茶

原产于广西苍梧的六堡乡而得名,是广西特产,已有200多年的历史。六堡茶区位于桂林南郊,历史上以崇州村和黑石村茶最为有名,据地方志记载:"崇州村所产的茶叶,其地处崇山峻岭,树木翳天,所植茶树得水已足,且在高山得雾独多,每当午后,太阳不能照射,则蒸发少,故茶嫩且厚而大,其味独浓而香。黑山村所产之茶,其山为黑石与水亦足,而茶叶亦大而厚,味亦浓。"

六堡茶由六堡散茶蒸压呈圆柱形,高57厘米,直径53厘米,每篓重37~55公斤,压制后要入库自然干燥。茶叶中有"发金花"的,即有金色霉菌的六堡茶最受欢迎,这样的六堡茶不但具有独特的风味,而且具有明显的保健功效。

六堡茶的品质特点:六堡茶越陈越好,冲泡后,香气醇陈,汤色红浓明净似琥珀色,滋味醇厚甘和,有槟榔味。

4.米砖茶

产于湖北赵李桥茶厂,是以红茶片末为原料蒸压而成的一种红砖茶,因面茶和罩茶均为红茶茶末,故称米砖。早在19世纪中叶就有山西人在湖北设茶庄,收购毛茶,制作砖茶。清道光年间宜红问世。至1873年前后,俄商在汉口设厂,用机械加工米砖,并转运俄国销售,开始了米砖出口的历史。1888年为米砖生产和销售的全盛期,主要出口到欧洲的一些国家和地区。

现在一些西方国家有的家庭,还将外形美观的米砖作为工艺品,放在客厅陈设观赏。

米砖茶的品质特点:米砖每篓装 48 块,每块规格为 23.7×18.7×2 厘米(长×宽×厚),重 1.125 公斤。米砖外形美观,砖模棱角分明,纹面图案清晰秀丽,色泽乌亮,四角平整,表面光滑,内质香气平和,滋味醇甘,汤色深红,叶底均匀红暗。

非茶之茶

人们习惯将可饮用的称为茶,如罗布麻茶、人参茶、杜仲茶……这些茶与真正的茶是完全不同的植物种属,没有任何关系。它们虽然不是茶,但又不能称其为假茶,其真正的含义,只是将这些植物的叶子或皮及根茎加工后当茶泡饮。因此,这些非茶制品在广义上便成了茶家族中的成员。

它们可分为两大类:一类是具有保健作用的,故称为"保健茶",或"药茶",是以植物的茎、叶、花、根等加工成的或与少量茶叶或其他食物作调料配置而成,如绞股蓝茶、减肥茶、美容茶等;另一类是可以作为食物的"点心茶",例如青豆茶、锅巴茶等。现将常见的非茶之茶介绍如下:

1.人参茶

人参茶是用人参鲜叶,按绿茶的制作方法,经杀青、揉捻、干燥等工序制作成的保健茶。

人参是五茄科的多年生草本植物,主根肥大,内质奶黄,掌状复叶,根和叶都含有多种人参皂甙,具有抗疲劳、镇静、壮阳等作用。

人参茶非常适合中老年人饮用,是物美价廉的一种保健饮料,其香味与生晒参很相似,初入口微苦,而后回味甘醇。初饮人参茶,如口味嫌其不合,泡饮时加入少量蜜糖,能调和滋味的可口程度。

2.菊花茶

菊花品种很多,可泡饮的菊花主要有产于浙江的杭白菊和安徽的贡菊。菊花具有健胃、通气、利尿、解毒、明目的作用。泡饮时,每杯放 4~5 朵干花,冲入沸水,2分钟后饮用,香气芬芳浓郁,滋味爽口,回味甘醇,是医治感冒的良药,也是老少皆宜的保健饮料。

菊花茶的加工比较简单,在10月底采取洁白饱满开足的鲜花朵,杀青后晒干即为成品。其中以花朵肥大、色泽洁白、花蕊金黄、较为干燥的为上品,花蕊灰褐、花瓣黄褐的是次品。

保存菊花茶时,最主要的是应保持花朵干燥,含水率在7%以下,手捻花瓣能呈粉碎状,受潮的花要及时晒干,以防发霉和螨类的滋生。

3.金银花茶

金银花又称忍冬花,忍冬是常绿灌木,茎半蔓生,开喇叭形的花朵,初开花时白色,后逐渐转变为黄色,其茎、叶和花都可入药,具有解毒、消炎、杀菌、利尿和止痒的功效。

新鲜的金银花带清香,含花蜜较多。鲜花经晒干或按绿茶的方法制干,即为金银花成品。市场上的金银花有两种,一种是鲜金银花和绿茶拼和,按花茶的窨制工艺加工成金银花茶,另一种是将金银花花干与绿茶拼和而成。这两种金银花茶,前者花香足,以品赏花香为主;后者花香味较低,但可保持金银花的药效,不失其保健效果。金银花茶是老少皆宜的保健饮料,特别是夏天饮用更为适宜。

4.绞股蓝茶

绞股蓝又名七叶胆,为葫芦科绞股蓝属植物,它在世界上已被鉴别的有13种之多,中国有11种。在民间,将绞股蓝用于治疗咳嗽、痰喘、慢性气管炎、传染性肝炎等疾病。据中外学者研究表明,绞股蓝具有抑制肿瘤细胞繁殖、抗疲劳、保肝、抗胃溃疡、调节脂质代谢等药理作用。

每年的5~8月是绞股蓝的收割期,将茎、叶一起割下,洗净晾干,再用刀切成5厘米左右段状,按制作烘青绿茶的方法,经杀青、揉捻、烘干或炒干,加工成初制品,在精制整形后,包制成袋泡茶形式。有的绞股蓝茶中拼入20%左右的茉莉花,使其香味更协调柔和。

绞股蓝茶带有芬芳的清香,滋味和淡微苦,回味甘醇,汤色淡黄清澈。它素有"南方人参"之称,绞股蓝茶具有滋补、安神的作用,对某些慢性病有辅助疗效,长期饮用无副作用,也不会成瘾,是可以长期饮用的一种保健饮料。

5.杜仲茶

杜仲茶产于陕西、贵州等省,近年来浙江也有生产。它是多年生乔木,从栽种到剥杜仲皮一般需要 10 年。采收皮时,先把树砍倒再剥皮,树的根基又发出新芽,经培育后成为新株。经中外专家的研究,杜仲皮与叶具有同等的保健成分。据临床实验,杜仲具有延缓衰老、健身、减肥的成分,对肝肾病、高血压、动脉硬化、腰膝酸痛、阳痿、尿频等症有一定的疗效,被中医视为名贵的滋补中药。

采摘杜仲叶最好在 6 月上旬至 10 月中旬,霜降后采摘,叶太老,有效成分下降,失去药理作用,过早采摘义会影响杜仲树的生长。

单纯用杜仲叶制成的杜仲茶,香气往往带青涩,部分消费者难以接受。为了调整其滋味,在纯杜仲茶中加入 30% 的茉莉花茶或中上档的乌龙茶,可改善滋味的适口性。调配后的杜仲茶香气协调,是一种可经常品饮的天然保健饮料。

6.罗布麻茶

罗布麻又名茶叶花、野麻、红麻等,产于内蒙古、甘肃、陕西、江苏等盐碱地。罗布麻属夹竹桃科的草本植物,其茎、皮纤维很长,是优质麻类纺织原料,在初夏采其鲜叶按制茶方法,制成罗布麻茶。

罗布麻茶有明显的降血压作用,对高血压、头晕、头痛具有很好的疗效。目前,医药部门经销的罗布麻茶,有散剂、片剂和复方片剂等。泡饮罗布麻茶时,可加入少量的糖或橘皮,可大大改善香味及可口程度。

7.桑芽茶

桑叶可入药,春天采摘初萌发的嫩芽,经炒制后可当茶饮。香气与明前绿茶难分高下,同样具有滋味爽口,回味甘醇,汤色嫩绿明亮,饮后满口留香的特点。桑芽茶还对治疗感冒、头疼发热、咳嗽有明显的疗效,是一种良好的保健饮料。

8.薄玉米茶

具有治疗糖尿病的作用,这种茶主要是用玉米须熬煮出的汁液,加入茶叶中混合制成。薄玉米茶主产于江西,主销日本。

9.柿叶茶

产于山西,是用新鲜柿叶制成的。柿叶茶的主要特点是含维生素 C 较多,对治疗高血压有良好的效果,但因含鞣质较多,有收敛作用,会减少消化液的分泌,加速肠道对水分的吸收,造成大便硬结,因此便秘患者应少服或轻服。

10.竹叶茶

竹为禾本科植物,在长江以南各省都有栽种。饮用时,取鲜竹叶,水煎代茶饮,滋味清香纯和,具有清热利尿,清凉解暑的作用。

11.红枣茶

红枣也称大枣,主要产于山东省。红枣含糖类、有机酸、蛋白质以及维生素 A、B 和 C,性平味甘,能补脾胃,用于脾胃虚弱。在北方农村冬季农闲时,人们经常将大枣放在火炉上烘烤,至焦黄状,取 6～7 个代茶饮,滋味焦香醇厚,长饮具有健胃滋补的作用,是老少皆宜的食疗饮料。

12.老姜茶

姜又称老姜,是多年生草本植物。取老姜 15 克,洗净,切片,放在锅内加水 250～300 毫升,再加红糖 20 克左右,煮开即为老姜茶。当受风寒雨淋或感冒初起,头痛、鼻塞,服用老姜茶,再卧床休息 1～2 小时,出身大汗,即可解表祛寒,达到防治的目的。

13.车前草茶

别名"观世音草"。我国大部分地区都有此草,生长在路边、田头地角,每年 6～7 月间开花结子,种子称车前子,全草和种子都可入药。拔取鲜草洗净,煎汁当茶饮,或者将鲜草剪碎晒干,当茶饮,对治疗尿路感染、水肿、高血压,均有疗效,常饮无毒副作用。

14.报春花茶

别名樱草,是多年生草本植物。冬末春初开花,花深红、浅红或白色。同属的种类很多,外形大同小异,其中用于泡茶的为黄花九轮樱草。取两大匀的干燥花朵,用沸水冲泡 8 分钟左右即可。报春花茶具有舒缓神经紧张、减轻神经性头痛、改善便秘的功效,因焦虑而难以入睡的人饮后可助睡眠。

15.金盏花茶

又名长春花,一年生或两年生草本植物。花乳黄色或橘红色。金盏花含有丰富的矿物质磷和维生素 C 等。取干燥的金盏花花瓣一大勺,沸水冲泡 10 分钟即可当茶饮,甘中微苦,可加蜂蜜调味。金盏花茶具有发汗、利尿、清热祛火、镇痉挛、促进血液循环、缓和酒精中毒、促进消化的功效,对消化系统溃疡的患者也极适宜。外用时还具有消炎、杀菌、收敛、防溃烂的效果。平时用来蒸脸、药草浴或手足浴,可促进皮肤的细嫩柔软。

16.柑橙花苞茶

柑橙品种繁多,主要的利用部分是花及果实(含果皮)。我们一般食用的是甜橙,而泡茶所用的花苞取白苦橙。苦橙花苞含有丰富的维生素 A、C,拥有镇静、抗忧郁、增强细胞的活动力与弹性等功能。冲泡这道茶约取用 10朵干燥的花苞,焖 15 分钟左右即可,滋味微苦,可以加入蜂蜜调味。这道茶具有温暖脾胃、促进消化、养颜美容、帮助睡眠的功效,非常适宜老人、婴幼儿饮用。

17.肉桂茶

肉桂富含挥发性油、单宁、香豆素等,常被用于菜肴调味。中医药学认为肉桂枝可改善周身循环,肉桂皮能强化肾脏,增进男人的性能力。希腊人也非常注重它的疗效,认为以肉桂泡茶可治疗感冒并可增强肠胃功能。泡肉桂茶一壶,只需一二枝手指长度的肉桂棒即可。由于肉桂棒比较坚韧,应用沸水焖泡 20 分钟左右才可饮用,而且肉桂棒十分耐泡,整日都可饮用。棕色的肉桂茶一入口,即可有一股甜香微辣的感觉,饮下后,喉、腹部顿觉有阵阵暖流,对初期的感冒,有很好的治愈效果,并有帮助消化、舒缓腹胀、调理腹泻的功能。肉桂茶还能提神,使思路清晰,比较适合在早晨饮用。

18.锦葵茶

锦葵花色繁多,有粉红、白、蓝、紫色等,泡茶通常选用蓝锦葵。蓝锦葵含有丰富的黏质液,具有祛痰、止咳、镇痛、消炎的功能,对咽痛声哑、支气管炎、呼吸道过敏等疾病有一定的疗效,因此又有"舒胸之花"的称谓。泡一壶锦葵茶约需干花15朵左右,焖泡3~5分钟即可饮用。锦葵茶的香气及口味都较清淡,具有镇静、防高血压、促进消化、调理肠胃、利尿、舒缓便秘等功效,尤其是咳嗽及伤风感冒时饮用有助于康复。喝这道茶的乐趣之一是要注意观察茶色的变化,刚泡好时茶汤的颜色是透明的蓝色,迅速发展为艳亮的紫色,稍久再转化成淡棕色,但若中途加入几滴柠檬汁,却会变成梦幻的粉红色。

19.玫瑰花茶

属蔷薇科,原产于温热带地区。玫瑰、蔷薇、月季,不但同属而且外形相似,故最早人们泛称野生种为蔷薇,经栽培改良成的品种为玫瑰,月季则是由中国野蔷薇选育而成;但千百年来三者彼此杂交的品种非常多,一般人已很难分辨,所以在此一律称为玫瑰。

玫瑰花由于含有丰富的维生素 A、C、B、E、K 以及单宁酸等,在促进血液循环、美容、调经、利尿、缓解肠胃神经等方面具有极佳的效果,玫瑰茶也是人们喜爱的花茶之一。玫瑰茶选用香气较高的粉红玫瑰花苞冲泡,茶的滋味浓厚;若用气味较清香的黄玫瑰,茶的味道便较清淡。玫瑰茶以干燥的花苞冲泡,一壶约 10 朵的用量,只需焖 5 分钟即可饮用,滋味甘中微苦,气味芬芳。由于玫瑰花耐泡,可以回冲数次,也可加入蜂蜜,稳饮或冰饮都十分美味。玫瑰茶具有活血、润肤、防治便秘、降火气的功效,对内分泌失调及容易腰酸背痛的妇女非常适合,而且长期饮用对喉咙、鼻腔均有利。另外,对伤口愈合亦有疗效。

20.菩提子花茶

菩提树又名椴树,原产于地中海沿岸,由于它的果实可以加工成念珠,在中国人们又称它为菩提子树。

菩提了树在夏天开米黄色的小花,由于含有特殊的挥发性油,香气能够传得很远,在西方传说中,菩提子花是诸神献给维纳斯的礼物。古代的药典及巫书中记载,菩提子花可以起到宁神安眠的作用;在法国,有人甚至将躁动的儿童安置在菩提树下喝下午茶,据说可以使他们安静。菩提子花含有丰富的维他命C,用其泡茶或入食,可对呼吸系统、神经系统及新陈代谢有很大的好处。此外,用菩提子花泡浴,不但能消除疲劳,还可以消除黑斑及皱纹,用它提炼的精油,有利于呼吸顺畅,减轻因感冒引起的咳嗽及头痛眩晕等症。

冲泡菩提子花茶,用干燥的菩提子花10片左右,加入沸水后焖10分钟左右即成。品饮时可适量的加入蜂蜜,金黄色的茶洋溢着清幽的甜香,入口滋味温和甘醇,经常饮用菩提子花茶可以起到促进消化、松弛神经、发汗利尿、降血压、缓和鼻黏膜炎及咽喉炎、预防动脉硬化的作用,适合在睡前饮用。

21.丽春花茶

丽春花又名虞美人,产于欧洲、北美以及温带亚洲。在欧洲人们把新鲜的丽春花瓣加工成糖蜜,作为佐餐之用。丽春花含有少量的生物碱,对神经系统可以起到温和的镇静作用,在镇咳、止泻、止痉挛等方面效果明显。

冲泡丽春花茶,用2大勺的干燥花朵,焖泡5分钟即可,红艳的茶汤,飘着淡淡的芳香,品饮时口感柔和。丽春花茶具有滋润皮肤、除皱消斑、美容养颜的作用,可改善皮肤干燥、易过敏等症状,还可以舒缓咳嗽及支气管炎。晚间饮用,有助于睡眠。

22.松芽茶

松树的种类很多,泡茶松芽所用的是苏格兰松,因原产于苏格兰而得名,现今是松树家族中在世界上分布最广的一种。松树是一种有益的天然药材,据《本草纲日》中记载:"服松可得强壮,明耳目等益处,久服能身轻、延年"。松叶和松芽因含有维生素A、C及黄酮等,对心血管系统可起到保健的作用,有益于预防动脉硬化及抗肿瘤,此外还有治风湿、益肾、利尿等功效。

泡饮一壶松芽茶,一般取用干燥的松芽8枝左右,焖泡15分钟即可。这道茶透明无色,香气也不明显,但喝到嘴里则感觉带有一股松木的淡香。对患有伤风、咳嗽及呼吸道疾病的患者,饮用松芽茶有助于治疗。

第三节　茶之产地

历史茶叶产地

魏晋南北朝以前茶叶产地

陆羽《茶经》引傅巽《七诲》："南中茶子";西晋孙楚《出歌》："姜、桂、茶、荈出巴蜀";《续搜神记》："晋武帝时,宣城人秦精常入武昌山捋茗";《桐君录》："西阳、武昌、庐江、晋陵好茗,巴东别有真香茗";《坤元录》："辰州溆浦县西北三百五十里无射山,……山多茶树";《括地图》："临城县东北一百四十里有茶山条溪";南朝宋代山谦之《吴兴记》："乌程县西二十里有温山,出御荈";《夷陵图经》："黄牛、荆门、女观、望州等山,茶茗出焉";《永嘉图经》："永嘉县东三百里有白茶山";《淮阴图经》："山阳县南二十里有茶坡";《茶陵图经》："茶陵者,谓陵谷生茶茗"。此外,如东晋常璩《华阳国志》："涪陵郡,……惟出茶、丹、漆、蜜、蜡";"什邡市,山出好茶";"南安、武阳,皆出名茶";"平夷县,郡治,有硫津、安乐水,山出茶、蜜"。上述记载,表明六朝时茶的生产已遍及长江流域各省。

隋唐茶叶产地

隋代茶事记载很少。唐代茶事大兴。晁载之《续谈助》卷五引杨华《膳大经手录》："茶,古不闻食之,近晋、宋以降,吴人采其叶煮,是为茗粥。"至陆羽《茶经》第一次列举全国茶叶产地："山南以峡州上,襄州、荆州次。衡州下,金州、梁州又下。淮南以光州上,义阳郡、舒州次,寿州下,蕲州、黄州又下。浙西以湖州上,常州次,宣州、杭州、睦州、歙州下,润州、苏州又下。剑南以彭州上,绵州、蜀州次,邛州次,雅州、泸州下,眉州、汉州又下。浙东以越州上，明州、婺州次，台州下。黔中生思州、播州、费州、夷州。河南生鄂州、袁州、吉州。岭南生福州、建州、韶州、象州。"其地分 8 个产茶区，计 42 个州外一郡。陆羽提出的茶叶

西藏易贡茶园

产地，是在评定各地茶叶品质时列出的典型和代表，并非备举全部茶叶产区。综述《茶经》和其他唐代文献记载，唐代茶叶产区已遍及今四川、陕西、湖北、云南、广西、贵州、湖南、广东、河南、浙江、江苏、江西、福建、安徽、海南15 个省区，北限一直延伸到今江苏连云港，达到了与近代中国茶区大致相当的范围。

宋元茶叶产地

宋代茶叶大盛。产茶区域主要在长江流域和淮南一带，其中以四川为多；其次是江南路、淮南路、荆湖路、两浙路；福建路产茶最少。《宋史·食货志》中提到的南宋产茶区域有 66 州郡。综观宋代其他文献，宋时茶叶产地，实际扩大到 110 个州郡。宋代茶叶分散茶、片茶两种。片茶产区主要有兴国（今湖北阳新）、饶州（今江西波阳）、池州（今安徽贵池）、虔州（今江西赣州）、袁州（今江西宜春）、临江（今江西清江）、歙州（今安徽歙县）、潭州（今湖南长沙）、江陵（今湖北江陵）、岳州（今湖南岳阳）、辰州（今湖南沅陵）、澧州（今湖南澧县）、光州（今河南潢川）、鼎州（今湖南常德）、宣州（今安徽宣城）、江州（今江西九江）、建州（今福建建瓯）以及两浙等地。散茶主要产地有淮南、荆湖、归州、江南等处。元代茶叶产地主要分布在长江流域、淮南及两广一带，其主产区有江西行中书省、湖广行中书省，大致沿袭宋代茶叶产地。

明清茶叶产地

明代著名茶叶产地有浙江杭州的龙井、天台的雁岩、括苍的大盘、东刚的金华、绍兴的日铸、长兴的罗蚧，福建的武夷，湖南的宝庆，云南的五华，江苏的苏州虎丘、天池，安徽休宁的松萝、霍山的大蜀等。清代由于国内市场及对外贸易的需要，茶树种植范围扩大，面积、产量剧增。清代檀萃《滇海虞衡志》："普茶名重于天下，……出普洱所属六茶山，一曰悠乐，二曰革登，三曰倚邦，四曰莽枝，五曰蛮，六曰慢撒，周八百里，入山做茶者数十万人。"清代郭柏苍《闽产录异》："闽诸郡皆产茶，以武夷为最，……清明后谷雨前，江右采茶者万余人。"反映当时采茶盛况。清代在湖北的蒲圻（今赤壁）、咸宁，湖南的临湘、岳阳等县兴起砖茶；在福建的安溪、建瓯、崇安（今武夷山市）等县兴起乌龙茶；湖南的安化，安徽的祁门、至德（今东至），江西的武宁、修水、浮梁等县，是著名红茶产地；江西的德兴，安徽的婺源（今属江西），浙江的杭州、绍兴，江苏的苏州虎丘和太湖洞庭山，是绿茶著名产地；四川的雅安、天全、名山、荥经、灌县（今都江堰市）、大邑、什邡、安县、平武、汶川等县，是边茶著名产地；广东的罗定，是珠兰茶的著名产地。综合各地方志记载，清代产茶主要省份有云南、贵州、四川、广东、广西、湖南、湖北、江西、福建、台湾、江苏、浙江、安徽13个省区；陕西南部、河南东南部，也有一定种茶面积；甘肃文县，山东莒县、海阳、文登等地，历史上也曾产过茶。

江苏省

山阳　旧县名。即今江苏淮安。陆羽《茶经》引《淮阴图经》："山阳县南二十里，有茶坡。"清乾隆《山阳县志》记载：茶坡"在县治南"。为江苏省早期以茶命名的地名。

义兴　旧县名。即今江苏宜兴。最初称阳羡，隋改阳羡为义兴，宋改名宜兴，后因之。《茶经·八之出》注："常州义兴县生君山悬脚岭北峰下，与荆州、义刚郡同。"宜兴是历史名茶阳羡茶和南岳茶产地。明《洞山茶系》：

"唐李栖筠守常州日,山僧进阳羡茶。陆羽品为芬芳冠世产,可供上方,遂置茶舍于罨画溪,去湖汊一里,所岁供万两"。又"南岳产茶不绝,修贡迄今……后来檄取,山农苦之"。明万历《宜兴县志》:"南岳山,在县西南一十五里山亭乡,即君山之北麓……盖其地即古之阳羡产茶处,每岁季春,县官亲往祭省于此,然后采以入贡。"我国古代著名茶叶产地。

苏州 旧州名。唐时辖境相当于今江苏省苏州、常熟以东,浙江省桐乡、海盐东北,以及相邻的上海市部分地方。陆羽《茶经·八之出》注:"'茶'苏州,长洲县生洞庭山,与金州、蕲州、梁外同。"清乾隆《苏州府志·物产》:"宋时,洞庭茶尝入贡,水月院僧所制尤美,号水月茶,近时佳者名曰碧螺春,贵人争购之。"为江苏省历史名茶的主产地。

君山 山名。位于今江苏宜兴,一名茶山,也称唐贡山,唐代贡茶阳羡茶产地。明万历《宜兴县志》:"唐贡山,即茶山,在县东南三十五里均山乡,东临罨画溪,山产茶,唐时入贡,故名。"

虎丘山 山名。位于今江苏苏州。明代屠隆《考槃余事》:"虎丘(茶)最号精绝,为天下冠,惜不多产,皆为豪右所据,寂寞山家无山获购矣。"清康熙《虎丘山志》:"虎丘茶,叶微带黑,不甚苍翠,点之色白如玉,而作豌豆香,宋人呼为白云茶,或云虎丘,茶中王种。"清乾隆《苏州府志》:"虎丘金粟房旧产茶极佳,烹之色白如玉,香如兰。"

钟山 山名。位于今江苏南京,亦称"紫金山",清《虫鸣漫录》:"钟山之巅产茶。恒在云雾中,其境亦人迹罕至。山有白云寺,春日采茶,僧必于云雾朦胧时摘取,故每年所得甚少,虽有力者求之,亦不可得。"现为"雨花茶"产地。

润州 旧州名。即今江苏镇江。陆羽《茶经·八之出》注:"润州,江宁县生傲山……与金州、蕲州、梁州同。"润州唐时其辖境相当于今江苏南京、镇江、丹徒以及丹阳、句容、金坛等地。现在镇江产茶以句容为最多。

洞庭山 山名。位于今江苏苏州东南。分东西洞庭山,洞庭西山在太湖中,为名茶碧螺春产地。

栖霞山 山名。位于今江苏南京东北。最早称散山,六朝时改名摄山。

南齐建栖霞夺,山随寺名。唐代皇甫冉有《送陆鸿渐栖霞寺采茶》诗。

常州 旧州名。《茶经·八之出》注:"常州义兴县生君山悬脚岭北峰下,与荆州、义阳郡同;生圈岭善权寺石亭山,与舒州同。"常州,隋置晋陵郡,寻改毗陵郡,唐复名常州,又改为晋陵郡,故治在今江苏武进。唐时辖境相当于今江苏常州、无锡等地。常州城不产茶,唐时常州各县除天场有少量种植外,茶主要出义兴。明成化《毗陵志》:"唐,常州土贡……紫笋茶。"

江宁 县名。今属南京市。陆羽《茶经·八之出》注:"润州江宁县生做山。"其时江宁属润州。清乾隆《江南通志》:"江宁天阙山茶,香色俱绝,城内清凉山茶,上元东乡摄山茶,味皆香甘。"这些历史上产茶的山,均在今南京市内或郊区,现南京市中山陵生产雨花茶,为全国特种绿茶之一。

忘归亭贡茶基地遗迹(浙江湖州)

顾渚山金沙泉贡水

浙江省

山阴 旧县名。即今浙江绍兴。南宋嘉泰《会稽志》:"今会稽产茶极多,佳品惟卧龙一种,得名亦盛,几与日铸相亚。"明万历《绍兴府志》:"山阴,卧龙山。旧名种山,越大夫种所葬处;又曰重山……产佳茗,芽纤短,色紫味芬,称瑞龙茶。"清康熙《绍兴府志·茶》:"今山(阴)会(稽)诸山往往产茶,总谓之绍兴茶,惟以细者为佳,不必卧龙、日铸,北地竞市之。"其地现仍为浙江茶叶重要产地。

三台山　山名。位于今浙江杭州西部，东临西湖。西湖龙井茶产地之一。

天台山　山名。位于今浙江东部。主峰华顶山在天台县北部，为中国佛教天台宗之发源地。陆羽《茶经·八之出》注："台州，丰县生亦城者，与歙州同。"赤城山为天台山支脉。宋嘉定《赤城志》："桑庄《茹芝续谱》云：'天台茶有三品，紫凝为上，魏岭次之，小溪又次之。紫凝.今普门也；魏岭，天封也；小溪，国清也。'……今紫凝之外，临海言延峰山，仙居言白马山，黄岩言紫高山，宁海言茶山，皆号最珍，而紫高、茶山，昔以为在日铸之上者也。"清乾隆《天台山方外志要》："今土人所需茶，多来自西坑、黄顺境，田寮、大园、西青诸处。华顶与石桥山近亦种茶，味甚清甘，不让他郡，盖出自名山云雾中。"今天台山产云雾茶，尤以华顶茶为佳。

天柱山　山名。位于今浙江余杭境内。宋咸淳《临安志·山川》："余杭县天柱山，山出佳茗，为浙右最。"

天目山　山名。位于今浙江西北部。分东、西天目山，主峰在临安西北部。相传峰巅各有池，左右相望，故名天目。陆羽《茶经·八之出》注："杭州临安、於潜二县生天目山，与舒州同。"明《考槃余事》："天目，为天池、龙井之次，亦佳品也。"清乾隆《临安县志》："天目山云雾茶。"万历《旧志》："云雾茶出天目，各乡俱产，惟天目山者最佳。"民国《天目山名胜志》："茶叶，天目多云雾，山势既高，茶为云雾笼罩，色香味三者俱胜。因之云雾茶驰名中外，设能遍山种植，不使稍有隙地，将来出产数量之增加，可以操左券也。"现为名茶天目青顶产地。

天竺　山名。位于今浙江杭州市西湖之西、飞来峰以南，有上、中、下天竺寺。陆羽《茶经·八之出》注："钱塘生天竺、灵隐二寺，……与衡州同。"宋咸淳《临安志》："下天竺香林洞产者，名香林茶。上天竺白云峰产者，名白云茶。东坡诗云：白云峰下两枪新。"现为西湖龙井茶的重要产地之一。

日铸岭　山名。亦称"日注岭"。位于今浙江绍兴东南。欧阳修《归田录》："草茶盛于两浙，两浙之品，日注为第一。"明万历《会稽县志》："《郡

顾渚茶园新貌

志》日铸山中有僧寺，名资寿，其阳坡名油车，朝暮常有日，产茶绝奇，芽纤白而长，味甘软而永。"故曰日铸。

天尊岭　山名。位于今浙江桐庐歌舞乡。明万历《严州府志》："分水县有地名天尊岩，生茶，今为州境之冠。"万历时李晔在《六研斋笔记》中载："邑天尊岩产茶，最芳辣，宋时充贡。"

白云峰　山名。位于今浙江杭州西湖西侧上天竺。宋咸淳《临安志》：茶"岁贡，见《旧志》载：……上天竺白云峰产者，名白云茶。东坡诗云：'白云峰下两枪新'。"清顺治《上天竺山志》："白云茶，《郡志》曰：白云峰出者，名白云茶；与香林、宝云并称佳品。"现为名茶西湖龙井产地。

东白山　山名。位于今浙江东阳。陆羽《茶经·八之出》注："婺州东阳县东白山，与荆州同。"唐代贯休《酬周相公见赠》："境陟名山烹锦水，陲忘东白洞平茶。"唐代李肇《国史补》将东白山茶列为名茶。现东白山产的东白春芽和太白顶芽仍负盛名。

龙泓　旧村名。明代《煮泉小品》："龙泓今称龙井，因其深也。"位于今杭州西湖风篁岭下，龙井茶主产地。据传，北宋释辨才筑亭于此，认为龙井水质清冽，附近产茶又佳，从此龙井茶始为人知，明开始著名。明代《遵生八笺》："茶之本性实佳，如杭之龙泓茶，真者，天池不能及也。山中仅有一二家，炒法甚精。近有山僧焙者，亦妙。但出龙井者方妙，而龙井之山不过十数亩。此外有茶，似皆不及。"清乾隆《浙江通志》引田艺衡《煮泉小品》："武

180

林诸泉,唯龙泓入品,而茶亦惟龙泓山为最,其上为老龙泓,寒碧倍之,其地产茶为南北山绝品。"现西湖龙井茶即源于此。

长城旧　县名。即今浙江长兴,晋置县,唐乾元间属湖州,五代吴越时改名长兴至今。唐时置贡焙于顾渚,紫笋茶最负盛名。陆羽《茶经·八之出》注:"湖州生长城县顾渚山谷,与峡州、光州同。"明万历《湖州府志》:"紫笋茶生长兴顾渚山,发以充贡。"境内产茶历代著名。

石筅岭　山名。位于浙江诸暨境内。清乾隆《诸暨县志》引《判录》称:"越产之檀名者,诸暨石筅岭茶。"清宣统《诸暨县志》:"邑茶之著者,石筅岭茶。"民国《浙江续通志稿》记载诸暨之石筅岭茶。

乌瞻山　山名。位于浙江长兴西。清康熙《长兴县志》:"乌瞻山,有二岭,在县治西三十里。高八十丈,围二十里,峰峦秀拔。亦宜茶,名云雾。"清嘉庆《长兴县志》:"茶之属。顾渚、罗岕、向岘岕、岩山、桨浦、乌瞻云雾。"

乌程　旧县名。在今浙江湖州境内。陆羽《茶经》引南朝宋山谦之《吴兴记》称:"乌程县西二十里有温山,出御荈。"是浙江茶叶产地之一。

径山　山名。位于浙江余杭西北,为天目山的东北峰。宋时,径山寺曾接纳日本僧人来华学佛,其寺中所行茶宴,对后来日本茶道的形成发展,起到积极影响。明万历《杭州府志》:"茶,各县皆有……出于余杭径山者最多。"明万历《余杭县志》:"茶,本县径山四滨坞出者多佳。"清康熙《余杭县新志》:"产茶之地有径山四壁坞及里山坞,出者多佳,至凌霄峰犹不可多得。大约出自径山四壁坞者,色淡而味长;出自里山坞者,色青而味薄。此又南北乡出之分也。"现产茶仍名径山茶。

宝云山　山名。位于浙江杭州西湖北侧葛岭左。清《湖山便览》:"宝云山在葛岭左,东北与巾子峰接,亦称宝云茶坞。"宋咸淳《临安志·物产》:"茶,岁贡,见《旧志》载:'钱塘宝云庵产者,名宝云茶。'"现为西湖龙井的主要产地之一。

杭州　地名。陆羽《茶经·八之出》注:"杭州临安、于潜二县生天目山,与舒州同;钱塘生天竺、灵隐二寺……与衡州同。"唐时杭州辖境相当于今浙江省兰溪、富春江以北,天目山支脉东南地区及杭州湾北岸的海宁等地。陆羽曾多次到过杭州,并写有《武林山记》和《灵隐天竺二寺记》等专著。明代陈耀文《天中记·杭州茶》:"杭州宝云山产者名宝云茶,上天竺香林洞者名香林茶,上天竺白云峰者名白云茶。"清康熙《临安县志》:於潜黄岭山,每年额"贡御茶二十斤"。其地所产的天目云雾、径山茶、西湖龙井等,均属历史名茶,久盛不衰。

武林 山名。即今杭州西湖灵隐、天竺诸山。明万历《钱塘县志》:"老龙井茶品,武林第一。""茶出老龙井者,作豆花香,色青味甘,与他山异。"为名茶西湖龙井主要产地。

茶山 镇名。在浙江温州东南大罗山西麓北部。境内有茶山,产茶。村以山名。在浙江宁海东北部,亦名"盖苍山",以昔日多茶树得名。今建有茶山林场。

卧龙山 山名。位于浙江绍兴境内。宋嘉泰《会稽志》:"今会稽产茶极多,佳品惟卧龙一种,得名亦盛,几与日铸相亚、卧龙者出卧龙山。"明万历《绍兴府志》:"山阴卧龙山.旧名种山,越大夫种所葬处,又曰重山。……产佳茗,芽纤短,色紫味芬,称瑞龙茶"。明嘉靖《山阴县志》:"卧龙山产茶最佳,名瑞龙茶"。

鸠坑 地名。位于浙江淳安西部。北宋《太平寰宇记》:"睦州土产鸠坑团茶。"明嘉靖《淳安县志·水利》:"鸠坑源,在县西七十五里,其地产茶,以其水蒸之,香味加倍。"明万历《严州府志·遗事》引《旧志》:"睦州贡鸠坑茶,属今淳安县。宋朝既罢贡,后茶亦不甚称。"现为名茶鸠坑毛尖产地。

茗岭 山名。以多茶得名。山脊为浙江长兴和江苏宜兴分界,距长兴县治西北七十里,宜兴西南八十余里。其名始于唐中后期,明代周高起《洞山岕茶系》:"自卢全隐居洞山,种(茗)于阴岭,遂有茗岭之目。"

举岩 山名。位于浙江金华。因山岩重叠,如仙人举石得名。五代毛文锡《茶谱》:"婺州有举岩茶,斤片方细,所出虽少,味极甘芳,煎如碧乳也。"碧乳之名,以其茶之汤色如碧乳故。宋代吴淑《茶赋》:"夫其涤烦疗渴,换骨轻身,茶荈之利,其功若神,则渠江薄片、西北白露、云垂绿脚、香浮碧乳。"现为名茶婺州举岩产地。

中华茶道

香林洞 地名。位于浙江杭州西湖西侧下天竺。清代翟灏《湖山便览》："香林洞在法镜寺后，一称香桂林，其山即飞来峰之阳也。"《临安志》云："下天竺岩下石洞，通人往来，产茶号香林茶。"宋咸淳《临安志》："茶，岁贡，见《旧志》载：……下天竺香林洞产者，名香材、茶。"现为名茶西湖龙井产地。

荐春台 地名。明嘉靖《长兴县志》："在子山左，会熊明遇筑，每

捧茶石人像

清明前三日，诣顾渚山孚茶，先于此拜接。"为明长兴顾渚贡茶处。

烂柯山 山名。亦称"石室山""石桥山"。位于浙江衢州南部。清光绪《烂柯山志》称，是山茶名"柯山点"，有宋人祝绅、林英、刘彝、钱、梁浃、黄庭坚六人斗茶题名石刻。朱彝尊《游烂柯山诗》有"昔贤斗茶地"云云，即谓此也。宋曾幾有《迪侄屡饷新茶诗》，末二名云："欲作柯山点，当令阿造分。"自注："柯山点，俗所谓衢点也"。

莫干山 山名。位于浙江德清西部。相传因春秋时镆铘、干将铸剑于此而得名。宋《天池记》："莫干山土人以茶为业，隙地皆种茶。"民国《莫干山志》引吴康候《莫干山记》："山有古塔遗迹，俗呼塔山，实则莫于山顶矣。寺僧种植其上，茶吸云雾，其芳烈十倍。"现为名茶莫于黄芽产地。

顾渚山 山名，位于浙江长兴西北太湖西岸。传说因春秋时吴王夫差弟夫概登山东顾其渚而得名。所产紫笋茶，唐时列贡茶，并建有贡茶院。宋嘉泰《吴兴志》："顾渚与宜兴接，唐代宗以其岁造数多，遂命长兴均贡。"清康熙《长兴县志》："顾渚芽茶。唐代宗大历五年，置贡茶院于顾渚山。宋初贡而后罢。元改贡茶院为磨茶院。明洪武八年革罢，每岁止贡茶芽二斤；永乐二年，加增三十斤，岁贡南京，焚于奉元殿。"清代，"县官仍于清明前三日，躬诣山中拜祭"，例行岁办上贡。现仍为名茶顾渚紫笋产地。

钱塘 旧县名。今属杭州。陆羽《茶经·八之出》注："钱塘生天竺、灵隐二寺，……与衡州同。"宋咸淳《临安志》："茶。岁贡，见《旧志》载：钱塘宝云庵产者，名宝云茶；下天竺香林洞产者，名香林茶；上天竺白云峰产者，名白云茶。东坡诗云：'白云峰下两枪新'。又宝严院垂云亭亦产茶，东坡有《怡然以垂云新茶见饷报以大龙团仍戏作小诗》：'妙供来香积，珍烹具大官。拣芽分雀舌，赐茗出龙团。'"今尤以产西湖龙井茶出名。

黄岭山 山名。位于浙江临安西部。宋咸淳《临安志·山川》：於潜县"黄岭，在县西二十里，地出黄白枇杷，亦间出佳茗。"清乾隆《临安县志·物产》："万历《旧志》：黄岭山岁贡御茶"。康熙《旧志》："黄岭山每年额贡御茶二十斤，勒碑于仪门及观音岭。"黄岭茶宋、明时尝入贡。

悬脚岭 山名。位于浙江长兴西北，以其岭脚下垂，故名。陆羽《茶经·八之出》注："湖州生……白茅山悬脚岭，与襄州、荆南、义阳郡同。"所产茶叶，品质仅次于贡茶顾渚紫笋。宋嘉泰《吴兴志》："悬脚岭，在长兴县西北七十里，高三面一十尺。《山墟名》云：以岭脚下悬为名。多产箭竹茶茗，一名芳岩。"清康熙《长兴县志·舆地》：悬脚岭"唐时每岁吴兴、毗陵二都太守分山造茶宴会于此，有景（境）会亭，一名芳岩，以岭中为两州之界"。

湖州 旧州名。辖境相当于今湖州。唐代湖州以产紫笋茶名闻全国，大历五年（公元770年），于顾渚建立贡焙，专门采造紫笋以进。来移贡焙于建安（今福建建瓯）后，元代改造金字末茶。明代改贡茶朝以进明代许次纾《茶疏》："姚伯道云：明月之峡，厥有佳茗，是名上乘。"其地历来为浙江省重要名茶产地之一。

普陀山 山名。位于浙江舟山岛东南，佛教四大名山之一。所产之茶称佛茶。明代李日华《紫桃轩杂缀》："普陀老僧贻余小白岩茶一裹叶有白茸，瀹之五色，徐饮，觉凉透心腑。僧云：本岩岁止五六斤，专供（观音）大士，僧得啜者寡矣。"清乾隆《浙江通志》引《定海县志》："定海之茶，多山谷野产……普陀山者，可愈肺痈血痢，然亦不甚多得。"其茶多为寺院僧侣种植，用来敬佛和供寺僧香客饮用，传说用普陀山上神水泡佛茶，可治病。

雁荡山 山名。位于浙江东南部。分南北二山：南雁荡山在平阳西部，北雁荡山在乐清东北部。一般指雁荡山为北雁荡山，一名雁山。明弘治《温州府志》："茶，五县俱有之，惟乐清县雁山者最佳，入贡。"明万历《雁山志》："浙东多茶品，而雁山者称最，每春清明采摘茶芽进贡。一枪一旗而白色者，名曰明茶；谷雨日采者，名曰雨茶，此上品也。"

普陀山

清乾隆《温州府志》："《雨航杂记》：'雁山五珍，谓雁山茶与观音竹、金星草、山乐官、香鱼也。'"为历史名茶雁荡毛峰产地。

境会亭 亭名，茶文化古迹。古时造茶宴饮茶场所。位于浙江长兴顾渚山西部山脚与江苏宜兴交界处。唐时建，为湖州、常州二郡分山造茶宴会处。白居易《夜闻贾常州、崔湖州茶山境会享欢宴》："盘下中分两州界，灯前各作

境会亭

一家春。青娥递舞应争妙，紫笋齐尝各斗新。"清康熙《长兴县志》："唐时每岁吴兴、毗陵二郡太守分山造条宴会于此。有景（境）会亭，一名芳岩，以岭中为两州之界"。

瀑布山 山名。位于浙江天台西部。陆羽《茶经·八之出》注："台州丰县生赤城者，与歙州同。"桑庄《茹艺续谱》也称："天台茶有三品，紫凝为上。"明万历《天台山方外志》载："瀑布山，一名紫凝，在县西十里三十二都，山有瀑布，垂流千丈……其山产大叶茶。"近代天台山茶叶有大的发展，尤以华顶茶著称。

瀑布岭 山名。位于浙江余姚。其地产茶早,品质好。陆羽《茶经》引东晋《神异记》:"余姚人虞洪,入山采茗,遇一道士,牵三青牛,引洪至瀑布山,曰:'予丹丘子也,闻子善具饮,常思见惠。山中有大茗,可以相给,祈子他日有瓯牺之余,乞相遗也。'因立奠祀,后常令家人入山,获大茗焉。"陆羽《茶经,八之出》注:"浙东以越州上,余姚县生瀑布泉岭,曰仙茗,大者殊异,小者与襄州同。"清康熙《余姚县志》:"茶之品,杖锡瀑布岭建隆岙者佳,并称四明茶;化安次之;童家岙又次之。雨前摘四明茶芽,瀹以山泉,绿波微动,香风徐来,其味淡而永。"为古时名茶产地。

安徽省

九华山 山名。位于安徽青阳西南。原名九子山,唐代李白改今名。中国佛教四大名山之一。唐代金地藏《送量子下山》:"礼品云房下九华,烹茗瓯中摆弄花。"明正德《池州府志》:"甜茶。青阳县九华山出。"明嘉靖《九华山志》:"金地茶,西域僧地藏所植,今传梗空筒者是也……地源茶,根株颇硕,生于阴谷。"清光绪《九华山志》:"九华茶惟茗源最佳,见称于阳明《九华赋》,诸峰所植皆不也,然味清泉洁,较他山犹胜。"以产九华毛峰茶闻名。

九华山

太平旧 县名。位于安徽南部,现并入黄山市。明时便有产茶记载。清道光《安徽通志》:"又太平龙门山产翠云茶,香味清芳。"清末,太平县猴坑茶农精制而成的魁尖茶,质最优,名猴魁,为中国10大名茶之一。

屯溪 地名。位于安徽南部、新安江上游,今属黄山市。邻县休宁、歙县各地所产绿茶多于此集散,统称"屯溪绿茶",简称"屯绿"。

天柱山 山名。在安徽潜山城西北部,亦名潜山。唐代薛能《谢刘相公寄天柱茶》:"两串春团敌夜光,名题天柱印维扬。"陆羽《茶经·八之出》注:

"舒州生太湖县潜山者,与荆州同。"今为名茶"天柱剑毫"产地。

老竹岭 山名。位于安徽歙县东北部,浙皖交界的昱岭关附近。相传明僧大方始创名茶"大方"于此,故名老竹大方。民国《歙县志》:"《旧志》载:明隆庆间,僧大方住休宁之松萝山,制茶精妙,群邑师其法,因称茶曰松萝。……然其时仅西北诸山及城大涵山产茶。"又谓休宁茶降至清季,销输国外,遂广种植,有毛峰、大方、烘青等目。现为名茶"老竹大方"中的极品"顶谷大方"产地。

闵山 山名。在今安徽潜山西部。清顺治《潜山县志·山川》:"闵山,县西八十里,有果老岭,其山多茶,其茶佳。"为历史上优质茶产地。

寿州 旧州名。陆羽《茶经·八之出》注:寿州茶"盛唐县生霍山者,与衡山同。"唐代寿州辖地,相当今安徽寿县、六安、霍山、霍邱等地。唐代李肇《国史补》著录寿州"霍山之黄芽"为名茶。清道光《寿州志·物产》:"唐宋史志,皆云寿州产茶,盖以其时盛唐、霍山隶寿州、隶安丰军也。今士人云:'寿州向亦产茶,名云雾者最佳。'"寿县现在亦为安徽茶叶主产地,名茶有黄大茶、黄芽茶、瓜片等。

皖南茶季

松萝山 山名。位于安徽休宁城北,与琅源山、天宝山、金佛山相望。明代罗廪《茶解》:"松萝,茶出休宁松萝山,增大方所创造。"清乾隆《歙县志》:"茶概曰松萝。松萝,休山也,明隆庆间休僧大方住此,制作精妙。"为名茶休宁松萝主产地。

宣州旧 州名。唐时辖境相当今安徽长江以南,黄山、九华山以北及扛苏溧水、溧阳等地。陆羽《茶经·八之出》注："宣州生宣城县雅山，与蕲州同；太平县生上睦、临睦，与黄州同。"自唐始，历代多有名茶。宋代梅尧臣《答宣城张主簿遗鸦山茶次其韵》诗："昔观唐人诗，茶咏鸦山嘉；鸦衔茶子生，遂同山名鸦。"所产太平猴魁、宣城敬亭绿雪为高贵名茶。

涌溪山 山名。位于安徽泾县。清嘉庆《泾县志》引明成化志："由磨盘山南趋至涌溪山，广袤三十余里，多产美茶并杉木。"现为名茶涌溪火青产地。

黄山 山名。古称"黟山"，唐改称黄山，位于安徽南部，跨歙、黟、休宁、太平等地。清顺治《歙县志》："茶，（产）多山、黄山、榔源诸处。"清康熙《黄山志定本》："云雾茶，山僧就石隙微土间养之。微香冷韵，远胜匡庐。"民国《歙县志》："毛峰、芽茶也南则陵源，东则跳岭，北则黄山，皆产地，以黄山为最著，色香味非他山所及。"为著名"黄山毛峰"茶产地。

雅山 亦称"鸦山""丫山"。山名。位于今安徽宣州。《茶经·八之出》注："宣州生宣城县雅山，与蕲州同。"雅山在唐、宋和明代，都产名茶。明代王象晋《群芳谱》："宣城县有丫山……其山东为朝日所烛，号曰阳坡，其茶最胜，太守荐之京洛人士，题曰丫山阳坡横文茶，一名瑞草魁。"

舒州 旧州名。唐置，在今安徽怀宁。产兰花茶。陆羽《茶经·八之出》注："舒州生太湖县潜山者，与荆州同。"北宋舒州太湖茶场，为当时榷茶的十三个山场之一。清道光《太湖县志·物产》："饭茶多出上乡。"民国《潜山县志》："茶以皖山为佳产……悬崖绝壁间有不种自生者，尤为难得，谷雨采贮，不减龙潭雀舌也。"历代均产茶，现仍为安徽重要产茶地。

猴坑 地名。位于安徽黄山市黄山区（原属太平县）太平湖畔。太平产茶始于明代。猴坑系中国10大名茶太平猴魁产地，尤以产于狮形头、凤凰尖、五石坦三处者最著名。

敬亭山 山名。古名"昭亭山"，亦称"查山"。位于安徽宣州区北。清《续茶经》引《随见录》："宣城有绿雪芽，亦松萝一类。"清光绪《宣城县志》："松萝处处皆有，味苦而薄，然所用甚广，敬亭绿雪茶，最为高品。"以产名茶"敬亭绿雪"著称。

敬亭山

歙州　旧州名。唐时辖地相当今安徽新安江流域及祁门和江西婺源等地。陆羽《茶经·八之出》注："歙州生婺源山谷，与衡州同。"歙州，隋置，宋改为徽州。所属各县，均产茶。明弘治《徽州府志》："旧有胜金、嫩桑、仙枝、来泉、先春、运合、华英之品，又有不及号者，是为片茶，有八种，其散茶号茗茶。"明代冯时可《茶录》："徽郡向无茶，近出松萝茶，最为时尚。"清乾隆《婺源县志》："茶，常品为多。其云松萝茶者陈佳品……松萝山在休邑，借名耳。"1958年婺源创制婺源茗眉，为礼品茶。

福建省

八都　镇名。位于福建宁德北部。盛产茶叶和茉莉茶，为著名茶乡。

方山　山名。位于福州南，以山形端方如几得名。陆羽《茶经·八之出》注："福州生闽县方山之阴。"唐代李肇《国史补》："福州有方山之露芽。"宋淳熙《三山志》引《球场山亭记》载："唐宪宗元和间，诏方山院僧怀恽麟德殿说法，赐之茶。怀恽奏曰：'此茶不及方山茶佳。'则方山茶得名久矣"。

凤凰山　山名。在福建建瓯。清光绪《建安县乡土志》"吉苑里，在县治东三十里。里内有凤凰山，即宋时北苑故地，旧产名茶，有宋御茶焙遗迹"。

东峰　镇名。位于福建建瓯中部松溪东岸。因鹫峰山脉东麓有三峰兀立而得名。宋在此建有北苑御茶园，产龙凤团茶进贡。现为乌龙茶产地。

武夷山　山名。位于福建武夷山市唐宋时就出名茶。所产武夷岩茶，以其独特"岩韵"著称。

189

钟山 地名。位于福建仙游东北部,东临莆田。有麦斜岩、九鲤湖等古迹。清乾隆《仙游县志》:"茶有数种,推郑宅为最,而出于九座山九鲤湖者亦佳"。

和平 镇名。在福建邵武西南金溪东源上游。以产"关心茶"出名。

建州 旧州名。唐置,宋为建州建安郡,升建宁府。唐时辖境相当今福建南平以上除沙溪中上游以外的闽江流域地区。古今著名的武夷茶、北苑茶产地。唐代徐夤《谢尚书惠蜡面茶》诗有"武夷春暖月初圆,采摘新芽献地仙"之句。民国《崇安县新志·物产》引孙樵《送茶蕉刑部书》云:"甘晚候十五人遗侍斋阁,此徒皆乘雷而摘,拜水而和,盖建阳丹山碧水之乡,月涧云龛之品,慎勿贱用之。"丹山碧水为武夷山之别称。"孙樵,元和人,先徐夤约七十年,武夷茶最占之文献其在斯乎。"宋代胡仔《苕溪渔隐丛话》:"余至富沙,按其地理,武夷在富沙之西,隶崇安县,去城二百余里;北苑在富沙之北,隶建安县,去城二十五里。北苑乃龙焙,每岁造贡茶之处,即与武夷相距远甚。"建州武夷茶始于唐,盛于宋,衰于明,复兴于清。现为乌龙茶主产地,著名的有武夷岩茶、武夷名丛、武夷肉柱等。

崇安 旧县名。位于福建西北部,今为武夷山市。唐时即开始种茶。清嘉庆《崇安县志》:"武夷以茶名天下,自宋始,其时利犹未溥也。"其地自元代武夷山设茶场制贡茶至今,一直为著名产茶区。所产乌龙茶,为闽北乌龙之冠;又产小种红茶,风味独特。

福州 旧州名,陆羽《茶经·八之出》注:"福州生闽县方山之阴。"唐时辖境相当于今福建龙溪口以东的闽江流域和洞官山以东地区。唐代就产贡茶,明弘治《八闽通志·土贡》:"福州府茶。"又其《物产》也载:"福州府茶,诸县皆有之,闽之方山、鼓山,侯官之水西,怀安之凤冈尤盛。唐《地理志》载,福州贡蜡面茶,盖建茶末盛前也"。

壑源山 山名。位于福建建瓯。宋代子安《东溪试茶录》:壑源是建安郡东望北苑之南山,"其绝顶四南下视建之地邑,民间谓之望州山。山起壑源口西,四周抱北苑之群山,迤逦南绝,其尾岿然,其阜高者为壑源头。……土皆黑埴,茶生山阴,厥味甘香,厥色青白"。明弘治《八闽通志·山川》:

"建安县壑源山,高峙数百丈,此山之茶为外培冠,低谓之捍火。"为宋北苑外焙产茶最好之地。

江西省

八都 地名。位于江西吉水东北部。茶叶为当地著名土产。在江西玉山东南部,东与浙江江山相接。土特产有茶叶和贡面等。

双井 村名。位于江西修水西部。因江边石崖下有双井得名。北宋黄庭坚《双井茶送子瞻》:"我家江南摘云腴,落硙霏霏雪不如。"苏轼《鲁直以诗馈双井茶次韵为谢》:"江夏元双种奇茗,汝阴六一夸新书。"明嘉靖《江西通志·土产》:南昌府,茶"今紫清香城者为最,又及双井茶芽"。清康熙《西江志》引《茶事杂录》:"双井在宁州西三十里,黄山谷所居也。其南溪心有二井,土人汲以造茶,为草茶第一。"1918年《在中华江西省地理志》:"修水茶,幕阜山产双井茶,最为上品,每年输出可百万两,多红茶。"为名茶"双井绿"产地。

吉州 旧州名。辖境相当于今江西新干、泰和间的赣江流域及安福、永新等地。陆羽《茶经·八之出》:"江西生鄂州、袁州、吉州。"唐、宋、明各代均有茶入贡。唐《元和郡县志》:"吉州贡茶。"清康熙《吉水县志·田赋》:"岁贡,按《引日志》吉州……在宋贡茶、藤、仁布……明兴,不以前代为例,皆因土地所产之宜。初贡角弓、弦箭、硝皮、生丝、净绢、各色茶芽一十五两……惟茶芽岁贡不绝。"

庐山 山名。亦称"匡山""匡庐",位于江西九江市南,传说东汉时,僧侣攀危崖,冒飞泉,竞采野茶。唐代白居易《香炉峰下新卜山居草堂初成偶题尔壁》诗有"长松树下小溪头,斑鹿胎巾白布裘;药圃茶园为产业,野麇林鹤是交游"之句。明嘉靖《九扛府志》:"笑,五邑俱产,惟庐山者味香可啜。"清顺治《庐山通志》:"茶品:钻林茶、云雾茶。《山疏》:山居静者艰于日给,取诸崖壁间撮土种茶一二区……属端阳始采焙成,呼为云雾茶,持入城市易米。"山产"云雾茶",为中国10大名茶之一。

191

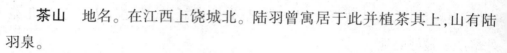

茶山 地名。在江西上饶城北。陆羽曾寓居于此并植茶其上,山有陆羽泉。

狗牯脑山 山名。位于江西遂川,属罗霄山支脉。相传明末清初梁姓农产在此种制茶叶,茶以产地命名为"狗牯脑茶"。

袁州 旧州名。唐时辖境相当今江西萍乡和新余以西的袁水流域。陆羽《茶经》:"江南生鄂州、袁州、吉州。"五代毛文锡《茶谱》:"袁州之界桥,其名甚著。不若湖州之研膏紫笋,烹之有绿脚垂下。"元代马端临《文献通考》:"绿英、金片出袁州。"清康熙《宜春县志》:"茶……今惟称仰山稠平、本平者为佳,稠平尤号绝品。"袁州在明清两代俱有"茶芽入贡"。

山东省

昆嵛山 山名。原名姑余山,传说因麻姑曾在此修道成仙,故名。位于山东东部。清光绪《文登县志·土产》:"昆嵛山产茶,土人不谙制法,西商购去装至江南制造。元初设茶场提举。"此地至迟在元时已种茶。

鲁山 山名。位于山东中部,今青州、莱芜两市间,主峰在沂源县北。春秋时为齐、鲁两国山界故名。清康熙《颜神镇志》:"鲁山,在镇东南六十里,……绝顶产美茶,味甲天下"。

河南省

光州 旧州名。南朝梁置,治所在光城(今光山)。唐移治定城(今潢川),辖今淮河以南、竹竿河以东地方。1913年改潢川县;陆羽《茶经·八之出》:"淮南以光州上。"注:"生光山县黄头港者,与峡州同。"清乾隆《光山县志》:"宋时光州所产片茶,有东首、浅山、薄侧等名,又于光山、固始并置茶场,则昔时亦产茶处也。"光州产茶在唐时较为有名。

钟山 山名。在今河南信阳东南部。唐时淮南有名的茶叶产地之一。

连塘山 亦称"莲塘山"。山名。位于河南光山境内。清乾隆《光州

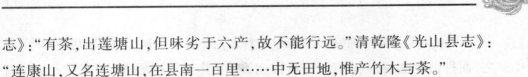

志》："有茶,出莲塘山,但味劣于六产,故不能行远。"清乾隆《光山县志》："连康山,又名连塘山,在县南一百里……中无田地,惟产竹木与茶。"

赵封山 山名。位于河南巩义东南部。明嘉靖《巩县志·山川》："赵封山,在县南四十甲,宋朝种茶株于此,封其山,禁樵采,故云。"

湖北省

女观山 山名。位于今湖北宜都,长江南岸。陆羽《茶经》引《夷陵图经》："黄牛、荆门、女观、望州等山,茶茗出焉。"其地产茶在唐以前即有名。

巴山 亦称"金字山"。山名。位于今湖北巴东县南部。巴东真香茶重要产地。明代陈耀文《天中记》;"茶生其间为绝品。"明代曹学佺《名胜志》也载:"山产茶,色微白,即所谓巴东真香茗。"

巴山

巴东 县名、南朝梁置,隋改巴东县。在湖北西南部。光绪《巴东县志》:"巴东产真香茶,旧亦称著海内。"现为重要产茶区之一。

玉泉山 亦称"堆蓝山""覆船山"。山名。在今湖北当阳城西。山上有玉泉寺。李白《答族侄僧中孚赠玉泉仙人掌茶》诗序:"荆州玉泉寺近清溪诸山……其水边处处有茗草罗生,枝叶如碧玉。"清同治《当阳县志·物产》:"惟玉泉仙人掌茶不常见。"后濒于绝灭。1981年恢复"仙人掌茶"生产。

西塔寺 寺名。陆羽寓居故地,在今湖北天门西湖湖心覆釜洲上。建于东汉,初名龙盖寺。收养陆羽的智积禅师圆寂后,入其塔中并更名为西塔寺。1935年堕毁,仅存陆子井,现修复。《全唐诗》收裴迎《西塔寺陆羽茶泉》。

羊楼峒 镇名。"峒"也作"洞",位于湖北赤壁市。清道光《蒲圻县志》："羊楼洞产茶。"民同《蒲圻县乡十志》："茶为出口大宗,蒲邑四乡皆产之,而种植较盛、获利颇多者,厥惟南乡,以其近羊楼峒茶市也。"又以产峒茶、松峰绿茶、砖茶著称。

夷陵 旧县名。夷陵本为楚先王墓名,汉置县,晋在夷陵县置宜都郡。隋改彝陵郡,唐代又改为峡州。相当今湖北宜冒一带。唐代,夷陵茶为峡州所产名茶之一。陆羽《茶经》："山南以峡州上。"注："峡州生远安、宜都、夷陵三县山谷。"清代,县东的东湖产有东湖茶。

武昌山 山名。位于湖北鄂州城南。为中国上古茶叶产地之一。

荆门山 山名。位于今湖北宜都,长江南岸。陆羽《茶经》引《夷陵图经》："黄牛、荆门、女观、望州等山,茶茗出焉。"

荆州 旧州名。系汉武帝所置十三刺史部之一,辖今湖北、湖南及河南、贵州、广东、广

荆门山

西的一部分。东晋移治江陵。以后辖境渐小,唐时约领今湖北松滋至石首间的长江流域,北部兼有今荆门、当阳等地。陆羽《茶经·六之饮》:其时茶在"两都并荆渝间,以为比屋之饮。"《茶经·八之出》注曰:"荆州生江陵县山谷。"《宋史·食货志》载,宋榷茶初行禁榷的地方,"荆湖则江陵府潭、澧、鼎、鄂、岳、归、峡七州,荆门军;福建则建、剑二州。岁如山场输租折税,总为岁课,……荆湖二百四十七万余斤,福建三十九万三千余斤,悉送六榷务鬻之。茶有二类,曰片茶,曰散茶。……散茶出淮南、归州、江南、荆湖。"为宋时著名茶叶产销地。

施州 旧州名。北周置,清改施南府,辖区在今湖北恩施。明正德《湖广图经志书·土产》:"施州:茶,品有探春、先春、次春,又有入香,研膏二品。"清道光《施南府志》:"乌通山在县西一百三十里,里人种茶其上,号乌通茶。"现为名茶"恩施玉露"茶产地。

中華茶道

峡州 亦称"硖州"。旧州名。隋废州改夷陵郡,唐改峡州。其地相当今湖北宜昌、远安、宜都等市县。陆羽《茶经·八之出》:"山南,以峡州上。"注曰:"峡州生远安、宜都、爽陵三县山谷。"五代毛文锡《茶谱》云,峡州"有小江园、叫月寮、碧涧寮、茱萸寮之名"。《新唐书·地理志》:"峡州夷陵郡,……土贡芒、葛、箭竹、柑、茶。"《太平寰宇记》亦言"峡州土产茶"。唐宋时峡州出茶,其地一直是湖北重要产茶区。

南郭 旧县名。北周置思安县,隋改南漳,唐称南郸县,约略相当今湖北南漳县地。《茶经·八之出》:"山南以峡州上,襄州、荆州次。"注曰:"襄州生南郭县山谷。"唐时南郭产茶就较有名。

黄牛山 山名。位于湖北宜昌西南部,邻近西陵峡中的黄牛峡。为唐以前有名的茶叶产地。陆羽《茶经》引《夷陵图经》:"黄牛、荆门、女观、望州等山,茶茗出焉。"

黄州 旧州名。隋置,唐时辖区相当于今湖北长江以北、京广铁路以东、巴水以西地方。故现在今湖北黄冈。陆羽《茶经·八之出》注曰:"黄州生麻城县山谷,并与荆州、梁州同也。"其茶中唐时还不著,宋时即入贡。宋代王禹偶《茶园十二韵》:"勤王修岁贡,晚驾过郊原。蔽芾余千本,青葱共一园。……舌小侔黄雀,毛狞摘绿猿。"宋《太平寰宇记》也载:"黄州,麻城县,山原出茶。"清光绪《麻城县志·山川》:"黄蘗山,在县东北九十五里,上产茶。"其名茶有麻城龟山岩绿。

通江浪井

鄂州 旧州名。唐时其辖境相当于今湖北武汉长江以南部分以及黄石和咸宁。大部分地方都产茶。陆羽《茶经》:"江南生鄂州、袁州、吉州。"

望州山　山名。位于今湖北宜都，长江南岸。唐时产茶即有名。陆羽《茶经》引《夷陵图经》："黄牛、荆门、女观、望州等山，茶茗出焉。"

鹿苑　寺名。位于湖北远安西部云门山。茶产地。清咸丰《远安县志》："远安茶，以鹿苑为绝品，每年所采不足一斤。"民国《湖北通志》："《荆门州志》：远安茶以鹿苑为绝品……按鹿苑乃远安县西鹿溪山寺名。"现为"鹿苑毛尖"茶产地。

蕲州　旧州名。北周置，唐时其地相当于今湖北长江以北、巴水以东地方。陆羽《茶经·八之出》注曰："蕲州生黄梅县山谷……并与荆州、梁州同也。"唐代李肇《国史补》列"蕲州蕲门团黄"为名茶。清顺治《黄梅县志·山川·紫云山》："按山路索数十里，望之若削笔，及造其巅，坦夷宽旷，东西环拱，内有平田五十余亩，峰顶僧人每年植茶，名紫云茶。"其地种茶，相传已久。

襄州　旧州名。西魏置，唐时其地相当今湖北襄阳、谷城、老河口、南漳、宜城等地。陆羽《茶经·八之出》："山南以峡州上，襄州、荆州次。"注曰："襄州生南郑县山谷。"为湖北省早期重要茶叶产地。

湖南省

君山　亦称"洞庭山"。山名。在湖南岳阳西南洞庭湖中，清代贡茶君山银针产地。清代江昱《潇湘听雨录》："湘中产茶，不一其地。而洞庭君山之毛尖，当推第一，虽与银针、雀舌诸晶校较，未见高下。但所产不多，不足供四方尔"。

九嶷山　亦称"九疑山""苍梧山"。山名。位于湖南宁远县南。清乾隆《湖南通志》："永州府，嶷茶。《湖广通志》：宁远县出，产九嶷山，故名。"清嘉庆《九疑山志》："茶，每岁谷雨前采芽焙之，曰炭青，味甘香不减武夷，曰铸。"清嘉庆《宁远县志》："茶，出九嶷山，味美，但不可多得。"

大沩山　亦称"沩山"。山名。在今湖南宁乡西部。传说唐时已产茶。清同治《宁乡县志》："沩山、六度庵、罗仙峰等处，皆产茶，惟沩山茶称为上品。"民国《宁乡县志》："沩山茶，雨前摘制，香嫩清醇，不让武夷、龙井。商销甘肃、新疆等省，岁获厚利。"现为名茶沩山毛尖产地。

九嶷山

牛牴山 山名。位于湖南石门境内。清嘉庆《湖南通志》引《一统志》："澧州，石门牛牴山产茶，谓之牛牴茶。"牛牴茶宋时已作贡。现为湖南省优质名茶之一。

无射山 山名。位于湖南溆浦。陆羽《茶经》引《坤元录》："辰州溆浦县西北三百五十里无射山，云蛮俗当吉庆之时，亲族集会歌舞于山上。山多茶树。"

白鹤山 山名。在今湖南湘阴境内。清乾隆《湘阴县志》："茶，产文家铺，又一种产白鹤山，极桂。"消逆光《湘阴县志》："茶，种植亦多，产南泉寺白鹤山者，较他处颇佳。"历史上以产优质茶著称。

辰州 旧州名。隋废沅陵郡改置辰州，辖今湖南沅陵以南、沅江流域以西的地区。陆羽《茶经》引《坤元录》："辰州溆浦县西北三百五十里无射山，云蛮俗当吉庆之时，亲族集会歌舞于山上。山多茶树。"明正德《湖广图经志书》："辰州府、茶。各州县皆出。"《湖南各县调查笔记》："沅陵，又界亭镇产茶，每年出细茶叶亦多，其味清香。茶叶出口，获利颇饶，足以补其乏也。辰溪，以桐、茶为出产大宗。"为湖南古时的重要茶叶产地。

芙蓉山 亦称"青羊山"。山名。位于湖南宁乡西，接安化界。宋时，茶已"山崖水畔，不种自生"。清代陶澍《芙蓉江竹枝词》："才交谷雨见旗枪，安排火炕打包箱。芙蓉山顶多女伴，采得仙茶带雾香。"所制芙蓉青茶列为贡品。1959年其地创制名茶"安化松针"，为绿茶珍品。

茶山 亦称"景阳山"。山名。在湖南茶陵东部。明代曹学佺《名胜志》："史记炎帝葬于茶山之野。茶山，即景阳山也。以林谷间多生茶茗，

197

中华茶道

故名。"

茶水 溪名。因山谷溪旁多生茶而得名。源出湖南茶陵城东景阳山,向西流入洣水。清嘉庆《茶陵州志》:"景阳山,在州东接江西吉安府永新县界,一名茶山。"《舆地纪胜》:"在县东百二十里,茶水源出此。"

芙蓉山

南岳山 亦称"衡山"。山名。位于湖南中部。清乾隆《南岳志》:"茶,岳产特丰,谷雨前采芽培之,煮以峰泉,味甘香不减顾渚。"

高桥 地名。位于湖南长沙市郊。产名茶"高桥银峰"。郭沫若有《初饮高桥银峰茶》诗。

碣滩 地名。因江中岩石竖立似碑得名。位于湖南沅陵城东北,沅江沿岸。唐《翰苑集》列碣滩茶为名茶,曾入贡。今为名茶产地,建有碣滩茶场。

潭州 旧州名。隋对辖今长沙。唐、宋时辖境有所扩大。唐时出阳团茶。五代毛文锡《茶谱》:"潭、邵之间有渠江,中有茶……乡人每年采撷不过十六七斤。其色如铁,而芳香异常,烹之无滓也。"长沙还产石楠茶。宋代王存等《元丰九域志》:"潭州……土贡茶叶一百斤。"其地产独行灵草、片金、金茗等片茶。

广东省

古劳 地名。在今广东鹤山北部。明初,因古、劳两姓祖先列此定居建圩得名。清乾隆《鹤山县志》:"古劳之丽水、冷水山阜皆植茶,其最佳者曰雨前,生石地者尤良,味匹武夷而带芳。婚礼多用之。"现为古劳茶和古劳银针茶产地。

凤凰山 山名。位于广东潮安。茶树品种"凤凰水仙"原产地。山上有宋、元、明、清各代栽培茶树千余株。

西樵山 山名。位于广东南海官山圩附近。清乾隆《南海县志》："茶多产,出西樵。"是志《流寓》载,唐人曹松,舒州人,"南沥广州,山川胜处必流连累日。常至南海西樵山,栖迟久之,移植顾渚茶于山中,教山民焙茶,至今樵茶甲于南海。"

和平 县名。在广东河源北部东江上游。清乾隆《和平县志·物产》："历史上多产茶,以九连山茶最有名。"

海阳 旧县名。位于广东东部,即今潮州潮安。明万历《广东通志》："海阳县西南四十里曰桑浦山,高约二百丈,周五十里,产茶。"清康熙《海阳县志》："潮地茶佳者罕至,今凤山茶佳,亦云待诏山茶,亦名黄茶。"产"凤凰水仙"的凤凰山即在境内。

韶州 旧州名。隋改东衡州为韶州。唐时辖境相当今广东韶关及曲江、乐昌、仁化、南雄、翁源等地,均产茶。陆羽《茶经》："岭南生福州、建州、韶州、象州。"明万历《广东通志》："韶州府,多茶。"清同治《韶州府志》："茶,产罗坑大铺乌泥坑者,色红味醇,经宿不变。南华制茶,味甜香浓,以少置为佳。毛茶,出西山,有白毫,苦涩大寒,消暑解热,去积滞。乐昌茶,味甘平,可供常饮。"现为红碎茶产区。

广西壮族自治区

六堡 地名。位于广西苍梧。清同治《苍梧县志·物产》："产茶多贤乡六堡,味厚,隔宿不变。"民国《广西通志稿》："六堡茶,产苍梧。苍梧茶叶出产之盛,以多贤乡之六堡及五堡为最,六堡茶尤为著名,畅销于穗、佛、港、澳等埠。"

西山 山名。位于广西桂平城西,亦名"思灵山"。清雍正《广西通志》："西山茶,出桂平西山。"

和平 乡名。在广西龙胜,以产龙脊茶闻名。

都茗山 山名。位于广西邕宁。因山出茶而得名。北宋《太平寰宇记》："邕州上林县,都茗山在县西六十里,其山出茶,土人食之,因呼为都茗山。"清乾隆《南宁府志》："茶出宣化之都茗山。"《邕宁县志·物产》："茶,都茗山产者佳。"

象州　旧州名。隋置,1912年改为象县,即今广西象州县。陆羽《茶经》："岭南,(茶)生福州、建州、韶州、象州。"民国《象县志·林产》："象地宜茶,载于陆羽《茶经》,询非虚构。盖本县境内,皆可种茶。而所产茶叶,以色香味三者言之,实不让各地名种。"

重庆市

涪州　地名。三国置,即今重庆涪陵。东晋《华阳国志》："涪陵郡,巴之南鄙,无蚕桑,少文学,惟出茶、丹漆、蜜蜡。"其地产茶早,但旧时品质不高。五代毛文锡《茶谱》："涪州出三般茶,宾化最上,制于早春;其次白马,最下涪陵。"民国《涪陵县志》："白马及东西里(涪陵江左右),产茶虽多,诚无上品,惟长里梓里场属之方坪所产,色香味俱佳;而地不过数十亩,树仅数十株,产额少。"

巴东　郡名。东汉置。治所在今重庆奉节东部,地控三峡之险。《桐君录》："巴东别有真名茶,煎饮令人不眠。"

四川省

丈人山　"青城山"的古名。位于今四川都江堰市区西南。盖因群峰环卫,状若城郭而得名。陆羽《茶经·八之出》注:"蜀州青城县生文人山,与绵州同。青城县有敧茶、末茶。"

万年寺　寺名。位于四川峨眉山观心岭下。建于晋,几经兴废,今寺为1953年重建。清嘉庆《峨眉县志·食货·茶法》:"按峨邑原来产茶,自峨山万年寺以下一路山地,多系茶山。皆园户采摘,于市上发卖,历来设官经理。"

上清峰 山名。位于四川名山蒙山,清雍正《四川通志·物产》雅州府仙茶:"名山县治之西十五里,有蒙山,其山有五岭,形如莲花五瓣,其中顶最高,名曰上清峰。"峰顶一坪,"直一丈二尺,横二丈余,即种仙茶处"。相传汉代僧吴理真亲自种茶七株于此,历代碑刻及清《蒙顶茶说》均有记载。

尔雅台 台名。茶事古迹。位于四川乐山市境内的乌龙山上。清嘉庆《四川通志》:"尔雅台,在乌龙山寺左。相传郭璞注《尔雅》于此。"郭璞所著《尔雅注》保存着关于"茶"的最早训释资料。

邛州 旧州名。南朝梁置,1913年改为邛崃县,辖境相当于今四川邛崃、大邑、蒲江等地。清嘉庆《邓州直隶州志》:"按《茶经》临邓有火前、火后、嫩绿黄等名。又有火番饼,重四十两,俗名锅焙茶,又名邢业茶,以邢姓制造得名也。《九域志》有火井茶场。邛州贡茶,造茶为饼,二两,印龙凤形于上,饰以金箔,每八饼为一斤,入贡。俗名砖茶。"邓州产茶地方,明时传为十八堡,民国《邛崃县志·方物志》指出:"其实邓州产茶之地,何止十八堡……西南北诸山,处处产茶。"现邛崃县产"文君嫩绿"茶,为四川省优质名茶。

汉州 旧州名。唐置,1913年改为广汉县。唐时辖境相当于今四川广汉、绵竹等地。陆羽《茶经·八之出》注:"汉州绵竹县生竹山者,与润州同。"广汉赵坡茶,与峨眉白芽、雅安蒙顶并称珍品。但至清代,如《汉州志》所说:"今州属无茶,亦不详赵坡名。"几近绝迹。民国《绵竹县志·实业》:"县北马跪寺青龙、白虎二地,茶产甚佳,其汉王场及西山所产亦多。"现产茶不多。

名山 亦称"金鸡山"。山名。在今四川名山城西部。陆羽《茶经》:"雅州百丈山、名山产茶,与金州同也。"县名。西魏置蒙山县,隋始改名山县。明正德《四川志》:"雅州:名山蒙顶茶。俗谓蒙山顶上茶即此也。"

西山 山名。位于四川神泉县(今安县)西部。陆羽《茶经》:"神泉县西山产茶"。

百丈山 山名。位于四川名山东北部。民国《名山县新志·物产》:"茶,全县皆产,其产青衣、大幕两流域者,曰四山茶;百丈、延镇两流域者,曰东山茶。"

至德寺 寺名。位于四川彭州境内。陆羽《茶经·八之出》："剑南以彭州上。"注："生九陇县马鞍山至德寺、棚口,与襄州同。"清《读史方舆纪要》："彭县西三十里有至德山,一名茶笼山。"传唐代有释罗僧住茶笼山,可能建有以至德山为名之禅寺。

茶会、茶室与茶馆

武阳 旧县名。汉置武阳县,唐改彭山,即今四川彭山。西汉王褒《僮约》有"武阳买茶"的记载。晋《华阳同志·蜀志》也载:"南安、武阳皆出名茶。"自西汉始,即为我国蜀地茶叶产销中心。

昌明 旧县名。唐置县,今届四川江油。现随彰明并入江油。《茶经·八之出》注:"绵州……其西昌、昌明、神泉县西山者并佳。"

南中 地名。傅粪《七诲》:"蒲桃、宛奈、齐柿、燕粟……南中茶子。"辖区相当今于四川大渡河以南及云南、贵州的一部分。为中国早期产茶区域之一。

南安 旧县名。《水经注·江水》载:南安县,"即蜀王开明故治也"。西汉巨富邓通即蜀郡南安人。今属乐山市。晋《华阳国志·蜀志》:"南安、武阳皆出名茶。"清嘉庆《乐山县志·杂录》:"茶为蜀中郡邑常产,凌云沙坪初春所采,不减江南。"民国《乐山县志·区域二》:"鹰嘴岩,距城五里盐关左焉,岩之后山为茶山。旧产茶,唐卢士埕名之曰茗冈山。"

沪州 州名。陆羽《茶经·八之出》注:"沪州沪川者,与金州同也。"汉属江阳县,南朝梁改置沪州,唐时辖境相当于今四川沪州市部分地区。民国《沪县志》:"大南山,周数十里,产茶最盛。"

青城 旧县名。北周置清城县,唐改青城,故治在今四川都江堰市西四十里。陆羽《茶经·八之出》注:"蜀州青城县生丈人山,与绵州同;青城县有散茶、末茶。"

202

眉州　旧州名。南朝梁置青州,后魏改眉州,唐辖境相当今四川眉山、彭山、丹棱、洪雅、青神等县。宋以后缩小,1913 年改眉山县,陆羽《茶经·八之出》注:"眉州丹棱县牛铁山者……与润州同。"五代毛文锡《茶谱》:"眉州洪雅、昌阖、丹棱,其茶如蒙顶制茶饼法。其散者,叶大而黄,味颇甘苦,亦片甲、蝉翼之次也。"清乾隆《丹棱县志》:"茶俱产西由总冈至船陀,蜿蜒数十里,民家们舍种植成园。"民国《眉山县志·土产》:"西南三峰山产茶,可比蒙产,故《寰宇记》列眉州为产茶州县。"

神泉　旧县名。隋置,今已并入江油市。陆羽《茶经·八之出》注:绵州"其西昌、昌明、神泉县西山者并佳。"产茶在唐时即有名。

峨眉　①县名。在四川乐山西部青衣江流域。民国《四川省方志简编》:"蛾眉县:茶,春前者佳。"②山名。位于四川峨眉山市,有山峰相对如峨眉,故名。清康熙《峨眉县志》:"茶,产峨山者佳。"今为名茶"峨蕊"和"竹叶青"产地。

棚口　地名。位于今四川彭州。陆羽《茶经·八之出》注:"牛九陇县马鞍山至德寺、棚口,与襄州同。"棚口有茶城,在原棚口县西北十五里,产茶多。五代毛文锡《茶谱》:"彭州有蒲村、棚口、灌口,其园名仙崖、石花等,其茶饼小,而有嫩芽如六出花者尤妙。"

绵州　旧州名。西魏置潼州巴西郡,隋废郡改潼州为绵州,民国改绵阳县。唐代辖境相当于今四川罗江以东、潼河以西江油、绵阳间的涪江流域。陆羽《茶经·八之出》注:"绵州龙安县生松岭关,与荆州同;其西昌、昌明、神泉县西山者并佳;有过松岭者,不堪采。"民国《绵阳县志》:"其称绵州者,乃绵州旧属之龙安县及西昌、昌明、神泉诸县,皆产茶之地。今绵阳境内茶树无有,民国初年,经实业所长叶春芳购茶种数担种之,生不数棵……再广种植,或有畅茂蕃衍之一日"。

彭州　旧州名。梁属东益州,唐置彭州,辖境相当今四川彭州市一带。陆羽《茶经·八之出》:"剑南以彭州上。"注:"生九陇县马鞍山至德寺、棚口,与襄州同。"为四川省古时重要产茶地。

蜀州　旧州名。唐置,宋升崇庆郡,1913 年改为崇庆县。辖境约为今四川崇州、都江堰市等地。五代毛文锡《茶谱》："蜀州晋原、洞口、横源、味江、青城。其横源雀舌、乌觜、麦颗，盖取其嫩芽所造，以其芽似之也。"清光绪《崇庆州志》："州西横远镇万家坪山中产毛尖茶……即古横源也。"《崇庆县志》："白茶之美者，产味江之龙石崖，其干独红味为较胜。"又清光绪《灌县志》："今则谷雨前嫩芽之有毛者称良，然不易得，有贡茶故也。"灌县即今都江堰市，又有沙坪茶，明代杨慎谓之"绝品"。

蒙山 山名。位于四川名山西部。唐白居易诗句："茶中故旧是蒙山。"《元和郡县图志》："严道县，蒙山在县南十里，今每岁贡茶，为蜀之最。"明正德《四川志·上产》："雅州：名山蒙顶茶。俗谓蒙山顶上茶即此也。"《名山县新志》：蒙茶，"自唐至清，每岁孟夏，县尹筮吉日，朝服登山，率僧僚焚香拜采，……采三百六十叶，贮两银瓶贡入帝京，以备天下郊庙之供。"现仍为四川著名茶山和名茶蒙顶茶产地。

雅州 旧州名。隋置，因雅安山而得名，唐时辖境相当于今四川雅安、名山、荥经、天全、芦山、小金等地、陆羽《茶经·八之出》注："雅州百丈山、名山，……与润州同。"清乾隆《雅州府志》："雅安县：茶。名山县：仙茶。荥经县：太湖茶、山门茶。"历代皆以产茶闻名。

兽目山 亦称"青岩山"。山名。位于今四川安县西部。明《潜确类书》："东川之兽目，绵州之松岭，雅州之露芽，……此皆唐、宋时产茶地及名也。"清同治《彰明县志》："兽目山，在县西二十里……产茶甚佳，谓之兽目茶。即今青岩山"。

巴蜀 区域名。我国古代茶业较为发达的地区。陆羽《茶经》："姜、桂、茶荈出巴蜀。"其地除四川、重庆外，还包括今陕西汉中及云南、贵州的部分地区。据晋《华阳国志·巴志》："茶纳贡之"。至西晋时，谈及茶叶出产，仍言必巴蜀。

巴山峡川 区域名。陆羽《茶经》："茶者，南方之嘉木也。一尺、二尺乃至数十尺。其巴山峡川，有两人合抱者，伐而掇之。"其地相当于今四川东部、重庆和湖北西部一带，是唐代的重要茶叶产地。

贵州省

夷州 旧州名。唐置,辖境相当今贵州石阡一带。清乾隆《石阡府志·物产》:"茶,近镇远、龙泉各山间有。"《贵州通志》:"石阡茶、湄潭眉尖茶,昔皆为贡品。"现仍为贵州重要产茶县之一。

阳宝山 山名。位于贵州贵定北部。清康熙《贵州通志》:"贵定县阳宝山,在新添北……山产茶,制之如法,可供清啜。"治道光《贵阳府志》:"贵定县城北之山……曰阳宝山,去城十里,产茶。"《续遵义府志·特产》引《药斋偶笔》:"阳宝山在贵定县北十里,绝高耸,山顶产茶,茁云雾中,谓之云雾茶,为贵州茶晶之冠,岁以充贡。"为贵州名茶产地。

金鼎山 山名。位于贵州遵义。《续遵义府志》:"茶,各属皆有,遵义金鼎山产云雾茶。"又引《莼斋偶笔》:"清平之香炉山、遵义之金鼎山亦产茶,几与阳宝山产相埒。金鼎亦呼为云雾茶,大抵皆以其高之故。两处所产无多,颇不易得。"为贵州名茶产地。

播州 旧州名。辖境相当今贵州遵义市部分地区。陆羽《茶经·八之出》:"黔中生思州、播州、费州、夷州。"又曰:"其思、播、费、夷……十一州未洋,往往得之,其味极佳。"

思州 旧州名。隋务州县地,唐改思州,其地相当于今贵州务川、印汁、沿河和四川西阳等地。清乾隆《贵州通志》:"茶,出婺川,名高树茶……色味俱佳"。

费州 旧州名。唐置,后废,故治在今贵州德江东南。唐时产茶即较有名。

海马宫 地名。在今贵州大力老鹰岩脚下。民国《大定县志》:"茶叶之佳以海马宫为最,果无次之。初泡时其味尚涩,迨泡经两一二次其味转香,故远近争购,啧啧不止。"清代列贡品。现为著名海马宫茶产地。

云南省

三台山 山名。在云南潞西中部。产茶,又为茶叶集散地。

六条山 山名。清乾隆《云南通志·物产》:"普洱府茶,产攸乐、革登、倚邦,莽枝、蛮嵩、漫撒六茶山,而倚邦、蛮嵩者味较胜。"清嘉庆《滇海虞衡志》:"普茶名重于天下,此滇之所以为产而资利赖者也。出普洱所属六茶山,……周八百里,入山作条者数十万人,茶客收买运于各处每盈路,可谓大钱粮矣。"

宝洪山 山名。位于云南宜良城西北。山上有宝洪寺,寺周围出的宝洪茶,传称唐时由福建开山僧引种而成。清康熙《宜良县志·土产》:"《竹枝词》云:纤薯青:产紫姜芽,绝胜东陵五色瓜。更打消供诗料品云苔松子宝洪洪茶。"

南糯山 山名。位于云南西双版纳勐海。山上有"茶树王",树高5.48米,于围1.38米,树龄达八百多年,附近有成片栽培的野生大茶树。20世纪80年代创制"南糯白毫",为全国名茶。

银生城 唐时设银生府,南诏国重镇,为六节度之一,即今云南景东。唐《蛮书·云南管内物产第七》:"茶出银生城界诸山,散收,无采茶法,舍蛮以椒、姜、桂和烹而饮之。"清嘉庆《景东厅志·土产》:"蒙乐山间产野茶,然味苦涩,人少采食。民间所用之茶,大都买自普洱。冬春之间入山采茶者甚众,或转卖于弥渡昆阳,故景东商贩生意,以茶、花二项为大宗。"现为普洱茶的重要产地。

普洱山 山名。位于云南普洱。南宋李石《续博物志》:"西藩之用普茶,已自唐朝。"清代赵学敏《本草纲目拾遗》:"普洱茶出云南普洱府。成团,有大中小三等。又载《云南志》,普洱山在车里军民宣慰司北,其上产茶,性温味香,名普洱茶。"

感通寺 寺名。位于云南大理。明景泰《云南图经志书》:"大理府,感通茶,产于感通寺,其味胜于他处所产者。"《大理县志稿》引《徐霞客游记》:

"感通令茶树,皆高三四尺,绝与桂相似,味颇佳。"茶因寺而得名。

陕西省

午子山 山名。位于陕西西乡。产茶始于汉,盛于唐。用午子山茶加工的"午子仙毫"为优质绿茶。

归仁山 山名。位于陕西镇巴。清顺治《汉中府志》:"西乡县有归仁山,东南四百里产茶之处。"《西乡县志·物产》归仁山按语:"其地今属镇巴县西乡,东区之清溪、三高川、五里坝、老鱼坝,南区之面子山,四区之大巴关、楼坊坪等地,均有茶山。"现为名茶"秦巴雾毫"产地之一。

金州 旧州名。西魏置,唐代辖境在今陕西石泉以东、旬阳以西的汉水流域一带。陆羽《茶经·八之出》注:"金州生西城、安康二县山谷。"《新唐书·地理志》:"金州汉阴郡土贡;茶芽。"其时西城县附近的紫阳,还产紫阳茶。清道光《紫阳县志·杂植》:"紫阳茶,每岁充贡,陈者最佳,醒酒消食,清心明目。"清宣统《安康县乡土志》:"茶叶,每年约产五万斤,多运往长安。"今为陕西省主要茶叶生产基地,产名茶"紫阳毛尖"。

梁州 旧州名。古九州之一,唐时辖境相当于今陕西城固以西汉水流域。陆羽《茶经·八之出》注:"梁州生襄城、金牛二县山谷。"其地亦是陕西当今茶叶重要产地。

第四节　茶之欣赏

品饮名茶是古今时尚,三分解渴,七分品。精湛的茶艺必须具备以下条件:精茶、真水、活火、妙器,四者缺一不可。通过形、色、香、味分辨茶品的高下,通过清、活、轻、甘、冽辨别水品的优劣,煮茶时要用活火,宜兴的紫陶是最好的茶器。

茶叶受天、地、人各项因素的影响很大,甚至相同产地、相同茶师傅、相同时间制造出的茶,在品质上也会有差异。所以在泡茶之前,人们首先要了解这种茶叶的特点,根据茶叶的特性,给予最适当的冲泡,这样才能发挥出最佳的茶质。茶人欣赏茶叶,重在从茶叶中发掘文化美、艺术美、工艺美和自然美。欣赏茶叶时,不仅要对茶有一种美感的联想,还要懂得欣赏茶的具体方法。茶人评茶不靠仪器,而是靠感觉器官来审评,不经过历练便很难获得真功夫。

归纳起来,欣赏茶叶要三看、三闻、三品、三回味,只有这样才能欣赏到茶的全貌。

三看

一看干茶的形状,即观察茶叶的外形。

茶叶的外形大体有长圆条形、卷曲圆条形、扁条形、针形、花叶形、颗粒形、圆珠形、砖形、饼形、片形、粉末形等。通过外形既能看出是芽茶、叶茶,还是珠茶、条茶,同时还能看出茶叶质地是否匀齐、紧实,有无损耗。

以下几点是从干茶的外形辨别茶叶的方法:

1.茶叶是否干燥　观察茶叶的形状,首先要观察它是否干燥,品质优良的茶叶含水量低,可以通过手指来辨别,如果轻轻捏一下茶叶就碎,而且皮肤会有轻微刺痛的感觉,就说明茶叶的干燥程度良好。如果茶叶已经受潮变软,就不易压碎,喝起来的口感较差,茶的香气也不会太浓郁。

2.每种名茶都有它的外形特征,不同的品种有不同的鉴别方法　有的品种要看茸毛的多少,茸毛多的茶叶是上品,反之就是次品;有的品种要看条索的松紧,条索紧的茶叶是上品,反之就是次品。质量好的茶叶外形应均匀一致。好的茶叶,茶梗、茶角、黄片等杂质含量不会过多。

3.干茶的色泽　茶叶的色泽包括红、绿、黄、白、黑、青等六种,茶叶色度可分为翠绿色、灰绿色、深绿色、墨绿色、黄绿色、黑褐色、银灰色、铁青色、青褐色、褐红色、棕红色等。比如龙井呈翠绿色、普洱茶呈褐红色、兰溪毛峰茶呈黄绿色、古劳茶呈银灰色、涌溪火青茶呈墨绿色等。

二看茶汤的色泽,即看茶汤是否清澈、鲜艳、明亮。

1.好茶的茶汤不仅清澈,还要有一定的亮度 茶汤的颜色会因为加工过程的不同而有差异,但不论是什么颜色,好茶叶的茶汤必须清澈并且要有一定的亮度,汤色要明亮清晰。也有人认为在同种茶叶中,浓度较高的茶叶,品质比较好。品质不好的茶叶,茶汤颜色暗淡、混浊不清。

2.从色泽看茶的种类 茶汤的颜色有红色、橙色、黄色、黄绿色、绿色等。备受英国人青睐的祁门红茶,汤色就是红艳明亮的。英国人喜欢在茶中加入牛奶,加入牛奶后茶汤呈粉红色。青茶的汤色是橙黄色,绿茶的汤色是黄绿色,白茶的汤色是浅杏色,黑茶的汤色是褐紫色。

三看叶底,即看冲泡后展开的茶叶是否细嫩、均齐、完整,有没有杂质和焦斑。

1.从茶叶展开快慢辨别好坏 若茶叶冲泡后很快展开,表示茶菁多为老叶,这种茶叶的味道平淡不浓郁而且不耐冲泡,几次回冲后,就无色无味了。如果茶叶冲泡数次后才逐渐展开,说明茶菁是嫩叶,而且经过比较精良的加工,这种茶汤味道浓郁而且非常耐冲泡。

2.从茶叶形状辨别种类 如铁观音泡开后有"绿叶红镶边",叶底肥厚柔软,叶面黄亮,叶缘为红边,茶水呈金黄色,清澈明亮,闻起来有特别的清香味,闻之沁人心脾。

3.从茶叶形状辨别好坏 茶的采摘分为细嫩采、适中采和粗老采。细嫩采是指从新梢上采下一芽两叶、一芽一叶甚至单叶,这种细嫩的原料,用来加工名贵的茶叶,比如毛尖、毛峰和银针。适中采是待新梢长到一定程度,一般是展开三至四片叶子时,采下一芽二叶或同等嫩度的细夹叶,一般的红、绿茶都是以这个标准采摘。粗老采则是在新芽充分成熟,顶端冒出驻芽后采摘驻芽和二三叶或整个新梢,乌龙茶就是由粗采的茶叶制成的。在冲泡后注意茶叶形状,就可以观察出茶叶是细嫩采、适中采,还是粗老采了。

中華茶道

三闻

1.干闻　细闻干燥茶叶的香味,辨别一下茶叶中有没有陈味、霉味和其他的异味。冲泡茶叶前,可以在开罐时感受一下茶叶的香气,也可抓取一些茶叶放在掌心,细闻茶香,在选购时可以用这种方法来挑选茶叶。

2.热闻　热闻就是在冲泡的一瞬间,闻茶叶是否有香气。质量好的茶叶一般香味纯正,沁人心脾。如果茶叶香味淡薄或根本没有香味,甚至有异味,肯定就不是好茶叶。

3.冷闻　冷闻是指温度降低后再闻茶盖或杯底的留香,这时可闻到高温时掩盖了的气味。冷闻和热闻比起来是别有一番滋味的,通过冷闻辨别茶叶也是非常有效的。

三品

1.品火功　品火功是品茶叶加工过程中的火候是老火、足火还是生青,是否有晒味。

2.品滋味　就是亲自品尝茶汤,看茶味是浓烈、鲜爽、甜爽、醇厚、醇和,还是苦涩、淡薄,在茶汤滋味中感受真正的好茶。

新茶的汤色澄清而且香气足,陈茶的汤色会变成褐色、香味差。就绿茶、红茶来说,质量好的绿茶口感略带苦涩,饮后又感到鲜甜,回味越久越浓。苦涩的味道重,鲜甜味少的绿茶是次品。口感甜爽的红茶是上品,口感苦涩的红茶是次品。

3.品韵味　清代大才子袁枚曾讲:"品茶应含英咀华,并徐徐体贴之。"意思就是将茶含在口中,慢慢咀嚼,细细品味,咽下去时感受茶汤流过喉咙时的爽滑。

三回味

回味是指品茶后的感觉。一是舌根回味甘甜,满口生津;二是齿颊回味,甘醇留香;三是喉底回味,气脉畅通,好像五脏六腑都得到滋润,使人心旷神怡,飘然欲仙。

鉴茗之美

1.适合自己才有美 《茶经》开篇首句便是"茶者,南方之嘉木也。"嘉者美也,好也。如何鉴茗?只有选择适合自己的茶叶才能真正体味其中之美。任何人都有自己喜欢的口味,对饮茶而言,不同的人会喜欢不同的茶。有的人仅仅是配合饮食的需要,把饮茶看成是日常饮食的一部分,有的是口干就想饮茶,一杯茶在更大的意义上是解渴的水,而越来越多的人把饮茶当成是一种享受,讲究饮茶的环境与泡茶的艺术。那么,如何理解饮茶在您生活中扮演的角色,就成为您选用茶叶的标准。同时,茶的不同种类及其特性也会反过来影响我们的选择。

以食味来说,多吃油腻食物的人,就应选用滋味浓厚的茶;爱吃味道强烈的食物之人,就应选用较芬芳的茶;蔬菜水果吃得少的人,可以选用发酵较轻或不发酵的茶。

以地区而言,北方人较喜欢选用花茶;江浙及临近省份的人,多选用龙井茶或高级绿茶;云贵、广东和福建人,为保健及治病,多选用半发酵的高级包种茶、武夷岩茶或普洱茶等。另外,居住在都市的人通常喜欢选用浓味刺激性较强的红茶。

以年龄来说,年轻人为了健美可以选用绿茶或者包种茶,为了欣赏可以选用清香包种茶;上了年纪的人最好选用乌龙茶和焙火稍重的包种茶。

选择适合自己的茶,将茶先行试泡与试饮是很重要的一个环节。我们可以到茶叶商店里少量选购几种茶,先行试饮。当茶汤入口,回荡于口中一点时间,再经喉咙吞入,稍后体会嗅觉与味觉的反应。凡是口腔中有一种爽然快慰的感觉,芬芳久久不退,口中觉得甘润回味,就可证明这种茶对您是适宜的。当您经过数次试饮后,尤其是依茶汤温度的高低分数次试饮,更可以探知茶的真味。如此几次试泡试饮,只要泡法没有差错,一定可以选到您喜欢的茶。

总之,如何选用茶是非常讲究的,否则选用自己不喜爱的茶也会觉得花冤枉钱,甚至对茶产生排斥,也就更谈不上享受人生了。

2.从色香形味鉴别茶之美　关于茶的鉴别,唐陆羽《茶经》上说:"野者上,园者次;紫者上,绿者次;笋者上,牙者次;叶卷上,叶舒次……",但古人饮茶,大多是纯茶,所以鉴别方法比较简单,现在茶叶制造技术进步异常,茶种多,品种也多,茶叶的选购不是易事,要想得到好茶叶,需要掌握大量的知识,如各类茶叶的等级标准、价格与行情以及茶叶的审评、检验方法等。

茶叶的好坏,主要从色、香、味、形4个方面来鉴别,但是对于普通饮茶之人,购买茶叶时一般只能观看干茶的外形、色泽和闻干香,使得判断茶叶的品质更加不易。

这里粗略介绍一下鉴别的方法。一般说来,茶叶的品质是由色、香、味、形4个因素构成的。凡质优的茶叶必然是色泽正,香气高,滋味醇,形状美;而质次的茶叶必然是色泽花杂,香气低沉,滋味粗淡,形状不正。

3.干茶看外形之美　干茶的外形,主要从五个方面来看,即嫩度、条索、色泽、整碎和净度。简单的方法是,用双手捧起一把茶叶,放于鼻端,用力深深吸一下茶叶的香气。一闻是否具有茶叶的香气;二是辨别香气的高低;三是嗅闻香气的纯正程度。凡香气高、气味正的必然是优质茶;凡香气低、气味不正的就是粗老茶,或者是劣质茶。其次,抓一把茶叶平摊于白纸上,看一下干茶的色泽、嫩度、条索、粗细、整碎等。凡色泽匀正,嫩度高,条索或颗粒紧实,粗细一致,碎末茶少的,是上乘茶叶。如果条形茶条索松散,叶脉突出,叶表粗老,色泽不一,身骨轻飘,片、末、老叶多;圆形松树颗粒松泡,大小不一,色泽花杂,都算不得好茶。

具体来说,要从嫩度、条索、色泽、整碎、净度5个方面来鉴别:

（1）嫩度 嫩度是决定品质的基本因素，所谓"干看外形，湿看叶底"，就是指嫩度。一般嫩度好的茶叶，容易符合该茶类的外形要求（如龙井之"光、扁、平、直"）。此外，还可以从茶叶有无锋苗去鉴别。锋苗好，白毫显露，表示嫩度好，做工也好。如果原料嫩度差，做工再好，茶条也无锋苗和白毫。但是不能仅从茸毛多少来判别嫩度，因各种茶的具体要求不一样，如极好的狮峰龙井是体表无茸毛的。再者，茸毛容易假冒，人工做上去的也很多。芽叶嫩度以多茸毛做判断依据，只适合于毛峰、毛尖、银针等"茸毛类"茶。

这里需要提到的是，最嫩的鲜叶，也得一芽一叶初展，片面采摘芽心的做法是不恰当的。因为芽心是生长不完善的部分，内含成分不全面，特别是叶绿素含量很低。所以不应单纯为了追求嫩度而只用芽心制茶。

（2）条索 条索是各类茶具有的一定外形规格，如炒青条形、珠茶圆形、龙井扁形、红碎茶颗粒形等等。一般长条形茶，看松紧、弯直、壮瘦、圆扁、轻重；圆形茶看颗粒的松紧、匀正、轻重、空实；扁形茶看平整光滑程度和是否符合规格。一般来说，条索紧、身骨重、圆（扁形茶除外）而挺直，说明原料嫩，做工好，品质优；如果外形松、扁（扁形茶除外）、碎，并有烟、焦味，说明原料老，做工差，品质劣。

（3）色泽 茶叶色泽与原料嫩度、加工技术有非常密切的关系。各种茶均有一定的色泽要求，如红茶乌黑油润、绿茶翠绿、乌龙茶青褐色、黑茶黑油色等。但是无论何种茶类，好茶均要求色泽一致，光泽明亮，油润鲜活，如果色泽不一，深浅不同，暗而无光，说明原料老嫩不一，做工差，品质劣。

茶叶的色泽还和茶树的产地以及季节有很大关系。如高山绿茶，色泽绿而略带黄，鲜活明亮；低山茶或平地茶色泽深绿有光。制茶过程中，如果技术不当，也往往使色泽产生劣变。购茶时，应根据具体购买的茶类来判断。比如龙井，最好的狮峰龙井，其明前茶并非翠绿，而是有天然的糙米色，呈嫩黄。这是狮峰龙井的一大特色，在色泽上明显区别于其他龙井。因狮峰龙井卖价奇高，茶农会用各种手段制造出这种色泽以冒充狮峰龙井。其方法是在炒制茶叶过程中稍稍炒过头而使叶色变黄。真假之间的区别是，

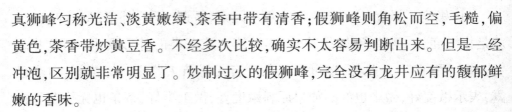

真狮峰匀称光洁、淡黄嫩绿、茶香中带有清香;假狮峰则角松而空,毛糙,偏黄色,茶香带炒黄豆香。不经多次比较,确实不太容易判断出来。但是一经冲泡,区别就非常明显了。炒制过火的假狮峰,完全没有龙井应有的馥郁鲜嫩的香味。

(4)整碎 整碎就是茶叶的外形和断碎程度,以匀整为好,断碎为次。比较标准的茶叶审评,是将茶叶放在盘中(一般为木质),使茶叶在旋转力的作用下,依形状大小、轻重、粗细、整碎形成有次序的分层。其中粗壮的在最上层,紧细重实的集中于中层,断碎细小的沉积在最下层。各茶类,都以中层茶多为好。上层一般是粗老叶子多,滋味较淡,水色较浅;下层碎茶多,冲泡后往往滋味过浓,汤色较深。

(5)净度 主要看茶叶中是否混有茶片、茶梗、茶末、茶籽和制作过程中混入的竹屑、木片、石灰、泥沙等夹杂物的多少。净度好的茶,不含任何夹杂物。

4.湿茶看色香味之美 上述文字,只是对干茶鉴别的介绍。最易判别茶叶质量的,是冲泡之后的口感滋味、香气以及叶片茶汤色泽。所以如果允许,购茶时尽量冲泡后尝试一下,这就是所谓的开汤审评,也就是"湿看"。开汤俗称泡茶或沏茶。开汤后,应先嗅香气,接着看汤色,再尝滋味,后评叶底。

(1)嗅香气 茶叶经杯中冲泡后,立即倾出茶汤,将茶杯连叶底一起,送入鼻端进行嗅香。凡闻之茶香清高纯正,使人有心旷神怡之感者,方可算得上为好茶。

(2)看汤色 茶叶汤色主要是茶叶内含成分溶解于水所呈现的色彩。茶汤评审,应结合茶品,按汤色性质以及明暗、深浅、清浊等评比优次。一般说来,凡属上乘的茶品,尽管由于茶类不同,色泽有异,但汤色明亮有光却是一致的。具体说来,绿茶汤色以浅绿或黄绿为宜,并要求清而不浊,明亮澄澈。红茶汤色要求乌黑油润。如果是工夫红茶,那么,若茶杯四周汤面上形成一圈金黄色的油环,俗称金圈,更属上品。乌龙茶则以青褐光润为好,茶色以黄绿明亮为上。

（3）尝滋味　滋味是靠人的味觉器官来区别的。尝茶汤滋味应在看汤色后立即进行。品尝滋味时，茶汤的温度要适中，一般以摄氏 50 度左右最适合尝味。尝茶汤滋味时，必须使茶汤在舌头上循环滚动，这样才能正确而全面地辨别出茶汤滋味。

（4）评叶底　评判茶叶经冲泡去汤后留下的叶底，看其老嫩、整碎、色泽、匀杂、软硬等情况以确定质量的优次，同时还应注意有无其他杂质。

总之，国内茶叶品种车载斗量，非专业人士，不太可能把每种茶的好坏都判断出来，也只是取自己喜欢的几种罢了。一般来说，直接去产地购买的茶较纯正，但也由于制茶技艺的差别，使得茶叶质量有高低之分。茶艺馆里的茶，价钱比外面的贵出许多，但这里比较容易找到好茶，一则是可以试过知其好坏，二则比较好的茶艺馆的茶，本身就是经过认真挑选的，若无法到产地购茶，这也不失为一个好的选择。还有就是一些比较大的茶庄，可以当场试茶。如果对某种茶很有鉴别能力，则可以到茶叶批发市场上去买，那里的茶，相比于小茶叶店，更新鲜，且可选的种类多，价格比较便宜。但这里一般不太容易找得到非常好的茶，特别是绿茶。因为特级绿茶价钱偏高，茶叶批发市场和小茶叶店因成本的缘故都很少经营，好茶多数被大的茶庄和茶叶公司收购。

另外，若是特别偏好某种茶，最好查找一些该茶的资料，准确了解其色香味形的特点，每次买到的茶都互相比较一下，这样次数多了，就容易很快掌握其关键之所在了。

第五节　茶之品鉴

新茶和旧茶鉴别法

　　购买茶叶一般说来是求新不求陈。当年采制的茶叶为新茶；隔年的茶叶为陈茶，而两者是有本质上的区别的。一般来说，陈茶是由于茶叶在贮藏过程中受湿度、温度、光线、氧气等诸多外界因素的单一或综合影响，加上茶叶本身就具有的陈化性所致。茶叶在贮藏中，其内含成分的变化是产生陈气、陈味和陈色的根本原因。茶叶中的类脂物质的氧化或水解可产生陈味。氨基酸的氧化和脱氨、脱羧作用使其含量降低，导致鲜味下降。一些多酚类化合物因发生氧化、聚合作用而含量减少，结果茶叶的收敛性减弱，滋味变淡而出现陈味，同时于茶色泽由鲜变枯，汤色、叶底也由亮变暗。因此，无论从饮茶的品赏角度还是营养角度来说，大多数的茶叶还是求新不求陈，陈茶是远远不如新茶的。

　　陈茶一般是不受欢迎的，但在众多的茶叶家族中也有例外，即有的茶叶是越陈越好，只有具有"陈香"品质才能算正宗。不过，这毕竟是少数。越陈越好的茶叶是我国所特有的黑茶类中的某些茶，如湖南黑毛茶、广西六堡茶、云南普洱茶，它们都是陈茶香气好，新茶香气差。另外青茶类中的武夷岩茶也是久藏不坏，越陈香气越高，滋味越醇。

　　那么究竟怎样判断新茶与陈茶？

　　首先，可以根据茶叶的色泽分辨陈茶与新茶。

　　绿茶色泽青翠碧绿，汤色黄绿明亮；红茶色泽乌润，汤色红橙泛亮，这皆是新茶的标志。茶在贮藏过程中，由于构成茶叶色泽的一些物质，会在光、气、热的作用下，发生缓慢分解或氧化，如绿茶中的叶绿素分解、氧化，会使绿茶色泽变得枯灰无光，而茶褐素的增加，则会使绿茶汤色变得黄褐不清，失去了原有的新鲜色泽;红茶贮存时间长,茶叶中的茶多酚产生氧化缩合,会使色泽变得灰暗,而茶褐素的增多,也会使汤色变得混浊不清,同样会失去新红茶的鲜活感。

其次,可从香气上分辨新茶与陈茶。

科学分析表明,构成茶叶香气的成分有300多种,主要是醇类、酯类、醛类等物质。它们在茶叶贮藏过程中,既能不断挥发,又会缓慢氧化。因此,随着时间的延长,茶叶的香气就会由浓变淡,香型就会由新茶时的清香馥郁而变得低闷混浊。

第三,还可从茶叶的滋味去分辨新茶与陈茶。

因为在贮藏过程中,茶叶中的酚类化合物、氨基酸、维生素等构成滋味的物质,有的分解挥发,有的缩合成不溶于水的物质,从而使可溶于茶汤中的有效滋味物质减少。因此,不管何种茶类,大凡新茶的滋味都醇厚鲜爽,而陈茶却显得淡而不爽。

春茶、夏茶和秋茶鉴别法

首先,可以从干茶的色、香、形三个因素上判断:

凡绿茶色泽绿润,红茶色泽乌润,茶叶肥壮重实,或有较多白毫,且红茶、绿茶条索紧结,珠茶颗粒圆紧,而且香气馥郁,就是春茶的品质特征。凡绿茶色泽灰暗,红茶色泽红润,茶叶轻飘松宽,嫩梗宽长,且红茶、绿茶条索松散,珠茶颗粒松泡,香气稍带粗老,就是夏茶的品质特征。凡绿茶色泽黄绿,红茶色泽暗红,茶叶大小不一,叶张轻薄瘦小,香气较为平和,就是秋茶的标志。

在购茶时还可结合偶尔夹杂在茶叶中的茶花、茶果来判断是何季茶。如果发现茶叶中夹有茶树幼果,其大小近似绿豆时,那么,可以判断为春茶。若幼果接近豌豆大小,那么,可以判断为夏茶。若茶果直径已超过0.6厘米,那么,可以判断为秋茶。不过,秋茶时由于鲜茶果的直径已达到1厘米左右,一般很少会有夹杂。自7月下旬开始,直至当年8月,为茶花蕾期,而

9～11月为茶树开花期,所以凡发现茶叶中夹杂有干茶树花蕾或干茶树花朵者,当为秋茶了。只是,茶叶在加工过程中,通过筛分、拣剔,很少会有茶树花、果夹杂。因此,在判断季节茶时,必须进行综合分析,方可避免片面性。

其次,就是对茶叶进行开汤审评:凡茶叶冲泡后下沉快,香气浓烈持久,滋味醇,绿茶汤色绿中显黄,红茶汤色艳现金圈,茶叶叶底柔软厚实,正常芽叶多者,为春茶;凡茶叶冲泡后,下沉较慢,香气稍低,绿茶滋味欠厚稍涩,汤色青绿,叶底中夹杂铜绿色芽叶,红茶滋味较强欠爽,汤色红暗,叶底较红亮,茶叶叶底薄而较硬,对夹叶较多者,为夏茶;凡茶叶冲泡后香气不高,滋味平淡,叶底夹有铜绿色芽叶,叶张大小不一,对夹叶多者,为秋茶。

绿茶品鉴

1.西湖龙井

西湖龙井,因产于杭州西湖山区的龙井而得名。

龙井茶区分布于"春夏秋冬皆好景,雨雪晴阴各显奇"的杭州西湖风景区,山清水秀,景色宜人。在狮峰山上,梅家坞里,云栖道旁,虎跑泉边,满觉陇中,灵隐寺周围,九溪十八涧沿岸,都会看到翠岗起伏,绿树婆娑的诱人景象。真可谓风景如画,得天独厚。

龙井茶为烘焙茶的代表,在制作过程中,必须不断将茶揉搓,因此焙制之后每一片茶叶都变得直且扁平。因龙井既是地名,又是泉名和茶名,加之龙井茶有"色绿、香郁、味甘、形美"四绝之誉,所以又有"三名巧合,四绝俱佳"之喻。冲泡后茶水呈美丽的绿色,且散发出炒栗或炒豆的香味。品之味略带涩味,至喉中回甘。总体来说,香味清淡,回味悠长,乾隆帝就有"无味之味乃至味"的品说。

（1）制作　西湖龙井茶采摘十分讲究,不同的季节采摘的标准不同,春季一般按一芽一叶为标准。清明前后采特、高级西湖龙井茶的原料;谷雨前后至立夏前按一芽一二叶或幼嫩的对夹一二叶为标准,是高、中级茶的原料;夏、秋茶按一芽一二叶或一芽二三叶为标准。

采回的鲜叶要经过摊放、炒青锅、回潮、回锅、分筛、收灰、贮存数道工序而制成。摊放就是把刚采摘下来的茶叶堆放在阴凉处,以去除茶叶里残余的大部分刚性;炒青锅就是将摊放后的鲜叶放入锅中,用手将其炒干,达到初步定型的目的;回潮就是把杀青后的茶叶放在阴凉处,让其自然回潮;回锅就是将回潮后的茶叶倒入锅中,用手将茶炒干、磨亮、完成定型;分筛就是用筛子把茶叶分开,目的是为了使成品大小均匀;收灰就是把筛出的长头(大一点儿的茶叶)再放入锅中,使其挺直;最后就是把成品放入布袋收藏在缸中,并用石灰做干燥剂。

(2)真假鉴别 西湖龙井茶价格昂贵,在购买时一定要注意辨别它的真伪。现在给大家提一些建议,以免上当受骗。

建议一:尽量到专门经营西湖龙井茶的专业经营店购买。

建议二:辨别防伪标志是否规范。在专卖店的识别仪上可以读取防伪标志上含有的产品名称、质量等级、产地、价格、企业名称等信息。

如果通过其他渠道购买西湖龙井茶,鉴定茶叶是否正宗的方法是:检查包装袋上是否粘贴防伪产地标志,以及是否按购买的茶叶重量粘贴了标志数。

建议三:认清原产地保护标志。"西湖龙井"的原产地保护标志是一张椭圆形的彩色图画,图画上方印有"中华人民共和国原产地域产品"13个大字,中央画有一幅中国地图,下方是用长城围起的框架,并且带有英文的"中华人民共和国原产地域产品"字样。

建议四:根据西湖龙井茶的特点辨别真伪。

建议五:发现疑点立即向有关技术监督部门咨询。

2.洞庭碧螺春

碧螺春是我国的十大名茶之一,属绿茶,至今已有1000多年的历史。产于江苏省苏州市的洞庭山,以"形美、色艳、香浓、味醇"四绝闻名于中外。民间最早叫"洞庭茶",又叫"吓煞人香"。后来康熙下江南,南巡到太湖,康熙帝喝了此茶后大加赞赏,但觉得其名不雅,便根据其采于碧螺峰,茶色碧绿,满身披毫,条索纤细,形曲似螺,又是早春采摘,便赐名为"碧螺春"。从

此碧螺春就成为历年贡茶中的珍品。

碧螺春产于江苏省苏州太湖的洞庭山一带,所以又叫"洞庭碧螺春"。此茶外形卷曲如螺,是茶中的精品。

"碧螺春"条索紧结,卷曲成螺,白毫密被,银绿隐翠,并号称"三鲜":香鲜浓、味鲜醇、色鲜艳,散发诱人的花香果味,沁人心脾,别具一番风韵。

碧螺春都是采收茶树的芯芽制成,把茶叶装在罐子里,看起来相当蓬松,素有一斤碧螺春四万春树芽之称。碧螺春的茶叶非常娇嫩,采摘时必须非常及时和细致。高级碧螺春在春分前后便开始采制,"分前"的碧螺春十分名贵,堪称 10 年难得的珍品。到了清明时正是采制的黄金季节,此时的碧螺春也贵为上品。

碧螺春一般分为七个等级,大体上芽叶随一至七级逐渐增大,茸毛逐渐减少。炒制时锅温、投叶量、用力程度随级别降低而增加。即级别低的要求锅温高,投叶量多,做形时用力也就相应重一些。

品尝碧螺春,可在白瓷杯或洁净透明的玻璃杯中放入 3 克茶叶,不必加盖,可先用少许热水浸润茶叶,待茶叶稍展开后,续加 80℃ 热水冲泡;也可先往杯中注水,后投茶叶,静待 2~3 分钟后即可闻香、观色、品评。瞬时间碧绿纤细的芽叶沉浮于杯中,犹如白云翻滚,雪花飞舞,叶底成朵,鲜嫩如生。欣赏了碧螺春在杯中的奇妙变化后,随之会有扑鼻的清香徐徐而来,细啜慢品碧螺春的花香果味,头酌色淡、幽香、鲜雅;二酌翠绿、芬芳、味醇;三酌碧清、香郁、回甘,使人心旷神怡,仿佛置身于洞庭东西山的茶园果圃之中,领略那"入山无处不飞翠,碧螺春香百里醉"的意境,真是其贵如珍,不可多得。

3.信阳毛尖

信阳毛尖产于河南省南部大别山区的信阳市,信阳产茶已有 2000 多年历史,这里群峦叠翠,溪流纵横,云雾缭绕。这里还有豫南第一泉"黑龙潭"和"白龙潭",景色奇丽,曾有诗人赞曰:"立马层崖下,凌空瀑布泉。溅花飞雾雪,暄石向晴天。直讶银河泻,遥疑玉洞开。"这缕缕之雾滋生孕育了肥壮柔嫩的茶芽,为制作独特风格的茶叶提供了得天独厚的天然条件。

欲知毛尖独特风格,须知细采巧烘炒。采摘是制好毛尖的第一关,一般自四月中下旬开采,分 20~25 批次采,每隔 2~3 天巡回采一次。以一芽一叶或一芽二叶初展为特级和一级毛尖,一芽二三叶制 2~3 级毛尖。芽叶采下,分级验收,分级摊放,分别炒制。

鲜叶经适当摊放后,进行炒制。分生锅和熟锅两次炒,炒生锅的主要作用是杀青并轻揉。鲜叶投入斜锅中,每次投叶 750 克为佳,用竹茅扎成束的扫把,有节奏地挑动翻炒。经 3~4 分钟,叶变软时,用扫把末端扫拢叶子,在锅中呈弧形地团团抖动,使叶子初步成条。炒熟锅是用扫把呈弧形来回抖动,予以紧条和理条,使茶叶外形达到紧、细、直、光。然后将茶叶摊放在焙笼上,约经半小时,再放到坑灶上烘焙。

信阳毛尖冲泡后,香气清高持久,有熟板栗香,滋味醇厚,回甘生津,汤色明亮清澈。

4.黄山毛峰

黄山毛峰的产地海拔高,峰峦叠翠,山高谷深,溪流瀑布纵横其间,俏树偏野,气候温和且雨水丰沛,终年云雾缭绕,群峰隐没在云海霞波之中,"晴时早晚遍地雾,阴雨成天满山云"。茶树在云雾蒸蔚下,芽叶肥壮,持嫩性强。加之山花烂漫,花香遍野,使茶树芽叶受到芬芳的熏陶,花香天成。如此得天独厚的生态环境,奠定了黄山毛峰优良的天然素质。

黄山毛峰采摘讲究非常细嫩,特级茶于清明至谷雨间采制,以初展的一芽一叶为采摘标准,采回的芽叶要拣制,当天采当天制。黄山毛峰成品茶外形细扁,稍卷曲,状似雀舌,白毫显露,色如象牙,黄绿油润,带金黄色鱼叶(俗称茶简)。冲泡后,雾气凝顶,清香高爽,滋味浓醇和,茶汤清澈,叶底明亮,嫩匀成朵。

黄山毛峰经冲泡后,芽叶肥壮成朵,香气清高,汤色杏黄清澈,滋味醇回甘。芽叶在水中徐徐下沉,宛如兰花,具有很强的观赏性。

5.庐山云雾

在峰峦起伏,云雾缭绕的庐山之巅,盛产着"叶质肥厚,芽大,被盖白毫,香气清而悠长,滋味鲜洁甘甜"的绿茶珍品"庐山云雾茶"。庐山云雾茶系我国十大名茶之一,始产于汉代,已有 1000 多年的栽种历史,宋代列为"贡

茶"。庐山云雾茶以"味醇、色秀、香馨、液清"而久负盛名,畅销国内外。仔细品尝,其色如沱茶,但却比沱茶清淡,盛于碗中又宛若碧玉;味道类似"龙井",却又比龙井更加醇厚,若用庐山的山泉沏茶焙茗,则更加香醇可口。

1951年,庐山云雾茶进入国际市场试销后,深受欢迎。1971年,庐山云雾茶被列入中国绿茶类的特种名茶。1982年,在江西21种茶叶评比中,名列江西八大名茶之冠。同年,全国名茶评比又被定为中国名茶。1985年,获全国优质产品银牌奖。1989年,获首届中国食品博览会金牌奖。

6.六安瓜片

六安瓜片是中国著名绿茶,产于安徽六安、金寨、霍山一带,主产区为金寨齐云山。按山势高低又分为内山瓜片、外山瓜片两个产区,按采摘时间又分为"提片"(清明前挑选嫩叶制成)、"瓜片"(谷雨前采制)、"梅片"(梅雨季节采制)。六安瓜片外形大小匀整、色泽翠绿,其霜有润;滋味鲜醇回甜,汤色嫩绿明亮,叶底润绿且尚亮。香味浓醇持久,沁人肺腑。

六安瓜片距今已有300多年的历史,明清时代均为贡品。慈禧膳食单上规定月供"齐山云雾"瓜片14两。1949年后,被列为全国十大名茶之一。六安瓜片由单片鲜叶制成,不含芽头和茶梗。鲜叶必须养到新梢"开面"才采摘,采回鲜叶要"扳片",除去芽头、茶梗,而且老叶、嫩叶分开炒制。

炒制方法十分讲究,特别是最后老火烘焙:燃木炭于地炉中,火苗高可盈尺,每二人抬一烘篮在炉火上一罩即走,交替进行。抬篮人一招一步都有节奏且配合默契,如跳古典舞蹈一般,煞是好看。

六安瓜片冲泡后清香高爽,滋味鲜醇回甘,汤色碧绿清澈,叶底厚实嫩绿明亮。

7.太平猴魁

太平猴魁是烘青绿茶类尖茶中的极品名茶,同时,也是全国十大名茶之一。太平猴魁产于安徽省太平县猴坑、凤凰山、狮彤山、鸡公山、鸡公尖一带,其中以猴坑所产质量最为上乘。这里依山濒水,林茂景秀,湖光山色交相辉映。茶园多分布在25~40度的山坡上,具有得天独厚的生态环境。这里年平均温度14~15℃、年平均降水量1650~2000毫米左右,土壤多为千枝岩、花岗岩风化而成的乌沙土,土层深厚肥沃,通气透水性好,茶树生长良好,芽肥叶壮,持嫩性强。当地茶树品种90%以上为柿大茶。这个品种分枝稀、节间短、叶片大、色泽绿、茸毛多,是制猴魁的良种资源。

太平猴魁的外形是两叶抱芽,平扁挺直,自然舒展,白毫隐伏,有"猴魁两头尖,不散不翘不卷边"之称。叶色苍绿匀润,叶脉绿中隐红,俗称"红丝线"。花香高爽,滋味甘醇,有独特的"猴韵"。汤色清绿明净,叶底嫩绿匀亮,芽叶成朵肥壮。

品饮时,可体会出"头泡香高,二泡味浓,三泡、四泡幽香犹存"的意境。猴魁茶共分猴魁、魁尖以及尖茶一至五级,共七级,以猴魁为首。经久耐泡,香味犹存,具有爽口、润喉、明目、清心、提神之效。1915年,在巴拿马举办的万国博览会上,中国展出的"太平猴魁"荣获一等金质奖章和证书。新中国成立以来,曾多次获得省优、部优及国优金质奖、金牌奖。

太平猴魁冲泡后,汤色清澈明亮,香气高爽,带有明显的兰花香,滋味醇厚,具有香气持久,耐泡的特点。质量上乘的猴魁,开水冲泡时,杯中芽叶成朵,或浮或降叶碧汤清,相映成趣。

8.峨眉竹叶青

峨眉竹叶青茶产于四川省海拔800~1200米的峨眉山。在云雾缭绕的峰顶,竹叶青茶汲取日月精华,挺秀青翠。竹叶青外形扁平翠绿,酷似杭州龙井,而风味又别有不同。据说,竹叶青的创制者是万年寺的觉空和尚,其命名者则是陈毅元帅,竹叶青茶选用的鲜叶十分细嫩,加工工艺相当精细。一般在清明前3~5天开采,标准为一芽一叶或一芽二叶初展,鲜叶嫩匀,大小一致。

竹叶青茶的特点是外形扁条,两头尖细,形似竹叶;内质香气高鲜,汤色清明,滋味浓醇,叶底嫩绿均匀。1985年在葡萄牙举行的第24届世界食品评选会上,荣获国际金质奖。

竹叶青冲泡后,香气高鲜,汤色清明,滋味浓醇,叶底浅绿匀嫩,饮后余香回甘。

中華茶道

红茶品鉴

红茶起源于中国,发展于英国,这两大派系也由此形成。红茶是一种全发酵茶,因其干茶色泽和冲泡的茶汤以红色为主调,故而得名。它能够保存相当长的时间且味道保持不变。中国人喜饮单品红茶,西方人则喜欢在红茶里加入奶和糖,做早餐茶或下午茶。英国人有300年饮红茶的历史,是最喜好红茶的国家。

1.祁门红茶

祁门红茶,简称祁红,是我国传统工夫红茶的珍品,为历史名茶,出产于19世纪后期,是世界三大高香茶之一,有"茶中英豪""群芳最""王子茶"等美誉。祁门红茶依其品质高低分为1~7级,主要产于安徽省祁门县,与其毗邻的石台、至东、黟县及贵池等县也有少量生产,主要出口英国、荷兰、德国、日本、俄罗斯等几十个国家和地区,多年来一直是我国的国事礼茶。

在公元1915年的"巴拿马—太平洋国际博览会"上,祁门红茶曾获得特等奖和金牌,1980年祁红获国家优质产品奖章,1983年获国家出口商品优质荣誉证书。

祁门红茶外形条索紧细秀长,完整均匀,略带弯曲,金黄芽毫显露,锋苗秀丽,色泽乌润(俗称"宝光"),为棕红色。

祁门红茶采制标准十分严格,高档茶以一芽二叶为主,一般系一芽三叶及相应嫩度的对夹叶。分批多次留叶采,春茶采摘6~7批,夏茶采6批,一般少采或不采秋茶。

其制作分初制和精制两大过程。初制经过萎凋、揉捻、发酵,使芽叶由绿色变成紫铜红色,香气透发,然后进行文火烘焙至干;精制则将长、短、粗、细、轻、重、直、曲不一的毛茶,经毛筛、抖筛、分筛、紧门、撩筛、切断、风选、拣剔、整形,审评提选,分级归堆,为了提高干度,保持品质,便于储藏和进一步发挥茶香,须再行复火、拼配,成为形质兼优的成品茶。

2.大吉岭红茶

大吉岭红茶产于印度西孟加拉省北部喜马拉雅山麓的大吉岭高原一带,是世界四大红茶之一。大吉岭红茶以5~6月的二号茶品质为最优,被誉为"红茶中的香槟"。

大吉岭红茶拥有非常高昂的身价。三、四月的一号茶多为青绿色的OP,二号茶为金黄显露的FOP。其汤色橙黄,气味芬芳高雅。上品大吉岭红茶尤其带有葡萄香,口感细致柔和,适合春秋季饮用,也适合做成奶茶、冰茶及其他各种花式茶。

大吉岭红茶最适合清饮,但因为茶叶较大,需久闷(约5分钟)使茶叶尽舒,方能得其真味。下午茶及盛餐后,最宜饮此茶。大吉岭红茶采摘期非常严格,不同时期采摘的茶叶,冲泡时的特点和茶叶的特点也各不相同。

初摘:春天万物复苏,隆冬过后,茶树上长出了新的嫩芽,比较脆弱,叶呈灰绿色,汁呈半透明色,温和淡涩的清香,其"初茶"的特点在于有植物的花香和冲泡时有显著的淡黄绿色。

次摘:次摘味美多汁,其茶叶特点是绿松石色的诱人外观,略显紫色的花,触摸时微微发亮的芽尖,冲泡后的茶叶颜色生动,特点是成熟醇香的口感,此间的茶以"麝香葡萄"而著称。这期间的茶有饱满的叶身,冲泡时散发醇香,颜色呈明亮的红铜色,有些则略显紫色。

秋茶:茶汤清淡可口,有银色的微光和古铜色的汤色。秋茶有其独特的特质,喝起来与春摘茶和夏摘茶有所不同,冲泡后茶汤色泽呈黄铜色,清新芳香。

大吉岭红茶有促进放松、刺激思考、增强记忆的功能;能降低患癌症、心血管疾病的危险;能增强免疫力;能促进牙齿和骨骼生长;有延长寿命、促消化等保健作用。

3.锡兰高地红茶

锡兰高地红茶以乌沃茶最为著名,它产于斯里兰卡山岳地带的东侧,是世界四大红茶之一。斯里兰卡山岳地带的东侧常年云雾弥漫,由于冬季吹送的东北季风带来较多的雨量(11月~次年2月),不利茶树生产,所以以7~9月所获的茶品质最优。西侧则因为受到夏季(5~8月)西南季风送雨的影响,所产的汀布拉茶和努沃勒埃利耶茶以 1~3 月收获的最佳。

锡兰的高地红茶通常制成碎形茶,呈赤褐色,其中的乌沃茶汤色橙红明亮。上等的乌沃茶,汤面还有金黄色的光圈,犹如加冕一般,其风味具有刺激性,透出如薄荷、铃兰的芳香,滋味醇厚,虽较苦涩,但回味甘甜。汀布拉茶的汤色鲜红,滋味爽口柔和,带花香,涩味较少。努沃勒埃利耶茶无论色、香、味都较前二者淡,汤色橙黄,香味清芬,口感接近绿茶。

锡兰高地红茶按产地的高度分为低山茶(海拔 600 米以下)、中山茶(600~1200 米)及高山茶(1200 米以上),其中又以高山茶品质为最好。

4.阿萨姆红茶

阿萨姆红茶,是世界四大红茶之一,产自印度东北喜马拉雅山麓的阿萨姆溪谷一带。那里日照强烈,需要另外种树为茶树适度遮蔽,雨量丰富,促进了热带性的阿萨姆大叶种茶树蓬勃生长。阿萨姆红茶以 6~7 月采摘的品质最优,但 10~11 月产的秋茶较香。

阿萨姆红茶,茶叶外形细扁呈深褐色,汤色深红稍褐,带有淡淡的麦芽香、玫瑰香,滋味浓,属烈茶,是冬季饮茶的上等选择。它传统上一般与牛奶搭配用做早餐茶,爱尔兰或英式早餐茶的拼配也以阿萨姆红茶为标准的原材料。

5.中国红茶

(1)品饮与制作

我国红茶源自福建武夷山星村镇桐木村的正山小种红茶。传统上红茶是西方知道的唯一的茶,其产地主要有中国、印度、斯里兰卡、肯尼亚等地。红茶呈黑色,或黑色中掺杂着橙黄色,由于少了苦涩味,因而味道更香甜、醇厚,其性温和,收敛性差,易于交融,适合秋冬季节饮用。它除了茶所具有的保健效果外,因红茶中所含的锰是骨结构不可缺少的元素之一,所以常喝红茶对强健骨骼也有好处。

下面介绍几种红茶的饮法:

①按花色品种分　按红茶的花色品种大体可分为工夫红茶饮法和快速红茶饮法两种。

工夫红茶饮法,需要饮茶人在"品"字上下功夫,缓缓斟饮,细细品啜,在徐徐的体味和欣赏之中,吃出茶的醇味,领会饮茶的真趣,使自己心情愉快,超然自得,获得精神上的升华。但要享这种清福,就要如鲁迅先生所说:"首先必须有功夫,其次是练出来的特别感觉。"这话是很中肯的,一般越有评茶经验的人,在品赏"功夫"中所获得的美感也越深,而鉴评经验的积累,就在于下功夫,多实践。对于那种条索紧直的红茶,也就是工夫红茶,就得运用泡工夫茶的方法来冲泡。

快速红茶饮法,主要是针对红碎茶、袋泡红茶、速溶茶等而言,是20世纪发展起来的饮用方法。

②按红茶调味分　按红茶茶汤的调味,可分红茶清饮法和红茶调饮法。

清饮法是大多数中国人饮用红茶的方法,工夫红茶饮法就属于清饮,即在红茶汤中不加任何调味品,使茶叶发出固有的香味。

调饮法是指在茶汤中加入调料,以佐汤味的一种方法。比较常见的是在红茶茶汤中加入牛奶、糖、咖啡、柠檬片、蜂蜜或香槟酒等。调料的种类和数量,根据个人喜好,任意选择调配。

③按红茶茶具分　按使用的茶具不同,可分为红茶杯饮法和红茶壶饮法。

通常情况下,工夫红茶、小种红茶、袋泡红茶等大多采用杯饮法,而红碎茶和片末红茶则多采用壶饮法。

④按红茶茶汤浸出方法分　按茶汤的浸出方法,可分为红茶冲泡法和红茶煮饮法。

红茶冲泡法简便易行,为广大群众所采用。红茶煮饮法多在客人餐前饭后饮红茶时用,尤其是少数民族地区,多喜欢用长嘴铜壶煮红茶,或用咖啡壶煮早茶。

不管用何种方法饮红茶,方法大体相同,先准备好茶具,如煮水的壶、盛茶的杯或盏等(高档红茶选用白瓷杯最好)。同时,用洁净的正沸腾的开水,以间歇的方式温壶及温杯(盏),防止水温变化太大。然后,不论茶叶的种类,每杯放入3~5克的红茶或1~2包袋泡茶,若用壶泡,则视茶壶容量大小决定置茶量,再用 90~100℃ 的开水冲泡,冲水至八分满为止。通常过 3 分钟左右,即可先闻其香(有甜花香或蜜糖香),再观察红茶的汤色(呈深红色)。这种做法,在品饮高档红茶时尤为时尚。至于低档茶,一般很少有闻香观色的。等到茶汤冷热适口时,即可品味。

通常条形红茶可冲泡 2~3 次,红碎茶只可冲泡一次,第二次再冲泡时,滋味就显得淡了。

青瓷套小杯

注意:无论是用杯泡还是用壶泡,一定要使用刚烧开的水,不要使用沸腾时间过久的水。因为沸腾时间过久的水里已经不含有茶叶翻动所需的空气了。

近年来在市面上流行一种台式泡沫红茶,其制法是红茶经冲泡后将茶汤倒入调酒器中,加入蜂蜜等配料,然后上下、左右摇动几十下,再倒进透明的玻璃杯中品饮。由于茶汤中含有皂素,形成泡沫,在透明杯中层次分明,相当美观,品饮泡沫红茶,别有情趣,特别是青年人尤其喜爱。泡沫红茶始于台湾,近期传入大陆。

乌龙茶品鉴

乌龙茶又叫青茶,是我国特有的茶类,同时也是世界三大茶类之一。

乌龙茶由宋代贡茶龙团、凤饼演变而来,1725 年(清雍正年间)前后创制。福建《安溪县志》记载:"安溪人于清雍正三年首先发明乌龙茶做法,以后传入闽北和台湾。"另据史料考证,1862 年福州即设有经营乌龙茶的茶栈,1866 年台湾乌龙茶开始外销。现在乌龙茶除了内销广东、福建等省外,主要出口日本、东南亚和港澳地区。

乌龙茶香气清冽、浓而不涩、滋味醇厚,以第二、第三泡茶汤最为香醇,并以陈茶为贵。其品质介于绿茶和红茶之间,属温性,既有绿茶的清香芬芳,又有红茶的浓鲜味,其鲜明的特色,通常是"茶痴"的最爱,并有"绿叶红镶边"的美誉,品后齿颊留香,回味甘甜。乌龙茶还有一定的药理作用,突出表现在分解脂肪、减肥健美等方面,所以在日本又被称为"美容茶""健美茶"。

1.选购

乌龙茶是鲜叶经萎凋、做青、杀青、揉捻和烘干等工序制成的,兼有红茶和绿茶的品质特征,汤呈金黄色,香气滋味也兼有绿茶的鲜浓和红茶的甘醇,叶底为绿叶红镶边。

(1)优质乌龙茶的特征

外形:水仙茶条索肥壮、紧实,带扭曲条形;铁观音茶条索壮结重实,略呈圆曲;乌龙茶条索结实肥重、卷曲。

色泽:乌龙茶色泽沙绿乌润或青绿油润。

香气:乌龙茶有花香。

汤色:乌龙茶汤色橙黄或金黄、清澈明亮。

滋味:茶汤醇厚、鲜爽、灵活。

叶底:叶脉和叶缘部分呈红色,其余部分呈绿色,绿处翠绿稍带黄,红处明亮。

(2)劣质乌龙茶的特征

外形:条索粗松、轻飘。

色泽:呈乌褐色、褐色、赤色、铁色、橘红色。

香气:有烟味、焦味或青草味及其他异味。

汤色:汤色泛青、红暗、带浊。

滋味:茶汤淡薄,甚至有苦涩味。

叶底:绿处呈暗绿色,红处呈暗红色。

目前乌龙茶审评的方法有两种,即传统法和通用法。

一、传统法:使用110毫升钟形杯和审评碗,冲泡用茶量为5克,茶与水的比例为1∶22。审评顺序:外看→香气→汤色→滋味→叶底。首先将审评杯碗用沸水烫热,然后将称取的5克茶叶投入钟形杯内,以沸水冲泡。一般要冲泡3次,其中头泡2分钟,第二泡3分钟,第三泡5分钟。每次都在未沥出茶汤时,手持审评杯盖,闻其香气。在同一香味类型中,常以第3次冲泡中香气高、滋味浓的为好。

二、通用法:使用150毫升的审评杯和容量略大于杯的审评碗,冲泡用茶量为3克,茶与水的比例为1∶50。将称取的3克茶叶倒入审评杯内,再冲入沸水至杯满(接近150毫升),浸泡5分钟后,沥出茶汤,先评汤色,然后闻其香气,尝滋味,最后看叶底。

以上两种审评方法,只要技术熟练,了解乌龙茶的品质特点,都能正确评出茶叶品质的优劣,其中通用法操作方便,审评条件一致,有利于正确快速得出审评结果,不分地区、品种,按乌龙茶的综合品质进行评定。

乌龙茶属于半发酵茶,介于红茶(全发酵)和绿茶(不发酵)之间,风味独具,但其种类繁多,质量等次也参差不齐。下面简单介绍一下如何选购上等的乌龙茶:

选购乌龙茶时,用望、闻、摸、沏四步骤就可以选到好茶叶。

第一是望,即观其外形。将干茶捧在手上对着光线检视,看茶叶颜色是否鲜活,冬茶颜色应该是翠绿,春茶则为墨绿色,最好有砂绿白霜,如果茶灰暗枯黄就是劣品。同时注意是否隐存红边,有红边表明发酵适度,而那些颗粒微小、油亮如珠、白毫绿叶犹存的则是发酵不足的嫩芽。

第二是闻,即闻其味。手捧干茶,埋头贴近茶叶,吸三口气,如果香气持续甚至愈来愈浓,就是好茶,较次者就会香气不足,而有青气或杂味者则为伪劣品。

第三是摸,即看茶叶手感。球型茶叶手握柔软则是干燥不足,好茶拿在手上抖动时会觉得有分量,太轻的茶叶滋味淡薄,而太重的易苦涩。条形茶叶,如果叶尖有刺手感,则是茶青太嫩或退青不足造成"积水"的现象,喝起来可能会苦涩。

第四是沏,即开汤冲泡。这也是试茶最要紧的步骤。茶商们试茶通常抓一大把茶叶,将茶壶塞满。试茶通常只要一只瓷杯,5 克茶叶,冲 150 毫升的开水静置 5 分钟。然后取一支小汤匙,拨开茶叶观察汤色。如果浑浊,则是炒青不足;如果淡薄,则是嫩采和发酵不足;如果叶片焦黄碎裂,则是炒得过火。好的茶汤,颜色明亮浓稠,依品种及制法不同,由淡黄、蜜黄到金黄。把汤匙拿起来闻,注意不要有草青味,草青味是乌龙茶制茶不够严谨造成的,有草青味的茶,如果增大投茶量,再稍加久浸,必然滋味苦涩,汤色变深。另外,好茶即使茶汤冷却,香气依然存在。

选购乌龙茶的基本原则是多冲水、少投叶、长浸泡。这样茶叶的优缺点就会充分呈现,一览无余。

2.品饮

乌龙茶泡饮具有独特的技艺,在品啜的过程中也别有一番情趣。

(1)选茶 根据各人的品位,选好高中档乌龙茶,如武夷水仙、铁观音、黄金桂、凤凰单枞、冻顶乌龙等。

(2)备好茶具 茶具与名茶都是珠联璧合的。俗话说:"水乃茶之母,器乃茶之父",有了好茶叶,更需好水好茶具,才能将其神韵表现得淋漓尽致。乌龙茶茶具以"宜陶景瓷"(宜兴的陶器,景德镇的瓷器)为佳。

潮汕人品饮乌龙茶总备有一套专门的茶具,人称"烹茶四宝",即潮汕烘炉、玉书碨、孟臣罐、若琛瓯。潮汕烘炉是一只缩小了的粗陶炭炉,用白铁制成,小巧玲珑,专门用来加热;玉书碨是一把缩小的瓦陶壶,能盛四两水,高柄长嘴,架在风炉之上,专门用来烧水;孟臣罐是一把比普通茶壶小一些的陶壶,多出自宜兴,以紫砂壶最为名贵,这种壶不仅造型独特,颜色浑厚,尤以紫色最佳,而且吸水力非常好,泡出的茶叶香味能够持久不散,专门用来泡茶;若琛瓯是个白色小瓷杯,容水大概只有三四毫升,通常 3~5 只不等,多出自景德镇,专门用来饮茶。茶壶用的时间越久,泡出来的茶叶香气也越醇厚。

目前普遍使用的"烹茶四宝"是:小电炉、钢质开水壶(也有电炉与开水壶配套称为"随手泡")、白瓷盖碗(钟形,放茶叶、嗅香气、冲开水、倒茶渣都

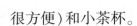

很方便)和小茶杯。

(3)整形　将乌龙茶按需倒在白纸上,经轻轻抖动后,将茶叶粗细上下分开。然后用竹匙将粗茶和细末儿分别摊开。

(4)置茶　通常先将碎末茶放入壶底,在上面再盖上粗条,以免茶叶冲泡后,碎末儿堵塞茶壶内口,阻碍茶汤的顺畅流出。冲泡乌龙茶,茶叶的用量比名优茶和大宗花茶、红茶、绿茶要多,以装满紫砂壶容积的 1/2 最佳,大约 10 克重。

(5)冲茶　冲茶时,盛水壶需在较高的位置循边缘把开水缓缓地冲入茶壶,使壶中茶叶打滚,形成圈子,促使茶叶散香,俗称"高冲"。

(6)刮沫　冲茶时,冲入的沸水要满过茶壶,溢出壶口,此时应该用壶盖轻轻刮去浮在茶汤表面的浮沫。也有人将茶冲泡后,立即将水倒去,俗称"茶洗",把茶叶表面尘污洗去,并使茶的真味得以保存。其实,刮沫和茶洗道理相同,就是达到洗茶的作用。

(7)洗盏　刮沫后,立即加上壶盖,在上面再淋一下沸水,称之为"内外夹攻"。与此同时,用沸水冲泡茶杯,使之清洁,又利于提高茶具本身的温度,以方便下次使用。

(8)斟茶　待壶中的水静置 2~3 分钟后,茶的精美真味已经泡出来了,这时用拇、食、中三指操作,食指轻压壶盖的钮,中、拇指紧夹壶的把手。斟茶时,注汤不宜高冲,需低斟入杯,防止失香散味。茶汤要轮流注入几个杯中,每杯先注一半,再来回倾入,循环往复,渐至八分满时止,这就是所谓的"关公巡城"。如果一壶的水正好斟完,就是"恰到好处"。讲究点儿的,还将最后几点浓茶,分别注入各杯,此谓"韩信点兵"。

第二次斟茶,仍先用开水烫杯,这个过程也十分有学问。以中指顶住杯底,大拇指按在杯沿,放进另外一个盛满开水的杯中,让它侧立,大拇指弹动,整个杯立刻飞转成花,特别好看。经过这样烫杯之后,才可斟茶。

(9)品饮　品茶时,通常用右手食指和拇指夹住茶杯杯沿,中指抵住杯底,把茶杯从鼻端慢慢移到嘴边,先看汤色,再趁热闻香,然后尝味道。如此品茶,不但满口生香,而且韵味十足,能真正领会到品乌龙茶的妙处。

尤其是品饮武夷岩茶和铁观音,皆有浓郁花香。闻香时不必把茶杯久置鼻端,而是慢慢地由远及近,又由近及远,来回往返三四遍,顿觉阵阵茶香扑鼻而来,慢慢品饮,则茶的香气、滋味妙不可言,能够达到最好效果。

乌龙茶因冲泡时壶小,茶的用量大,加之乌龙茶本身又耐泡,一般可以泡饮5~6次,仍然余香犹存,好的乌龙茶也有泡7次的,称"七泡有余香"。泡茶的时间也很重要,泡的时间要由短到长,第一次冲泡时间短些,两分钟左右,随冲泡次数的增加,泡的时间也相对延长。这样使每次茶汤的浓度基本一致,便于品饮欣赏。

专家同时提醒,品饮乌龙茶有三忌:一是空腹不能饮,否则就会感到饥肠辘辘,甚至会头晕眼花,翻胃欲吐,即俗称的"茶醉";二是睡前不能饮,否则会使人难以入睡;三是冷茶不能饮,乌龙茶冷后性寒,对胃不利。专家特别提醒,这三忌对初饮乌龙茶的人尤为重要,因为乌龙茶所含茶多酚及咖啡碱较其他茶多,品饮不当则对身体不利。

3.乌龙茶清饮法

有的品茶爱好者如果嫌上面的方法过于复杂,这里向大家推荐一种简便易行的乌龙茶冲泡法——乌龙茶清饮法。乌龙茶清饮法即使用冲泡绿茶的方法和器具来冲泡乌龙茶,这种方法很适合现今流行的铁观音茶品。

从茶叶历史的发展过程分析,我国茶叶冲泡方法一直随着茶品的发展而变化,从唐代的煎茶法到宋代的点茶法,从明代初期的烹茶法到清代早期的撮泡法,再到近代流行的冲泡法,都是因为茶叶的生产加工方法不同了,冲泡方法才跟着改变的。乌龙茶清饮法的出现,正是顺应了这样的趋势。

和传统的"功夫茶"法相比较,乌龙茶清饮法有很多特点和变化,下面做一些简单介绍。

(1)投茶量的改变 传统铁观音投茶量以容器的1/3到2/3为合适,无论用孟臣罐还是盖瓯,茶叶张开后刚好能撑满杯子,香气也会溢满茶室。现在的铁观音投茶量应该少一些,以容器的1/6到1/5为合适,茶叶张开后恰恰能抵到杯沿,这样有利于香气酝酿。

233

（2）茶器的变化　安溪地区冲泡铁观音一般用盖瓯（俗称盖碗），它不仅能使茶发真香、真味，中间还可以翻瓯，这样有利于充分冲泡茶叶。现在的铁观音除了用茶瓯冲泡外，也可以用紫砂壶，还可以用普通瓷杯、玻璃杯，但是，最好是用紫砂壶。如果是在办公室，当然最方便和实用的就是玻璃杯了，可以准备两个玻璃杯，一个用来冲泡，另一个用来品饮，茶汤冲泡好后立即过滤到品饮杯中，否则茶汤会有焖熟感。

（3）水温的掌控　冲泡传统铁观音最好用三沸水，同时还要淋壶以增加温度，这样才能"逼出"茶叶的香气和滋味。但是如今发酵程度很轻的铁观音不适合这样的高水温，它最适宜的水温是90℃左右，这也是办公室里普通饮水机的水温。

乌龙茶清饮法仍然属于"功夫茶"法。用这种方法饮茶，可以培养品饮者的修养——清幽雅致的饮茶情怀。正如周作人先生在《喝茶》一文中所说的："喝茶当于瓦屋纸窗之下，清泉绿茶，用素雅的陶瓷茶具，同二三人共饮，得半日之闲，可抵十年的尘梦。"

4.香味

乌龙茶在香味上虽有差异，但从审评角度看，不管采用任何品种制得的青茶依照其香味优劣，大致可分为四大类型：花果香型、细腻花果香型、老火粗味型、老火香型。

（1）花果香型　它与细腻花果香型相比，香味类型相同，有水蜜桃香，滋味清爽，但入口后缺乏鲜爽润滑的细腻感，在青茶中属于二类产品，经济价值也较高。这种茶大多产于秋季，制作条件与一类的相同，产量大致占青茶总产量的25%。

（2）细腻花果香型　青茶中品质最好的一类，其品质的最大特点是具有类似水蜜桃或兰花的香气，滋味清爽润滑，细腻优雅，汤色橙黄明亮，叶底主体色泽绿亮，呈绿叶红边，发酵程度较轻。干茶外形重实，色泽深绿油润，大多用春茶和秋茶制作。如广东潮安凤凰单枞、福建安溪铁观音。

（3）老火粗味型　在青茶中是品质最次的一类，它的制作方法与第三类

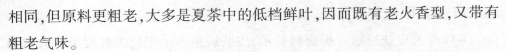

相同,但原料更粗老,大多是夏茶中的低档鲜叶,因而既有老火香型,又带有粗老气味。

(4)老火香型 干茶色泽暗褐显枯,汤色深黄,叶底暗绿,无光泽。这类产品,由于鲜叶不十分粗老,香味上显老火香味,而无粗老气味。

5.保健功效

乌龙茶是我国的特种名茶,以其香气浓郁、滋味醇厚和回味无穷而受到人们的喜爱,且以其能防癌症、抗衰老、抗动脉硬化、降血脂、治糖尿病等多种有益于人体健康的功能而引人注目。近几年来,经国内外科学家研究证实,乌龙茶中的化学成分和矿物元素对人体健康有着特殊的功能,主要有以下几个方面:

(1)预防蛀牙 乌龙茶除了能生津止渴、口中清爽之外,还有预防蛀牙的功效。饮茶能够保护牙齿,这在我国古代早已应用。现代科学分析,茶叶中含有十分丰富的氟,而一般食物中含氟量很少,茶叶中的氟化物约有40%~80%溶解于开水中,极易与牙齿中的钙质相结合,在牙齿表面形成一层氟化钙,起到防酸抗蛀的作用。

同时,科学家经过长期的实验证明,乌龙茶中含有的多酚类具有抑制齿垢酵素产生的功效,所以饭后饮用一杯乌龙茶,可以防止齿垢和蛀牙的发生。

(2)美白肌肤 乌龙茶中含有的多酚类物质,有抗氧化作用,能够消除体内活性氧,减少人体对维生素C的消耗,所以乌龙茶可以保持肌肤细嫩美白。此外乌龙茶本身就含有维生素C的成分,对美白肌肤来说是一举两得。维生素C大约在2~3小时内会随尿液排出体外,因此,随时饮用乌龙茶不但可以美白而且可以补充维生素C。

(3)减肥健美 1996年,福建省中医药研究院对102个患有单纯性肥胖的成年男女进行饮用乌龙茶减肥作用研究。研究表明,乌龙茶中含有大量的茶多酚物质,不仅可提高脂肪分解酶的作用,而且可促进组织中脂肪酶的代谢活动。所以饮用乌龙茶能改善肥胖者的体形,有效减少肥胖者的皮下脂肪和腰围,减轻其体重。

（4）改善皮肤过敏　据资料显示,皮肤病患者中患过敏性皮炎的人数很多,但到目前为止这种皮炎发生的原因还不明确,然而乌龙茶却有抑制病情发展的功效。

（5）降低胆固醇　乌龙茶能够促进分解血液中的脂肪,降低胆固醇的含量。

（6）抗衰老　最近我国研究表明,乌龙茶中的多酚类化合物能防止过氧化,可间接清除自由基,从而达到延缓衰老的目的。

（7）抗癌症　如今饮茶可以防癌、抗癌已被世人所公认,而且在茶叶中防癌、抗癌效果最好的是乌龙茶。

6.种类介绍及品饮常识

（1）铁观音

铁色皱皮带志霜,含英咀美入诗肠。舌根未得天真味,鼻观先闻圣妙香。

——清代诗人刘秉忠

①品饮　关于铁观音的品饮,目前在福建泉州、厦门、漳州以及广东潮汕一带和台湾地区,仍沿用传统的"功夫茶"品饮方式。

先用沸水烫热陶制小壶或白瓷小杯,然后在壶中装入相当于二分之一至三分之二壶容量的茶叶。冲入沸水,此时便有一股特殊的香味扑鼻而来,正是"未尝甘露味,先闻圣妙香"。2~3分钟后,将茶汤倒入小杯内,先闻其香,继品其味,浅斟细吸,确实是一种生活艺术的享受。每次饮量虽不多,但满口生香,回味无穷。

铁观音的品饮艺术,主要讲究观其形、思其美、演过程、听其声、表其义、察其色、闻其香、品其味等八个情节。

1）观其形。即"观外形、色泽、形态",铁观音成品茶重似铁,色泽青褐,显砂绿。优质铁观音茶条卷曲、沉重,呈青蒂、绿腹、蜻蜓头状,色泽鲜润,砂绿显,红点明显,叶表带白霜。

2）思其美。即"形态美"，铁观音茶，条索卷曲、紧结秀丽，素有"美如观音"之称，冲泡后的叶底三分红，七分绿，人们称其为"青蒂、绿腹、红镶边"的三节色，又有"金镶玉"的美誉。

3）演过程。即"沏泡功夫"，冲泡茶要熟悉泡茶的三大要素，又要掌握其冲泡技能。

4）听其声。精品茶叶的叶身比一般茶叶重，取少量茶叶放入茶壶，可闻"当当"之声，声音清脆的茶叶为上等品，声嘶的为次等品。

5）表其义。"表其义"即"含义"，如观音茶有"七泡有余香""绿叶红镶边""重似铁，美如观音"等特征。

6）察其色。汤呈金黄色，浓艳而清澈，茶叶冲泡展开后，叶底肥厚、明亮，具有绸面一样的光泽，这样的茶叶为上等品。汤色暗红的是次等品。

7）闻其香。即"鼻香气"，铁观音制作中重要的一道工序是焙火，这道工序关系到质量的好坏。要检验泡茶人是否

白瓷茶具

泡出焙火的真味，只要猛闻茶汤，若出现"炭味"久久不去，则属劣质品。如果喝尽茶汤后，杯底出现令人口颊生津的果酸味，那便是佳品！

8）品其味。即"尝滋味"，铁观音茶的滋味醇厚、润滑，具有"蜜底甜香"之感，兼有绿茶的清爽和红茶的甘醇。高品质的铁观音茶饮后甘味由喉中自然涌出，这就是所说的"回甘"，茶汤色淡，香味类似兰花香。其香，贵在"香韵"以天然馥郁的兰花香和特殊的"香韵"而著称，品尝铁观音时，领略"香韵"是品茶行家和乌龙茶爱好者的乐趣。

②品饮误区

误区一：铁观音越香越好。初入门者在购买铁观音时往往被一些茶商和销售员所误导，其中销售员多以香型迷惑消费者，让消费者以为香味浓就是好的铁观音。铁观音虽然要讲究香，但并非越香越好。香气好的铁观音

多是生长在高海拔的山区,这些地方云雾多,紫外线强,茶的叶部积累了较多芳香物质,茶叶柔软,嫩性强。这些地方的铁观音一般能制作出优质的茶香,但价钱也较贵。

用铁观音茶等的茶树品种为原材,用铁观音茶的特定制法制成的铁观音茶具有浓郁的兰花香,滋味有特殊的甘露味,也就是"观音韵"。其所特有的香味,并非像茉莉、玉兰用鲜花窨制而成,而是由铁观音的茶树品种、气候、季节及独特工艺引发出来的天然香味。

误区二:只认铁观音,不看产区。认识了香味,还必须对铁观音产区有所认识。铁观音茶与产地有很大关系,不同产地生产出的铁观音,品质大不相同。同一个铁观音品种,在几公里范围内,就有不一样的表现。消费者不可能实地去考察各产区的土壤和气候,但通过品茶实践可辨别出产茶较好的地区。安溪的铁观音茶目前遍布安溪区域的东西南北,并延伸到安溪县外或广东甚至台湾等地区。现在安溪有的生产厂家已开始注重产区标志,如福建省安溪县西坪富豪茶叶加工厂生产的"超凡"牌铁观音王,经过有关部门认证,已在其茶品上标示了原产地和绿色食品等标志,其产品遍布广东各大茶叶消费群,深受消费者欢迎。

误区三:忌讳青味。铁观音分为熟茶(成品茶)和生茶(半成品茶)。后者为原料茶,未去梗、未烘焙,茶多酚、茶单宁、茶氯酸含量较高。因此,一些生茶多带有青涩味。避免这种味道的方法:一是将茶去梗,然后进行烘焙,但是一定要慢焙;二是将购买的新茶储藏一个月左右再喝。

误区四:好的铁观音带酸味。铁观音茶的风格与绿茶、红茶差不了多少,只不过在发酵过程中,有制作轻重之分,味道就发生了质的变化。绿茶不经过发酵工序,鲜香味较强;红茶发酵重,滋味甘醇。而铁观音茶的制作方法,介于红、绿茶之间,令铁观音既有绿茶的清香和花香,又有红茶的浓鲜甘醇。这种特点,被茶区的方言说成酸味。其实,不同品种、不同土地、不同工艺制作使铁观音茶有了不同的香味。例如南线的正枞铁观音,香气馥郁清长,香中有味,味中有香;而北线的正枞铁观音,香气鲜高甜爽,带有鲜乳味。前者是浓醇清活,后者则浓厚滑爽。通常来说,好的铁观音,茶香馥郁,其香型独特而且留香较长,入口回甘带蜜味,这种独特的韵味,就是"观音韵",而不能用"酸味"来描述。

误区五:在铁观音茶内加人参。喝铁观音主要讲究鲜、香、韵。如果往铁观音茶里加人参,就像往乌龙茶里加甘草,结果什么味都不是。这样的品茶方式,是糟蹋了铁观音。

误区六:用紫砂壶冲泡铁观音茶。虽然铁观音是好茶,但如果没有相应的壶来冲泡,那就变成了一件遗憾的事。铁观音茶属半发酵茶,重香气,重滋味,应选硬度较高的壶来搭配。硬度高是指烧制的温度较高,如玻璃壶、白瓷盖碗、瓷壶等,相比较而言,紫砂壶的硬度比较低,所以选用瓷壶冲泡铁观音茶才为上上之策。辨别硬度高低的方法,一般是用一根金属棒轻敲壶身,发出的声音较尖锐,就是硬度高,发出的声音较低沉,就是硬度较低。

（2）武夷岩茶

①鉴别方法

鉴评武夷岩茶主要是看香气和滋味两部分。优良的成品岩茶,必须达到如下的标准:

1）武夷岩茶外观形状:武夷岩茶质实量重,条索长短适中,紧结稍细。唯水仙品种因属大叶种,条索略粗,但纯净且整齐美观。

2）武夷岩茶外观色泽:武夷岩茶呈鲜明的绿褐色,条索的表面,有蛙皮状的小白点,此为揉捻适宜,焙火适度的表现。

3）武夷岩茶香气:武夷岩茶为半发酵茶,兼有绿茶的清香和红茶的熟香,其香气愈强愈佳,香气清新幽远者为上品,如果缺少这些则不能称为佳品。目前武夷岩茶香气一般可分为清香、清花香、花香、花果香、果香。前三种清香型香气容易挥发,不能久储,后三种属熟香型,能长久存放并有利于精加工后保存。

4）武夷岩茶汤色:武夷岩茶汤色一般呈深橙黄色,清澈鲜丽,且泡至第三四次而汤色仍不变淡的是上等品。

5）武夷岩茶滋味:上好的武夷岩茶,入口有一股浓厚的芬芳气味,入口过喉均感润滑活性,初虽有茶素的苦涩,过后则渐渐生津,甘甜可口。岩茶

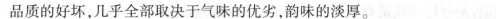

品质的好坏,几乎全部取决于气味的优劣,韵味的淡厚。

6)武夷岩茶冲饮:通常能泡冲到五次以上,茶的原有气味仍没有变的是佳品,最佳者"九泡有余香,十二泡有余味。"

7)武夷岩茶叶底:优质的武夷岩茶,开水冲泡后,叶片易展开,且极柔软。叶缘略显银朱色,叶片中央的绿色部分,清澈淡绿,略带黄色,叶脉淡黄,即常说的"绿叶红镶边"。

②品饮方法

武夷岩茶又叫工夫茶,冲泡品饮需讲究水质、品茶品具、冲泡程序和方法、品茶要领和功底等等。只有正确的冲泡和品饮才能充分发挥出岩茶的岩韵和每泡茶的特征,领略茶中真谛,真正体会到品茶的无穷乐趣。

武夷岩茶的冲泡法按投茶量和浸泡时间的不同可分为三种:庭院冲泡法、审评冲泡法和功夫冲泡法。

庭院冲泡法

1.投茶量:一般为冲泡壶具容积的 1/2 左右,可根据个人的浓淡喜好进行调整。喜淡者(初次品饮者)少投些,为冲泡壶具容积的 1/3 ~ 1/2(投茶 5 ~ 7 克/100 毫升);喜浓者多投些,为冲泡壶具容积的 1/2 ~ 2/3(投茶 8 ~ 10 克/100 毫升)。

2.浸泡时间:1 至 3 泡浸泡 10 ~ 30 秒,以后每加冲一泡,浸泡时间延长 30% ~ 50%。浸泡时间的调整原则为前 3 ~ 5 泡的汤色基本一致,可冲 7 ~ 10 泡以上。

3.浓淡调整:最好用投茶量进行调整,也可用浸泡时间来调整。喜淡者投茶少些或缩短浸泡时间,喜浓者可增加投茶量或延长浸泡时间。如果浸泡过久、茶汤过浓,也可直接冲兑开水后饮用。

4.特点:适合平时品饮,可灵活掌握,调整到适合自己口味的茶水浓度。

审评冲泡法

1.投茶量:按标准冲泡容器投放。110 毫升盖碗投茶 5 克;150 毫升盖碗投茶 7 克。(茶和水的比例为 1∶22 左右)

2.浸泡时间:一泡的浸泡时间为 2 分钟,以后每加冲一泡,浸泡时间加长 1 分钟。一般只冲 3~4 泡。

3.特点：不能随意变动，大多在鉴定茶叶品质时使用，不适合平时饮用。

功夫冲泡法

1.投茶量：泡茶容器的 2/3~4/5（冲泡后茶叶基本上满过容器口）。

2.浸泡时间：即冲即出，每泡的浸泡时间都在 10 秒以内。

3.特点：茶水滋味浓强，是个别地区茶友的习惯泡法。

品武夷茶有很多要领：岩茶滋味醇厚，内涵丰富，有特殊的"岩韵"，茶树品种特征能从滋味中体现；香气或高或长，高则浓郁，长则幽远，香型多样化，如果香、花香或带乳香、带蜜香等等，品茶时先闻其香，再尝其味，并反复几次；闻香有闻干茶香、盖香、水香、杯底香、叶底香等等；尝味时须将茶汤与口腔和舌头的各部位充分接触，也要反复几次，细细感觉茶汤的醇度及各种特征，综合判断茶叶的特征和品位。

③武夷茶艺

武夷岩茶的品饮有典型的十八道程序：

第一道：焚香静气，活煮甘泉。焚香静气，即通过点燃一支香，来营造祥和、肃穆、无比温馨的气氛。希望这沁人心脾的幽香，能使大家心旷神怡，茶道能伴随着这袅袅的香烟，升华到高雅而神奇的境界。宋代大文豪苏东坡精通茶道，他总结泡茶的经验时说："活水还须活火烹"，"活煮甘泉"，也就是用旺火来煮沸壶中的山泉水。

第二道：孔雀开屏，叶嘉酬宾。孔雀开屏是向同伴展示自己的羽毛，而"孔雀开屏"这道程序，是要向嘉宾们介绍今天泡茶所用的精美的工夫茶具。"叶嘉"是苏东坡对茶叶的美称，"叶嘉酬宾"，也就是请大家鉴赏乌龙茶的外观和形状的意思。

第三道：大彬沐淋，乌龙入宫。大彬是明代制作紫砂壶的一代宗师，他所制作的紫砂壶为历代茶人叹为观止，视为至宝，所以后人把紫砂壶也称为大彬壶。大彬沐淋就是用开水浇烫茶壶，这样做的目的是洗壶和提高壶温。武夷岩茶属乌龙茶类，把武夷岩茶放入紫砂壶内称为"乌龙入宫"。

第四道：高山流水，春风拂面。"高冲水，低斟茶"是武夷茶艺的讲究之一。"高山流水"即茶艺小姐将开水壶提高,向紫砂壶内冲水,使壶内茶叶随水浪翻滚,从而起到用开水洗茶的作用。冲水时一定要沿着壶的边沿冲,防止冲破"茶胆"。"春风拂面"是指用壶盖轻轻地除去茶壶表面的白色泡沫,使壶内的茶汤更加清澈、洁净。

第五道:乌龙入海,重洗仙颜。品武夷岩茶还讲究"头泡汤,二泡茶,三泡四泡是精华"。头一泡冲出的往往不喝,直接注入茶海。因为茶汤呈琥珀色,从壶口流向茶海像蛟龙入海,所以称为"乌龙入

紫砂套茶具

海"。"重洗仙颜"本是武夷九曲溪畔的一处悬崖石刻,在这里寓为第二次冲泡。第二次冲水不仅要将开水注满紫砂壶,而且在加盖后还要用开水浇淋壶的外部,这样内外加温,更有利于茶香的散发。这道程序完成后,一般要根据茶的品种和当日的气温闷茶1~1.5分钟。闷茶的时间如果太短,茶色就会很浅,茶味就会很薄,岩韵不明显。但是如果闷茶的时间太长,则"熟汤失味",且茶味苦涩。

第六道:玉液移壶,再注甘露。冲泡武夷岩茶要有两把壶,一把紫砂壶用于泡茶,称为"泡壶"或"母壶"。另一把容积相等的壶专门用于储存泡好的茶汤,称为"海壶"或"子壶"。把母壶中冲泡好的茶汤倒入子壶,称为"玉液移壶"。母壶中的茶水倒干净后趁热再冲水,便是"再注甘露"。

第七道:祥龙行雨,凤凰点头。将海壶中的茶汤快速均匀地依次注入闻香杯中,称为"祥龙行雨",取其"甘露普降"的吉祥之意。当海壶中的茶汤所剩不多时则应把巡回快速斟茶改为点斟,这时把茶艺小姐一高一低有节奏点斟茶水的手势,形象地称为"凤凰点头",象征着向嘉宾行礼致敬。过去有人将这道程序称为"关公巡城,韩信点兵"。

第八道:**龙凤呈祥,鲤鱼翻身**。杯中斟满茶后,将描有龙图案的品茗杯扣在闻香杯上,称为"龙凤呈祥"。把扣合的杯子翻转过来,称为"鲤鱼翻身"。中国神话传说中有鲤鱼翻身越过龙门可化龙升天而去的故事。通常借助这道程序,祝福大家家庭和睦,事业发达。

第九道:**捧杯敬茶,众手传盅**。所谓"捧杯敬茶",是指由茶艺小姐用双手把龙凤杯捧到齐眉高,然后恭恭敬敬地向左侧第一位客人行注目点头礼并把茶传给他,客人接到茶后不能独自先品为快,而要恭恭敬敬地向茶艺小姐点头致谢,并按茶艺小姐的姿势依次将茶传给下一位客人,直到传到最后一位客人为止。然后再从左侧依次传茶。通过"捧杯敬茶,众手传盅",可使大家的心贴得更近,感情更亲近,气氛更融洽。

当每位客人都得到一杯茶后,茶艺表演进入另一个阶段。武夷工夫茶艺分为两个阶段,前九道程序是由茶艺小姐操作,为客人烧水、冲茶、斟茶、敬茶。从第十道程序开始,客人就开始直接参与茶事活动,宾主共同品茶赏艺。

第十道:**鉴赏双色,喜闻高香**。客人用左手将茶杯端稳,用右手将闻香杯慢慢提起来,这时闻香杯中的热茶全部注入品茗杯中,随着品茗杯温度的升高,由热敏陶瓷烧制的乌龙图案会从黑色变成五彩色。这时要观察杯中的茶汤是否呈清亮艳丽的琥珀色。"喜闻高香",是武夷品茶中的头一闻,是闻茶香的纯度,看是否香高新锐无异味,另外还得闻一闻杯底留香。

第十一道:**三龙护鼎,初品奇茗**。用拇指和食指扶杯,中指托住杯底,这样拿杯既稳当又美观。三根手指寓为三龙。"初品奇茗"是武夷山品茶三品中的第一品。茶汤入口后不应该马上咽下,而应吸气,使茶汤在口腔中翻滚流动,让茶汤与舌根、舌尖、舌面、舌侧的味蕾都充分接触,以便能更精确地品悟出奇妙的茶味。"初品奇茗"主要是品这泡茶的火功水平,看有没有"老火"或"生青"。

第十二道:**再斟流霞,二探兰芷**。"再斟流霞"是指客人斟第二道茶。《全唐诗·题武夷》中写道:"只得流霞酒一杯,空中瑟鼓几时回。"流霞原是寓酒,但在斟武夷岩茶时,茶汤清亮艳丽恰似流霞在杯中晃动,所以这里借

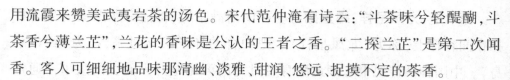

用流霞来赞美武夷岩茶的汤色。宋代范仲淹有诗云："斗茶味兮轻醍醐,斗茶香兮薄兰芷",兰花的香味是公认的王者之香。"二探兰芷"是第二次闻香。客人可细细地品味那清幽、淡雅、甜润、悠远、捉摸不定的茶香。

第十三道:**二品云腴,喉底留甘。**"云腴"是宋代书法家黄庭坚对茶的美称,"二品云腴"即品第二道茶,二品主要是品茶的滋味,看茶汤过喉是鲜爽、甘醇,还是生涩、平淡。

第十四道:**三斟石乳,荡气回肠。**"石乳"原是元代武夷山贡茶中的珍品,之后被人们用来代表武夷茶。"三斟石乳"表示斟第三道茶。"荡气回肠"是第三次闻香。品啜武夷岩茶,闻香讲究"三口气"即不用鼻子闻,而是用嘴大口大口吸入茶香,然后像抽香烟一样,从鼻腔呼出,这样可以全身心地感受茶香,更细腻地辨别茶叶的香型特征。这种闻香方法被称为"荡气回肠"。第三次闻香还在于鉴定茶香的持久性。

第十五道:**含英咀华,领悟岩韵。**"含英咀华"是品第三道茶。通过品饮了头两道茶,茶的生涩感已经消失,从第三道开始回甘。清代大才子袁枚在品饮武夷岩茶时曾说:"品茶应含英咀华并徐徐咀嚼而体贴之",其中"英"和"华"都是花的意思,含英咀华的意思是好像嘴里含着小花一样要慢慢咀嚼,细细回味,只有这样才能领悟到武夷岩茶香清甘活和无比美妙的岩韵。

第十六道:**君子之交,水清味美。**"君子之交淡如水",而那淡中之味就像喝了头三道浓茶之后,再喝一口白开水。喝这口白开水千万不可急急咽下,而应当像含英咀华那样慢慢品味。咽下白开水后,再张口吸一口气,这时你一定会感到满口香,回味甘甜,无比舒畅。多数人都会有"此时无茶胜有茶"的感觉。

第十七道:**名茶探趣,游龙戏水。**好的武夷岩茶应该七泡有余香,九泡仍不失茶的真味。"名茶探趣"是请客人自己动手,看一看壶中的茶还能泡到第几道。"游龙戏水"是把泡后的茶叶放到清水杯中,让客人观赏经多次冲泡后充分舒展的茶叶的叶片。行话讲"看叶底"。武夷岩茶属半发酵茶,叶底"三分红,七分绿",称为"绿叶镶红边"。在茶艺表演中,因为乌龙茶的叶片在清水中晃动,很像龙在水中玩水,所以得名"游龙戏水"。

第十八道:**宾主起立,尽杯谢茶**。孙中山先生曾倡导以茶为国饮。鲁迅先生曾说:"有好茶喝,会喝好茶是一种清福。"自古以来,人们视茶为健身的良药、生活的享受、修身的途径、友谊的纽带,茶艺表演结束时,请宾主起立,同饮杯中的茶,并把杯底朝天放回茶船。人们以这样的方式来相互祝福。

④保健功效

武夷岩茶历来就是一种养生、治病的最佳饮料。主要含有以下几种营养素:

·生物碱。岩茶中的生物碱主要是咖啡碱,也称茶碱。咖啡碱与茶多酚结合成为茶碱,茶碱是一种血管扩张剂,能促进发汗,有利尿作用,能强化神经系统,使人头脑清醒,缓解肌肉疲劳,能兴奋中枢神经,促进血液循环和新陈代谢。

·茶多酚。武夷岩茶中多酚类物质由 30 种以上的酚性物质所组成,通称茶多酚。茶多酚能防治动脉粥样硬化,抑制胆固醇和血压的升高,降低血脂、血糖,具有抗癌,抗辐射,抗衰老和健美肌体的作用。茶多酚还能化解酒精和消除香烟中部分尼古丁进入人体内合成的有毒物质,是烟酒过量者的理想保健品。

·维生素。岩茶中含有多种维生素。维生素是维持人体正常生理功能所必需的一类化合物,能促进新陈代谢和增强人体免疫力,尤其是维生素 C 可以抑制致癌物亚硝胺的合成,能增强血管壁的弹性,防止动脉硬化。维生素 E 具有很高的抗氧化活性,对肿瘤生长有抑制作用,还有防止高血压和抗衰老的作用。

·氨基酸。岩茶中氨基酸种类十分多。氨基酸是组成蛋白质的基本单位,蛋白质是组成人体最重要的成分之一,人体的细胞组织都由蛋白质组成的。由此可见氨基酸对人体的重要性。

·矿物质和微量元素。岩茶中含有多种矿物质元素,这些元素不但对岩茶的生长发育起着重要作用,而且是茶叶营养价值的重要表现。钾促进血钠排除,预防高血压;锰和锌是肾的主要物质基础;肝脏之所以能分解毒物和排泄毒物,是锰起的作用。岩茶能防治眼疾,是锌元素所起的作用;氟能保护牙齿,不生蛀牙;硒能保护红血球不受破坏,具有抗癌,延缓衰老,提高人体免疫功能的作用,它被称为"生命的奇效元素"。

·脂多糖。脂多糖是岩茶中的主要药效成分之一,它具有防辐射功能、改善造血功能和保护血象的作用。

·芳香物质。芳香族化合物,能溶解脂肪、帮助消化、增进食欲,给人以愉快的感觉,而且能提神醒脑,生津止渴,滋润咽喉。

·色素。黄烷醇是茶中含量最多的色素,其次为叶绿素和类胡萝卜素等。茶色素具有抗脂质过氧化、增强免疫力的作用,对肿瘤也有显著的抑制作用;叶绿素具有杀菌作用,它能促进伤口愈合。

(3)台湾乌龙茶

台湾乌龙茶在国际市场有"香槟乌龙"或"东方美人"的美誉。台湾乌龙茶,是乌龙茶中发酵程度最重的一种,也是最近类似红茶的一种。乌龙茶鲜叶原料一般采摘新梢顶芽形成驻芽时的二三叶,只有台湾乌龙是带嫩芽采摘二叶。

台式乌龙茶源于潮州、闽南。据资料记载,1980年以前,台湾的饮茶方式与闽南地区并没有什么不同。但是到了80年代以后,随着茶文化的逐渐兴盛,茶艺馆的增多,传统饮茶方式也融入了现代气息。泡茶观念的进步,致使一些爱茶人在原有的传统冲泡方式上加以改革,于是便有了适合现代人品饮的台式乌龙茶。

以往,流行于台湾的泡茶模式为:首先用滚水温壶,用温壶水温杯,再用手抓茶叶投茶入壶,壶与杯同放在一个陶制的大碗中,所有茶杯同放在陶碗中涤器温杯,茶冲泡好后,将杯子捞出,然后分茶与客人品饮。这种泡茶方式因现代观念的渗入而发生了变化。

首先,因为卫生上的原因,原来同在陶碗中泡茶洗杯的方式,被认为不卫生,容易相互传染疾病而被淘汰,随后产生了新茶具,即茶盘。茶盘分单层、双层,单层茶盘以梨花木为主,雕刻精美,有一接水管将流于茶盘上的水引流至桌下的桶中。双层茶盘上面放置茶壶与茶杯，下面可以漏水，使温壶烫盏的水与洗茶的水流到下层，不影响上层的茶具。茶具如果浸泡在废弃的水中，就会不清洁。针对这种情况，近来又出现了养壶垫等用具，以便将壶与水隔离开。

其次，按照传统的品饮方法，往往冲泡的杯数与品茶的人数不等，客人互相谦让，以示互敬与和睦。这样，杯子与客人不是固定的，一杯泡完，烫一下就给另一位客人用，也容易造成疾病传染，于是台式乌龙茶改进为一客一杯。同样是出于卫生的目的，在古代茶则、茶匙的基础上，发展成一套现代茶艺中不可缺少的泡茶工具，包括茶则、茶匙、茶夹、茶针等，取茶投茶时，不能直接用手抓取。

其三，为了更好地欣赏茶的本色和原味真香，台式乌龙茶增加了一个细且高的闻香杯，细长的杯体将茶叶散发出的香气相对集中，这样茶香更易使人闻到。

其四，为了使每一杯的茶汤均一，真正公平合理，在咖啡具奶盅的启发下，发明了茶盅——公道杯。

潮州、闽南乌龙茶的茶具以潮汕烘炉、玉书碨、孟臣罐、若琛杯为"烹茶四宝"，台式乌龙茶中这些茶具的功能依然存在，潮汕烘炉与玉书碨用电茶壶或酒精壶取代，孟臣罐依然以紫砂壶为主，若琛杯则发展为品茗杯与闻香杯两种同时并用，另外还增加了涤方、杯托等器具。

（4）白茶品鉴

作为我国六大茶类之一的白茶，其外形素雅，毫心肥壮，叶张肥嫩，呈波纹状隆起。叶缘垂卷，芽叶连梗且完整，色泽不如绿茶翠绿，不像红茶那样深红，也不像乌龙茶那样紫褐，而呈银绿色，因为它的外表满披白毫，色白如银，素有"绿妆素裹"之美感。故名"白茶"。

白茶有两种：一是指用白茶树鲜叶为原料制成的茶叶，其加工工艺采用绿茶制法，因其芽叶天然呈现白色而得名，并且不经萎凋，属于绿茶类的"白茶"；二是指以普通茶树鲜叶为原料，采用自然萎凋、轻微发酵、不揉不炒、自然干燥或文火微焙方法制成的茶叶，也就是本文主要介绍的微发酵类白茶。

白茶是在世界上享有盛誉的茶中珍品,也是我国特产,它是一种昂贵稀少身价很高的历史名茶,号称"茶叶的活化石"。过去有许多好听的名字,如瑞云祥龙、龙国胜雪、雪芽。宋代贡茶中就有它,它的历史十分悠久,清雅芳名的出现,至今已有880余年了。而白茶的生产也有200年左右的历史,最早是由福鼎县首创的。

品饮　白茶可选用茶杯、茶盅、茶壶等冲泡,在茶具方面没有太大的讲究。如果用"功夫茶"的饮用工具和办法,效果更好。饮用白茶,不应该太浓,一般150毫升的杯子,只要五克的茶叶就足够了。在冲泡手法上,没有固定的格式,一般是加入95°C以上的开水,5分钟左右后,就可以饮用。此时观之,汤色杏黄,清澈明亮、叶底呈浅灰绿,叶脉微红;品之,滋味鲜醇,香气馥郁,甘味生津,唇齿留香,茶性温凉。通常来讲,一杯白茶冲泡三次为最佳。

注意:白茶性寒凉,对于胃"热"者可在空腹时适量饮用;胃中性者,随时饮用都无妨;而胃"寒"性者则要在饭后饮用。一般情况下,白茶是不会刺激胃的。饮用白茶用量一般的人每天只要五克就足够了,老年人更不宜太多。

保健　白茶是保健功效最全面的一个茶类,除了具有抗辐射、抗氧化、抗肿瘤、降血压、降血脂、降血糖、防癌治病等功能外,由于白茶性寒,经常喝白茶,它还能够起到退热、祛暑、降火的功效。

制作　白茶是采用优良品种大白树上的细嫩芽叶为原料制成的。

古代制作白茶,要先把春日里长出的芽头,等到鳞片和鱼叶开展时用手掐下,放入水中洗,称为水芽,然后摘去鳞片鱼叶,再经过拣选,蒸焙到干。

现在简单很多,只取那些肥壮毫多的心芽,称为抽针,再制成茶。白茶的制作工艺很特别,也很自然,把茶叶采摘下来后,不用经过任何炒青或揉捻动作,既不像绿茶那样制止茶多酚氧化,也不像红茶那样促进它的氧化,而是把采下的新鲜茶叶,经过约10%~30%程度的发酵,薄薄地摊放在竹席上置于微弱的阳光下,或置于通风透光效果好的室内,让其自然萎凋。晾晒到大概七八成干时,用文火进行烘焙至足干,只宜以火香衬托茶香,等到水

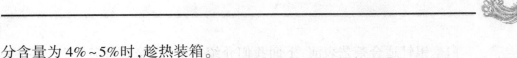

分含量为 4%～5% 时，趁热装箱。

它的制作工艺，一般分为萎凋、干燥两道工序，而其关键是在于萎凋。萎凋的目的表面上是去掉水分，实际上是引起一系列自发的生物化学变化，在开始时有促进作用，但是以后有制止作用，还带有干燥作用。萎凋分为室内萎凋和室外萎凋两种。春秋晴天或夏季不闷热的晴朗天气，采取室内萎凋或复式萎凋为佳。影响萎凋速度的外界条件是温度、湿度和空气的流通。温度高、湿度低、风速大则萎凋时间短，反之则需要的时间长。所以应该因时因地制宜，根据具体情况灵活掌握。

白茶制法的特点是既不破坏酶的活性，又不促进氧化作用，且保持毫香显现。由于制作过程简单，以最少的工序进行加工，因此，白茶在很大程度上保留了其中的营养成分。

白茶种类及品饮

白毫银针

白毫银针，属于白茶类也就是微发酵茶，是白茶中最高档的茶叶，又被称为白毫、白毫银针，素有茶中"美女""茶王"之美誉，是历史名茶。过去因为只能用春天茶树新生的嫩芽来制造，产量很低，所以相当珍贵，1982 年被商业部评为全国名茶，在 30 种名茶中名列第二。白毫银针在海外也被视为珍品。

制作　1889 年白毫针被创制，其原料采摘标准为春茶嫩梢萌发一芽一叶时即将其采下，采回后再行"抽针"，制法特殊，工艺简单。制作过程中，不炒不揉，只分萎凋和烘焙两道工序，其中主要是萎凋和晾干，使茶芽自然缓慢地变化，形成其独特的品质风格。

茶艺　白毫银针的泡饮方法与绿茶基本相同，但因其未经揉捻，茶汁不易浸出，冲泡时间宜较长。一般每三克银针置沸水烫过的无色透明玻璃杯中，冲入 200 毫升沸水。开始时茶芽浮于水面，5～6 分钟后茶芽部分沉落杯底，部分悬浮于茶汤上部，此时茶芽条条挺立，上下交错，望之有如石钟，蔚为奇观。约十分钟后茶汤呈杏黄色，此时，闻之，香气清鲜；品之，滋味醇和且回甘，尘俗尽去，意趣益然。

白毫银针适合茶艺表演,下面我们介绍一下"白毫银针茶艺"。这是一套文士茶茶艺,它与禅茶茶艺一样有味道,同时也与禅茶一样很难被理解。

器皿选择

水晶玻璃杯四只,酒精炉一套,茶道具一套,青花茶荷一个,茶盘一个,香炉一个,香一支,茶巾一条。

基本程序

唐代诗人钱起的名句"阳羡春茶瑶草碧"和李白的名句"兰陵美酒郁金香"联系在一起,组成了的茶联,在茶人中传为美谈。下面我们将八位著名诗人的名句有机地串在一起,组成一首《品白毫银针》的五言古诗,这首诗的八句话即是品饮白毫银针的八道程序,兹录于下:

第一,焚香——天香生虚空(唐·李白)。

第二,鉴茶——万有一何小(南朝·江总)。

第三,涤器——空山新雨后(唐·王维)。

第四,投茶——花落知多少(唐·孟浩然)。

第五,冲水——泉声满空谷(宋·欧阳修)。

第六,赏茶——池塘生春草(晋·谢灵运)。

第七,闻香——谁解助茶香(唐·皎然)。

第八,品茶——努力自研考(唐·王梵志)。

三、解说词

白毫银针,白如云,绿如梦,洁如雪,香如兰,其性寒凉,是清心涤性的最好选择。品饮白毫银针尤应摒弃功利之心,以闲适无为的情怀,按照程序,细细地去品味白毫银针的本色、真香、全味,同时应把品茶视为修身养性的途径,用心去体贴茶,使心灵与茶对话,努力使自己步入醍醐沁心的境界,品出茶中的物外高意。

第一道程序:"焚香"。茶人们将这称为"天香生虚空"——唐代诗仙李白在《庐山东林寺夜怀》中的一句诗。一缕香烟,悠悠袅袅,它能把我们的心带到虚无空灵,霜清水白,湛然冥真的境界,这是品茶的理想境界。

第二道程序:"鉴茶"。茶人们将这称为"万有一何小"——南朝诗人江总在《游摄山栖霞寺并序》中的一句诗。"三空豁已悟,万有一何小"。这句诗充满了哲理禅机。所谓"三空",就是佛家所说的言空、无相、无愿之三种解脱,因三者共明空理,所以称为"三空"。修习茶道也需要豁悟三空。有了这种境界,那么世界的万事万物(万有)都可纳入须弥芥子之中。反过来一花一世界,一沙一乾坤,从小中又可以见大,以这种心境鉴茶,重要的不是茶的色、香、味、形,而在探求茶中包含的大自然的无限信息。

第三道程序:"涤器"。茶人们将这称为"空山新雨后"——这道程序依旧是小中见大。杯如空山,水如新雨,意味深远。

第四道程序:"投茶"。也就是用茶导把茶荷中的茶叶拨入茶杯,茶叶如花飘然而下,所以又称"花落知多少"。

第五道程序:"冲水"。茶人们将这称为"泉声满空谷"——宋代大文学家欧阳修咏《蛤蟆碚》中的一句诗,在此借用来形容冲水时甘泉飞注,水声悦耳。

第六道程序:"赏茶"。茶人们将这称为"池塘生春草"——晋代诗人谢灵运在其代表作《登池上楼》中的名句,这句诗语出自然,不加雕饰,看似脱口而出,但却生机盎然,正好可以借用来形容冲泡白毫银针时从玻璃杯中看到的趣景。在冲泡白毫银针时,开始茶芽浮于水面,在热水的浸润下,茶芽逐渐舒展开来,吸收了水分后沉入杯底。这个时候茶芽条条挺立,一个个嫩芽娇绿可爱,在碧波中晃动似乎在迎风曼舞,又像是要冲出水面去迎接阳光,这种趣景好比"池塘生春草",让人观之尘俗尽去,生机无限,意趣盎然。

第七道程序:"闻香"。茶人们将这称为"谁解助茶香"——陆羽的好友、著名的诗僧皎然和尚在《九日与陆处士羽饮茶》中的诗句。尽管一千多年来,万千茶人都爱闻茶香,但又有几个人能说得清、解得透茶那清郁隽永神秘的大自然之香呢!

第八道程序:"品茶"。茶人们将这称为"努力自研考"——唐代诗人王梵志在《若欲觅佛道》一诗中的结束语。品茶在于去探求茶道的奥义,在于去品味人生,领悟自然,这正像王梵志欲觅佛道一样,应当"明识生死固,努力去研考"。

保健 白毫银针,味温性凉,有健胃提神的功效、祛湿退热之功,常作为药用,有降虚火、解邪毒的作用,常饮能防疫祛病。甚至可以说,饮一杯白毫银针,可以使大家对新的一天中许多严峻现实引起的精神紧张,有安定舒缓的作用。在华北地区被看成治疗养护麻疹患者的良药。

黄茶品鉴

黄茶是中国特有茶类之一,生产历史悠久。自唐代蒙顶黄芽被列为贡品以来,历代有产,产区主要浙江平阳,湖南君山、沩山、北港,安徽金寨,湖北远安,四川蒙山,广东韶关等地。

黄茶是人们在炒青绿茶的过程中发现的,由于茶叶在杀青、揉捻后干燥不足或不及时,叶色变黄,于是产生了新的品类——黄茶。黄茶是轻发酵类,发酵度为 10%～20%,加工工艺近似绿茶,只是在干燥过程的前或后,增加一道"闷黄"的工艺,促使其多酚叶绿素等物质部分氧化。

由于品种和加工技术不同,黄茶的形状有明显差别。如君山银针以形似针、芽头肥壮、满披毫的为好,芽瘦扁、毫少为差。蒙顶黄芽以条扁直、芽壮多毫为上品,条弯曲、芽瘦少为差。鹿苑茶以条索紧实卷曲呈环形、显毫为佳,条松直、不显毫的为差。它的品质特点表现在黄叶黄汤、香气清爽、滋味醇厚,性质属凉性。

黄茶是沤茶,在沤的过程中,会产生大量的消化酶,对脾胃最有好处,消化不良、食欲不振、懒动肥胖者,都可饮而化之。

1.品饮

茶具:使用玻璃杯(或盖碗),最好的是以玻璃杯泡君山银针,可以欣赏茶叶似群笋破土,缓缓升降,堆绿叠翠,有"三起三落"的妙趣奇观。

投茶量:按茶具容量置入四分之一茶叶。

水温:85℃。

冲泡时间:第一泡 30 秒,第二泡 1 分钟,第三泡 2 分钟。

2.制作

黄茶的制作与绿茶有很多相似的地方,不同点是多一道"闷黄"工序。黄茶制作的典型工艺流程是杀青→闷黄→干燥。"闷黄"是黄茶制法的主要特点,也是它同绿茶的基本区别,因为在干燥前增加一道"闷黄"工序,内含物发生变化,使得黄茶香气变浓,滋味变醇,因此具有黄汤黄叶的特点。有些黄茶不需要揉捻,有些却需要揉捻,因茶而异,可是闷黄的过程是所有黄茶都有的。

(1)闷黄　在湿热闷蒸的作用下,叶绿素被破坏而产生变化,成品茶叶呈黄或绿色,使茶叶中的游离氨基酸及容易挥发的物质增加,茶叶滋味甜醇,香气浓郁,汤色呈杏黄色或淡黄色,故名闷黄。

闷黄是黄茶类制茶工艺的主要特点,也是它同绿茶的基本区别,同时是形成黄色黄汤品质特点的关键工序,也称为"闷堆""初包""复包"或"渥堆"。黄茶闷黄工艺的具体操作,有的是堆积半成品茶叶,有时还拍紧盖上棉套,有的用纸包紧茶叶,有的只闷一次,有的要闷两次,方法不一,工序也不同,主要有以下几种:

①杀青后闷黄,如沩山白毛尖。

②揉捻后闷黄,如北港毛尖、鹿苑毛尖、广东大叶青、温州黄汤等。

③毛火后闷黄,如霍山黄芽、黄大茶等。

④闷炒交替进行,如蒙顶黄芽三闷三炒。

⑤烘闷结合,如君山银针两烘两闷,而温州黄汤第二次闷黄时则采用了边烘边闷,故称为"闷烘"。

黄茶的品种不同,闷黄的方法也不同。通常分为干坯闷黄和湿坯闷黄两种。

①干坯闷黄,是初烘干后再进行装篮堆积闷黄。初烘叶含水量较低,变化速度缓慢,变黄时间较长,如黄大茶,初烘至七八成干时装篮闷黄,闷黄需要约7天才能达到要求。闷黄是形成黄茶黄汤黄叶品质特征的关键工序。

②湿坯闷黄,就是将杀青叶或经热揉后的揉捻叶进行堆闷。因为含水

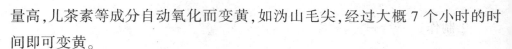

量高,儿茶素等成分自动氧化而变黄,如沩山毛尖,经过大概 7 个小时的时间即可变黄。

（2）影响闷黄的因素　影响闷黄的因素主要有茶叶的含水量、叶温及闷黄时间的长短。含水量越多,叶子的温度也越高,那么湿热条件下的变黄进程也愈快。

闷黄过程要控制叶子含水率的变化,要防止水分的大量散失,尤其是湿坯堆闷要注意环境的相对湿度和通风状况,必要时应盖上湿布以提高局部湿度和阻止空气流通。

闷黄时理化变化速度较缓慢,没有黑茶渥堆剧烈,时间也较短,所以叶温不会有明显上升。制茶车间的气温,闷黄的初始叶温,闷黄时的保温条件,对叶温影响较大。为了控制变黄进程,一般要采取趁热闷黄,有时还要用烘、炒来提高叶温,必要时也可以用翻堆散热的方法来降低叶温。

闷黄时间长短与变黄要求、含水率、叶温密切相关。在湿坯闷黄的黄茶中,温州黄汤的闷黄时间最长（2~3 天）最后还要进行闷烘,变黄程度比较充分;北港毛尖的闷黄时间最短（30~40 分钟）,变黄程度不够重,因而常被误认为是绿茶,造成黄（茶）绿（茶）不分;沩山白毛尖、鹿苑毛尖、广东大叶青则介于上述两者之间,闷黄时间 5~6 小时左右。君山银针和蒙顶黄芽闷黄和烘炒交替进行,不但制工精细,而且闷黄是在不同含水率的条件下分阶段进行的,前期黄变快,后期黄变慢,历时 2~3 天左右,属于典型的黄茶。霍山黄芽在初烘后摊放 1~2 天,变黄不明显,所以有人说霍山黄芽应该属绿茶。

黄大茶堆闷时间有 5~7 天之久,但是由于堆闷时水分含量低（已达九成干）,所以变黄十分缓慢,它深黄显褐的色泽主要是在高温老火的过程中产生的。

3.黄茶种类及品饮

（1）君山银针　这是黄茶中的极品,产自湖南省岳阳市洞庭湖君山岛,以注册商标"君山"命名,为黄茶类针形茶,属芽茶。其芽头肥壮重实,紧实而挺直,长短大小均匀,恰似一根根银针;内呈橙黄色,外裹一层白毫,茸毛满披,芽身金黄光亮;色、香、味、形俱佳,世称"四美"。汤色橙黄明净,香气清爽,滋味甘醇,叶底嫩黄匀亮,即使放置很久味道也不会发生改变;产品分特号、一号、二号三个档次,以壮实、挺直、亮黄为上品。

君山银针不但是茶中佳品,而且是一种造型优美的艺术珍品。在1956年国际莱比锡博览会上,被誉为"金镶玉",并赢得金质奖章;1957年被定为中国十大名茶之一,其售价也创我国当今名优茶之最。君山银针,以其高超品质,奇异风韵,赢得了中外茶学界和品茗者的极大兴趣和高度评价。

①采摘:君山银针的原材料采摘要求相当严格,应该芽头壮实、挺直,大小长短均匀,白毫完整,色泽鲜亮,香气清爽。通常在清明前三天左右开始采摘,摘时直接摘采芽头。为避免擦伤芽头和茸毛,盛茶篮内衬有白布。芽头要求长25~30毫米,宽3~4毫米,芽蒂长约2毫米,肥硕重实,一芽头包含三四个已分开却未展开的叶片,每500克成茶约有2.5万个芽头。

采摘标准极端苛刻:雨天不采、露水芽不采、紫色芽不采、空心芽不采、开口芽不采、冻伤芽不采、虫伤芽不采、瘦弱芽不采、过长过短芽不采,也就是通常所说的"九不采"。

②制作:采摘后的鲜芽,应该经过拣剔除杂,轻放薄摊,制作工艺完全手工操作。

银针茶的制作工艺精湛,对外形不做修饰,务必保持其原状,只从色、香、味三个方面下功夫。当代,随着科技的发展,制作上也逐步进行了改革,道道工序都有严格的操作要领和技术要求,制作特别精细而又别具一格,分杀青、摊凉、初烘、初包、复烘、摊凉、复包、足火八道工序,需经过三昼夜,长达70多小时之久才能制成品质超群的君山银针茶。

③品饮

选茶具　君山银针的冲泡过程具有较高的欣赏价值,所以品饮君山银针不要错过观赏的机会。冲泡这种茶要最好用无色洁净透明的玻璃杯,并且注意杯盖要严实不漏气。

涤器　所谓"涤尽凡尘心自清",品茶的过程是茶人净化自己心灵的过程,烹茶涤器,不仅是洗净茶具上的尘埃,更重要的是在洗涤人们的灵魂。

鉴茶 "娥皇女英展仙姿",品茶之前首先要鉴赏干茶的外形、色泽和气味。据说四千多年前舜帝南巡,不幸驾崩于九嶷山下,他的两个爱妃娥皇和女英前来奔丧,在君山望着烟波浩渺的洞庭湖放声痛哭,泪水洒到竹子上,使竹竿染上永不消退的斑斑泪痕,成为湘妃竹。她们的泪水滴到君山的土地上,君山上便长出了象征忠贞爱情的植物——茶。茶是娥皇、女英的真情化育出的灵物,所以在观看"君山银针"时,称为"娥皇女英展仙姿"。

娥皇、女英像,图出自《百美新咏》。娥皇、女英是尧的女儿,舜的二位妃子。

选水 冲泡用水应该是瓦壶中刚刚沸腾的开水;冲泡的速度要快,冲水时壶嘴从杯口迅速提至六七十公分的高度;水冲满后,要敏捷地将杯盖盖好,三分钟后再将杯盖揭开。等到茶芽大部分立于杯底的时候就可以欣赏、闻香、品饮了。

投茶 这被叫作"帝子沉湖千古情",娥皇、女英是尧帝的女儿,所以也称之为"帝子"。她们为奔夫丧时乘船到洞庭湖,船被风浪打翻而沉入水中。她们对舜帝的真情被世人传颂千古。

润茶 这被叫作"洞庭波涌连天雪"。这道程序是洗茶、润茶。洞庭湖地区的老百姓把湖中不起白花的小浪叫作"波",把起白花的浪称为"涌"。

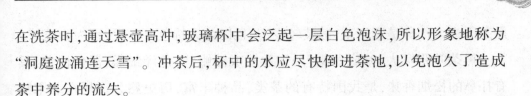

在洗茶时,通过悬壶高冲,玻璃杯中会泛起一层白色泡沫,所以形象地称为"洞庭波涌连天雪"。冲茶后,杯中的水应尽快倒进茶池,以免泡久了造成茶中养分的流失。

冲水 这次冲水是第二次冲水,所以它被称作"碧涛再撼岳阳城"。这次冲水只可冲到七分杯。

赏茶 这是冲泡君山银针的特色程序,也叫"看茶舞"。沏泡时,能够欣赏到多种奇景。当金黄色的茶芽在玻璃杯中用沸水冲泡后,只见那茶芽叶柄朝下、毫尖直挺竖立、悬浮于杯中,带着白色茸毛的嫩芽,很快泛起了许多亮晶晶的小水泡,犹如微波翻浪,鲜贝吐珠;继而徐徐下沉,宛如出土春笋,笋尖林立,芽影水光交相辉映。杏黄色的茶汁冉冉扩散,恰似云雾浮动。沉落时,又像雪花下落,茶芽沉杯底之后,纷纷伸腰舒展,茶色变浓,汤色杏黄明澈,叶底鲜亮,茶的外形与汤色交相辉映,茶香四溢,丽影飘然。尤其是随着冲泡次数的增加,沉浮起落,往复三次,故曰"三起三落",浑然一体,因而使人赏心悦目。

闻香 这被说成"楚云香染楚王梦"。通过洗茶和温润之后,再冲入开水,君山银针的茶香即随着热气而散发。洞庭湖古属楚国,杯中的水汽伴着茶香氤氲上升,如香云缭绕,故称楚云。"楚王梦"是套用楚王巫山梦神女,朝为云,暮为雨的典故,形容茶香如梦亦如幻,时而清幽淡雅,时而浓郁醉人。

品茶 称之为"人生三味一杯里"。品君山银针讲究要在一杯茶中品出三种味。即从第一道茶中品出湘君芬芳的清泪之味。从第二道茶中品出柳毅为小龙女传书后,在碧云宫中尝到的甘露之味。第三道茶要品出君山银针这潇湘灵物所携带的大自然的无穷妙味。

黑茶品鉴

黑茶属于后发酵茶,是很多紧压茶的原料。由于采用的原料粗老,在加工制作的过程中,堆积发酵的时间较长,叶色多呈暗褐色,故称黑茶。同时黑茶因为大部分是紧压茶,散装较少,并且以此为特色,所以被称为紧压茶。

黑茶叶张宽大,叶底黄褐,条索卷曲成泥鳅状,色泽细黑,汤色橙黄,具有扑鼻的松烟香味,是我国特有的茶类,品种丰富,历史悠久。早在北宋熙宁年间(公元1074年)就有用绿毛茶做色变黑的记载。制成的紧压茶主要边销,部分内销,少量外销,因此又把黑茶制成的紧压茶称为边销茶。此茶主要供一些少数民族饮用,维吾尔族、蒙古族和藏族群众喜好饮黑茶,并且将它们作为日常生活中的必需品。

黑茶分为紧茶(也叫紧压茶)和散茶两种,主要品种有云南的普洱茶、广西的六堡散茶、湖南的黑茶、湖北的佬扁茶、四川的边茶等。其中云南普洱茶最为有名。

1.品饮

茶叶的冲泡,通常只要备具、备茶、备水,经沸水冲泡便可以饮用。但要把茶原有的色、香、味充分发挥出来,并不那么简单,这要根据茶的不同特性,应用不同的冲泡技艺和方法才能实现。

中国生产的黑茶与散茶不同,大多为紧压茶中的砖茶,特别紧实,所以,用开水冲泡很难浸出茶汁,饮用时需先将砖茶捣碎,在锅或壶内烹煮。在烹煮过程中,为了使茶汁充分浸出,有时还要不断搅拌。

另外,紧压茶主要分布在新疆、西藏、内蒙古一带,这些地方属高原地带,气压低,烧水不到100℃就沸腾,如果用冲泡法泡砖茶,茶汁更难浸出,这也是紧压茶为什么不能用冲泡法,而需用烹煮法才能饮用的原因之一。

所以,在调制紧压茶的过程中,必须注意三点:

第一,用时先要将紧压茶打碎;第二,烹煮时,大多加上作料,采用调饮方式饮茶;第三,不宜冲泡,要用烹煮方法才能使茶汁浸出。

黑茶中的散茶,如普洱茶、六堡茶、旧六安茶等,由于发酵程度近似红茶,所以泡法同红茶类基本一样,一般选用茶壶茶具冲泡。

其冲泡方法是:置茶量约为壶的1/2或1/3,100℃的沸水,浸泡时间30秒~1分钟,第二泡起每泡累加20秒,可冲泡四至五次。

黑茶是由黑曲菌发酵制成的,在发酵过程中产生一种普诺尔成分,具有

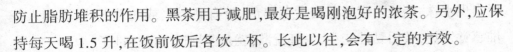

防止脂肪堆积的作用。黑茶用于减肥,最好是喝刚泡好的浓茶。另外,应保持每天喝 1.5 升,在饭前饭后各饮一杯。长此以往,会有一定的疗效。

2.制作

黑茶在加工工艺上,有自己的特色。它经过杀青、揉捻、渥堆、复揉合烘焙五道程序制成。

(1)黑茶杀青。由于黑茶原料比较粗老,为了防止黑茶水分不足,杀不匀透,一般除雨水叶、露水叶和幼嫩芽叶外,都要按 10:1 的比例洒水(即 10 千克鲜叶 1 千克清水)。洒水要均匀,以便黑茶杀青能杀匀杀透。

杀青又分为机械杀青和手工杀青两种方法:

①黑茶机械杀青。当锅温达到 280~320℃ 时,便投入 8~10 千克鲜叶,依鲜叶的老嫩,水分含量的多少,调节锅温进行闷炒或抖炒,等到杀青适度就可以出锅。

②黑茶手工杀青:选用口径 80~90 厘米的大口径锅,炒锅斜嵌入灶中呈 30 度左右的倾斜面,灶高 70~100 厘米。用草把和油桐树枝丫制成三叉各长 16~24 厘米,柄长大概 50 厘米的炒茶叉。通常采用锅温 280~320℃,进行快炒,每锅投 4~5 千克茶叶。茶叶下锅后,立即用双手匀翻快炒,至烫手时改用炒茶叉抖炒,称为"亮叉"。当出现水蒸气时,则用右手持叉,左手握草把,将茶叶转滚闷炒,称为"渥叉"。亮叉与渥叉交替进行约两分钟,等到黑茶茶叶软绵且带黏性,色转暗绿,无光泽,青草气消除,香气显出,折不易断,且均匀一致时,表明杀青适度。

(2)黑茶揉捻。黑茶原料粗老,揉捻要掌握轻压、短时、慢揉的原则。初揉、中揉时捻机转速以 40 转/分左右,揉捻时间 15 分钟左右为好。待黑茶嫩叶成条,粗老叶成皱时即可。

(3)黑茶渥堆。这是决定黑茶品质的关键工序,渥堆时间的长短、程度的轻重,会使成品茶的品质风格有明显的差别。黑茶渥堆要在背窗、洁净的地面,避免阳光直射,室温在 25℃ 以上,相对湿度保持在 85% 左右。初揉后的茶坯,可立即堆积起来,堆高约一米左右,上面加盖湿布、蓑衣等物,目的是保温保湿。在渥堆过程中要进行一次翻堆。堆积 24 小时左右时,茶坯表

（4）黑茶复揉。黑茶茶坯渥堆适度后,上机复揉,压力要比初揉时稍小,
时间一般6~8分钟。然后下机,及时保持干燥。

（5）黑茶烘焙。这是黑茶初制中的最后一道工序。通过烘焙形成黑茶
特有的品质即油黑色和松烟香味。与其他茶类不同的是,黑茶采用干燥方
法来进行:采用松柴旺火烘焙,不忌烟味,分层累加湿坯,长时间的一次干
燥。选取七星灶,在灶口处的地面燃烧松柴,松柴采取横架方式,并保持火
力均匀,借风力使火温均匀地透入七星孔内,火温要均匀地扩散到灶面焙帘
上。当焙帘上温度达到70℃以上时,开始撒上第一层茶坯,厚度约为2~3
厘米,待第一层茶坯烘至六七成干时,再撒第二层,撒叶厚度稍薄,这样一层
一层地加到5~7层,总的厚度不超过焙框的高度。等到最上面的茶坯达七
八成干时,立刻退火翻焙。翻焙用特制铁叉,将已干的底层翻到上面来,把
还未干的上层翻至下面去。继续升火烘焙,待手捏叶可成粉末状,黑茶干茶
色泽油黑,松烟香气扑鼻时,就是适度了。

黑茶干毛茶下焙后,放在晒簟上摊晾,与室温相同后,及时装袋入库。

3.黑茶种类及品饮

（1）云南普洱茶

普洱茶既不是绿茶,也不是红茶,更不是一般人所认为的黑茶。它是将
绿茶或黑茶经蒸压而成的各种云南紧压茶的总称,包括沱茶、饼茶、方茶、紧
茶等。根据2003年3月云南省标准计量局公布的标准:"普洱茶是以云南
省一定区域内的云南大叶种晒青毛茶为原料,经过后发酵加工成的紧茶和
压缩茶。"

普洱茶是我国传统十大名茶之一,主要产自云南的昌宁县以南,沿着澜
沧江东西两岸的凤庆、临沧、双江、永德、渤海、思茅、景洪等县,其中尤以西
双版纳一带为最多。

普洱茶的历史可以追溯到东汉时期,距今已达两千年之久。民间有"武
侯遗种"(武侯是指三国时期的丞相诸葛亮)的说法,故普洱茶的种植利用,

至少已有1700多年的历史。

历史上普洱茶,是指以"六大茶山"为主的西双版纳生产的大叶种茶为原料制成的青毛茶,以及由青毛茶压制成各种规格的紧压茶。如普洱方茶、普洱沱茶、七子饼茶、藏销紧压茶、圆茶、竹筒茶、拼装散茶等。

据南宋李石《续博物志》记载,西藩用普洱茶已自唐朝。清代普洱府即现代宁洱县周围所产的茶叶运至普洱府集中加工后再运销,普洱成为集散地,蒙、康、藏各地普洱茶因此得名。

①鉴别 普洱茶品质别具一格,条索粗壮肥大,汤色红浓明亮,香味浓郁,滋味醇厚回甜,并具有特殊的陈香气。这种陈香是因为后发酵使茶叶所含的多种物质成分发生了转变,从而散发出了一种综合陈香,而绝非霉味。这种陈香可能是"槟榔香""桂圆香""荷香",也可能是"樟香",依形状、时间等因素的不同而不同。

与其他茶类相比,普洱茶又具备茶性温和、不火不寒、耐泡、醇和的特点。适合各个年龄段、各种体质、各个地域的人们在各个季节饮用。

由于内在品质特征的奇妙和制作工艺的独特,普洱茶的价值也逐渐上升。因此,普洱茶又被称为"可以喝的古董"。

普洱茶的基本品质,必须符合下列条件:品质正常,无劣变,无异味;普洱茶必须洁净,不含非茶类夹杂物;普洱茶不得着色,而且不含添加剂;普洱茶饼的外形要整齐、平滑、厚薄匀称等。

看普洱茶外形。无论是茶饼、沱茶、砖茶,或其他外形的茶,首先观察茶叶的条形,条形是否完整,叶老或嫩,老叶较大,嫩叶较细。假如一块茶饼的外观看不出明显的条形(一片片茶叶形成的纹路),而显得碎与细,就是次级品制作的。

叶底辨别:干仓的普洱生茶的叶底呈栗色或深栗色,与台湾的东方美人茶叶底颜色相似。叶条质地饱满柔软,充满新鲜感。一泡同庆老普洱茶的叶底,可以显现出百年前的那种新鲜活力。普洱熟茶的叶底多半呈现暗栗或黑色,叶条质地干瘦老硬。如果是发酵较重的,会有明显炭化现象,就像被烈火烧烤过一样。有些较老的叶子,叶面破裂,叶脉一根根分离,有如将干叶子长期泡在水中那种碎烂的样子。但是,有些熟茶如果渥堆时间不长,发酵程度不重,叶底也会非常接近生茶叶底。反之,也有些生茶在制作过程中,假如茶菁揉捻后,无法马上干燥,延误了较长时间,叶底也会呈现深褐色,汤色也会比较浓而暗,同轻度发酵堆捂过的熟茶是一样的。可以试泡的话,要看泡出来的叶底完不完整,是不是还维持柔软度。还有对茶饼而言也要注意其是否内外品质如一,而不是那种好茶在外茶渣在内的"盖面茶"。

看颜色深浅,光泽度。普洱茶的正宗颜色是黑中泛红,有如猪肝色,一般陈放五年以上才具有这样的颜色。

看汤色。好的普洱茶,泡出的茶汤是透明的、发亮的,汤上面看起来有油珠形的膜。不好的普洱茶,茶汤发黑。

干仓的普洱生茶茶汤呈栗红色。即使是陈年的生茶也一样,如龙马牌同庆老号普洱茶,已有八九十年的历史,但它的茶汤颜色只略比五十年的红印普洱圆茶的茶汤深一些。而熟茶的茶汤颜色呈暗栗,甚至接近黑色。因此,在现代的茶种分类中,将普洱茶列为黑茶类,与普洱熟茶的汤色密切相关。

闻气味——从香气辨别。熟茶味、熟味和沉香是最直接而有效的分辨生茶和熟茶的方法之一。

普洱茶饼散发出来的气味,可以作为判断年份的参考之一。有甘醇气味的应该有五到十年的陈放,气味平平不带杂味的有三年至五年,带有生味与杂味的,就是新饼了。经过十年至二十年左右,那股表面的熟茶味已经消失,则可从茶汤中感觉出熟味香。

陈茶要看是否有一种特有的陈味,是一种很甘爽的味道,而非"霉味"。

1973 年,由紧压茶的材料改做成的第一批熟砖茶,称之为"73 厚砖茶",迄今已经三十多年了,无论是干茶还是茶汤,都没有熟味感觉,却有一股沉香。沉香是由熟味经过长期干仓陈化而转变过来的最好的熟茶茶香。

②制作

普洱茶的采摘时期是从每年春天的 2 月下旬到 11 月。而春茶的采摘依据时间早晚分为"春尖""春中""春尾",夏茶的采摘俗称为"二水",然后才是秋茶采摘,又称为"谷花"。由于茶叶采摘季节的不同,品质也有高低之分。云南茶在一年当中要以"春尖"及"谷花"两个时期所产的品质最好。春茶清香爽口为上品,夏茶味道浓烈但不带苦味,而秋茶则是香中带苦,苦后回甜,值得细品。目前云南真正高级的普洱茶都是以"春尖"为主体制成的。

普洱茶有自己独特的加工工序,一般都要经过杀青、揉捻、干燥、堆捂等几道工序。

③分类

按存放方式分:干仓普洱和湿仓普洱。

干仓普洱:指存放于通风的仓库内让茶叶自然发酵,陈放 10～20 年最好。

湿仓普洱:一般放在潮湿的地方,如地窖、地下室,加快其发酵速度。有陈泥或霉味,陈化速度比干仓普洱快,放 5～10 年最佳。

依树种分:乔木和灌木。

乔木:主要采乔木树叶做茶菁,叶片较大。

灌木:主要采灌木树叶做茶菁,叶片较小。

依制法分:生茶与熟茶。

指毛茶不经过堆闷工序而完全靠自然转化而成为熟茶。自然转熟至少需要 5～8 年。采摘后通过自然方式发酵,茶性很刺激,放多年后茶性会转为温和,好的老普洱通常以这种方法制作。

生饼:通常指 4 年以内的茶叶,还没有充分发酵。生饼没有甘滑醇柔的口味,涩口,味道冲。生饼茶叶看上去为暗绿色的,泡开的茶叶也是这种颜色,汤色呈淡淡的黄色。

生普:如果没有经过后发酵,只能视为绿茶的一种,正宗的云南大叶种晒青毛茶也一样。

熟茶:茶叶看上去颜色深而黑,泡出来的汤是鲜红色的,越陈者,颜色越接近黑色,泡开口的茶叶也是黑色的。熟饼通常指经过五年以上发酵的茶叶。最初普洱茶为自然发酵,发酵时需要很长时间。而现在人们用人工催热发酵,因为省去了长时间的等待,因此自然发酵的效果与人工发酵的效果有着很大的区别。自然发酵的,口感随着年度的变化而变化,人工发酵的则一下给茶叶定了性,失去了变化的活性。

熟茶:经过堆闷转熟,一定要达到云南省标准计量局公布的普洱茶标准。再经过一段3~5年的贮放,才可以出售。

依外形分:饼茶、沱茶、砖茶。

饼茶:扁平圆盘状,有点像派或比萨。

沱茶:形状像饭碗一样大。

砖茶:大小约等于1/2砖块,长方形。主要是由西藏及蒙古等地制造运至各地的。

普洱茶还可分为散茶和紧茶。

散茶:鲜叶经过杀青、揉捻、晒干,制成的大叶青茶。外形条索粗壮、紧直、完整,色泽黑褐或褐红,汤色红浓明亮,滋味醇厚甘甜,具有特殊的陈香气,耐贮藏,越陈越香,适于烹用泡饮。按品质分为特、一、二、三、四、五、六、七、八、九、十共十一个等级。

紧茶:由散茶压制而成,外形端正匀整,并按其形状而命名。如长方形的称为"砖茶",正方形的称为"方茶",圆饼形的称为"饼茶"。紧茶一般分为"心形紧茶"和"砖形紧茶"。按形状分,主要有贡茶、圆茶、沱茶、砖茶、紧茶、方茶、铸铜香茶等,常见的有方形的"普洱方茶"、碗形的"普洱沱茶"、心形的"普洱紧茶"、圆形的"七子饼茶"。

④品饮

选具　泡普洱茶通常使用壶、盖杯或瓷壶三种,陈年普洱茶的冲泡最宜使用紫砂壶,青普洱或生茶体最好用盖杯泡。

壶的选用最好是续温力强的、形状稍大的(比喝乌龙茶时大约大两三倍),会比较好些。因为茶壶续温力不佳容易使茶汤出现很大差异。所以茶壶应选择壁厚、壶盖口比例不要太大的。另外,茶壶的出水要确保流畅,有时放的茶量太多,沸水冲入壶中需要马上倒出,所以出水不够快的壶会影响执壶者的操控。

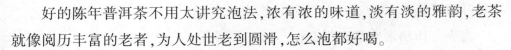

好的陈年普洱茶不用太讲究泡法,浓有浓的味道,淡有淡的雅韵,老茶就像阅历丰富的老者,为人处世老到圆滑,怎么泡都好喝。

(1)宽壶留茶根闷泡法:

对于品质较好的普洱茶采取"宽壶留根闷泡法"。"留根"就是经"洗茶"后将泡开的茶汤留一部分在茶壶里,不把茶汤倒干。一般采取"留四出六"或"留半出半。"每次出茶后再以开水添满茶壶,直到最后茶味变淡。

"闷泡"讲究一个"慢"字。"留根"和"闷泡"表明云南普洱茶的茶性。采取留根和闷泡,不仅能调节从始至终的茶汤滋味,而且也为普洱茶滋味的形成留下了充分的时间和余地,达到了"茶熟香温"的最佳境界。

(2)中壶"功夫茶"泡法:

即现冲现饮,每次倒干,不留茶根。茶壶的容积根据饮茶者的数量而定。用这种方法能很好地冲泡云南普洱茶。对于比较新的普洱茶或有轻微异味的茶,使用中型壶现冲现饮,头几泡除去新异味,提高后几泡的纯度。对于部分重发酵茶,应采取快冲倒干法以防止茶汤发黑。对于苦涩味较重的茶叶,中壶快冲能减轻苦涩味。另外,对于一部分采用机械揉捻制作晒青的普洱茶,冲泡时用此法也较适宜,因为茶味浸出较快。

现实中常常会见到一部分贮藏不当而茶叶质地却很好的普洱茶,或者轻度受潮,或者串味,开汤时茶味不够纯正,但浓甜度和厚度尚可。对于这类茶叶,冲泡时也采用宽壶闷泡法,只是头一二泡不留根,三泡起再留根闷泡。

(3)盖碗杯冲泡法:

这种方法有利于提高冲泡温度,提高茶叶的香气,适合冲泡粗老普洱茶。但对于一些细嫩茶,要求冲泡者要手艺娴熟,否则会出现"水闷气"或烫熟茶叶的现象。盖碗冲泡一定程度上减少了器皿对茶汤醇度的影响,适宜评茶。

选水　冲泡普洱茶用的水都是高山岩泉水,因为高山岩泉水所含矿物质非常丰富,水质软滑,所以很适合冲泡普洱茶。

拆茶　普洱茶是压制成块的,因而在冲泡茶的时候,应该用茶刀将茶叶一叶叶拆开。

温壶　用沸水冲茶壶与茶杯。

置茶量　根据茶叶的不同,置茶量也不同。要试泡几次才会掌握多少。一般的七子饼、茶砖,置茶量约为壶容量的四分之一。沱茶,应少一点儿。散茶,要自己试。遇到很多人喝的情况,置茶量可以更少。

基本原则:置茶量多些,风味呈现较为容易,但是一些瑕疵容易泡出,这时需要很专心地泡;置茶量少些,泡茶时可随意,至于温度、浸泡时间不要相差太大。置茶量不足,风味不易呈现,如果需要长时间浸泡,最好将置茶量降低一倍左右。

冲泡普洱茶时茶叶分量大约占壶身的五分之一左右,最好将茶砖、茶饼拆开后,暴露在空气中两个星期,再冲泡的时候味道会更美。

投茶量:冲泡普洱茶时,新茶投茶量也要尽量少。投茶量的大小与饮茶习惯、冲泡方法、茶叶的个性有着密切的关系,富于变化。如果采用"功夫"泡法,投茶量可适当增加,通过控制冲泡节奏的快慢来调节茶汤的浓度。就茶性而言,投茶量的多少也有变化。例如,熟茶、陈茶可适当增加,生茶、新茶适当减少等等。切记不要一成不变。

洗茶　"洗茶"这一过程,对于普洱茶必不可少。这是因为,大多数普洱茶都是隔年甚至数年后饮用的,储藏越久,越容易沉积茶粉和尘埃,通过"洗茶"能达到"涤尘润茶"的目的。

品质比较好的普洱茶,"洗茶"时要注意掌握节奏,不要多次"洗茶"或高温长时间"洗茶",避免茶味流失。

首先,将茶叶放入茶壶,然后注入热水。这为第一次冲泡,一方面热水可以唤醒茶叶的味道,另一方面还可以将茶叶中的杂质一并洗净。

其次,倒掉第一泡的茶水,用沸水冲第二泡,40秒左右可以出汤,就可以饮用了。

值得注意的是:第一次的冲泡速度要快,因为它只要将茶叶洗净即可,不必将它的味道浸泡出来;因为第二次以后要拿来喝,所以浓淡的选择可依照个人喜好来决定。

　　水的温度控制　水温的掌握,对茶性的展现有着重要的作用。高温有利于发散香味,快速浸出茶味。但高温也容易冲出苦涩味,容易烫伤一部分高档茶。确定水温的高低,一定要因茶而异。例如,用料较粗的饼茶、砖茶、紧茶和陈茶等适合沸水冲泡;用料较嫩的高档芽茶(如较新的宫廷普洱)、高档青饼适合降温冲泡,避免高温将细嫩茶烫熟成为"菜茶"。

　　想要冲泡出茶叶应有的风味,温度就应尽量提高。如果是芽茶类(例如嫩沱),高温很可能会产生涩味,所以,冲沸水时,要细水高冲,温度尽量下降一点。其他嫩芽较少的普洱,在一般环境下要稍提高温度,然后将该有的香醇泡出来。泡出以后就在一定温度范围之下冲泡便可。

　　20或15年以下的干仓熟茶体普洱,温度太高泡出的茶不好。酸味太过的普洱,细水高冲的降温会减免酸味,但是如果风味没了,降温也就失去了原味。如果是生茶体,年份5年以下,沸水倒入茶盅,片刻再倒入另一茶盅,最后倒入茶盅或盖杯中(这是三次降温)。20~40年的生茶体,一次降温。

　　基本原则就是:涩味、酸味要降低,降温可以达到效果。温度太低,风味会浸不出来。

　　冲泡时间控制　控制冲泡时间长短,目的是充分展现茶叶的香气、滋味。如上所述,云南普洱茶的制作工艺和原料选择的特殊性,决定了冲泡时间长短和冲泡方式方法。

　　在冲泡时间的掌握方面,一般情况下,陈茶、粗茶冲泡时间长,新茶、细嫩茶冲泡时间短;手工揉捻茶冲泡时间长,机械揉捻茶冲泡时间短;紧压茶冲泡时间长,散茶冲泡时间短。具体掌握时,要根据茶叶的特性决定。

　　出汤　新茶出茶的时候水温不宜过高。以第二泡冲出香味为好,第三泡冲沸水,随便就好,除非一定需要很高的温度。浸泡时间的确定,可将白瓷汤匙伸进壶中看看汤色,颜色差不多时就可以倒出,通常在倒出时就可以看出颜色,颜色不够纯时,再稍等片刻。倒出时,壶要稍微摇一摇(因为浓度可能不均匀)。最后需要注意的是,泡好的普洱茶温凉了喝最好,烫着喝品不出味道。普洱茶变冷后会风味十足,夏天的时候,可以是冰过以后或者弄得冷一些再喝,味道会更好一些。

⑤味道

普洱茶有甜、苦、涩、酸、水、无味等多种味道,这些味道可能单独存在某一泡普洱茶中,也可同时有多种味道并存。

甜是普洱茶品茶者的大众口味;苦和涩是茶叶原有的味道,老茶手多半喜欢有适当的苦涩味道;酸味和水味是大家最不喜欢的,普洱茶应尽量避去酸、水的味道;至于无味就是我们所说的淡而无味,也是无味之味了。

甜 大部分人都喜欢甜味。但如果浓糖甜腻,就使人又爱又怕了。普洱茶中的甜是淡淡的,这种甜不但对人体有好处,而且还可以满足心中一时对甜味的渴求,同时由于淡然甜意,更将品饮普洱茶提升到了一定的艺术境界。

普洱茶属于大叶种的茶叶,成分饱和浓厚,经过长期陈化,苦和涩的味道因氧化而慢慢减弱,甚至完全没有了,而糖分仍然留在茶叶中,经冲泡后,慢慢释放到普洱茶里,便有甜的味道。上好的普洱茶,越冲泡到后面,甜味越浓。在普洱茶的品种中,红莲圆茶和圆茶铁饼本来是用同一批普洱茶为原料的,但不同的制造方法,使这两种茶都有蜂蜜的甜味,是其他普洱茶比不上的。只有以生茶茶菁制成的普洱茶品,它茶汤中的甜味,才为纯正清雅,也最能代表普洱茶的真性,而普洱茶的甜味,都以老树乔木茶菁、生茶而干仓陈化的为最佳,甜味也最能表现出来。

苦 古代称茶为苦茶,苦本是茶的原味。

普洱茶之所以会苦,是因为它含有咖啡碱;茶之所以会提神醒目,正是这些咖啡碱对人体神经系统引起兴奋作用的效果。真正健康地品饮普洱茶,并非透过苦味去求得提神醒目,而是通过略带苦意的茶汤,达到回甘喉韵的功效。通常幼嫩的茶菁所制成的普洱茶,都带有苦味。如有荷香的白针金莲普洱散茶,或者现在生产比较多的幼嫩普洱茶,都带有苦味。至于对苦味的处理,是以冲泡方法来控制的。同时也根据各品茶者对苦味的接受程度,而泡出适当的苦味茶汤。

涩 普洱茶中有口感比较温顺的阴柔性普洱,有口感比较强的阳刚性普洱。哪些是刚性的,哪些是柔性的,判断的标准是它们的苦涩程度。

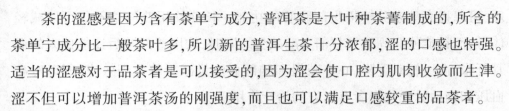

茶的涩感是因为含有茶单宁成分,普洱茶是大叶种茶菁制成的,所含的茶单宁成分比一般茶叶多,所以新的普洱生茶十分浓郁,涩的口感也特强。适当的涩感对于品茶者是可以接受的,因为涩会使口腔内肌肉收敛而生津。涩不但可以增加普洱茶汤的刚强度,而且也可以满足口感较重的品茶者。

产自云南中部,在猛库、猛弄和风庆一带的普洱茶,是属于苦底的。冲泡时苦味和涩味都需注意技巧与个人的接受度。

酸、水味　酸味和水味都是普洱茶不好的味道,更是品茶者不愿意接受的味道。因为这些都代表了茶叶的品质好坏。茶叶制作不良或存放不好,都可能带有酸味。这些带有酸味的普洱茶,经过三五次冲泡后,有的酸味会逐渐减少。一般制作新鲜的茶叶时,如果走水的程序处理不好,茶叶就会带水味。现在生产的那些轻度发酵的普洱砖茶,大部分都带有水味。

无味　大多数的普洱茶品饮高手,都认为无味之味,是普洱茶的最极品。这可能与贮放陈化的年份有关,一份两百年的金瓜贡茶,其评语是汤有色,但茶味陈化、淡薄。

无味之味有着无比高尚的境界,在数百种茶中,可能只为普洱茶所独有了。

⑥保健功效

普洱茶的优良品质不仅表现在它的香气、滋味等饮用价值上,还在于它茶性温和,有较好的药理作用。由于普洱茶经历了生茶到熟茶的转变过程,其生茶具有祛风解表、清头目等功效,所以熟茶又有下气、通便等沉降功效,故被誉为一种攻补兼备的良药。

现经国内外有关专家的临床试验证明,普洱茶具有降低血脂、减肥、抑菌、助消化、暖胃、生津、止渴、醒酒解毒等多种功效。因此,普洱茶在日本、法国、德国、意大利、等国家和中国的香港、澳门地区有"美容茶""减肥茶""益寿茶"和"窈窕茶"的美称。

普洱茶除了具有以上功能外,现代研究证实在以下几个方面的疗效也很突出:

减肥、降压、抗动脉硬化。普洱茶经过独特的发酵过程生成了新的物

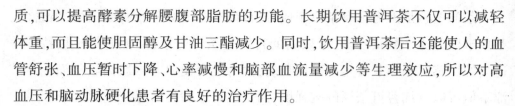
质,可以提高酵素分解腰腹部脂肪的功能。长期饮用普洱茶不仅可以减轻体重,而且能使胆固醇及甘油三酯减少。同时,饮用普洱茶后还能使人的血管舒张、血压暂时下降、心率减慢和脑部血流量减少等生理效应,所以对高血压和脑动脉硬化患者有良好的治疗作用。

养胃、护胃。普洱茶味性温和,在适宜的浓度下,饮用平和的普洱茶不会对肠胃产生刺激作用,黏稠、甘滑、醇厚的普洱茶进入人体肠胃后,附着于胃的表层,对胃产生有益的保护层,长期饮用可起到养胃、护胃的作用。因此,普洱茶又被称为"益寿茶""美容茶"。

消炎、杀菌、治痢。医药界研究及临床实验证明,云南普洱茶有消炎、杀菌的作用,浓茶汁日服十次,可以治疗细菌性痢疾。

抗衰老。人体中脂质的氧化过程是人体衰老的机制之一。普洱茶在加工过程中,大分子多糖类物质转化成了大量新的可溶性单糖和寡糖,使普洱茶含有大量维生素C、维生素E、茶多酚、氨基酸和微量元素等。这些物质具有抗氧化作用,可以提高人体免疫系统的功能,延缓衰老的过程,故其又被称为"益寿茶"。

安神。虽然一般的茶叶喝过后会影响睡眠,但是普洱茶中有一种"骏兴行"茶,饮用后不仅有助于入睡,而且还能提高睡眠质量。

再加工茶品鉴

1.茉莉花茶

(1)介绍 茉莉花茶是花茶的珍品,我国的特种茶类,迄今已有700余年的历史,它产区辽阔,产量最大,品种丰富,销路最广。主产于广西、四川、湖南、福建、江苏、浙江等地。在茶叶分类中,茉莉花茶仍属于绿茶。有"在中国的花茶里,可闻春天的气味"的美誉,是我国乃至全球的最佳天然保健品。

茉莉花茶主要采用烘青绿茶和茉莉花拼合窨制而成,其窨制过程是根据茶叶独特的吸附性能和茉莉花的吐香特性,在一定条件下进行水热作用,经过一系列工艺流程加工窨制而成。这其中既有物理变化又有化学反应。在一定的温度下,茶叶中的多酚类物质缓慢分化,从而削减了茶坯的涩味,一部分原来不溶于水的蛋白质分解为氨基酸,从而使成品茉莉花茶的汤色变深变黄,滋味鲜醇,这是茉莉花茶比同品种、同等级绿茶不仅好喝,而且滋味醇厚的原因。这也是北方人喜爱喝茉莉花茶的原因之一。

茉莉花茶的色、香、味、形与茶坯的种类、质量及鲜花的品质密切相关。大多数茉莉花茶都是以烘青绿茶为主要原料,统称茉莉烘青。

茉莉花茶的共同特点是:外形条索紧细匀整,色泽黑褐油润,香气鲜灵持久,滋味醇厚鲜爽,汤色黄绿明亮,叶底嫩匀柔软。

有的茉莉花茶也用龙井、大方、毛峰等特种绿茶为茶坯窨制而成,这样的成品茶分别称花龙井、花大方、茉莉毛峰等。近年来畅销京、津市场的苏萌毫、茉莉春风、银毫、龙都香茗、雾都花茶就是这类产品,统称特种茉莉花茶。

茉莉花茶大多数采用有代表性名茶做茶坯,各具名茶的外形特色(如扁片形、直条形、卷曲形),鲜花则采用品质上等的伏季茉莉。茉莉花茶的代表性花色品种有:

茉莉苏萌毫,是苏州茶厂创制的特种花茶,还荣获了农牧渔业部优质名茶称号。该茶采用高档烘青绿茶和优质茉莉经"六窨一提",精工窨制而成。茉莉苏萌毫以香气鲜灵,滋味醇厚鲜爽而深受消费者的喜爱。其品质特点包括:外形条索紧细匀直,色泽绿润显毫,香气鲜灵持久,汤色黄绿明亮,滋味醇厚鲜爽,叶底嫩黄柔软。

茉莉大白毫,简称茉莉大毫,是福州茶厂采用福鼎大白茶等良种早春嫩芽特制成坯,并以双瓣和单瓣茉莉交叉重窨,精工巧制,"七窨一提"而成。茉莉大白毫外形毫芽肥壮重实,紧直匀称,色泽嫩黄,满披银毫,内质香气鲜浓,滋味浓醇,汤呈微黄色,叶底匀亮。

天山银毫,是福建宁德茶厂生产的,荣获了商业部优质产品的称号。该茶选用高级天山烘青绿茶与"三伏"优质茉莉,按传统工艺窨制而成。天山

中华茶道

银毫外形紧秀匀齐，白毫显露，色泽嫩绿，水色透明，香气鲜灵浓厚，叶底肥嫩柔软。

（2）保健　茉莉花茶除具有绿茶的保健功效外，还有一些绿茶没有的保健功能。如：茉莉花茶能"祛寒邪、助理郁"，是春季饮茶的上品；茉莉花性味辛甘温，具有理气、开郁、辟秽、和中的功效；茉莉花芳香能放陈气，可治疗下痢腹痛、疮毒等症；有清热、解毒、疏胃、止痢等作用；女性喝茉莉花茶还能理气静心，有美容的效果，很适合更年期女士饮用等等。

（3）茉莉花茶的品饮　茉莉花茶在品饮方法上与绿茶有相似之处，加上一些人的饮茶习惯，便形成了这样几种方式：以选用的品饮器具可分为盖碗冲泡法、瓷壶泡法。而造型优美的特种茉莉花茶也有玻璃杯冲泡法，以满足观赏叶底的要求。

通常冲泡茉莉花茶，茶水比例以 1∶50 为宜，如容量为 150 毫升的器具，其下茶量为 3 克左右，冲泡时间一般为 3~5 分钟，水温在 90~100℃之间。

质量稍差的茉莉花茶可选用瓷壶泡法，水温为 100℃，冲泡 5 分钟，将茶汤分斟各杯即可品饮。白色瓷杯盛茶，可观茶汤色泽，花香也能充分发挥，不但清洁，而且雅致。采用一壶多杯分饮法是北方居家品饮花茶常用的方法，具有方便卫生的特点。

品饮高档名优茉莉花茶，通常采用透明的玻璃杯冲泡。用 90℃左右的沸水，冲泡大概 3~5 分钟，冲泡次数视窨花次数而定，一般来说，窨次越多，可冲泡的次数也越多，但通常一杯茶不要超过 5 次。

冲泡时可通过玻璃杯欣赏茶叶精美别致的造型，如冲泡的是茉莉银针王，可欣赏到茶叶在杯中徐徐展开，朵朵直立，上下沉浮，栩栩如生的景象，别有情趣。泡好后揭盖儿可闻到鲜香、浓纯的气味，再尝其味，会带有花香和茶味，令人精神振奋，心旷神怡。

盖碗冲泡法是四川人品饮茉莉花茶常用的方法，一套茶有茶碗、茶托、茶盖儿，每人一套盖碗泡茶，边饮边品，摆摆"龙门阵"，悠然自得，其乐无穷。在北京等城市茶馆也常选用这种形式。

（4）茉莉花茶的选购　选购茉莉花茶时应该注意以下几点：

①茉莉花茶的茶坯以春茶为佳，茉莉花以伏花最香，所以上品茉莉花茶要到九月才能上市。

②注意区分窨花茶、拌花茶和压花茶，抓一把茶叶干闻外香，感觉鲜美愉悦，可初认为是窨花茶。如果是香高但冲鼻，或香中带浊，透有酒精味，或是茶中带的花片多，但干闻时没有香气或香气低沉，可认为是拌花或压花茶。不过，在购买花茶时，最好是开汤审评。这样，拌花、压花茶这种香气混浊、不鲜灵，香低不耐泡的通病就会原形毕露了。

③留意茶叶的干净和整碎程度。多梗枝与有杂物的质量较差，一般花茶中或许会带有少量花片等花干，但在高档花茶中应该拣剔出来。茶叶中碎末太多也是不好的，因为碎末的吸香能力没有条形茶好，所以碎末过多会影响香气的浓度。

④确定茶叶的干度。茉莉花茶的吸水性是很强的，暴露在空气中半天就可使水分大大增加。如果水分太大，既容易发霉变质，产生酸馊、霉变等气味，而且会降低香气浓度，茶叶的鲜美度更是会受到影响。一般花茶的含水量控制在8%～8.5%为宜。

2.珠兰花茶

从明代开始珠兰花茶就有生产，是我国主要花茶产品之一，因其香气芬芳幽雅，持久耐储而深受消费者青睐。主要在安徽歙县生产，在广东广州、福建漳州以及浙江、江苏、四川等地也有生产。

珠兰花茶有珠兰黄山芽、珠兰烘青特级和1～6级、珠兰茶片、珠兰茶末、珠兰圆茶、珠兰魁针、珠兰大方特级和1～6级、珠兰大方片、珠兰大方茶蕊等。通常茶叶原料好，花香清雅鲜爽而持久，既耐冲泡，又耐储藏。

珠兰黄山芽为珠兰花茶的珍品，其品质特征是，外形条索紧细匀齐，锋苗挺秀，白毫显露，色泽深绿油润，花干整枝成串，宛如一串珍珠。一经冲泡，茶叶徐徐沉入杯底，花如珠帘，在水中悬挂，妙趣横生。汤色黄绿明亮，细细品啜，既有兰花特有的幽雅芳香，又兼高档绿茶鲜爽甘美的滋味，一杯

在手,实为一种高尚的精神享受。

在1954年全国花茶质量评比中珠兰黄山芽获第一名,1979年又获全国供销总社优质产品称号,1982年、1984年两次获安徽省优质产品称号。山东、华北、东北和边疆少数民族地区是其主要销售区。

普通珠兰花茶外形条索紧细匀整,色泽深绿光润,花粒黄中透绿,香气浓而不烈,清而不淡,滋味鲜爽回甘,汤色淡黄透明,叶底黄绿柔软。

珠兰花茶具有生津止渴、醒脑提神、助消化、减肥等功效。

窨制珠兰花茶的香花有两种不同科的香花,即米兰和珠兰,它们花形虽同,但香型却略有差异,因而不少人把两者混淆在一起。下面分别介绍一下它们的特点:

米兰:又称米仔兰、鱼子兰、树兰,原产我国南方及东南亚,植物学分类属楝科,米仔兰属,学名 Aglaia odorata。米兰是一种常绿小乔木,多分枝,无节,叶为单数羽状复叶,互生,长8~13厘米,小叶3~5片,对生,倒卵圆形,全缘无毛,叶面深绿色,较平滑。花腋生,呈圆锥花序,黄色,花萼五裂,裂片圆形,花瓣五片,雄蕊五枚,花柱合生成筒,较花瓣略短,顶端全缘。花香似蕙兰,清香幽雅,吐香时间持续2~3天,是提炼香精和窨制花茶的上好原料。常见有大叶米兰和小叶米兰两种,小叶米兰板稠叶密,树态优美,开花时先从小枝上部叶腋抽出圆锥花序,缀满细如鱼卵的金色花蕾,放置室内,满室清香,沁人心脾。在福建漳州有一株300年生米兰,高达6米,干粗20厘米,单株年产鲜花100千克,俗称"树兰王"。

珠兰:又称珍珠兰、茶兰,金粟兰科,金粟兰属。珠兰是草本状蔓生常绿小灌木,茎圆柱形,无毛,单叶对生,椭圆形,长12~22厘米,边缘为细锯齿,齿尖有腺体,叶脉隆起,穗状花序顶生,常为2~3枝或更多分枝的圆锥花序,花黄白且无梗,有淡雅芳香,疏离地排列在花序轴上,4~6月开花,其中5月份为盛花期。

珠兰花茶以清香幽雅、鲜爽持久的珠兰和米兰为原料,选用高级黄山毛峰、徽州烘青、老竹大方等优质绿茶为茶坯,混合窨制而成。

采花标准:每天上午采收鲜花窨茶,一般不过中午。要求花朵成熟,花粒肥大,色泽鲜润、绿黄或金黄。

鲜花用量:低档茶为 4%~5%,中档茶为 6%~10%,高档茶为 12%~15%。

理化指标:灰分不高于 6.5%,水分不高于 7.5%。

窨制工艺:分拆枝(打花边)、摊花、窨花(拌和)、通花、续窨复火、匀堆装箱等工序。

由于珠兰花香隽永持久,在窨制后,花香气分子的挥发与茶叶对香气的完全吸附需要一段时间,即窨制后的熟成作用需持续 100 天左右。据歙县茶厂有经验的老师傅介绍,在密封干燥的茶箱内贮藏 3~4 个月的高级珠兰花茶,比刚窨制完毕时香气更加沁人心脾。

3.金银花茶

金银花茶是湖北咸宁的首创,是一种新兴保健茶,茶汤芳香、甘凉可口,在国内外市场上都很畅销。它的主要特点是:外形条索紧细匀直,色泽灰绿光润,香气清纯隽永,汤色黄绿明亮,滋味醇厚甘爽,叶底嫩匀柔软。

金银花茶是用绿茶中烘炒青做原料,和金银花窨制而成,因而金银花茶不但具有绿茶的保健功能,而且具有金银花的保健作用。

金银花茶作为一种绿色保健茶和馈赠的佳品,可以降压、降低胆固醇;增加冠脉血流量,预防冠心病和心绞痛;抑制脑血栓的形成;提高人体耐缺氧自由基,增强记忆,延缓衰老;改善微循环,清除过氧化脂肪沉积,促进新陈代谢,润肤祛斑。经常饮用这种茶,可以健身防病,延年益寿,是老幼皆宜的保健饮品。

金银花品种较多,常见的有红金银花、黄脉金银花和白金银花等。香气以白金银花最佳。此花初开时为纯白色,翌日变为黄色,香气逐渐散失,所以窨茶以开花当天最好。

窨茶的金银花应选择白金银花等品种,因其色白、香浓、内含成分丰富,窨茶效果最好。其简易制作方法如下:

(1)主料制备。金银花茶以 90%的茶做主料。将采收的一芽二叶或一

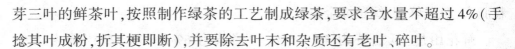

芽三叶的鲜茶叶,按照制作绿茶的工艺制成绿茶,要求含水量不超过4%(手捻其叶成粉,折其梗即断),并要除去叶末和杂质还有老叶、碎叶。

(2)金银花采收。5～7月是金银花的采收时期。当花蕾由绿变白、上部膨大、下部青色时,便可采收,若有已开放的花朵,也要同时采摘。在1天之内,应在9时前采收为佳,因为此时露水未干,不致伤及未熟的花蕾,而且花香最浓,花的原色也易保持。鲜花采回后应捡去杂叶、梗、蒂,雨水花应除去表面的水,并及时窖制。

(3)茶叶吸香。金银花的配花量由茶坯等级和花的好差决定,高档茶二窖一提,配花量45～50千克,提花4～5千克,实行整朵窖制。窖制方法是将应配鲜花均匀地铺在待窖的茶坯上,拌和均匀。高档茶最好用箱窖,堆窖则根据气温高低确定堆的大小。一般堆宽100～120厘米、高40～50厘米。

根据金银花开放吐香的习性,窖制时间通常控制在20～30小时,不要过短,也不能过长,否则茶叶发黄,滋味沉闷不鲜。

(4)花茶配合。茶叶吸香后,把金银花提出,放在阳光下曝晒。当金银花手搓即可成粉时,即可与茶叶按1:10的比例混合,最后秤重包装即为成品。金银花一定晒干,不宜烘干,否则不能保持原有的色泽。

4.白兰花茶

白兰花茶,有着悠久的历史,主要产于广州、苏州、福州、成都等地,年产量2000～3000吨。白兰花茶的特征是:外形条索紧结重实,色泽墨绿尚润,香气鲜浓持久,滋味浓厚尚淳,汤色黄绿明亮,叶底嫩匀明亮。山东、陕西等地是主要销售区。它的主要原料是白兰花,其次也用黄兰、含笑等。

白兰也叫缅桂,叶草质,卵状披针形或长椭圆形,全缘,叶柄长1.5厘米,基部楔形,花单生于叶腋,夏秋开白花,花被8～10枚,披针形,有馥郁香气,4月下旬～9月陆续开放,尤以夏季最盛。

黄兰也叫黄缅桂、黄桷兰,外形与白兰极为相似,唯其花为淡黄色,叶柄上托叶痕较长,叶背有毛,也是优良的窖茶香花。

含笑是常绿灌木或小乔木,高2～3米,分枝紧密,小校及叶柄均密生褐色绒毛,叶倒卵圆形,花单生于叶腋,长 2~3 厘米,呈淡黄色,香气清纯隽永,是高级窨茶香花,而且经常被用来观赏。

白兰花香浓郁持久,是窨制烘青绿茶的主要原料,但有时也用含笑花代替白兰花来窨制高级烘青类名茶。用含笑花窨制出的花茶其外形条索紧细匀整,色泽翠绿油润,香气清纯隽永,汤色黄绿清澈,叶底嫩黄柔软,滋味鲜爽回甘。

白兰花茶多以中、低档烘青茶坯为原料,主要品种是白兰花烘青,其窨制技术有鲜花养护、茶坯处理、窨花拌和匀堆装箱四步。

5.玫瑰花茶

玫瑰花茶,是用紫红色的玫瑰花瓣窨制的花茶,在我国明代钱椿年编写的《茶谱》中就有详细记载。我国目前生产的玫瑰花茶主要有玫瑰红茶、玫瑰绿茶、墨红红茶、玫瑰九曲红梅等花色品种。

玫瑰原名徘徊花,原产于我国、朝鲜及日本,是蔷薇科的落叶灌木,品种繁多,是花中最大的家族。因玫瑰花中富含香茅醇、橙花淳、香叶醇、苯乙醇及苄醇等多种挥发性香气成分,故具有甜美的香气,是食品、化妆品香气的主要添加剂,也是窨制花茶的主要原料。

通常玫瑰花采下后,经适当摊放、折瓣,拣去花蒂、花蕊,以净花瓣付窨。不同的玫瑰花茶有不同的用花量:广东玫瑰红茶实行单窨,下花量为 100 千克茶用 10~16 千克花;福建玫瑰绿茶两窨一提,总下花量为 100 千克茶用 50 千克花;九曲红梅一窨一提,用花量为 20 千克。

品饮玫瑰花茶时,可以用瓷器、陶器,也可以用玻璃的茶具,用素净的玻璃杯最佳,因为沉香梦般的玫瑰花茶需要一个唤醒的过程,需要目光的轻抚和搅拌。同时也便于欣赏花与茶在杯中舒展、沉浮、飘荡、聚集的情景。

水质对于泡玫瑰花来说十分重要,一般用矿泉水、纯净水或者山泉水。玫瑰花茶不宜用温度太高的水来洗,一般用放置了一会的开水冲洗比较好,而且冲洗要快。玫瑰花茶最好热饮。热饮时花的香味浓郁,闻之沁人心脾。

品饮玫瑰花茶不但是一种享受,而且常喝玫瑰花茶还能起到很好的保

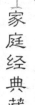

中華茶道

健作用。

玫瑰花茶性质温和,降火气,可调理血气,促进血液循环,养颜美容。且有消除疲劳,愈合伤口,保护肝脏胃肠功能,长期饮用也有助于促进新陈代谢。

玫瑰花对女性有奇妙的作用,它可以让她们的脸色同花瓣一样变得红润起来。尤其是月经期间情绪不佳、脸色暗淡,甚至是痛经等症状,常喝玫瑰花茶都可以得到一定的缓解。即使不是经期,也可以多喝点玫瑰花茶,安抚、稳定情绪。

6.玳玳花茶

玳玳花茶是我国花茶家族中的一枝新秀,是用玳玳花窨制的花茶,由于其香高味醇的品质和玳玳花开胃通气的药理作用,因而深受国内消费者的欢迎,被誉为"花茶小姐"。畅销华北、东北、江浙一带。

玳玳又被称为回青橙,芸香科,柑橘属,常绿灌木,枝细长,叶互生,革质,椭圆形,春夏(4~5月)开白花,香气浓郁,果实为扁球形,第一年冬季为橙红色,第二年夏季又变青,所以称为"回青橙",因有果实数代同生一树的习性,也称"公孙桔"。

玳玳花每年开花两次。春花:开放在4~5月上旬,较白兰、茉莉要早,但花期短,仅一个月左右,而花量占全年采收量的90%以上,鲜花质量也好。因此,采花应及时,窨茶用花应采其花朵已开而未开足的为宜。夏花:主要开在7~9月,很少采收,多让其结果。但专供做花茶的玳玳,则也采花用作窨茶原料。采收多在清晨含苞欲放时进行。

它的开放度与香气浓淡密切相关,未开放时称"米头花",香气低淡;含苞待放者为"扑头花",芳香物随花瓣开裂而散发,进厂后稍摊,散发闷热味后就可窨花,效果最佳;第三种称"开花",花瓣开裂,花蕊显露,芳香物质已挥发,香气低。因此,进厂之鲜花应立即摊放散热,厚度4~6厘米,雨花则要等表面水蒸发后才会"破头"开放,所以应该用风扇辅助以使表面的水加速蒸发。

由于玫瑰花瓣厚实,芳香气在较高的温度条件下才容易散发,因此要常加温热窨,以利于香气的挥发和茶坯吸香。将茶花拌和后,送上烘干机加温,出烘后立即围囤窨制。玫瑰花适宜窨制烘青、炒青花茶。

玫瑰花茶一般用中档茶窨制,头年必须备好足够的茶坯,贮存在干燥、冷凉的环境中,让其绿茶风格保持如常,尤忌霉变。窨制前应烘好素坯,使陈味挥发,茶香透出,从而有利于玫瑰香气的发挥。

花草茶品鉴

品茗轩

采茶词

(明)高启

雷过溪山碧云暖,幽丛半吐枪旗短。

银钗女儿相应歌,筐中摘得谁最多?

归来清香犹在手,高品先将呈太守。

竹炉新焙未得尝,笼盛贩与湖南商。

山家水解种禾黍,衣食年年在春雨。

1.认识花草茶

(1)花草茶的来源

花草茶不含咖啡因,而且有淡雅的清香及奇特的疗效,所以近几年非常流行,现已成为一种时尚。

严格说来,花草茶不能算是一种茶,因为它并不含有茶的成分。它是将所有可食植物的根、茎、叶、花、皮等部位,单独或综合干燥后,加以冲泡的一种饮料。

花草茶或花茶、草茶、药草茶、英文名为 Herbal Tea。Herbal Tea 在西方,就像草药在中国,原先是作为药用的,长期担任民间医药配方的重要角色。5000 年前住在幼发拉底河的苏美利亚人,他们所使用的药草就包括了

中华茶道

百里香和藏茴香。

十六世纪的妇女出门时,会挂一个布做的小袋子在身上,其内装着多种有香味的花草,例如薰衣草、迷迭香、百里香、柠檬等,主要的目的不是为了它们的香味,而是为了避免外面的细菌感染。

药草茶的休闲价值逐渐被人们发现是在18世纪。法国人将Herbal Tea发展成一种休闲饮品,这股风气逐渐扩及欧洲、美国、日本等,甚至传入中国。

花草茶与注重医疗的药草茶在原料上并没有什么差异,只是在制作时减轻对药效的要求,而增添了色、香、味等方面的享受。花草茶相对于茶,它的组成更具特色,单一材料饮品有其独特的味道,而混合材料饮品则具有味道丰富的口感。

作为天然饮品的花草茶,不含咖啡因与人造色素,不仅气味芬芳,颜色漂亮,更重要的是,每一种花草茶都含有天然的营养成分,有美容护肤、舒缓压力、镇静神经等功能,这些都与现代人追求自然、崇尚健康的观念相契合。因此,受到越来越多的人的喜爱。

(2)原产地分布

花草茶的原产地十分广泛。花草茶的生命力都很强韧,除了在原产区生生不息之外,还扩展到土壤及气候都适宜的栽培地,成为大量种植的经济作物。但因为各地区的气候及环境不同,花草茶的特性也因地而异。

地中海沿岸　地中海沿岸是许多常用花草茶的故乡,花草茶的"Herb"一词就是源于拉丁古语"Herba"(意为草、草本)。由于当地艳阳普照,夏季少雨,为了减少水分的蒸发,这个地区生长的花草茶多是小叶型,如唇形科的薰衣草、鼠尾草、迷迭香、百里香等。

另外为了适应地中海沿岸干燥的气候,它们的叶片中存在着芳香精油以保留水分,因此不但能成为天然香精的原料,在药效上也更丰富。这种干暖的地中海型气候区,是能使花草茶自然干燥的绝佳环境。因此,这里生产的花草茶品质十分优良。

欧洲　除了地中海沿岸,欧洲的中部、北部也是花草茶的一大产区。这里属于比较凉爽的大陆性气候,除了紫花、洋甘菊、莳萝等原有的品种外,也致力于栽培具有经济价值的外来花草。因此这里成为花草茶最重要的发行地区,也是推广和消费花草茶的主要地区。

亚洲　中国、印度将植物药用或食用已有长远的历史,称得上是将花草茶普遍应用于生活的地区。当地生产的花草茶通常具有扑鼻的香气或较辛烈的口味,如当归、人参、大蒜、洋葱、罗勒(九层塔)、肉桂等。虽然当地的人们习惯将上述花草茶视为食品,很少当作药物来用,但是它们巨大的医疗潜力却相继被欧美医学界所证实,尤其是对癌症、高胆固醇、高血压等疾病的治疗作用,值得现代人重视。

美洲　美洲印第安人对花草茶的知识与应用传人欧洲是在欧洲人发现新大陆后,于是如甜菊、报春花(樱草)、柠檬马鞭草、马黛树等,日益为人们所熟知。比较而言,南美洲以生产花草茶并直接应用为主;北美洲的美国、加拿大等国则热衷于研制以花草茶为原料的药品。

热带非洲　非洲至今仍保留众多的野生花草茶物种。通常来讲,越接近原始品种的花草茶,药理效能就越强。不过非洲的花草茶缺乏芳香味,因此也较少当作花草茶的原料。非洲的花草茶被外人认识的比例有限,但在当地民族中已沿用数百年,诸如芦荟、魔鬼爪(南非钩麻)、布枯等,经验证后发现疗效确实很好。

(3)花草茶的形式

花草茶的种类繁多,如今世界各地贩售的花草茶,大都是来自德、法、英、澳、加拿大等主要花草茶制造国。常见的花草茶口味有:单一花草茶、综合花草茶、果粒混合花草茶、香料调味花草茶。而花草茶的形式主要有:

①天然干燥的花草茶。

花草茶制造商将新鲜花草干燥以后,挑选出适合冲泡的部分,这些就是消费者在市面上看到的天然花草茶了。通常情况下,这种花草茶大多是单一口味,但是也有一些是调配好的综合花草茶。这是花草茶最常见的形式。

②花草茶茶包。

这种形式的茶包能给上班族提供一种方便冲泡花草茶的享用方式。不过这类花草茶大多不是纯花草口味,而是经过其他香料调味精制而成的。由于是进口产品,价格较高,购买时要注意花草茶的生产日期及外包装是否有破损,避免买到变质的花草茶。

③新鲜花草茶。

人们可以从花草茶专卖店、花市买一些常见的花草茶种子回家后,自己种植,然后冲泡新鲜的花草茶,如:黄菊、迷迭香、紫罗兰、薰衣草等。但是要注意,一般观赏用或来路不明的花草,可能会喷有农药,所以不宜作为花草茶拿来冲泡。

(4)花草茶的成分及功能

花草茶来自天然的植物,不含刺激性的咖啡因,拥有丰富的口味及广泛的功效。每种花草茶的成分都很繁杂,常见的成分有以下几种:

芳香精油类:又称为精油或挥发油,虽然花草茶成分比例中芳香精油的含量并不高,但极有价值。在不同种类的花草茶中,芳香精油的组成要素也不同,既赋予各种花草茶以独特的香味,又具有独特的医用功效。一般来说,芳香精油具有良好的醒脑明目、抗微生物、防腐、消炎止痛、制止痉挛等作用,对人体的免疫系统也大有裨益。

单宁:也称鞣质,它是花草茶涩味及苦味的来源,并具有收敛、止泻、防感染的作用。

维生素:花草茶的维生素含量不少且种类多样。饮用花草茶,能吸收其中的水溶性维生素 A、C 等,不但能促进消化代谢和养颜美容,而且有助于从根本上改善体质。

矿物质:花草茶中含有钙、镁、铁等多种矿物质,是人体保健的基本营养成分。

类黄酮:这是一种色素,常和维生素 C 并存于花草茶中,对花草茶的色泽极具影响力。它除了利尿,对心血管有保护作用之外,抗肿瘤、抑癌(防止自由基形成)的功能也渐受重视。

苦味素:苦味素一方面给花草茶带来了苦味,另一方面也使之拥有了促进消化、消炎、抗菌等功能。

配糖体:通常以药用为主的植物中都含有这种成分,是花草茶发挥疗效的主要成分之一,具有强心、防腐、镇咳、利尿等功能。

生物碱:它也是植物药用成分的主力之一,尤其对神经系统有影响,有毒性,必须小心使用,不过在一般常饮的花草茶中,这种成分微乎其微,不致中毒。

花草茶由于含有上述成分,因而有美容护肤、缓解压力、帮助睡眠或提神、助消化、调节机体、增强免疫系统能力等作用。长期饮用,能帮助排除人体细胞内无法顺利排泄的毒素,从根本上改善体质,而且绝大多数不具副作用。不过,花草茶毕竟是养生茶,如果患有疾病,还是要以看医生为主,而以花草茶为辅。

(5)喝花草茶应该注意的方面

饮用花草茶一定要有正确的观念,虽然花草茶具有药用疗效,但主要还是用于养生方面,如果一味地迷信疗效,或是希望喝花草茶病就会好,那是不可能的。以轻松愉悦的心情,把喝花草茶当作一种享受,才会具有养生的功效,也是最理想的状态。

花草茶虽好,但并不是每个人都适合,以下人群就不适宜喝花草茶:

①对花草类过敏者;②孕妇和婴儿;③高血压、高血脂、糖尿病等慢性病患者。

另外,不是所有的干花、中草药都适宜泡茶。

先说说中草药。胖大海只适于风热邪毒侵犯咽喉所致的音哑。如果是由于声带小结、声带闭合不全或烟酒过度引起的嘶哑,用胖大海就没有什么效果了。而且,饮用胖大海会产生大便稀薄、胸闷等副作用,特别是老年人突然失音及脾虚者更应慎用。决明子虽然有降血脂的作用,但同时可引起腹泻,长期饮用对身体不利。甘草虽有补脾益气、清热解毒等功效,但长期服用会引起水肿和血压升高。银杏叶含有毒成分,用其泡茶可引起阵发性痉挛、神经麻痹、过敏和其他副作用,因此,不能用来泡茶。

干花泡茶,也不是绝对安全的。如孕妇、脾胃虚寒者就不宜饮用野菊花茶,还有少数人饮用野菊花茶后会出现胃部不适、胃纳欠佳、肠鸣、便溏等消

化道反应,正在服用西药的患者饮用中草药茶更应注意,因为不适当地与西药联用可能会伤害身体。

因此,饮用花草茶时,要先了解花草各自的特性。此外,不要长期喝单一的花草茶,否则容易体虚、过敏、咳嗽或产生白带。

(6)花草茶的采制工艺

多数花草都有一定的生长期和采收期,要使花草茶在非收获期或供非生长地的人饮用,就必须经过干燥处理以延长其保存期。

在适当时节采收的花草茶拥有花草茶最多的有益成分。若以采花为主,则应当在花初开而未全盛时完整摘取;而采收叶或全草,则以茎叶茂盛或含苞未放时最适宜。选在晴日的午前采收,有助于花草茶的干燥完整。

花草茶采收后要先除去枯枝叶及附带的昆虫,随即将花草茶移到阴凉且通风良好的地方,使其自然风干。将花草茶放在没有阳光照射的地方,是为了保持花草的色泽和形态,而通风良好是为了防止花草带有霉味。

以上这些步骤需在采收后及早进行,以避免花草中的芳香物质蒸发或花草氧化变质。

花草茶在干燥过程中要保持花草的完整。通常是在茎的中段将几株草捆成一小束,然后将草束悬空倒吊,花则摊放在一层层的棚架上风干。即使用干燥机烘干,也要循序渐进,快速地干燥会导致花草中的芳香油挥发。

(7)如何挑选优质花草茶

花草茶有散装茶和品牌茶两类,大部分由欧美进口,内容以单一花草茶原料居多,也有以数种花草及果粒复合的。购买散装花草茶最好到信誉较好的花草茶专卖店或大型商场的花草茶专柜;在一些较大超市里就能买到品牌花草茶。在挑选时,要选择色泽鲜纯、花叶完整、果实颗粒饱满者,茶中不含杂质,无潮湿、发霉、异味、虫蛀、日晒等现象,花草香味浓郁。如果可以试喝的话,清爽甘甜的必是好茶材。

花草茶是否安全和卫生是最首要的。声誉良好的花草茶供应商因为物品管理严格,原料掺杂物或品质粗劣的概率小,而且花草茶多采用标准化的包装,有明确的标示,并且多提供解说及试饮,花草茶初入门者凭此能方便买到适合自己所需的产品。另外，每种花草果叶的采收、制作步骤、方法不尽相同，需要一定的技巧，随便摘下烘干，喝起来就可能不会太好，所以一定要购买可靠产品。

现在市场上已经有不少卖花草茶的店，一般品质都在规定标准之上。百货公司内也有卖点，品质稳定，但由于场地租金的缘故，价格会比较昂贵。而超市或是一般市场内的花草茶，等级就比较普通。如果不是那么在意，也可以在这些地方选购。

色泽　花草茶本身的色泽虽然不比新鲜花草，但是由于茶材经过干燥处理，所以都还留有花草原始的色泽，花类应该色彩鲜艳，保持鲜花原有的颜色，叶类或草类由于经过干燥，颜色会略发黄，呈黄中带绿的颜色。如果花草茶黯淡无光泽、颜色灰暗、褪色、变黄、出现污斑，最好不要购买。色泽太艳的也要注意。因为花草茶是由干燥烘焙而成的，看起来当然不会像原来那样"亮眼"，如果外表很鲜艳，有可能是添加了色素。

形态　质量好的花草茶形态应该十分完整，如完整的干花或完整的叶子。当然因为运送或包装过程，有些碎屑产生是合理的，但是变质的花草茶，则会出现细碎粉末儿，这便表示品质不佳。那些已经遭虫啃食而残破不堪或因保存不当导致茶材细碎、颜色深浅不一的也不能买。

花苞类的花草茶，花苞一定要紧实，煮泡起来才好喝，松松散散的花苞就不要买了。

另外，选购复合花草茶时一定要注意，有些商家为了让消费者认为买到的花草茶分量较多，在花草茶里加入了不适合冲泡的干果。

香气　好的花草茶透出自然干爽的清香，而质量欠佳的花草茶常常添加人工香料来增加或掩盖原有的气味。要信赖自己的鼻子，注意香气是否自然，有无霉味、焦熏味、臭味、怪味等。此外，并不是所有的气味都能令大多数人接受，在购买前，可以购买少量，试喝，务必确定自己是否喜爱或能够接受。

干燥程度　花草茶需要完全干燥的环境，如果包装不紧密或受了潮，泡出的茶就不好喝了，甚至还会发霉变质。

干燥程度高的花草茶拿在手里感觉很轻,用手能够捏碎。如果感觉绵软发潮,则说明已经受潮,最好不要购买。应挑选干燥度好的,水分最好不超过40%,这样便于长期保存。

一般花草茶可保存一年,一年后其营养功效和色素都会受到影响。因为草本植物容易氧化,天然色素在水分高的情况下会发生降解。

注意包装标示　如果是带包装的花草茶,要注意检查包装是否完整、有无破损。还应留心包装上的生产日期和保质期,最好不要购买出厂一年以上或快到保质期的产品,因为存放太久,香气会有所损失。

过期的花草茶会有怪味,千万不能买。对没有包装的花草茶,更要注意避免买到过期的产品。

另外,有些花草茶包装强调夸张不实的功效,却没有详细标明成分、冲泡方式、公司名称、制造商资料,这些都要注意。

依个人喜好及需求　虽然各种花草茶都标榜着有许多疗效,但它们并不能取代医药。建议还是把饮用花草茶当成一种享受,而不是治疗病症的圣药。故最重要的还是选择自己喜爱的香味,其次再考虑疗效。

少量购买花草茶　即使是经常饮用花草茶的人,一次的花草茶购买量也不宜过多。根据自己的饮用量,以3个月内饮用完的量较为适宜。对于偶尔饮之的人,最好选择小包装的花草茶。

花草茶与体质　喝花草茶,除了是一种享受外,还有各自不同的功效。在满足味觉、视觉享受的同时,还要依据自己的体质来挑选适宜的花草茶。

中医上将体质分成虚、寒、实、热四种,而虚性体质又分为阳虚与阴虚两种。

①热性体质。爱吃冰凉的东西或饮料,爱喝水但仍觉得口干舌燥,怕热,脾气差且容易心烦气躁。

适合茶材:寒凉属性的茶材,如人参须、西洋参、决明子、苦茶、菊花、薄荷、仙草、绿豆、薏仁、小米、小麦、阳桃、香蕉、奇异果、草莓、梨、樱桃、绿茶等。

不适合茶材:温热、辛辣刺激属性的茶材,如姜、桂圆、肉桂等。

②寒性体质。即使不常喝水也不觉得口渴,常觉得精神虚弱且容易疲劳,脸色苍白、唇色淡、怕吹风、怕冷、手脚冰冷,喜欢喝热饮、吃热的食物。

适合茶材:温热性的茶材,如人参、当归、黄芪、栗子、山楂、核桃、红豆、花生、杏仁、姜、茴香、桂圆、桃子、桑椹、红茶、乌龙茶等。

不适合茶材:梨、冬瓜、苦瓜、苦茶、仙草等。

③实性体质。活动量大、声音洪亮、身体强壮、肌肉有力、脾气较差、心情容易烦躁,会失眠,舌苔厚重、呼吸气粗、容易腹胀,不喜欢穿厚重衣服。

适合茶材:苦寒属性的茶材,如薏仁、绿豆、仙草、梨、橘子等。

不适合茶材:松子、肉桂、姜、桂圆等。

④阳虚体质。与寒性体质接近,阳气不足、有寒象,表现为四肢冰冷、疲倦怕冷、唇色苍白、少气懒言、嗜睡乏力。

适合茶材:宜选补阳的茶材,如冬虫夏草、人参、核桃、姜、花生、肉桂等。

不适合茶材:蒲公英、金银花、白茅根、车前草、苦茶、冬瓜等。

⑤阴虚体质。与实性体质接近,阴血不足、有热象,表现为经常口渴、喉咙干、头昏眼花、容易失眠、容易心烦气躁、皮肤枯燥无光泽、形体消瘦、盗汗、手足易冒汗发热。

适合茶材:宜选补阴的茶材,如西洋参、百合、芝麻、黑豆等。

不适合茶材:干姜、肉桂、丁香、桂圆、茴香、核桃等。

(8)如何保存花草茶

买到了品质优良的花草茶,还必须注意正确的保存方法,才能维持花草茶的色、香、味。因为干燥过后的花草茶,最怕潮湿的环境,也要避免阳光直射,否则花草茶就会变脆或变质,花草的香气也容易流失。因此,将花草茶买回家后,保存时一定要特别注意。另外,最好短期内喝完,以免存放过久产品变质。

花草茶的保存原则是低温干燥,预防虫蛀,避免光线照射,主要注意以下几点:

保存方式 市面上贩售的花草茶原料,常以玻璃纸袋装,包装上多半密闭性不足,买回后若想花草茶保存较久,应该换罐贮藏。如果觉得罐太占空间,现在也有方便的夹链袋可以选用,总之就是将花草茶放在不会与外面空气直接接触的容器中。但是,由于干燥后的花草茶仍含有约 5%～10% 的水分,所以绝对

陶套茶具

不能将花草茶放进塑料袋中,因为袋子内外的温差会产生水滴进而生霉。可以选用陶罐、棕色纸袋、瓦楞纸箱或软木做瓶盖的玻璃瓶。

陶瓷制的茶罐,最能保持干燥花草茶品质稳定。透明的玻璃瓶或玻璃罐,虽然便于观察是否受潮发霉,但因为阳光能穿透照射,所以最好能将透明罐放入储藏柜中。但无论是放在袋中还是密闭罐中,都必须密封好,避免氧化、受潮。

将花草茶放到密封罐中保存时,首先要检查密封罐是不是清洁、干燥、无异味,然后将花草茶放入,还要放上干燥剂。

花草茶存放时还要注意避免串味,不能与气味强烈的物品并列摆放。不同种类的干燥花草也不要混合存放,否则容易混淆原有的芳香,尤其是薰衣草、迷迭香等气味较浓的花草,更容易盖过其他共置花草的清香。此外,同种类、不同时间购买的花草茶也应分别收藏,以免新鲜的芳香很快流失。

花草茶贮藏地点　将花草茶密封好后,应该放到阴凉干燥通风的地方,避免阳光直射。因为光线中的紫外线和热能会使茶材产生化学变化,短期内就会褪色变质,也会流失很多营养成分。

如果居家环境比较潮湿,也没有除湿设备,也可以将花草茶放到冰箱中保存。但必须注意隔离冰箱中的异味,放入冰箱的花草茶一定要密封好,并与其他气味强烈的物品分开。否则容易吸收到冰箱里面其他食物的气味,以致使花草茶的味道变得很奇怪。

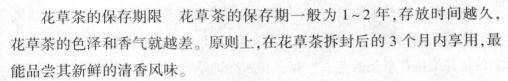

花草茶的保存期限　花草茶的保存期一般为 1~2 年,存放时间越久,花草茶的色泽和香气就越差。原则上,在花草茶拆封后的 3 个月内享用,最能品尝其新鲜的清香风味。

通常取花、叶等土表以上部分的花草茶可保存一年,土表以下的根、茎可保存两年左右。建议在密封罐外面贴上便条,记录产品的名称、保存期限,这样就不会误喝过期的花草茶了!

此外,在花草茶存放时,不要怕小虫子。因为多数花草茶较少使用农药,气温变高时会孵出小虫子,这些虫子是附着在花草茶中的卵,时间到了就会孵化。这些虫子并无碍饮用,相反,飞出虫子的花草茶,更能证明没有喷洒农药或化肥,喝起来可以更加安心。

2.花草茶的冲泡及品饮

冲泡花草茶其实并不复杂,但在花草分量、茶水的比例以及冲泡的时间上也有一定的讲究,只有这样才能泡出一壶不但好看而且好喝的花草茶。

有些花草茶是取植物的茎部或根部,必须经过煎煮,味道才能出来;有些是取植物的花或叶,用热水冲泡即可。需要注意的是,每一种花草茶都有不同的保健效果,因此如果不知道每种花草的药性,最好单独饮用,不要任意混合搭配,否则可能产生副作用。

（1）茶具

花草茶,一半是用来品尝,一半是用来欣赏的,欣赏花朵在水中慢慢舒展,艳丽生姿,也是不可或缺的一种享受。因此,冲泡花草茶应该选择透明的器皿。此外,搭配绘着花草或田园风光图样的陶瓷茶具,能衬托花草茶优雅清新的气息。

冲泡花草茶最好使用瓷和玻璃的茶具,只有药用价值高的补茶,可用陶制茶器。以下介绍一些冲泡花草茶的茶具及附件。

茶壶　花草茶的壶基本上呈广腹近球形,以便进行沸水的热对流运动,促成壶中花草释出色、香、味来。最好使用透明并带有滤网的玻璃壶,以便于欣赏到茶汤颜色与花草之美。

陶瓷茶壶的外形精致,且许多都绘有优美的花草虫鸟等图案,与自然风味的花草茶颇为契合。此外,由于质地细密,不易起化学变化,又可保温,最能发挥并维持花草茶的色、香、味。在寒冷的季节,附保温罩的茶壶更能维持茶温。只是,使用陶瓷茶壶时无法欣赏到茶汤的颜色与花草之美。

透明玻璃壶是冲泡花草茶最普遍的工具。它与陶瓷材质相比轻巧易执,更便于欣赏花草浮沉伸舒之姿,以及金黄或薄绿等明亮的花草茶汤色,令人赏心悦目。缺点是玻璃壶不能保温,茶香较易流失。有的玻璃壶带有滤网,斟茶时有过滤的功能。

花草茶茶杯　花草茶茶杯最好使用素色或透明的。陶瓷茶杯有保温性,里面最好是白色,方便欣赏茶汤。由于花草茶的汤色多轻薄淡雅,斟在透明的玻璃杯中尤其澄亮,映衬着慢慢升起的袅袅热香,格外诱人遐思。无柄的玻璃杯易烫手,可以外加连柄的杯座。盖杯一人独饮最佳,通常附有茶滤。

花草茶加温器

因为玻璃壶不保温,所以加温器是很适合的搭配器具。它由一个玻璃皿、壶座板及蜡烛座组合而成。饮茶时将玻璃壶置于皿口的座板上,由底下的烛火维持茶温,座板可使茶壶受热均匀,而烛光又映透着玻璃皿壁,增添了一些温馨的气氛。

花草茶沙漏和计时器　花草茶各有最佳的冲泡时间,借这两种计时工具来掌握会正确些。采用沙漏具有一种传统的乐趣,但有的花草茶闷泡时间较长,沙漏不宜使用,适合用计时器设定所需时间,届时鸣响即可斟茶。

蜂蜜罐、糖罐　花草茶虽有一股自然的甘甜味,但有不少人不习惯它的清淡少味,所以可以根据个人口味添加蜂蜜或糖,以增加风味。而清饮时,蜜罐和糖罐也能当作桌上的装饰。

花草茶滤勺　多数的陶瓷茶壶内没有滤筛或滤杯的设计,如果斟倒原料碎小的花草茶入杯时,必须借助滤勺来过滤并承接茶渣。

（2）冲泡

选用品质优良的原料是泡出美味的花草茶的先决条件;水质和水温最

为重要；茶水比例、调味也不可忽视。下面介绍一下如何才能泡出一壶好的花草茶。

原料品质及用量　首先要保证原料的品质，好的茶材才能泡出好的花草茶来。至于原料的用量，要根据各种药草的特性来斟酌。原则上浓香类的药草可以少放些，如果是选用新鲜药草，其分量则是干燥原料的两三倍。

茶与水的比例　花草茶有单一材料和混合材料两种冲泡方式。一般单一花草茶的用水比例为花草：1:50 到 1:100 之间，香气较重的花草茶用量应适当减少；复方花草茶一般每种花草各取 2~3 克，然后再按以上比例进行炮制，就可泡出一壶色彩缤纷的花草茶了。但一次冲泡时不宜放入过多品种，一般三四种就可以了，放得太多、太乱，不但影响美感而且不利于口感。

水质　甘甜的山泉水是冲煮茶最好的选择，这样泡出来的茶汤不会偏色，杂质少，最能喝出口感。如果没有，应尽量用杂质少的水，也可以选择矿泉水、纯净水或由滤水器滤过的水。

温度　冲泡花草茶的温度不宜太高，一般在 90℃ 左右。因为花草中的一些有效活性物质如多酚、类黄酮之类，会在高温下分解，使功效受到损害。如果用的是鲜品，那么水温就要控制在 60℃ 左右，以免过烫的水一下子把花草烫蔫了。

通常情况下，冲泡的温度愈高，茶中的苦涩味愈重，可适当加一点橙汁、蜜糖等调和苦味。当然，如果喜欢喝浓的口味，也可以煮一下。水初次煮滚后就不要继续用大火来煮了，应移到玻璃加温壶中，用小蜡烛维持温度，煮出来的茶既甘甜又含氧高。

调味及茶点　不加任何调味地清饮，最能品尝出花草茶本身的色、香、味。若是不习惯花草茶独特的滋味，还可依据自己的口味添加蜂蜜、糖、鲜奶、柠檬、果粒或不含热量的甜菊叶等，但一定不要加得太多，以免盖过了花草茶自然的色、香、味。

理想的花草茶和调味品的比例掌握在 3:2 比较好。投放调味品的时机不可过晚，调味品最好也浸泡 2~3 分钟，再用汤匙来搅拌均匀，这样味道才好。

饮用花草茶所搭配的茶点应清淡爽口,如三明治、起酥、花草茶冻、添加花草制成的饼干、绿茶饼干、玫瑰蛋糕、奶酪蛋糕等。

冲泡　每一种花草茶各有最适合的冲泡时间,根据花草本身的特性及取用部位而有所不同,掌握得好,才能使花草的本质(包括色、香、味和药理功能)完美呈现。一般容易释出滋味的花、叶,浸泡5~10分钟不等,至于较坚韧的果实、树皮、根等需浸泡15分钟以上。第一泡时需浸久些,回冲即可稍稍缩短时间。泡制时间过长会挥发大量的香味。此外,有些药草含有单宁成分,泡太久了会产生涩味,茶色便不清澈了。因此,在购买时一定要询问清楚。

常用的冲泡方法有下面几种:

其一,将花草茶放在茶壶内或滤斗内,直接冲入滚水,花草茶会迅速舒展,散发出香气,但缺点是容易使花草粉碎,产生茶屑。

其二,在茶壶内先放入半壶热水,再将花草茶放入,之后再注满热水。这种泡法,茶汤会比较干净,但因花草的舒展速度比之前的泡法慢,所以茶色会淡一些。

其三,在茶壶内先盛满热水,再将花草茶放入浸泡,此种泡法,可保持花草形态的完整,另外浸泡的时间也可较长,此时花草舒展缓慢,茶香会更清淡。

如果是茶包则要先倒入开水再放入茶包,用90~95℃左右的水温,这样能使花草的香气和味道浸泡出来。如果原料是果实、树皮、根、茎等坚韧部分,采用锅煮法较能取得其中的精华,特别是以获得药效为目的时。先用一小锅将水煮开,加入花草茶后转小火再煮约一分钟,再将花草茶倒入茶壶中,等到茶色转浓即可饮用。用这种煮泡法,释放的茶香最为浓郁,不过步骤繁复,时间比较长。

在煮茶和闷泡的过程中,锅及壶一定要加盖密闭,以免花草茶中的挥发油随蒸气散失。闷茶和煮茶的时间约3~5分钟,茶包约1分钟。无论你采用何种冲泡法,都需要在冲泡后,将整壶花草茶静置2~3分钟,让它释放出成分和茶香。泡好的花草茶要全部倒出来,以免味道过浓。一般而言,花草茶可以冲泡两次。

需要注意的是,煮茶的锅不能用铁制或铝制的。那样可能会引起化学变化,影响茶的口味和营养,可以用玻璃、不锈钢、陶瓷及搪瓷的,要使茶保持原始风味,砂锅是最好的选择。

冰饮法　热热地喝花草茶,能让身体温热,血液循环也较好,身体吸收的程度自然也好。不过,有些花草茶在夏日采用冰饮的方法,喝起来更加清凉可口,如冰饮胡椒薄荷茶、洋甘菊茶等。冰饮做法和壶泡法相同,只是用水量要减少1/3~1/2,将茶汤泡得浓一些,这样在加冰块后才不会冲淡花草茶的味道。如果是味道浓烈的花草,就要先将花草捞起来后再冰冷一下,如果泡太久味道反而变得苦涩。

此外,花草茶最宜少泡,如果喝不完要放入冰箱冷藏,再饮时色、香、味虽无法如初泡时完美,但可以延长保存1~2天,超过3天就不宜保留了。

（3）品饮

花草茶的世界自有它多彩多姿的乐趣。晨起提神的薄荷茶,口味轻柔的下午茶,餐后来一杯促消化的柠檬马鞭草,睡前则是助睡眠的柑橙花苞,烦躁时泡洋甘菊,面色苍白就来一壶活血美颜的玫瑰……花草在水中轻盈舒展,引人无限遐思。

品尝花草茶,可以清饮,也可以酌量掺入调味品来增强或柔和花草茶的滋味。而且除了可以用水冲泡花草茶外,还可以选择用酒或牛奶来冲泡。

在品尝自然风味的花草茶时,适宜挑选一处阳光柔和的位置静坐,再搭配一盘清淡爽口的点心,或独自捧读一本文学作品,聆听一曲新世纪风音乐或三五好友轻谈浅笑,享受一段悠闲时光,让心灵感觉轻松惬意,心旷神怡。

搭配花草茶的茶点,也要费点儿心思。对于玫瑰果、洛神花等酸味较强的花草茶,可以配上甜味较重的蜂蜜蛋糕等等。有苹果香的甘菊茶当然最适合用苹果等水果做成的蛋糕。玫瑰、菩提、金盏花等香气柔和的花草茶,建议搭配辛辣味强的点心,比如说姜饼、姜面包等等。

巧克力类的甜点,可以搭配薄荷茶,以冲淡甜味,让口中充满刺激性的提神香味。如果吃鲜奶做的甜点,可以搭配柠檬马鞭草、柠檬草或者是薄荷搭配的混合茶,清凉的感觉对胃有温和的作用,还可以促进消化。

3.花草入茶来

闲时冲泡一壶花草茶,红色的玫瑰,黄色的金盏,绿色的薄荷叶,紫色的薰衣草,褐色的迷迭香……洒落在一盏晶莹剔透的玻璃壶中,自然的馨香,娇柔舒展的花形,辅以淳郁的蜂蜜,散发着浓浓的大自然的气息,人们渐渐放松了紧绷的神经,享受这温馨美好的一刻。

因花草品种繁多,每种花草都有各自的特性,下面介绍一些比较常见的花草:

(1)薄荷

在欧洲,薄荷的培植已有 1000 年的历史。在希腊神话中,冥府之神布鲁托深爱着小仙女曼莎。在他的这份爱恋被太座发现后,布鲁托只好把曼莎变成了"薄荷"这种香草。薄荷无论干湿都能用,干燥后呈墨绿色。当薄荷长到

薄荷

一定高度后,就像藤蔓般匍匐生长,它有很多品种,气味不同,功能也有些许不同。绿薄荷口感清凉,有提神醒脑的作用,胡椒薄荷则可助消化,减轻胀气。餐宴后饮薄荷茶,可以使口气清新、帮助消化,对于提神醒脑也极具功效。

薄荷清凉的感觉沁人心脾,味道浓郁,适合与其他茶花混合使用。薄荷与甘菊一起冲泡,可止咳、化痰、提神;与薰衣草配合饮用,还能解酒。

在头脑昏昏沉沉的时候,来一杯薄荷茶,那清清爽爽的气味,能让人的精神也振奋起来。另外,冰冻薄荷茶的清凉味道,在夏日热天中会令人暑气全消,但是不要空着肚子喝太多的薄荷茶,那会太凉。

功效：镇静、提神、止咳、清新口气、开胃助消化，对胃胀气有明显疗效，可缓和胃痛及头痛，并促进新陈代谢。

冲泡方法：用一杯开水即可冲泡出薄荷茶，冷热皆宜。冲泡薄荷茶，掺进其他的花草，茶味道更为特别。最简单的方法是以一包红茶泡冲出滋味十足的薄荷红茶，最后再加点儿蜂蜜。

适宜搭配：洋甘菊、玫瑰花、满天星、茉莉花、紫罗兰、玳玳花、薰衣草、菩提子、桂花等。

注意事项：不适合长期使用，孕妇更要避免使用，其会减少产妇乳汁的分泌量，不适合给产妇及婴幼儿使用。

（2）金盏花

菊科多年生植物，橘色或金黄色的花瓣如阳光般璀璨，非常艳丽。从前的人们认为，金盏花总在每个月的第一天开花，所以它的拉丁文就叫"calends"（Calendual）。

印度人用它来装饰庙宇；古埃及人认为金盏花

金盏花

有医疗上的价值；波斯和希腊人用它增加食物的色泽和风味；在美国内战时，战地医师曾用它的叶片来治疗伤口；在欧美的沙拉中，它也扮演了增色的效果。

金盏花含有丰富的磷和维生素C，在采取时，必须趁清晨露水还没有消失前采摘花瓣。将金盏花与其他花茶或茶类搭配，可增加花色灿烂的观感。

功效：减缓痛经，刺激胆汁分泌，助消化，分解脂肪，对消化系统溃疡及淋巴结炎有极佳的疗效，保护消化系统，外用时是很好的杀菌抗霉剂。

冲泡方法：用一杯开水冲泡两茶匙干燥的花瓣，大概十分钟后即可饮用，茶色呈美丽的鹅黄色。喝金盏花茶时，因味道较涩，可适量加入一些蜂蜜。

注意事项：孕妇不宜。

（3）玫瑰花

落叶灌木，花形唯美，颜色粉嫩，气味芬芳，带给人愉悦的感受，可调理忧郁的情绪，冲泡时有一种甘甜味，入口甘柔不腻。明代卢和在《食物草本》中写道："玫瑰花食之芳香甘美，令人神爽。"

玫瑰花

玫瑰花赏心悦目，能使人们保持美丽的心境，可变化搭配各种花草茶，所以广受欧洲人士喜爱，常用来取代刺激性的饮料，餐后睡前饮用皆宜。在烹调时加入玫瑰花水，也可添增食物的清香。玫瑰较耐泡，可回冲数次，也可配饮蜂蜜，冷热饮都适合。

玫瑰花萼含丰富的维生素，特别是维生素 C。一杯玫瑰花萼的维生素 C 含量，等于 150 个柑橘的维生素 C 含量，有美容养颜的功效，能促进肌肤嫩白光滑，预防皱纹，同时可消除肌肤紧绷及干燥感。调气血，调理女性生理问题，改善内分泌失调。对于原发性痛经，可用约 8 克的玫瑰花，沸水冲泡10 分钟，加些红糖饮用。

由于玫瑰花有收敛作用，便秘者不宜过多饮用。干燥后的玫瑰花蒂若呈白色粉块状，为采收的胶质凝结，而非发霉。此外，玫瑰花还可帮助促进新陈代谢，排除体内多余水分及毒素，降脂减肥，保护肝脏、胃肠。

功效：促进血液循环，调节内分泌，还能消除疲劳、保护肝脏、胃肠。

适宜搭配：薄荷、满天星、紫罗兰、菩提子、金盏花、迷迭香、桂花、马鞭草。

推荐饮法：一茶匙的玫瑰花瓣或花苞，用一杯水冲泡 10 分钟左右即可饮用，可添加蜂蜜。香气清新淡雅，闪耀着薄薄的金黄色，口味甘醇微苦，回味清香持久。

中華茶道

注意事项：玫瑰花不宜与茶叶泡在一起喝。因为茶叶中有大量鞣酸,会影响玫瑰花舒肝解郁的功效。

由于玫瑰花活血散瘀的作用比较强,月经量过多的人在经期不宜饮用。孕妇应避免饮用。

(4)紫罗兰

紫蓝色的花朵神秘而高雅,属葵科植物,因品种不同,花朵有大有小。

药草学家约翰杰拉德曾说:"紫罗兰超越其他,拥有帝王般的力量。它不但让你心中生出欢悦,它的芬郁与触感,更令人神气清爽。有紫罗兰伴随的事物,显得格

紫罗兰

外细致优雅——它做成的花冠、花束和花环都是最美、最芬芳的。它为花园增添迷人优雅的气质和动人英挺的风姿。善良和诚实已不在你心上,因为你已经为紫罗兰神魂颠倒,无法分辨善良与邪恶,诚实与虚伪。"

紫罗兰花茶又称"惊艳茶"(Surprise Tea),茶色初绽为浅紫蓝,水温变化后会呈浅褐色。冲泡后加入柠檬数滴,茶色会自浅蓝变成粉红,非常奇妙。淡紫色的紫罗兰花茶不仅色泽好看,更由于颜色鲜艳、花瓣薄、多褶且透光,因此即使以冷水冲之,精华一样可以释出。口感为淡淡的花香,喝起来十分温润。

因葵科植物对呼吸道很有帮助,能舒缓感冒引起的咳嗽、喉咙痛等症状,对支气管炎也有调理的功效,所以紫罗兰花茶有助于温和保养喉咙,舒缓工作压力。气管不好者可以时常饮用,当作预防保健。

功效:滋润皮肤、除皱消斑,有助于治疗呼吸系统疾病,能够保护支气管,也可以解决因蛀牙引起的口腔异味(如与薰衣草搭配效果更佳)。特别适合吸烟过多者饮用,另外还有治疗便秘的功能。

冲泡方法:甘草3片、紫罗兰1匙、冰糖10克、热开水300毫升冲泡4分

钟即可,可以随时加入柠檬汁观赏紫罗兰花茶色泽的变化。

(5)迷迭香

唇形科,常绿灌木,又称"海中之露"(Dew Of The Sea),在夏日花草园中绽放清香,代表着爱人之间的忠诚,所以外国新娘喜欢在婚礼中使用或佩戴。

迷迭香

莎翁名剧《哈姆雷特》中有句台词:"迷迭香,是为了帮助回想;亲爱的,请你牢记在心。"还有传说,耶稣赐予迷迭香似晨间森林般清新的味道,它具有神的力量,所以被遍植于教堂四周,又称"圣玛丽亚的玫瑰"。

迷迭香被认为是一种幸运的植物,常用来当作围篱植物。香气有安定紧张情绪的作用。此外,迷迭香也是极佳的消化系统补药,可消除恼人的胀气及消化性口臭。

因为迷迭香的花和叶有不同疗效,所以冲泡时须分开。

功效:帮助睡眠,治头痛,消除胃肠胀气,刺激神经系统运作,改善记忆衰退现象。此外还能促进头皮血液循环,改善脱发现象,减少头皮屑的发生,降低胆固醇,抑制肥胖。

冲泡方法:叶是以半茶匙的干叶,用一杯开水冲泡。花是以一茶匙的量,用一杯开水冲泡。口感柔和,加糖饮用滋味更细腻清雅而让人回味无穷。

注意事项:孕妇及高血压者不宜饮用。

(6)洋甘菊

洋甘菊又被叫作"大地的苹果",干花花瓣舒展饱满,色泽艳丽,遇水马上饱和,姿态娇羞。白色的小花中含有大量的维生素 C 和 E,能使人精神放松,最适合餐后和睡前饮用,是容易失眠的人最佳的茶饮。

埃及人推洋甘菊为所有花草之首,用来祭祀献给太阳,古希腊乡野医生也曾用它来做处方,它还被列在欧洲人最常饮花草茶的排行榜中。

功效:安定神经,抗氧化、衰老,促进肠胃机能正常运作。

冲泡:沸水冲泡即出清香,茶色为澄澈透明的金黄色,味淡,有一点点甜。

洋甘菊

（7）茉莉花

常绿灌木,木樨科,原产地印度,常被用来做香水的基调,欧美人常用茉莉花油和杏仁油来按摩身体。

茉莉花在夏秋的傍晚开放,花朵清雅洁白,香气浓郁迷人,含有大量挥发精油,能使人的情绪得到稳定,多饮用可清香提神,对于体质不适合饮用咖啡的人,可以借助茉莉花来提神。传统将花跟茶叶一起冲泡,可达到松弛神经的效

茉莉花

果,改善昏睡或焦虑感,对于月经失调和神经性敏感皮肤,有很好的疗效,常饮可调养内分泌,润泽肤色。与粉红玫瑰花搭配冲泡饮用还有瘦身的效果。

另外,茉莉花还有安定情绪、消除神经紧张、除口臭、美容、调节荷尔蒙分泌、明目的作用,适合患有胃弱、慢性病、支气管炎等呼吸器官疾病的人使用。

功效:理气止痛、减轻肠胃不适,清肝明目、抗菌、平喘、提神解郁,对于便秘也有帮助。

适宜搭配:玫瑰花、玳玳花、薄荷、茴香、洋甘菊、金盏花、迷迭香、桂花等。

冲泡方法:将二茶匙干燥的茉莉花加三茶匙的绿茶或一个红茶包,用开水冲泡。喝时,先闻闻它所散发的香味,再喝茶水。

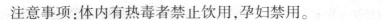

注意事项:体内有热毒者禁止饮用,孕妇禁用。

(8)薰衣草

薰衣草虽名为"草",实际上是一种馥郁的紫蓝色小花,又名"宁静的香水植物",原产于地中海地区,性喜干燥,有着细长的茎干,每年六月开花,花形像小麦穗,花上覆盖着星形细毛,末梢上开着小小的紫蓝色花朵,窄长的叶片呈灰绿色,极具个性化的浓郁香气,让人难以忘怀。

每当花开,风吹起时,一整片的薰衣草田宛如深紫色的波浪层层叠叠地上下起伏着,甚是美丽。法国的普罗旺斯与日本北海道的富良野都是因有薰衣草而增添了一道美丽的风景。

香味特殊的薰衣草,能够加速新陈代谢,对于美白、消除疤痕疗效很好。花香中隐藏着宁静,可松弛神经、帮助入眠,是治疗偏头痛的理想花草茶。在烦躁不安的时候,喝上一杯暖暖的薰衣草茶,情绪会渐渐舒缓下来。

功效:安抚神经、使人镇静,用来消除压力舒解焦虑、减轻头痛,帮助入眠。

适宜搭配:玫瑰花、金盏花、鼠尾草、洋甘菊、菩提子、紫罗兰、薄荷、茉莉等。

冲泡方式:如果喜欢淡雅清香,那么一杯约220毫升的水只需八粒薰衣草;如果喜欢花香浓郁,一杯约220毫升的水可以用大拇指和食指抓一小撮儿。淡紫色的茶汁,香气迷人,喝下去感觉呼吸都是清香的味道。可添加少量蜂蜜更增风味。

注意事项:避免服用高剂量薰衣草,孕妇尤甚。

(9)菊花

河南产者称怀菊花,安徽产者称滁菊花,浙江产者称杭菊花,湖北福田河产者称福白菊。白色或黄色花朵,气清香,味甘,微苦,具有疏风散热,清肝明目,排毒养颜,降脂减肥,抗衰老的功效。

疏散风热多用黄菊花(杭菊花),平肝明目多用白菊花(福田白菊或滁菊花)。

适宜搭配:薄荷、连翘、桑叶、桔梗、决明子、龙胆草、夏枯草、枸杞子、熟地黄、金银花、生甘草等。

　　冲泡方法：取透明的玻璃杯，将菊花五到八朵放在杯中，先用少许开水冲泡润湿饮用最佳。饮菊花茶时可在茶杯中放入几粒冰糖，这样喝起来味道更甘甜。

菊花

　　（10）柠檬草

　　属于稻科多年生草本植物，又叫"柠檬香茅"，全株散发出柠檬的清香，外观看起来似芒草，新鲜或干燥的叶都适合泡茶，口感中有一种浅淡的柠檬香气，入口淡爽，有助消化。它也用来增加食物的风味，对喜爱外国料理的人来说，这种香味应不陌生，因为柠檬草也大量运用在炖煮海鲜类菜品中。

　　功效：降低胆固醇、助消化及镇静止痛，此外还可滋润肌肤，促进血液循环，活化细胞，治胃肠胀气等等。

　　冲泡方式：适合餐后饮用。

　　注意事项：孕妇禁用

柠檬草

　　（11）柠檬马鞭草

　　柠檬马鞭草最吸引人的就在于它清爽、直接、带有柠檬宜人的香气，原产南美。干燥时是卷起的叶片，经过冲泡后会尽情舒展，千姿百态，十分动人。柠檬马鞭草是一种提神的花草茶，可以除恶心感和促进消化，风味颇似普通茶叶，淡青的茶色，唇齿留香，能缓解心情与身体上的燥热感。柠檬马鞭草与香蜂草搭配能治忧郁症。

　　功效：强肝解毒，松弛神经，舒解忧郁，改善情绪。

　　（12）洛神花

　　洛神花即玫瑰茄。花中含有丰富的维生素C，对美容有一定的效果，能美颜消斑、清热解暑、还可解毒、利尿、去浮肿，促进胆汁分泌、分解体内多余的脂肪。

冲泡方法:取八朵左右的洛神花,冲入沸水,浸泡五分钟左右即可。茶汤为玫瑰红色,口味清新,口感甜中微酸,冷热饮都很好。可与少量蜂蜜、冰糖配饮,酸甜可口。

(13)欧夏至草

它被喻为"星星的眼睛"。因为它小小的白色花朵,长满时很像是天上的繁星一般。它的花形虽小,却香味浓郁,含有有机挥发油,对肺部调理效果很好,可预防感冒。

冲泡方法:用一茶匙叶子冲泡一杯水的量即可,要闷约十分钟才能使有机挥发油溶解。在喝的时候,可加些蜂蜜或姜粉以中和寒性。

(14)百里香

百里香馥郁香醇,是很棒的调味料,在意大利菜中用的较多。古罗马的诗人还曾写诗来赞美它。冲泡时,可以放一点点迷迭香,味道十分特殊,也可以加蜂蜜。另外,百里香还有杀菌的功能,喉咙发炎或咳嗽时可以用热热的百里香作为饮料。

百里香

功效:调理鼻子过敏,消化不良。

冲泡方法:四茶匙的百里香,用一壶热水冲泡,盖紧盖子,闷十分钟左右,滤去叶子即可饮用了。

(15)百合花

中国医学认为百合花性平、味甘、无副作用,具有极高的医疗价值和食用价值,属炎炎夏日

百合花

的首选清凉饮品。

功效：清火安神，清凉润肺，有良好的止咳作用。

适宜搭配：金银花及冰糖。

冲泡方法：每次取百合花2~3克，用开水冲后，焖10分钟左右即可，茶色金黄，味甘微苦。

（16）桂花

桂花又名九里香，味辛，性温，香味清新迷人，令人神情舒畅，安心宁神，能润肤美白、养神解渴，避免口干舌燥，排解体内毒素。

功效：不仅可以止咳化痰、养声润肺、芳香辟秽、除臭解毒，还能减轻胀气和肠胃不适。

桂花

适宜搭配：薄荷、欧时兰、玫瑰花、茉莉花、金盏花等。

冲泡方法：绿茶5克、桂花3克，沸水冲泡。

（17）黑天葵/锦葵

葵科草本多年生植物，原产自亚洲温带到热带，种类很多。可利用的部分是花、种子和叶片，适用范围从泡茶到烹饪皆可。

锦葵茶经热水冲泡为蓝色，但加入柠檬就和紫罗兰一样，会变成粉红色。平时讲话多的人，可以喝锦葵茶润喉爽声。

锦葵

（18）金银花

金银花又名银花、双花、忍冬等。金银花自古以来就以它的广泛药用价值而著名。《本草纲目》中详细论述了金银花具有"久服轻身、延年益寿"的功效。含有多种人体必需的微量元素和化学成分,同时含有多种对人体有利的活性酶物质,能调节女性内分泌,祛除黄气及色斑,令容颜润泽;能清火润喉,润肺化痰,补血养血。在夏季,经常喝些金银花水当茶饮用,能防暑降温。

金银花

适宜搭配:薄荷、桔梗、牛蒡子、甘草、淡豆豉、竹叶等。

冲泡方法:一茶匙干燥的花茶,用一杯滚烫的开水冲泡,约闷十分钟后即可,可加适量冰糖或蜂蜜。

注意事项:脾胃虚寒及气虚者忌服。

(19)甘草

甘草又叫密草、甜草根、甜草等,甘甜芳香,不含糖分,是花草茶的天然甜味剂,可以轻易中和掉其他花草的苦味,有调理体质、滋补强身的作用。现代药理研究发现,甘草中的甘草甜素能够促进水、钠、钾物质的排量增加,长期大量引用甘草,会出现水肿、血压增高、血钾降低、四肢无力等症状。

甘草

功效:性味平,味甘,有补脾益气、清热解毒、祛痰止咳、调和诸药等功效。

适宜搭配:甘草可和其他花草茶一起冲泡,不需再加糖,别有一番风味。因为非常甘甜,请由小量开始使用,之后慢慢增加用量至您想要的甜度,浸泡时间越长就会越甜。

冲泡方式:一茶匙干燥的叶片,用一杯滚烫的开水冲泡,约闷十分钟后即可,冷热饮都很适合。

注意事项：不适合长期饮用。高血压、肾脏病、心血管疾病者及孕妇不适合饮用。

（20）大茴香茶

大茴香开的花又称为蕾丝花。与薰衣草一样，有镇定神经，帮助睡眠的效果，还能调理哮喘及支气管炎、膀胱炎，治疗腹部绞痛、疼痛及疝气。

冲泡方法：叶子用开水直接冲泡，种子需先压碎，再以开水冲泡，约闷十分钟即可。如果失眠时，可加入温牛奶，在睡前喝下，可帮助睡眠。

（21）康乃馨

味道芬芳，有助于驱除心烦气躁，有改善血液循环、促进新陈代谢、排除体内毒素、调节女性内分泌的功效。适合与人参花、玫瑰花等一起冲泡。

康乃馨

（22）玳玳花

微苦，但香气浓郁，配绿茶饮用。滋润肌肤，更可以减少腹部脂肪，是绝佳的美容瘦身饮品。

（23）合欢花

喜马拉雅山名贵花卉，精选初绽花蕾加工而成，具有清热解暑、养颜消斑、解酒等功能，且回味无穷、汤色鲜艳，可单泡也可和冰糖、蜂蜜共同冲泡，味更佳。

合欢花

第六节　茶之贮藏

茶叶的贮藏保管方法是广大茶叶消费者颇为关心的问题,因为茶叶贮藏保管的好坏将使茶叶色、香、味品质受到直接影响。茶叶从加工结束到市场销售及至消费者饮用,其间需经很多流通环节,要有很长一段时间。家庭日常饮茶一般都是随用随买,但多少也应储存或备用一些待客茶,也需要存放一定的时间。由于茶叶质地疏松,有很多孔隙,并具有很强的吸湿性和容易感染异味的特点,如保管不当,使茶叶含水量增加或感染异味,在短期内就会发生严重变质。变质以后,茶叶色泽变枯,香气滋味变劣,品质下降,严重影响茶叶的饮用价值。为了保持茶叶品质不变,充分发挥茶叶的功效,有必要了解茶叶的特性,以便采取妥当的贮藏保管方法。

家庭保存茶叶的储藏方式

一般家庭选购的茶叶多为罐装或散装茶,由于买回家后不是一次泡完,所以就会遇到茶叶保存和储藏的问题。下面介绍几种家庭常用的茶叶储藏方法。

1.塑料袋、铝箔袋贮存法

用塑料袋储藏茶叶,最好选有封口且包装食品专用的塑料袋,因为这种塑料袋的材料较厚实,密度也高一些。切记不要用有异味或再制的塑料袋来储藏茶叶。将茶叶装入塑料袋以后,要将袋中空气尽量挤出,最好再用第二个塑料袋反向套上。

塑料袋装茶

用铝箔袋或者锡箔纸贮存茶叶的原理和方法基本上与塑料袋相同。

装茶的锡箔袋

另外,将买回来的茶分袋包装后,要尽量密封放置于冰箱内,然后分批冲泡,这样可以减少茶叶开封后与空气接触的机会,延迟品质劣变的时间。

2.金属、瓷罐贮存法

古董铁茶罐

储藏茶叶的金属罐可选用铁罐、不锈钢罐或质地密实的锡罐,如果是新买的罐子,或原先存放过其他物品而留有味道的罐子,可先用少许茶末置于罐内,盖上盖子,上下左右摇晃,使茶末轻擦罐壁后倒弃,以去除异味。市面上有贩售两层盖子的不锈钢茶罐,简便而实用,可先用清洁无味的塑料袋装茶后,再置入罐内盖上盖子,以胶带黏封盖口,这样效果会很好。装有茶叶的金属罐应置于阴凉处,不要放在阳光下直晒,有异味、潮湿或有热源的地方也不适宜放置茶叶罐,因为,这种地方容易使铁罐生锈,而且会加速茶叶陈化、劣变的速度。

金属锡罐材料致密,对防潮、防氧化、阻光、防异味有很好的效果,是储藏茶叶最好的容器。

另外,瓷茶罐的效果也很好,但是在选择瓷茶罐的时候,一定要注意口部的严实性。

不锈钢茶罐

3.低温贮存法

用低温储藏茶叶的方法是将茶叶贮存的环境保持在5℃以下,也就是使用冷藏库或冷冻库保存茶叶。

茶叶冷藏时间在6个月以内的,冷藏温度以维持0℃~5℃最经济有效;贮藏时间超过半年的,以-10℃~-18℃比较好。

贮茶以专用冷藏库最好,如必须与其他食物一起冷藏,需将茶叶妥善包装、完全密封,以免吸附上异味。

冷藏茶叶的地方要保证空气循环良好,以达到将茶叶充分冷却的效果。

一次购买多量茶叶时,应先用小包分装,再放入冷藏库中冷藏,每次只取出所需冲泡的茶叶量,不宜将同一包茶叶反复冷冻、解冻。

由冷藏库内取出茶叶时,应先让茶罐内茶叶温度回升至与室温相近,才可取出茶叶。若取出后立刻打开茶罐,会使茶叶凝结水汽而增加含水量,从而使未泡完的茶叶品质加速劣变。

家庭保存茶叶的注意事项

通常茶叶在储放一段时间后,香气、汤色、滋味、颜色会发生变化,原来的新茶味消失,陈味渐露。茶叶中的一些成分不稳定,在一定的物理、化学条件的诱因下,易产生化学变化,也就是茶变。

为了减少茶叶的自身氧化和霉变,家庭保存茶叶需要注意以下几点:

保存茶叶的容器以锡罐、瓷坛、有色玻璃瓶为最佳;其次宜用铁罐、木盒、竹盒等,其中竹盒不宜在干燥的北方使用;塑料袋、纸盒最次。

茶叶吸湿及吸味性强,很容易吸附空气中的水分及异味,贮存方法稍有不当,就会在短时期内失去风味,而且愈是轻发酵、高清香的名贵茶叶,愈是难以保存,因此,保存茶叶的容器要干燥、洁净,不得有异味。

盛好保存的茶叶宜放在干燥通风处,不能放在潮湿、高温、不洁、曝晒的地方。另外,储藏茶叶的地方不能有樟脑、药品、化妆品、香烟、洗涤用品等有强烈气味的物品；不同种类、不同级别的茶叶不能混在一起保存；不能在保存红茶、花茶时使用生石灰作吸湿剂。

影响茶叶变质的环境因素

影响茶叶变质、陈化的主要环境条件是温度、水分、氧气、光线和它们之间的相互作用。

温度

温度愈高，茶叶外观色泽越容易变为褐色，低温冷藏可有效减缓茶叶变褐及陈化。

水分

茶叶中的水分含量超过5%时会使茶叶品质加速劣变，并促进茶叶中残留酵素的氧化，使茶叶色泽变化。

氧气

引起茶叶劣变的各种物质的氧化作用均与氧气的存在有较大的关系。

光线

光线的照射会对茶叶产生不良的影响，会加速茶叶中各种化学反应的进行，叶绿素经光线照射易褪色。

茶叶长期贮存后的处理方法

茶叶含水量控制在3%～5%才能长时间保存。焙火及干燥程度与茶叶贮藏期限有相当重要的关系，一般而言，焙火较重、含水量较低者可贮存较久。

茶叶最适贮存期届满时。应取出再焙火。具体做法是洗净电饭锅至无味,拭干后倒茶叶于瓷盘或铝箔纸上置入电饭锅内,开关切至保温档,锅盖半掩,适时翻动,约半天时间,茶叶由陈旧味转清熟香,以食拇指捏之即碎为宜,待降温冷却后,可再重新包装贮藏。

还有一种方法是用微波炉干燥、烘焙茶叶,但其加热时间短,而且炉门需紧闭,火候不易控制,常导致茶叶表面炭化或陈旧味不能逸散之缺点。

最稳妥的方法是将珍藏的茶叶委请熟识的茶师或茶农代为焙火。

第四章　茶之器具

第一节　茶具历史

古语说得好，"工欲善其事，必先利其器"，即是说，若想做好一件事，首先得做好准备工作。茶艺虽是一种物质活动，但更是精神上的享受和艺术活动，它对器具的讲究就更多了。泡茶的茶具不仅要好使好用，更要有美感。所以，早在《茶经》中，陆羽便精心设计了适于烹茶、品饮的二十四器。

我国茶文化源远流长，茶具的发展亦是十分迅速，茶具种类繁多，其结构、特点及其艺术价值，包含极丰富的内容，甚至有人将茶具单独列为"茶具文化"。笔者个人认为，将茶具作为一种单独的文化事件来研究，亦未尝不可，这也会加深对我国文化的研究和理解。下面就让我们先来了解一下我国茶具的发展史吧。

神农氏发现茶叶之后，茶叶在民间逐渐普及，"茶之为饮"，茶具也就应运而生。我国茶具的发展史如同其他饮具、食具一样，它的发生和发展，经历了一个从无到有，从共用到专一，从粗糙到精致的历程。从一只粗糙古朴的陶碗到一只造型别致的茶壶，历经几千年的变迁，一只只茶具的造型、用料、色彩和铭文，都是历史发展的写照。随着饮茶的发展，茶类品种的增多，饮茶方法也不断改进，茶具也不断地变化，制作技术也不断完善。

历代茶具名师艺人创造了形态各异、丰富多彩的茶具艺术品,留传下来的传世之作,均是不可多得的文物古董,无论是官窑的瓷器茶杯、茶碗,还是民间艺人创造的漆器或竹编茶具,都会令人叫绝。

唐以前的茶具

在原始社会,人类是没有专门饮茶的器具的。当人类进入阶级社会以后,伴随着奴隶主和贵族阶级的出现,形成了有闲阶级,饮酒、喝茶有了发展,因而对器具就有了新的要求,从而才出现了专用于贮茶、煮茶和饮茶的器具。

从秦汉到唐代,随着饮茶区域和习俗传播的扩大,随着人们对于茶叶功用利用的进一步深入,促使陶器业飞跃发展,瓷器也出现,茶具也越来越考究,越来越精巧了。

多种用途的远古茶具

中国文明源远流长,许多的文化习俗都可以上溯到文字尚未使用的史前时代。在原始社会时期,人类的生活十分简朴。韩非子的《十遇》及《五蠹》等篇中提到,尧的生活是茅草屋、糙米饭和野菜根,而当时的饮食器皿是土缶。

茶具的演变与发展总是和茶或饮茶的变化联系在一起的。从茶被人们认识利用以来,很长一段时间里,人们对茶的使用都处在药用和羹食的阶段。最早发现野生茶树时,是采集鲜叶,在锅中烹煮成羹汤而食,这时候的烹饮方法和器皿很简单,根本不可能产生饮茶的器具。这时饮茶的器具,是与酒具、食具共用的,一器多用,即用土缶。以木制或陶制的碗,兼作为饮茶的器具。

陶器的发明在人类社会发展史上具有重大的意义,陶器是人类第一次用火来烧制自己所需要的生活用品。茶具的发展与陶瓷生产的发展密切相关。陶瓷的产生和发展是先陶后瓷。浙江省余姚河姆渡第四文化层出土的黑陶器,距今已有7000多年历史了,是新石器时代很早的陶器之一,也是当时食具兼作饮具的代表作品。

陶简出自东隅

茶具又称茶器。最初都称为茶具,如王褒《僮约》的"烹茶尽具",指烹茶前要将各种茶具洗净备用。到晋代以后则称为茶器了。此外,一些出土文物也证明汉代茶具已问世。20世纪七八十年代,在浙江上虞出土了东汉的碗、杯、壶、盏等瓷器,在江西南昌、浙江湖州还出土了东汉陶炉、贮茶瓷罐等。这些都可以视为我国最早茶具的实物证据。

到了西晋,杜育在《荈赋》中载:"器泽陶简,出自东隅。酌之以匏,取式公刘。"左思在《娇女诗》中也有:"心为茶荈剧,吹嘘对鼎。"其中的陶器和舀水的匏,以及鼎锸都是茶具,而且可以看出当时的茶具已法相初具了。

早期青铜茶具

虽然说秦汉以前,茶尚未成为百姓主要的生活饮品,因而没有专门的茶具。但是作为生活必需的各种器皿已经蓬勃发展起来了,也为茶具的发展打下了良好的基础。

金属用具是指由金、银、铜、铁、锡等金属材料制作而成的器具。它是我国最古老的日用器具之一,早在公元前18世纪至公元前221年秦始皇统一中国之前的1500年间,青铜器就得到了广泛的应用。先人用青

青铜茶具

铜制作成杯来盛水,制作成爵、尊、觞来盛酒,这些青铜器皿自然也可用来

盛茶。

进入夏、商、周时期,青铜器步入发展的鼎盛时期,但由于其是贵重的器物,所以平常的百姓日用的器皿仍以陶器为主。商代的陶器工艺上最值得一提的是釉的出现。釉是一种玻璃质,施于陶器上,能起到美化、保洁的作用。

一直到汉代,青铜器皿一直是上流社会所钟爱的容器。

煮饮时代的唐代茶具

唐代是饮茶史上的里程碑。标志着过去单纯的以解渴为目的的饮茶向讲究品饮艺术的饮茶的转变。饮茶提高到了一个新的艺术高度,也使人们对茶具的要求更高、更全面。

唐代是我国历史上一个辉煌的朝代,对于茶饮的发展和茶文化的传播功不可没。此时,茶饮已经成为我国人民日常生活中的饮品,并且更加讲究饮茶中的情趣。茶具在注重其实用性的同时,也更加关注其艺术性。

伴随着品饮艺术的崛起,茶具史上也产生了一次划时代的变革。陆羽是这场变革的完成者,在其代表作《茶经》里他第一次完整而系统地介绍了茶具。

唐代茶具

《茶经》全文近 8000 字,全篇字字珠玑,真可谓惜墨如金。作者却不惜笔墨,在《茶经·四之器》里用洋洋数千言详细地记述了饮茶器具,并将其分为 8 大类 24 种共 29 件。

唐代的饮茶方式与今人有很大的不同,以至于有许多茶具是今人所未曾见到过的。唐代陆羽在《茶经》中开列的 28 种茶具,按器具名称、规格、造型和用途,在后面将分别简述。

中華茶道

唐代金银茶具

自秦汉至六朝,茶叶作为饮料已渐成风尚,茶具也逐渐从与其他饮具共用中分离出来。大约到南北朝时,我国出现了包括饮茶器皿在内的金银器具。

到隋唐时,金银器具的制作达到高峰。

20世纪80年代中期,陕西扶风法门寺出土的一套由唐僖宗供奉的鎏金茶具,可谓是金属茶具中罕见的稀世珍宝。

唐代琉璃茶具

伴随着文化交流的增多,西方琉璃器的不断传入,我国才开始烧制琉璃茶具。

陕西扶风法门寺地宫出土的由唐僖宗供奉的素面圈足淡黄色琉璃茶盏和素面淡黄色琉璃茶托,是地道的中国琉璃茶具,虽然造型原始,装饰简朴,透明度低,但却表明我国的琉璃茶具在唐代时已经起步,在当时堪称珍贵之物。

唐代的元稹曾写诗赞誉琉璃,说它是"有色同寒冰,无物隔纤尘。象筵看不见,堪将对玉人"。

唐代陶瓷茶具

我国茶具最早以陶器为主。在瓷器发明之后,陶质茶具就已经逐渐为瓷质茶具所代替。瓷器茶具又可分为白瓷茶具、青瓷茶具和黑瓷茶具等。

唐代六大名窑

除越窑外,唐代还有六大名窑:

邢窑

窑址在今河北邢台。以烧白瓷著称,其瓷器胎薄,玉璧底,色泽纯洁,造型轻巧精美,已达到现代瓷的标准,陆羽在《茶经》中称之"类银""类雪"。

婺州窑

创烧于三国,盛于唐宋。唐宋时期,位于现在的金华、兰溪、义乌、东阳、永康、武义、衢江区、江山一带。婺州窑生产的产品在品种和造型方面与瓯窑、越窑相似。不同之处在于胎色呈深灰或紫色,釉色青黄或泛紫,釉中现奶白色星点。

寿州窑

窑址分布在安徽淮南市的上窑镇、李嘴子、三座窑、徐家吁、费郢子一带。创烧于隋代,繁盛于初唐和中唐,衰亡于唐末。主要产品有碗、盏、杯、钵、注子、枕、玩具等。产品胎体厚重,胎质粗松,釉下施用化妆土,釉色以黄为主。其著名的产品有"鳝鱼黄"。

洪州窑

位于江西丰城曲江乡境内。创烧于南朝,盛于隋至中唐,晚唐停烧。唐代大量生产茶碾轮和盘心圈状凸起的茶盏托。釉色可分为青绿、黄褐和酱褐,装饰手法有点饰褐彩印花、堆贴、提塑。

树桩茶盘壶组

岳州窑

窑址分布在湖南湘阴的窑头山、白骨塔、窑滑里一带。所制瓷器釉色青黄、胎骨灰白,主要产品有盘、碗、壶、罐、瓶等。岳州窑创烧于中唐,衰亡在五代。

鼎州窑

位于陕西铜川黄堡镇。唐代生产青瓷,兼烧黑釉瓷器、唐三彩。

一代名窑——越窑

陆羽在《茶经》中赞誉的越窑是我国古代著名的青瓷窑。对于唐代的茶碗,陆羽有"碗,越州上"的说法,这主要是因为越窑的青瓷碗有利于衬托那时的茶人所欣赏的汤色。

秦汉以前,古人所用的器皿多为陶制品。汉以后,才出现瓷器。东汉晚期,瓷器的烧造技术进一步发展,成熟的青瓷在浙江东部地区烧制出来。这一时期生产出大量的瓷器制品。至唐代,茶文化的兴盛又带动了瓷器生产的发展,瓷制茶具也大量生产出来。越窑是当时享有盛名的瓷窑之一。

越窑分布在浙江上虞、余姚一带。自汉代越窑开始烧造原始瓷器,到南朝时,已烧出了成熟的青瓷。那时越窑生产出来的器型仅有碗、壶、罐、谷仓、托盏等。唐代和五代时期是越窑的繁盛时期。中唐以后,越窑青瓷成为中国南方瓷器的代表,与北方的邢窑白瓷形成"南青北白"的局面。越窑生产出来的青瓷,胎体轻薄,釉色青中闪黄,有青玉的质感。

陆羽在《茶经》中写道:"碗,越州上,鼎州次,婺州次;岳州上,寿州、洪州次。或者以邢州处越州上,殊为不然。若邢瓷类银,越瓷类玉,邢不如越一也;若邢瓷类雪,则越瓷类冰,邢不如越二也;邢瓷白而茶色丹,越瓷青而茶色绿,邢不如越三也……越州瓷、岳瓷皆青,青则益茶,茶作红白之色。邢州瓷白,茶色红;寿州瓷黄,茶色紫;洪州瓷褐,茶色黑;悉不宜茶。"

陆羽将当时七处瓷窑生产的茶碗做比较,认为越瓷第一,因为越瓷"类玉""类冰"且"色青宜茶",宜衬托茶色。唐代越窑生产出来的青瓷器型增多,有碗、盘、洗、盏、罐、釜、瓶、执壶、灯等多种。而且唐代越瓷以素面为主,只有少量划花装饰。

晚唐至五代时期,越窑地位愈高。除供应民间外,还为宫廷烧制贡瓷。烧制出的最佳制品称"秘色瓷",胎体薄,胎质细腻,造型规整,釉色青黄如湖绿色。五代钱氏吴越国宫廷垄断了越窑的部分产区,越窑成为我国最早的官窑。

五代时的越瓷走出了唐代以素面为主的局面,除刻画、堆贴花纹以外,还出现了釉下褐色彩绘,至北宋则出现了丰富的刻画花,且瓷器的器型和纹饰大都受金银器制作工艺的影响。

北宋中期以后,江南人口剧增,农业生产进一步发展,大量山林、土地开

317

发,使制瓷原料和燃料陷入了紧张状态。再加上建窑的崛起,受之影响,越窑逐渐衰落,南宋后就完全停烧了,一代名窑就此终结。

点茶时代的宋代茶具

到了宋代,唐人所用的点茶方法被摒弃,点茶法成了当时的潮流。南宋时期,用点茶法饮茶更是大行其道。但是,这些方法大都是来自唐代。因此,饮茶的器具与唐代大都是一样的,但宋代的茶具更加讲究法度,形状和制作也愈来愈精巧。

宋人茶事与茶器

到了南宋,用点茶法饮茶更是大行其道。但宋人饮茶之法,无论是前期的煎茶法与点茶法并存,还是后期的以点茶法为主,其法都来自唐代,因此,饮茶器具与唐代相比大致一样,只是煎茶的,已逐渐为点茶的瓶所替代。

在北宋蔡襄的《茶录》和南宋审安老人的《茶具图赞》中,我们都可以领略到当时茶具的风采。宋人的饮茶器具,尽管在种类和数量上,与唐代相比,少不了多少,但宋代的茶具更加讲究法度,形状和制作也愈来愈精巧。

20世纪以来,河北宣化先后发掘出一批辽代墓葬,其中七号墓壁画中有一幅点茶图,它为我们提供了当时用点茶法饮茶的生动情景。

宋人衡量斗茶的效果,一是看茶面汤花的色泽和均匀度,以"鲜白"为先;二是看汤花与茶盏相接处水痕的有无及出现的迟早,以"盏无水痕"为上。蔡襄的《茶录》中说:"视其面色鲜白,著盏无水痕为绝佳;建安斗试,以水痕先者为负,耐久者为胜。"

宋瓷茶具竞风流

正如宋代祝穆在《方舆胜览》中说的"茶色白,入黑盏,其痕易验",宋代的黑瓷茶盏,成了瓷器茶具中的最大品种。

宋人对茶具的过分讲究不仅表现为崇尚金银,对饮茶用的茶盏也极推名贵的建盏。建盏配方独特，在烧制过程中使釉面呈现兔毫条纹、鹧鸪斑点、日曜斑点，一旦茶汤入盏，能放射出五彩纷呈的点点光辉，增加斗茶的情趣。

建盏

建盏是福建建安出产的黑釉瓷制。大口小底，形似漏斗。因其釉面结晶所显斑点、纹理各异，可分为兔毫盏、油滴盏、曜变盏等。

兔毫盏釉面上呈现两个白毫般亮点；曜变盏釉面有大小斑点相串，阳光下呈现彩色斑点；油滴盏釉面隐有银色小圆点，犹如水面油滴。

建盏器底多刻有"供御""进盏"字样，专供宫廷斗茶、饮茶之用，可见"建盏"属名贵茶器，其中又以兔毫盏为珍品。

当然，宋人推崇建盏与斗茶之风炽盛是分不开的。

宋人斗茶，十分注重对茶色的要求，茶色以纯白为上，青白、灰白、黄白为次。

建盏釉色黑如漆，莹润闪光，条纹细密如丝。使用建盏斗茶便于观汤色，看水痕，因此深受斗茶者欢迎。建盏造型凝重，古朴厚实，是文人笔下极力赞美之物，尤其是兔毫盏。

宋代五大窑

宋代，除独领风骚的建窑外，全国著名的窑口还有五处，即官窑、哥窑、定窑、汝窑和钧窑，这五大名窑生产的茶具，擎起了当时全国的半壁江山。

官窑

位列五大名窑之首，由官府置窑烧造瓷器而得名，宋代有北宋河南开封官窑和南宋浙江杭州官窑之别，此处所指的是南宋杭州官窑。

南宋官窑继承和发展了唐代越窑青瓷茶具的优良传统，结合宋代艺术饮茶风行的现状，在"青"和"润"上大做文章，产品由原来的薄釉青瓷发展为厚釉青瓷，而且胎体绵薄，造型端庄，釉色晶莹，纹样雅丽。有的坯胎厚度仅为釉层厚度的三分之一，在装饰上一改前朝在产品上刻花、印花或彩绘的烦琐格调，创造性地运用"开片"和"紫口铁足"等艺术手段，独创了碎纹艺

术釉。尤其是"紫口铁足"瓷器,在国内外享有极高的声誉。

但是,随着南宋王朝的覆灭,南宋官窑窑场被毁,身怀绝技的工匠纷纷流离失所,烧造的技艺也随之失传。

哥窑

位于浙江西南部龙泉市境内,是龙泉窑的重要组成部分。

相传宋时龙泉有"均善治瓷器"的章生一、章生二兄弟俩,他们继承了越窑的传统,又不断吸收官窑的先进技术,烧造的瓷器在釉色和造型上都有极高的造诣,有"青瓷之花"的美称,因而窑以人名,分别被称为"哥窑"和"弟窑",其中哥窑名列五大名窑之一,弟窑也享有极高的声誉。

哥窑创烧于五代,盛于南宋,以专烧青瓷而闻名。产品胎薄质坚,坯胎有黑、深灰、浅灰及土黄多种,黑灰胎有"铁骨"之称;釉层饱满,色泽静穆,有粉青、翠青、灰青及炒米黄等色,以灰青为主,粉青最为名贵。以纹片为装饰,大纹片呈黑色,小纹片呈黄色,纹片形状多样,大小相同者,称为"文武片";有细眼状者称"鱼子纹";似冰裂状的称"北极碎"。还有蟹爪纹、鳝鱼纹、牛毛纹多种。

这种因釉原料在烧造过程中收缩系数不同而成的纹形,自然美观,成为一种别具风格的装饰艺术。

哥窑瓷的另外一个特点就是器露胎,胎骨如铁,口部釉隐现紫色,因而享有"紫口铡"的美称。

明人曹昭在《格古要论》中评价哥窑产品:"哥窑,色青,浓淡不一,亦有铁足紫口,色好者类董窑。"

弟窑

造型优美,胎骨厚实,釉色青翠,光润纯洁而著称于世,釉色以粉青、梅子青为最佳,其"釉色如玉"的上佳效果,至今仍是独一无二的。

定窑

窑址在今河北曲阳涧磁村、燕川村,因古代属定州管辖,故名。

定窑创烧于唐,以烧造白釉瓷为主,兼烧黑、酱、绿釉等瓷器。定窑的发展,到北宋时达到极盛。

据《格古要论》记载："古定器,土脉细色白,宋宣和政和间最好曰北定,有紫定色紫,黑定色如漆,南渡后所烧曰南定,昌南(即今景德镇)仿造者曰粉定……北定其质极薄,其体极轻。有光素、刻花、划花、印花诸种……其研细处,几疑非人间所有。"

定窑采用一种特殊覆烧技术来烧造瓷器,产品胎薄釉润,造型优美,花纹繁复,器皿装饰多用刻花、印花的手法。

北宋后期,定窑还曾为官府烧造瓷器,器具底部常常刻有"官"或"新官"等款识。定窑产品以罐、瓶、盆者居多,到元朝初期,定窑全面停烧。

汝窑

窑址在今河南宝丰境内,原系烧制印花、刻花青瓷的民窑,到了北宋晚期,朝廷令汝窑烧制供御青瓷,史称"官窑汝瓷"。而在河南临汝民间烧制印花青瓷,则称"临汝窑"。临汝窑的烧造历史相对较短,成就不高。相反,官汝窑却取得了相当大的成绩,它的造型规整,大不盈尺,以不加装饰纹样为重,却以釉色釉质见长,其釉色呈淡天青色,被瓷界称为"葱绿色"。

钧窑

是北宋晚期著名的青瓷窑场,窑址在今河南禹县西乡神重镇,因为古属钧州,故名。

在烧造技术上,利用氧化铜、氧化铁呈色各异的原理,烧成了蓝中带红或蓝中带紫的色釉,改变了单色瓷的历史,这是陶瓷史上的一个大突破。其釉色细润,胎骨灰色,以色彩斑斓的釉色代替了原先的花纹装饰,是青釉瓷器的别格。

《格古要论》形容其釉彩说:"钧窑有朱砂红,葱翠青(又名鹦哥绿),荔皮紫者,红如胭脂,青若葱翠,紫若墨黑。"

钧瓷器皿底部刻有数目字者为宫廷内府专用。钧瓷最主要的特征是在釉面常常出现不规则流动状的细线,称为"蚯蚓走泥纹"。

钧窑在元代又有进一步发展,不仅产量增大,而且声名也有所提高,名窑如景德镇者都出产过仿制品。

据《饮流斋说》记载:"元代钧窑,作天蓝色者与宋钧窑大致相同,然亦有别也。元瓷之釉厚而垂,宋钧釉厚而匀;元瓷之紫成物形,宋钧之紫弥漫全体;元瓷之釉浓处或起条纹,浅处仍现水浪纹,宋钧则浓淡深浅皆浑然一律。"

除上述五大名窑外,宋代的窑口还有许多,其中较著名的有耀州窑、古州窑、磁州窑和董窑。

过渡时期的元代茶具

从某种意义上说,无论是茶叶加工、饮茶方法,还是使用的茶具,元代都是上承唐、宋,下启明、清的一个过渡时期。

从一些诗词、书画中我们可以了解到,在元代,有采用点茶法饮茶的,但是采用沸水直接冲泡散茶饮用的方法已经较为普遍了。

在出土的元冯道真墓壁画中,我们可以看到,图中没有茶碾,再从采用的茶具与放置顺序,以及画中人的动作中,都可以看到人们是在直接用沸水冲茶泡饮。

元代景德镇陶瓷与茶具

直到元代中后期,青花瓷茶具才开始成批生产,景德镇成了我国青花瓷茶具的主要生产地,因烧制青花瓷而闻名于世。青花瓷茶具,幽靓典雅,不仅为国内所共珍,而且还远销国外。

由于青花瓷茶具的绘画工艺水平高,特别是将中国传统绘画技法运用在瓷器上,因此这也可以说是元代绘画的一大成就。

明清茶具的发展

唐、宋时人们以饮饼茶为主,采用的是煎茶法或是点茶法,所以使用的茶具也是与此相对应的。从元代开始,条形散茶在民间普及,到了明朝,基本上都是饮用条形散茶了。因此,以前用于煎茶、点茶法的茶具,如炙茶、碾茶、罗茶、煮茶的器具就成了多余之物。而一些新的茶具应运而生。

从茶具种类来看,清代茶具大都沿用明代茶具,唯有品种门类更加全面,出现了福州脱胎漆茶具、四川竹编茶具,又从国外引进了铜茶具。清茶具基本继承了明朝的自然朴素,清丽淡雅的风格,但色彩更绚丽、品种更全面、工艺更精良。

可以说,从明代至今,人们所使用的茶具品种基本上没有多大的变化,仅仅是式样或质地上有所变化而已。

明代茶具比较简便,但同样讲究制法、规格,注重质地,以及茶具制作工艺的改进,特别是在饮茶器具上,比唐宋都有较大的发展。

明代茶具上的创新最突出的特点:一是出现了小茶壶,二是茶盏的形和色有了大的变化。

小茶壶是改进了的茶盏,它们都由陶或瓷烧制而成。在这一时期,江西景德镇的白瓷茶具和青花瓷茶具、江苏宜兴的紫砂茶具获得了极大的发展。

紫砂茶具

在明代茶具中,最引人注目的是江苏宜兴紫砂茶具,其中又以紫砂茶壶最著名。

1、历史悠久

从宜兴市鼎蜀镇羊角山古龙窑遗址发掘出的紫砂残片表明,紫砂茶具兴于北宋。

明代周高起的《阳羡茗壶系》中记载:"僧闲静有致,习与陶缸瓮者处,抟其细土,加以澄练,捏筑为胎;规而圆之,剜使中空,踵傅口柄盖的,附陶穴烧成,人遂传用。"这里说的是宜兴金沙寺中一和尚常到陶工们做活的地方去,他利用陶工们丢弃的陶土,挑拣出细的加以淘洗,捏成胎,制成壶状烧制。人们遂相传用,紫砂壶就流传开了。

2、材质独特

宜兴的陶土品种繁多,分布于宜兴南部丘陵山区,其中,丁山、张渚、渚东为主要产地。

宜兴陶土矿主要种类有白泥、甲泥、嫩泥、紫砂泥等。其中,紫砂泥是宜兴的特产,也是紫砂陶的主要原料。

烧制紫砂壶的紫砂泥包括紫泥、绿泥及红泥三种。紫砂壶由这三种基泥单独制造，或以不同成分配比，用不同温度烧成，因而呈现出紫而不姹、红而不嫣、黑而不墨的特色。

紫泥，是甲泥矿层的一个夹层，色泽紫色，质地细腻，可塑性强，透气性好，烧制出的茶具呈紫色、紫棕色、紫黑色，具有良好的透气性能。紫泥是生产各种紫砂陶器最主要的泥料，目前仅产于黄龙山一地。

绿泥是紫砂泥中的夹脂，故有"泥中泥"之称。绿泥产量不多，泥质较嫩，耐火力也比紫泥低，一般多用作胎身外面的粉料或涂料，使紫砂陶器具的颜色更为丰富多彩。

红泥是位于嫩泥和矿层底部的泥料，主要产于川埠境内的西山和赵庄。红泥矿石呈橙黄色，亦称"石黄泥"，原矿需经手工挑选。红泥不利独自成陶，通常用作器表化妆土。

宋时的紫砂壶胎质较粗，造型多为传统实用器皿，体型大，制作不及后代精细。明清时期为紫砂壶制作的兴旺期，其壶小壁厚、保温聚香的特点深受茶人的欢迎。

对于历代著名艺人工艺杰作的赞誉和肯定，可以在历史文献的记述中窥见。

明朝熊飞曰"景陵铜鼎半百清，荆溪瓦注十千余"，说的是景陵铜鼎五十钱可以买到，而荆溪的砂壶价值一万多；《茗壶图录》记述"明制一壶，值抵中人一家产"。可见，紫砂壶的价值不仅仅在于其实用性，而是上升到了具有珍藏价值的艺术品的层次。

紫砂壶博得了不少文人的喜爱，而文人的参与也提高了紫砂壶本身的艺术价值。

在紫砂壶上雕刻花鸟、山水和书法作品，始自晚明而盛于清嘉庆以后，并逐渐成为紫砂工艺中独具的艺术装饰。不少著名的诗人、艺术家曾在紫砂壶上亲笔题诗刻字。郑板桥曾自制一壶，亲笔刻诗云："嘴尖肚大耳偏高，才免饥寒便自豪。量小不堪容大物，两三寸水起波涛。"

3、紫砂名家：供春

真正使紫砂壶盛名远扬的是明代人供春,他是我国第一位紫砂壶名家。

供春幼年曾为进士吴颐山的书童。他天资聪慧,虚心好学,随主人陪读于宜兴金沙寺,平时他常帮寺里老和尚抟坯制壶。

寺院里银杏参天,盘根错节,树瘤多姿。供春常模拟树瘤,捏制树瘤壶。这种壶造型独特、生动异常,老和尚见了拍案叫绝,便把平生制壶技艺倾囊相授,使他最终成为著名的制壶大师。

供春壶

据周高起所著的《阳羡名壶系》记载,供春做壶时"淘细土抟坯,茶匙穴中,指拣内外,指螺文隐起可按,胎必累按,故腹半尚现节腠,视以辨真。今传世者,栗色暗暗如古金铁,敦庞周正,允称神明垂则矣"。

后人将供春的制品称为"供春壶",其壶色幽暗呈栗色,好似古金铁铸就,造型敦厚周正,实为珍贵。

由于年代久远,供春壶传世品极为罕见。现藏于中国历史博物馆的"供春款树瘤壶"被公认为是供春之杰作。

①制壶"四名家"

供春之后,明代同为制壶名家的有董翰、赵梁、袁锡、时鹏,此四人号称为"四名家"。

四名家均为制壶高手,作品罕见,因制作出的茶壶款式各异而被冠以"方非一式,圆不一相"。

②李茂林与"匣钵"法

同制壶"四名家"一个时代的李茂林发明了"匣钵"法。这种制壶法就是将壶坯放入匣钵内烧制,使壶坯不染灰泪,这样烧出来的壶表面洁净,无

中华茶道

油泪釉斑,色泽均匀一致。这种方法至今仍在使用。

③"壶家妙手称三大"

"四名家"之后,又出现了号称"壶家妙手称三大"的时大彬、李大仲芳、徐大友泉。其中,时大彬影响最为深远。

时大彬是供春的徒弟,也是明代最有影响力的紫砂艺人之一。他制作的壶小巧玲珑、质朴古雅、色泽如栗,更能增添品茗的雅趣。他制作的调砂提梁大壶呈紫黑色,泛出星星白点,壶身上小下大,重心稳定,是一款古朴雄浑的精品。

值得一提的是,时大彬制作的砂壶壶盖与壶身吻合十分紧密,只要把壶盖合上,稍稍旋动,就能吸住全壶。

相传,时大彬所制的"六合一家"壶可分为底、盖、前、后、左、右六片,将六片合在一起后注入茶水,茶水滴毫不泄漏。这种神奇的技艺真可谓是前无古人、后无来者,堪称一绝。

时大彬的作品突破了其师傅供春的传授技艺。时大彬多做小壶,点缀在精舍几案之上,更加符合饮茶品茗的趣味。"千奇万状信手出","宫中艳说大彬壶",表明了当时人们对其制壶之法的推崇。

④紫砂名匠:陈鸣远

清代陈鸣远擅制各式壶,制壶技艺十分全面。其所做之壶款式新,色泽美,线条清晰,轮廓明显,壶盖有行书"鸣远"印章,至今被视为珍藏品。他的代表作有"四足方壶"等,其传世款式有"梅干壶""梨皮方壶""南瓜壶"等。

陈鸣远开创了紫砂壶式的自然型风格。他把树桩、梅花枝、花卉等自然物运用于紫砂壶上,使紫砂壶充满自然意趣,也使单纯的几何形类紫砂壶走向没落。

⑤陈曼生与曼生壶

陈鸿寿,字恭,号曼生,浙江钱塘人,癖好茶壶,工于诗文、书画、篆刻。他在乾隆年间做客宜兴时,亲手绘制十八壶式,并广交文学界、艺术界人士,请他们在壶上或刻诗或作画,掀起了陶艺的热潮。

由陈曼生设计、杨彭年制作、陈氏镌刻书画的紫砂壶世称"曼生壶"。曼生壶造型简洁朴素，取材寓意深刻；陈曼生所题壶铭注意与壶形切合，有独到之处；铭文意境高远，书法配合得当，融砂壶、诗文、书画于一体，将紫砂艺术引入了新的天地，一直为鉴赏家们所珍藏。

曼生壶的出现不但意味着一项新艺术的诞生，最重要的是它集聚了当时文学界、艺术界精英的心血和智慧，是他们共同劳动的结晶。

4、近现代紫砂壶艺发展

紫砂工艺在清代形成了不同的风格和流派，总体工艺也越来越精细。清代宜兴紫砂壶壶形和装饰变化多端、千姿百态，受到国内外爱茶人士的欢迎。当时我国闽南、潮州一带煮泡工夫茶使用的小茶壶几乎全为宜兴紫砂器具。17世纪，中国的茶叶和紫砂壶同时由海路传入西方，西方人称紫砂壶为"红色瓷器"。

近现代，顾景洲、朱可心、蒋蓉等人承前启后，使紫砂壶的制作又有新的发展。顾景洲近作提璧壶和汉云壶都是紫砂佳品。

名手所做紫砂壶造型精美、色泽古朴、光彩夺目，成为美术作品。过去有人说，一两重的紫砂茶具价值一二十金，使土与黄金争价。明代张岱《陶庵梦忆》就曾记载："宜兴罐以供春为上，一砂罐，直跻商彝周鼎之列而毫无愧色。"其名贵可想而知。

5、紫砂茶具走出国门

早在15世纪，日本、葡萄牙、荷兰、德国、英国等国的陶瓷工人就先后把中国的紫砂壶作为模本加以仿造。

18世纪初，德国人约·佛·包特格尔不仅制成了紫砂陶，而且在1908年写了一篇题为《朱砂瓷》的论文。20世纪初，紫砂陶曾在巴拿马、伦敦、巴黎的博览会上展出，并在1932年的芝加哥博览会上获奖，为中国陶瓷史增添了光彩。

紫砂茶具不仅畅销国内而且远销日本、菲律宾、澳大利亚、新加坡、罗马尼亚、美国、德国、法国、英国、意大利等国家和地区。紫砂茶具有"名器名陶，天下无类""陶中奇葩""中国瑰宝""名陶神品""泥土等同黄金""寸柄之壶,盈握之杯,珍同拱璧,贵如珠玉"等美誉,为中外陶瓷鉴赏家、收藏家所珍视。

明清景德镇瓷茶具

元明之际,斗茶之风不再,散茶成为主流,相应的就出现了有利于衬托散茶绿色汤汁的白瓷及素淡雅致的青花瓷。同时因散茶冲泡艺术的发展,壶也有了很大的变化,成了自斟自饮的佳具。这一时期,紫砂茶具十分名贵,而唯一能与之比拼高低、分庭抗礼的就属瓷茶具了。"景瓷"一直与"宜陶"并称,"景瓷"即江西景德镇生产的瓷器。

彩色茶具的品种花色很多,其中尤以青花瓷茶具最引人注目。

青花瓷茶具,其实是指以氧化钴为呈色剂,在瓷胎上直接描绘图案纹饰,再涂上一层透明釉,尔后在窑内经1300℃左右高温还原烧制而成的器具。古人将黑、蓝、青、绿等诸色统称为"青",故"青花"的含义比今人要广。元代以后,除景德镇生产青花茶具外,云南的玉溪、建水,浙江的江山等地也有少量青花瓷茶具生产,但无论是釉色、胎质,还是纹饰、画技,都不能与同时期景德镇生产的青花瓷茶具相比。

明代,景德镇生产的青花瓷茶具的花色品种越来越多,质量愈来愈精,无论是器形、造型、纹饰等都冠绝全国,成为其他生产青花茶具窑场模仿的对象。

清代,特别是康熙、雍正、乾隆时期,青花瓷茶具在古陶瓷发展史上,又进入了一个历史高峰,它超越前朝,影响后代。

景瓷

景德镇生产的瓷器主要是青白釉瓷器。

景德镇制瓷业虽历史悠久,相传南朝已开始烧制青瓷,但直到宋代,景德镇瓷业烧造技术才日趋成熟,进入真正的发展阶段。及至明代,恰逢明人崇尚白盏,于是景德镇瓷业真正适应了时代的需要,而攀向历史的顶峰。

明代景德镇的瓷器产品几乎占领了全国的主要市场,成为全国的瓷业中心。

景瓷的主要器形有碗、盘、碟、杯、盏托、炉等。装饰以刻花和印花为主，釉色青白，莹缜温润。

景德镇生产的白瓷，"薄如纸，白如玉，声如磬，明如镜"，以此泡茶，愈显汤色青翠，味甘香浓。

白瓷中又以永乐甜白最负盛名。甜白之名，因胎薄釉莹，给人恬静、甜润的感觉。又可称"填白"，由于在这种白瓷上可以填补上彩色再烧制成彩瓷。

按制瓷工艺分类，景瓷可分为釉下彩、釉上彩、斗彩和颜色釉四大类。

①釉下彩

指将五彩纹样绘于瓷器胚胎上，施以白色透明釉或者青釉，入窑经高温一次烧成。

瓷质地莹润洁白，色调对比鲜明，纹饰秀丽雅致。青花瓷即釉下彩。青花瓷是景德镇四大传统名瓷之首，具有白瓷之美，又具有钴蓝之雅。

②釉上彩

在已烧成的瓷器釉面上用彩料绘饰，再经低温烧制而成。其颜色鲜艳效果高于釉下彩，但不耐磨。

③斗彩

用釉下青花和釉上彩色相结合，拼斗成图案。

④颜色釉

景德镇四大名瓷之一。用铁、铜、钴、锰等氧化物，配制不同的色彩，施于泥坯或瓷坯之表层，经高温或低温焙烧而成。其品种中以"祭红釉"为珍品。

⑤祭红釉

创制于明永乐至宣德年间。色剂为含氧化铜的原料。釉色浓艳深沉，红不刺目，鲜而不过，华而不艳，丽而不浮，红中微紫。

该釉呈色不稳定，古人不惜把珊瑚、玛瑙、玉石、珍珠甚至黄金等珍贵原料投入烧成，故产品十分名贵。由于明清皇帝常用它作祭器，故名"祭红"。

清代瓷茶具继续稳步发展,这种发展体现在造型、釉彩、纹样、型制及装饰风格等各方面。尤为突出的是清代五彩瓷在技术上取得了历史性的突破,成功地创制出珐琅彩、粉彩这两种釉上彩。雍正时的珐琅彩,胎质洁白,通体透亮,纯乎见釉,不见胎骨,制作工艺极为精巧。粉彩,景德镇四大传统名瓷之一,画面线条纤细秀丽,形象生动逼真,色彩滋润柔和,富有立体感。粉彩在国内外享有盛誉,法国称之为"玫瑰族瓷器",新加坡称之为"东方艺术明珠"。

综观明、清时期,由于制瓷技术的提高,社会经济发展,对外出口扩大,以及饮茶方法改变,都促使青花茶具获得了迅猛的发展,当时除景德镇生产青花茶具外,较有影响的还有江西的吉安、乐平,广东的潮州、揭阳、博罗,云南的玉溪,四川的会理,福建的德化、安溪等地。此外,全国还有许多地方生产"土青花"茶具,在一定区域内,供民间饮茶使用。

明清特色茶具

值得一提的是,自清代开始,福州的脱胎漆茶具、四川的竹编茶具、海南的生物(如椰子、贝壳等)茶具也开始出现,其各自风格不同,终使清代茶具异彩纷呈,形成了这一时期茶具新的重要特色。

第二节 现代茶具

我国茶类品种繁多,饮茶习惯也各有特点,所用器具更是异彩纷呈,本节所述内容主要是从中国现代茶艺的基本需要出发,根据茶具的材质为标准进行一个简要的分类介绍,以供茶艺爱好者参考。

我国的茶具不仅造型优美,还具有较高的实用价值和艺术价值,驰名中外,为历代饮茶爱好者所青睐。这里的茶具,狭义上是指茶杯、茶壶、茶碗、茶盏、茶碟、茶盘等饮茶用具,广义上还包括一些配套茶具,如茶船、茶荷、茶巾、茶匙、茶托和茶叶罐等。

由于制作材料和产地不同,可将茶具分为陶土茶具、瓷器茶具、漆器茶具、玻璃茶具、金属茶具和竹木茶具等几大类。

瓷器茶具

我国的瓷器茶具产生于陶器之后,它传热不快,保温适中,与茶不会发生化学反应,沏茶能获得较好的色、香、味,而且瓷器茶具造型美观,装饰精巧,具有较高的艺术欣赏价值,成为很多好茶之人的选择。

瓷器茶具可以分为白瓷茶具、青瓷茶具和黑瓷茶具三个类别。

白瓷茶具

白瓷早在唐代就有"假玉器"之称,因色白如玉而得名,以江西景德镇、湖南醴陵、四川大邑、河北唐山、安徽祁门等地出产的白瓷茶具最为有名,其中江西景德镇的产品最受消费者的青睐,是当今世界上最为普及的茶具之一。

白瓷茶具

北宋时,景德镇生产的瓷器质薄光润,白里泛青,雅致悦目,并有影青刻花、印花和褐色点彩装饰。到元代,发展了精致典雅的青花瓷茶具,不仅受到国内人们的珍爱,而且还远销海外。今天市面上流行的景德镇白瓷青花茶具在继承传统工艺的基础上,又开发创制出许多新品种,无论是茶壶还是茶杯、茶盘,从造型到图饰,都体现出浓郁的民族风格和现代东方气息。

青瓷茶具

青瓷茶具主要产于浙江、四川等地,其中以浙江龙泉青瓷最为有名,其以古朴的造型、翠青如玉的釉色著称于世,被誉为"瓷器之花"。

龙泉青瓷产于浙江西南部龙泉市境内,是我国历史上瓷器重要产地之一。南宋时,龙泉已成为全国最大的窑业中心,其优良的产品不但在民间广为流传,也是当时皇朝对外贸易交换的主要物品。特别是艺人章生一、章生二兄弟俩的"哥窑""弟窑"产品,无论釉色或造型都达到了极高的造诣,因此,哥窑被列为"五大名窑"之一,弟窑被誉为"名窑之巨擘"。

哥窑瓷以胎薄质坚、釉层饱满、色泽静穆著称,有粉青、翠青、灰青、蟹壳青等,其中以粉青最为名贵。其成品釉面显现纹片,纹片形状多样,纹片大小相间的称"文武片",似细眼的叫"鱼子纹",类似冰裂状的称"北极碎",还有"蟹爪纹""鳝血纹""牛

青瓷茶具

毛纹"等。这些别具风格的纹样图饰是因釉原料的收缩系数不同而产生的,给人以"碎纹"的美感。

弟窑瓷以造型优美、胎骨厚实、釉色青翠、光润纯洁著称,有梅子青、粉青、豆青、蟹壳青等,其中以粉青、梅子青为最佳。滋润的粉青酷似美玉,晶莹的梅子青宛如翡翠,其釉色之美,无与伦比。

黑瓷茶具

黑瓷茶具产于浙江、四川、福建等地。在古代,由于黑瓷兔毫茶盏古朴雅致,风格独特,而且磁质厚重,保温性较好,因此常为斗茶行家所珍爱。

宋代斗茶之风盛行,那时斗茶的人们根据经验认为黑瓷茶盏用来斗茶最为适宜,黑瓷也因此而驰名中外。北宋蔡襄的《茶录》就有记载:"茶色白(茶汤色),宜黑盏,建安(今福建)所造者绀黑,纹如兔毫,其坯微厚,熠之久热难冷,最为要用。

黑瓷茶具

出他处者,或薄或色紫,皆不及也。其青白盏,斗试家自不用。"

四川的广元窑烧制的黑瓷茶盏,其造型、瓷质、釉色和兔毫纹与建瓷不相上下。

浙江余姚、德清一带也生产过漆黑光亮、美观实用的黑釉瓷茶具,其中最流行的是一种鸡头壶,即茶壶的嘴呈鸡头状。日本东京国立博物馆至今还珍藏着一件"天鸡壶",被视作珍宝。

陶土茶具

陶土茶具是指宜兴制作的紫砂陶茶具。宜兴出产的陶土黏力强而抗烧,用这里的陶土制作出的紫砂茶具来泡茶,既不夺茶之真香,又无熟汤气,还能较长时间保持茶叶的色、香、味。

宜兴紫砂壶始制于北宋,兴盛于明、清,其造型古朴,色泽典雅,光洁无瑕。历代的制壶艺人们以刀作笔,将书、画、印融为一体,形成了紫砂壶古朴清雅的风格,其中的紫砂精品有土与黄金争价之说。

紫砂壶之实用

独特的紫砂材质赋予了紫砂壶理想的实用美。用粗砂制成的紫砂壶来泡茶,既不会夺茶香,又无熟汤气,可以说,一个小壶将色、香、味统统蕴涵其中了。

紫砂壶的实用功能还表现在:紫砂壶具有双重气孔结构,冷热应变性强,不会破裂,热天盛茶不易酸馊;粗砂制成的壶易吸茶汁、蓄茶味,无异味,壶中的茶锈内含灰黄霉素成分,有消炎作用;紫砂壶传热缓慢,不烫手,经久使用越发显出其自然光泽。

紫砂壶之工艺

1、紫砂壶的成型与烧制

历代紫砂艺人经过不断努力,发明了泥片镶接的紫砂壶成型工艺。根据紫砂泥料的特性,有打身筒和镶身筒两种成型方法。打身筒成型用于制作圆形产品;镶身筒成型则用于制作方形产品。不管是何种成型方法,其成型制作必须经过打泥条、泥片、打身筒、搓嘴把、做壶盖、装嘴、装把、光身筒、开壶口等程序。

用传统方法烧制紫砂器的窑叫"龙窑",即头低尾高的斜式窑。每窑需以 1100℃～1200℃ 的窑温烧 40～42 小时;烧成后,停 15～24 小时,开窑取器。

现在的紫砂厂已改用烧重油的新式窑炉,既节省人力,又提高了烧造质量。紫砂器烧成后还要磨光上蜡。上蜡是紫砂特有的工序。彩绘的紫砂器,需经过两次装烧。

2、紫砂壶的构造

紫砂壶由壶身、颈、底、脚、盖、嘴、鋬等部分组成,缺一不可。各个部分共同构成了紫砂壶和谐、完美的整体。

紫砂壶有丰富的造型,各种不同的凹凸线、凹线、圆线、鳝肚线、碗口线、鲫背线、飞线、翻线、云肩线、弄堂线、隐线、侧角线、阴角线、阳角线、方线等装饰线在造型中增加了许多特色和美感。紫砂壶的盖有截盖、压盖、嵌盖、虚盖、平盖、线盖,各种造型的盖不仅实用,而且独具欣赏趣味。

紫砂壶的嘴有直嘴、一湾嘴、一湾半嘴、二湾嘴、三湾嘴,嘴孔有独孔、多孔、球孔,有直握鋬、横握鋬及提梁、半提梁。不同的造型和花色满足了人们不同的需要和喜好。

关于紫砂壶的装饰,则有刻、塑、雕、琢、贴、绘、彩、绞、嵌、缕、釉、堆、印、镶、漆、包、鎏等,可以说是百看不厌,令人赞叹。

紫砂壶之造型

紫砂壶的造型千姿百态,是现今存世各种器皿中最为丰富的一类。

紫砂壶的造型大体上可以分为自然物体造型、几何形态造型和筋纹器形造型三大类。

1、自然物体造型

自然物体造型即是用浮雕、半浮雕手法装饰设计成仿生形象的壶,俗称

"花货"。花货的取材广泛,多是大自然中的飞禽走兽、花草树木、藤草蔬菜等。

花货的工艺写实逼真,极具观赏性。常见的供春壶、荷花壶、西瓜壶、芒果壶、茄段壶、竹节壶、梅桩壶、劲松壶、松鼠葡萄壶等,以及传统造型的鱼化龙壶、岁寒三友壶等均是花货造型的代表作品。

2、几何形态造型

几何形态造型是从圆形、长方形、锥形、菱形、梯形、方形、六角形等基本几何图形演变而成的,俗称"光货"。

风型壶

这种壶体造型讲究线的组合,并且通过几何图形不同特征的搭配来表现不同的造型风格。

石瓢壶、石铫壶、仿古壶、掇球壶、井栏壶、汉云壶、集玉壶等都是驰名中外的光货的典型作品。光货要求圆形器珠圆玉润;方器则轮廓周正、线条分明等。

3、筋纹器形造型

筋纹器形造型是取自然界中的筋纹曲线作为架构所设计的壶,俗称"筋瓢货"。

筋纹器形造型讲究上下左右对称、线条脉络有致。立体线条把壶体分成若干部分。给人以简洁、清远、含蓄的美感。

筋瓢货卷曲和润,嘴錾处理得体,如风卷葵壶、合菊壶、半南瓜壶、菱花壶、鱼化龙壶等最能体现这种风格。

紫砂壶之品位

紫砂壶有商品壶和工艺壶之分。其中,商品壶分为细货和粗货;工艺壶分为工艺品壶、特艺品壶和艺术品。

紫砂壶的雕刻装饰艺术融哲学、伦理、道德、知识性于一体,尽显其创作者的才华和风流雅韵,也进一步把紫砂壶推向了艺术品的高峰。

总之,紫砂壶作为赏品和藏品,不仅体现了紫砂壶的艺术和文物价值,更是深蕴了中华文化的内涵。

紫砂壶之选择

紫砂壶的优劣,除了依个人主观的偏好(有人爱花货、有人爱方壶)外,大概可以从以下两个方面来判断。

壶的外观

一把好的紫砂壶,其土胎色泽会呈现滑润感。须特别强调的是,宜兴陶土含有石英,故制成茶壶后,放在灯光下可看出点点金光,这是区别于其他地方陶土的特点。

壶的造型结构

一把壶由多个部分组合成型,所以壶的组合是否理想并且合乎物理性质,是评判紫砂壶好坏的基本要件。

三点成一直线:壶的嘴(出水口)、壶把、钮必须成一条直线,并且分量要均衡。有少数特殊造型可能三点无法对直。

比例要匀称:壶的各部分组合比例应力求匀称,同时要展现出空间感。

出水要顺:紫砂壶的出水要求急、长、圆。首先要刚直有劲,水束又长又圆。同时,倾倒茶水时,若能使壶中滴水不剩,也是一把好壶的标志。

一体成型感:壶嘴与壶身、壶把与壶身的连接部位要处理得很自然,并且壶盖与壶身的紧密度愈高,宛如一体成型般,愈不会使茶香流失。壶盖与壶身紧密度的测试方法是,茶壶装入容量为 1/2~3/4 的水,用食指紧压盖上气孔,倾倒壶水,若滴水不流,即表示两者紧密度极高。

重心要稳:购买新壶时,可以要求在壶中装入壶容量 3/4 的水。用手平提起茶壶,缓缓倒水,如果感觉很顺手,即表明壶的重心适中、稳定,是一把好壶;如果需用力紧握壶把才得以保持壶的平稳,即表示此壶的重心位置不对。除了壶的重心要稳之外,左右也需匀称,壶口要平、圆。

壶的容量:挑选适于冲泡乌龙茶的紫砂壶,习惯上一般以容量 350 毫升的小壶为佳。

紫砂壶的修整和养护

关于紫砂壶的正确使用方法,其实每一个爱壶之人都有自己的心得和做法。

1.新壶的修整

一把新壶要实用,往往需要经过人工的修整。

修整所使用的工具比较简单,一把钻石锉刀,一些金刚砂,一块肥皂即可。修整方法为:

· 金刚砂加水。

· 在壶盖边沿抹些肥皂。

· 再抹上金刚砂。

· 一手握气孔,一手握壶底,轻轻研磨。

· 气孔若太小或有阻塞,可用锉刀慢慢锉大、锉平。

· 整修完毕,完全浸水,放水。

修整完善之后,用手按住流水口,盖子不掉落;放开流水口,盖子掉落。

2.新壶的养护

传统式养护方法为:

· 取一口锅,充分洗净,不带半点异味。在锅内装水,水深大约可淹过整个茶壶 2 厘米以上,然后放入新买的茶壶。

· 用小火慢慢加热,等到水沸后,放入一大把重火烘焙的茶叶,大约煮 3 分钟。

· 把已经冲开的茶叶捞起,继续用小火煮约 30 分钟。

· 取出茶壶,放在干燥又无异味的地方,让其自然阴干。

这种传统式养护的主要目的是要将壶身毛细孔中的粉末逼出,去除壶的土味与壶身表面上的一层薄蜡。

简便式养护方法为:

·在壶内灌满冷水,倒掉之后再灌满温水;倒掉温水,再灌入沸水。其目的就是以渐次增加水温的方式,逼出壶身毛细孔中的粉末。

·取一把小牙刷,先在热水里浸泡3分钟,待刷毛软化后,沾上少许牙膏,把陶壶的里外轻微刷一遍。

·最后用沸水冲淋新壶。

3.日常养壶

不论爱壶之人拥有的是名家壶、古董壶,还是以造型取胜的现代茶壶,唯有依靠平日细心的保养,才能使爱壶有如"良驹遇伯乐",尽显其本身的润泽和韵味。

养壶的目的除了使茶壶外观光润、亮丽外,更因陶壶本身吸附茶质的特性,而产生"助茶"的功效。

日常养壶主要靠茶叶,一般选用当年产新茶为佳。越是紫砂壶精品,越要用上等茶叶,泡茶的水当然也要好。

"对茶用壶",意即饮什么茶就用什么壶,这是一个很好的养壶方法。因为这样,各壶之间不会混淆,久而久之,茶壶就会散发出自然油润的光泽。

养壶专家建议,日常养壶应注意以下几点:

·泡茶时,切勿将茶壶浸在水中。有些人在泡茶时,习惯在茶船内倒入沸水,以达保温的功效。这对养壶并无好处。反而会在壶身留下不均匀的色泽。

·泡完茶后,切勿将茶渣留置壶里任其阴干,而应倒掉茶渣,用热水冲去残留在壶身的茶汤,以保持壶里壶外的清洁。

·壶内勿浸置茶汤。泡完茶后,应该把茶渣与茶汤都倒掉,用热水冲淋壶内外。茶汤留置在壶里，一旦产生异味，就会对壶有害。泡完茶后，应保持壶内干爽，小面积存湿气，如此保养的陶壶才能显出自然的光润。

· 避免用化学洗洁剂清洗。绝对不可用洗洁精或化学洗洁剂刷洗陶壶。

· 切忌沾到油污。紫砂壶最忌油污，若沾上后必须马上清洗，否则会留下油痕。

· 切忌用包浆法。泡茶时切忌将茶汁淋在壶上，若不擦不刷，久而久之，壶被一层茶垢包裹起来，壶表面会变得腻黑而无美感。

· 切忌用干擦法。有的人泡茶时趁壶身热时将茶汁淋在壶身上，等茶汁倾倒出来后，用干茶巾来回擦拭。用这种方式养出的壶虽变亮较快，但人的手气、水气沾到了壶面，使养成的光泽容易褪去，导致壶面光泽不匀。

· 切忌用湿擦法。有的人在壶身热时用茶巾沾茶水不断地推搓壶身。用这种方法把壶养得光亮后，如果久置不用，光泽会逐渐褪去。

· 切忌用勤刷法。有些人在泡茶时把茶水淋在壶上，并趁壶热吸收之际，用毛笔或小刷子勤加刷洗。这样虽然使茶汁均匀地刷在了壶上，但是看上去的光亮其实是一种假亮。

台湾壶艺

紫砂壶是许多人购买茶壶时的首选。在台湾，紫砂壶的风格也非常独特，具有一定的发掘价值。

台湾壶艺萌芽大约起于 30 年前，相对于大陆悠久的壶艺历史，台湾壶艺才刚刚起步，其作品和工艺尚不成熟，但却具有极大的可塑性。

孟臣壶

在台湾，从事壶艺工作的人多为知识分子，他们深谙茶道，体悟到了茶的精髓，并制作出千姿百态的台湾壶。台湾壶与台湾茶特有的风味相结合,展示出了台湾茶艺的独特韵味。

紫砂壶是陶瓷家族中的骄子,它表里不施釉。据传,苏东坡设计的一件树提壶取以自然的古青树枝作为壶的把手,配以赭色瓜形壶身,刻上古朴的瓦当和精妙的书法,清雅古朴,被历代文人雅士视为兼有实用价值和艺术价值的珍品。

今天,不论是紫砂壶的造型还是质感,都达到了相当高的水平,被国际友人赞誉为"世间茶具称为首",大师顾景洲的"提璧壶"和"汉云壶"被列为国际交往的礼品。此外,我国还专门为日本消费者设计了一种艺术茶具——横把壶,按照日本人的爱好在壶面上雕刻以佛经为内容的精美书法,成为日本消费者的品茗佳具。

目前,紫砂茶具品种已由原来的四五十种增加到六百多种。由于紫砂泥质地细腻柔韧,可塑性强,渗透性好,所以用它烧成的茶具泡茶,色、香、味皆蕴,夏天不易变馊,冬季放在炉上煮茶不易炸裂。例如,紫砂双层保温杯就是深受消费者欢迎的新产品。

闽粤一带的人们喜欢喝乌龙茶。乌龙茶香气浓郁,滋味醇厚,而冲泡时,在茶叶投放前应先以开水淋器预温,茶叶投放后随即以沸水冲泡,并以沸水淋洗多次,以透发茶香,因此冲泡乌龙茶使用保温和密实性很强的陶器茶具最为适合。但陶器茶具不透明,沏茶以后难以欣赏到壶中芽叶的美姿,这是其一大缺陷,不适宜泡饮名茶。

陶制煮水壶的发展

在最初的茶道中,茶具包括了所有的从煮水到净洁茶具的所有用品,而在现代人的泡茶观念中煮水器具似乎已被完全忽略,其实这是现代人所犯的一个严重的错误。在严格的茶道中,所有的用具都不可忽略和缺少。

专为泡茶而设计的电茶壶,历史也很悠久。从早期电汤匙的电热管,到现在采用先进的耐热陶瓷电热片,从闪亮的不锈钢壶身,到只装成高温烤漆的外表,不但方便美观,耐用性也增加了不少。

也有人觉得不锈钢的烧水壶太现代化了,会破坏品茗的情调,所以陶制的烧水壶目前仍在市场上占有一席之地。一般的陶壶不外乎是放在煤气炉或酒精炉上加热,但陶作坊生产的烧水壶,底部有一片加热片的特殊处理,除了能在煤气炉、炭炉或酒精炉上加热以外,也能置于电炉或电磁炉上使用,但最好是一开始就决定用哪一种加热方式,如果常常换来换去,就会减低使用寿命。

讲求方便快捷的现代人,居住空间的日渐缩小,如果想用炭炉起火,享受一下古人所谓"寒夜客来茶当酒,竹炉汤沸火初红"的品茗乐趣,实在不容易。

现在,市面上出现了专门的烧水壶组,包括陶钵、基座、炉架、火交、烧水壶、电炉盘等。这些产品满足了爱茶人除了可以生一炉炭火,享受思古幽怀的情趣,也可以用电炉取代炭火。这样的产品非常有新意,只是售价不低,而且体积庞大,实非一般的小空间的品茗可以搭配。

竹木茶具

隋唐以前,我国的饮茶器具,除陶瓷器外,多用竹木制作而成,陆羽在《茶经·四之器》中列出的茶具中,多数是用竹木制作的。这种茶具的来源广、制作方便、对茶无污染,对人体又无害,因此,自古至今一直受到茶人的欢迎。

在我国很多茶区,有很多人使用竹制的茶具或木碗来泡茶,它们物美价廉,但现已很少采用了。

不过,现代用木罐、竹罐装茶仍然随处可见,特别是福建省武夷山等地的乌龙茶木盒,在盒上绘以山水图案,制作精良,别具一格。另外。作为艺术品的黄阳木罐、二黄竹片茶罐也是一种赠送亲友的珍品,具有相当高的实用价值。

竹编茶具由内胎和外套组成,不但色调和谐、美观大方,而且能保护内胎、减少损坏;同时,泡茶后不易烫手,并富含艺术欣赏价值。因此,多数人购置竹编茶具,不在其用,而重在摆设和收藏。

金属茶具

金属茶具是指用金、银、铜、锡等金属材料制作而成的茶具,其中以锡制的贮茶器具为优。

锡制贮茶罐多制成小口长颈,盖为圆筒状,密封性强,因此其防潮、防氧化、避光、防异味的性能都较好。

金属作为饮茶用具,一般评价都不高,在唐代宫廷中曾采用。唐代时皇宫饮用顾渚茶,金沙泉,便以银瓶盛水,直送长安,主要因其不易破碎,但单造价较昂贵,一般老百姓无法使用。但从宋代开始,古人对金属茶具褒贬不一。元代以后,特别是从明代开始,随着茶类的创新,饮茶方法的改变,以及陶瓷茶具的兴起,才使包括银质器具在内的金属茶具逐渐消失,尤其是用锡、铁、铅等金属制作的茶具,用它们来煮水泡茶,被认为会使"茶味走样",以致很少有人使用。但用金属制成贮茶器具,如锡瓶、锡罐等,却屡见不鲜。这是因为金属贮茶器具的密闭性要比纸、竹、木、瓷、陶等好,具有较好的防潮、避光性能,这样更有利于散茶的保藏。因此,用锡制作的贮茶器具,至今仍流行于世。

1987 年 5 月,我国陕西省扶风县皇家佛教寺院法门寺的地宫出土了大批唐代宫廷文物,其中有一套晚唐僖宗皇帝李儇少年时使用的银质鎏金烹茶用具,计 11 种 12 件,这是迄今为止见到的最高级的古茶具实物,堪称国宝,它反映了唐代的皇室饮茶器具已经十分豪华。

玻璃茶具

玻璃,古人称为流璃或琉璃,它是一种有色半透明的矿物质,用这种材料制成的茶具,能给人以色泽鲜艳的美感。随着玻璃工业的崛起,质地透明的玻璃茶具也很快兴起。

玻璃茶具向来以质地透明、光泽夺目、外形可塑性大、形态各异、品茶饮酒兼用等特质而受到消费者的青睐。

在众多的玻璃茶具中,以玻璃茶杯最为常见,用玻璃茶杯或玻璃茶壶泡茶,尤其是冲泡各类名优茶时,品饮者可以看见茶汤的鲜艳色泽、茶叶在整个冲泡过程中的上下穿梭的过程、叶片的逐渐舒展等,可以一览无余,可以说这是一种动态的艺术欣赏过程,别有趣味。

特别是冲泡绿茶,茶具晶莹剔透,杯中轻雾缥缈,澄清碧绿,芽叶朵朵,亭亭玉立,观之赏心悦目,别有风趣。而且玻璃杯价廉物美,深受广大消费者的欢迎。

玻璃茶具物美价廉,很受消费者的欢迎,但其缺点是易碎,也比陶瓷烫手。不过现在有一种被称为钢化玻璃的制品,其经过特殊加工后,牢固度较好,隔热能力也比较强。但玻璃茶杯质脆,易破碎,比陶瓷烫手,是美中不足。

漆器茶具

采割天然漆树液汁进行炼制,掺进所需色料,制成绚丽夺目的器件,这是我国先人的创造发明之一。

我国的漆器起源久远,但作为供饮食用的漆器,包括漆器茶具在内,在很长的历史发展时期中,一直未曾形成规模生产。

漆器茶具始于清代,主要产于福建福州一带。漆器茶具较著名的有北京雕漆茶具，福州脱胎茶具，江西波阳、宜春等地生产的脱胎漆器等，其中尤以福州漆器茶具品质最佳，其形状多姿多彩，有宝砂闪光、金丝玛瑙、釉变金丝、仿古瓷、雕填、高雕和嵌白银等多个品种，特别是创制了红如宝石的赤金砂和暗花等新工艺后，其漆器茶具变得更加绚丽夺目、逗人喜爱了。

脱胎漆茶具的制作精细复杂，通常是一把茶壶连同四只茶杯，存放在圆形或长方形的茶盘内，壶、杯、盘通常呈一色，多为黑色，也有黄棕、棕红、深绿等色，并融书画于一体，且轻巧美观，色泽光亮。脱胎漆茶具除有实用价值外，还有很高的艺术欣赏价值，常为鉴赏家所收藏。

不锈钢茶具

不锈钢是石油、化工、化肥、食品、国防、餐具、合成纤维和石油提炼等工业行业中广泛使用的金属材，是具有抗腐蚀性能的一类钢种。不锈钢茶具是现代科技发展的一种新成果。目前，市场上出现了不少的不锈钢茶具组，一些不锈钢与玻璃作为材质的茶壶的造型都十分精美，典雅大方，实用之处

不锈钢茶具

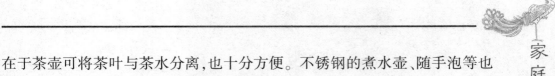

在于茶壶可将茶叶与茶水分离,也十分方便。不锈钢的煮水壶、随手泡等也广泛地被茶人使用,因其方便实用而备受青睐。

其他茶具

搪瓷茶具经久耐用,携带方便,实用性强,它起源于古代埃及,以后传入欧洲。传入我国,大约是在元代。我国真正开始生产搪瓷茶具,是 20 世纪初的事,在 20 世纪 50~60 年代,搪瓷茶具较为流行,后来逐渐被其他茶具所替代。搪瓷茶具传热快,易烫手,放在茶几上,会烫坏桌面,所以使用时受到一定限制。

一般来说,现在通行的各类茶具中以瓷器茶具、陶器茶具为最好,玻璃茶具次之,搪瓷茶具再次之。

另外,以玉石、水晶、玛瑙为材料制作的茶具历史上曾有过,比如玉茶杯、玉茶壶、玉茶叶罐等,但因器材制作困难,价格昂贵,缺少实用价值,主要是作为摆设,以显示主人的富有,因此并不多见。

第三节　茶具选择

近现代,茶具的门类和品种、造型和装饰、材料和工艺均有新的发展。仅就茶具的质地而言,就多达十多种。有陶茶具、瓷茶具、玉石茶具、石茶具、漆器茶具、竹木茶具、果壳茶具、金银茶具、锡茶具、镶锡茶具、铜茶具、景泰蓝茶具、不锈钢茶具、玻璃茶具、搪瓷茶具、塑料茶具等。

现代家庭所用茶具以紫砂、陶瓷、玻璃为主。这几种茶具各有特色,可根据冲泡茶叶的品质特性适当地选择合适的茶具。

鉴别古壶

对于紫砂爱好者而言,没有人不希望自己能拥有一把古壶。因为其年代的久远及其上所附的文化价值,实在是让人爱不释手。但是想得到一把古壶却谈何容易。

试想明末清初、清末民初及八年抗日战争期间,中国处处是战火,百姓流离颠沛、四处逃难,想求安身保命已是不易,更甭说保护不能当饭吃的"茶壶"。其次,就手工制作而言,一位名家毕其一生,所能完成的作品,数量到底有限,即使侥幸没有受到战火的破坏,而能完完整整保留到今天,相信更是寥寥无几。

道光至清朝末年期间,宜兴紫砂壶为应海内外市场的需求,曾采用铸模式大量制作,进入商业化经营。此一时期的作品,土胎粗糙,造型千篇一律,欣赏、艺术价值并不高,除了一个"古"字外,可说毫无特色可言。当然,果若能买到一把造型独特高雅、土胎完美、色泽朴拙的真古壶,那可真是三生有幸。

不可否认,"古壶"人人喜欢,有人喜爱它的"历史外壳"、有人看中它的"稀有价值"、有人迷恋它的"典雅、朴拙"……不论出发点如何,购买古壶的人,无不祈求自己手上、家中的古壶是"真品"。

仅凭外观容易上当,近年来由于古壶行情看涨,不少壶商利欲熏心,找来一些宜兴艺工,将新壶外观处理得跟古壶没有两样。面对这些"假古壶",唯有从时代背景特色、造型、落款习惯等方面,仔细辨别。若光凭外观,百分之百会受骗。

不同时代的作品有不同特色的紫砂壶,从草创的明代正德年间开始到清末,时间长达 400 余年,前后出现不少制壶名家。同时,随时代的演变,每一时代有每一时代的作品特色。

例如,明代制壶只重型制、质地,作品一概为素色。因此,只要壶身加上色彩,即可肯定不是明代古壶。其次,陈鸣远首开"壶盖内用印"的先河,因此,如果是壶盖内用印的真古壶,保证是陈鸣远(明末清初)以后的作品。

又如清道光年间,名家朱坚首创金属(锡)包壶,并用玉石制作壶嘴、壶把。故如果壶身上镶有锡或包铜时,即表示此壶必然是道光以后的作品。

根据出水孔数辨别

所谓出水孔是指壶内通壶嘴的孔。出水孔数的一孔或多孔,也可作为断定该壶是否为古壶的资料之一。

1911 年以前的紫砂壶,不论大小,出水孔都是单一孔;1911 年以后,小壶仍维持单一孔,大、中型壶为防止茶叶堵住出水口,影响出水,大都改采用多孔状(俗称蜂巢或内网)。

从壶身辨别

众所周知,明代的紫砂壶顶多只在壶底落款,壶身大抵保持素面无物。到了明末,名家陈用卿才开始以草书在壶身上刻款。

现在我们常常可看到壶身上刻有诗画的壶。其实,在壶身上刻诗画,是清代陈曼生所创,后代名家效法延用。

根据以上两点可得到一个结论,即壶身上刻有诗文绘画的古壶,绝对是陈曼生时代以后所制。

从落款的甲子年辨别真伪

或许一般人都不会注意到这一点,但这却是辨别作品真伪的一项利器。

古人相当重视甲子年表,且我国是以农立国,一提到今年是什么年时,总是习惯使用甲子年表示。明、清时代,艺人的落款可说完全使用甲子年。例如时大彬的葵花壶底款为"万历丁酉春",对照甲子年表可知,万历丁酉年是万历二十五年。

在此衷心奉劝那些一心独钟古壶的朋友,古壶不多,不易辨别,且赝品满街都是。在您决定收购之前,千万不可只听信壶商片面之词,务必对该壶的制作历史背景、风格、特色,或作者的习惯、特点详加了解,确定无误后才购买。如果平日能多参考宜兴茶壶的相关文献记载,彻底摸清楚宜兴壶每一阶段的发展过程与特色,并对历代每位名家的风格、特色深入分析、比较,则受骗上当的概率将可减至最低。

现代好壶

上等的茶强调的是色香味俱全,喉韵甘润且耐泡;而一把好茶壶不仅外观要美雅、质地要匀滑,最重要的是要实用。空有好茶,没有好壶来泡,无法将茶的精华展现出来;空有好壶没有好茶,总叫人有美中不足的感觉。

一把好壶究竟应具备什么条件?是不是出自名家之手的壶便是好壶?当然,名家因本身艺术造诣较深,其作品自有一定水准,虽非每一把都是好壶,但至少也不至于差到哪里。而一把壶的优劣,除了依个人主观的偏好为出发点外,大概可以两个标准来判断。一是壶的造型结构性,二是壶的实用性。

壶的造型结构

一把壶的完成需由大部分相组合才行。其组合是否合乎理想,合乎物理性质,是评断这把壶好坏的基本要件,以下就茶壶三要素壶嘴、壶把、壶身三部分的组合加以叙述。

三点成一直线:壶的嘴(出水口)、壶把、钮必须成一直线,换句话说,就是三点要对直(少数特殊造型除外)。

比例要匀称:各部分组合比例,应力求匀称,同时要展现出落落大方的空间感。

出水顺、握感轻:壶嘴的出水务必顺畅,手握壶把时,握感应力求轻盈、不费力。

一体成型感:壶嘴与壶身、壶把与壶身的连接部位,要处理得很自然,没有任何破绽,宛如一体成型般。

茶壶的外观

茶壶的外观可从多方面加以考虑。

美观:近年来,市面上所推出的茶壶形式琳琅满目,或高或矮或圆或扁,或几何形状或瓜果形状。然而,每个人有每个人的审美观点,因此,所谓的美并没有一定的标准可言,只要合乎您的心意即可。

重心要稳:用手提起茶壶是否感觉顺手?重心是否恰到好处?端看该壶壶身与壶把的设计是否精准。购买新壶时,不妨要求卖主在壶中装入约壶容量3/4的水。用手平平提起茶壶,缓缓倒水,如果感觉很顺手,即表示该壶重心适中、稳定,是一把好壶。如果提壶需用力紧握壶把才得以平稳的话,即表示此壶的重心位置不对。除了重心要稳之外,左右也需匀称。抓起壶盖时,壶口要平、要圆。

出水需急、长、圆:出水首先要刚直有劲,水束又长又圆,同时,倾倒壶水时,若能使壶中滴水不剩,即表示是一把好壶。

壶盖、壶身紧密吻合:壶盖与壶身的紧密度愈高,愈不会使茶香流失,壶盖与壶身紧密吻合的茶壶才是一把好壶。壶盖与壶身紧密度的测试方法是,茶壶装水约1/2~3/4,用食指紧压盖上气孔,倾倒壶水看看,若滴水不流即表示两者紧密度极高;另外,用食指紧压茶壶壶嘴,颠倒壶身,若紧密度够,则壶盖不会掉落。

其次,壶底壶面平滑工整,落款也要工整。通常一把壶至少会有二个以上的印章,大抵是在壶底、壶盖或把手上。

茶壶的品质

茶壶的制作方法有手拉、挖塑及灌浆三种,每一种的价值多少有些差异。外行人很难从外观判断是属于何种。此时不妨抓起壶盖,仔细端详壶身内部情形即可明白。一般而言,手拉坯较为粗糙,挖塑壶会留下力刻痕迹,灌浆壶则会有模痕。至于要判定其好坏,可从两方面着手,即看色泽与听声音。

看色泽:据行家的说法,茶壶的色泽以滑润为佳,一把好茶壶,其土胎色泽所呈现之滑润感,的确很迷人。

听声音:茶壶因烧成火候的不同,硬度多少会有差异,因而,声音也就有清脆铿锵或混浊迟钝之分。究竟清脆较好或混浊声较佳,并无一定标准。不过,根据多数行家认为,声音较清脆铿锵的壶,较适合泡发酵、香气高的茶(如生茶);声音较混浊迟钝的壶则适合泡重发酵、韵味低沉的热茶。

辨别壶声的方法是,将茶壶平放左手手掌上,以右手食指轻弹壶身。

在此必须特别强调的一点是,宜兴陶土因含有石英成分,故制成茶壶后,放在灯光下照照看,可看出点点金光,这是其他地方陶土所没有的特色。

茶壶的实用性

一把好壶除了要有看起来顺眼、看起来美观之外,最重要的是使用功能的好坏。换句话说就是壶的实用性。

饮茶、赏壶不但是生活的享受,同时也是一种生活艺术。茶壶的重要任务与功能,在于将茶叶的色、香完全展现出来。因此,选购茶壶时,不应该仅从名贵稀有两方面着眼,而更应着重其实用性。

有关实用性的问题,可从两方面来谈,一是茶壶种类,一是茶壶大小。

茶壶种类

有人专门收藏各种类型的茶壶,视之如古董。故茶壶年代愈久,价值愈高;其次,茶壶出自哪个名家之手,其中价格亦有高低悬殊。选购茶壶时,不论是新壶或是旧壶,首先要衡量个人经济能力再做决定。

茶壶主要分为瓷制品与陶制品,两者各具特色,瓷制茶壶适合表现香气,常用来冲泡发酵茶(生茶),陶制茶壶适合表现韵味,常用来冲泡重发酵茶(热茶)。

茶壶大小

　　茶壶容量的大小各不相同,小者仅一小杯量,专供个人独饮;大者容量数十小杯,可供几十人共饮。故选购茶壶时,务必要根据个人用途、交友情形决定其大小。否则茶壶太小,来客太多,泡不及喝,有失待客之礼;相反地茶壶太大,客人太少,则又有强迫客人之嫌,同样不礼貌。

　　近年来,随着传统文化的受重视及饮茶风气的盛行,人们日益讲究饮茶格调、品质与壶艺。使用一把好茶壶,冲泡上等好茶,口饮飨客两相宜。

朱可心·报春壶

　　泡茶、喝茶本就是一件赏心悦目,自娱娱人的雅事,更是一种生活艺术与生活享受,可为忙碌的生活增添一点雅趣。

　　独自品茗可让自己沉浸在悠闲雅静的气氛中;和三五好友一起品茗,则可天南地北高谈阔论,甚至忘却今夕何夕,这也正是"寒夜客来茶当酒"的最高境界。养壶则是从泡茶当中所衍生出来的一件事,如今俨然成为一种艺术。品茗时一边赏壶、论壶,更是一种至高无上的雅趣。因为壶是孕育茶香的摇篮,好壶泡好茶,更能让品茗的艺术境界大加提升。

养壶护壶

　　拥有一把好壶固然可喜,但若不懂养壶或养护方法不当,则枉然拥有好壶。

所以不论您所拥有的是名家壶、古董壶、或以造型取胜的现代茶壶,唯有依赖平日细心的保养,才能使您的爱壶有如"良驹遇伯乐"一般,散发出本身的润泽。

养壶的目的除了使茶壶更光润亮丽之外,更因陶壶(或石壶)本身自有吸附茶质的特性,因此,一把保养得当的茶壶,更能产生"助茶"的功效。

养壶就如同栽种树苗,拔苗助长式的养壶方式或许能一时奏效,却失自然。唯有靠平日的耐心维护与保养,绝对不可操之过急,才能使您的心血,充分展现在您的茶壶身上。

新壶的养护

新壶在使用之前,必须先做一番处理。这就如同船只在制造完成后,航行之前,必须举行一场隆重的下水典礼一般。目前比较受到认同的新壶处理法可分为两种,其一为传统式,另一为简便式。

传统式

取一口锅,充分洗净,不可带半点异味。在锅内装水,水深大约可淹过整个茶壶 2 厘米以上,然后放入新买的茶壶。

接着用小火慢慢加热,等到水沸后,放入一大把重火烘焙的茶叶,大约煮 3 分钟。然后,把已经冲开的茶叶捞起,继续用小火煮 30 分钟。取出茶壶,放在干燥又无异味之处,让茶壶自然阴干。

不过,也有人省略掉放茶叶的步骤,只用清水煮新壶。至于孰胜孰劣,但凭个人喜好,无一定论。总之,两者的主要目的,都是要将壶身毛细孔中的粉末逼出来,去除土味、杂质与壶身表面上的一层薄蜡。

简便式

首先,在陶壶内灌满冷水,倒掉之后再灌满温水,倒掉温水之后,第三次再灌入沸水。也就是以渐次增加水温的方式，逼出壶身毛细孔中的粉末。同时取一枝小牙刷。先在热水里浸泡3分钟，当牙刷的刷毛软化后，沾上牙膏，把陶壶的里里外外刷一次。经过这几道手续之后，即可除去新壶的土味、杂味与蜡质。最后，再用沸水冲淋新壶的里里外外。经过这一番隆重的"下水典礼"之后，新壶即可正式"下海"，供人冲泡了。

日常养壶

养壶其实并没有特别的诀窍，只要掌握正确的使用方法与日常保养，久而久之，您的爱壶就会散发自然油润的光泽。

根据一般养壶专家的说法，养壶可分为以下几个重点：

泡茶之前先冲淋热水

泡茶之前，宜先用热水冲淋茶壶内外，可兼具去霉、消毒与暖壶三种功效。

趁热擦拭壶身

泡茶时，因水温极高，茶壶本身的毛细孔会略微扩张，水汽会呈现在茶壶表面。此时，可用一条干净的细棉布，分别在第一泡、第二泡等的浸泡时间内，分几次把整个壶面拭遍，即可通过热水的温度、把壶面擦拭得更亮润。

泡茶时，勿将茶壶浸在水中

有些人在泡茶时，习惯在茶船内倒入沸水，以达保温的功效，然而这对养壶则无正面的功效，反而会在壶身留下不均匀的色泽。

泡完茶后，倒掉茶渣

每次泡完茶，应倒掉茶渣，用热水冲去残留在壶身的茶汤，以保持壶里壶外的清洁。

有些讲究"壶里茶山"的人，往往把茶渣一起留置在壶里任其阴干。其实这种习惯并不好,于壶于茶均不宜,应及早戒掉。

壶内勿浸置茶汤

泡完茶后,务必把茶渣与茶汤都倒掉,用热水冲淋壶里壶外,然后倒掉水分。有些人以为把茶汤留置在壶内,可达到养壶的功效,其实不然,一旦产生异味,反而对茶壶有害。所以泡完茶后,应保持壶内干爽,绝对不可积存湿气,如此养出来的陶壶才能显出自然的光润。

阴干时应打开壶盖

把茶壶冲淋干净后,应打开壶盖,放在通风易干之处,等到完全阴干后再妥善收存。

避免放在灰多之处

存放茶壶时,应避免放在油烟、灰尘过多的地方,以免影响壶面的润泽感。

避免用化学洗洁剂清洗

绝对不可用洗碗精或化学洗洁剂涮洗陶壶,不仅会将壶内已吸收的茶味洗掉,甚至会涮掉茶壶外表的光泽,所以,应绝对避免。

因茶选具

绿茶茶具

绿茶在我国非常流行,特别是在江浙一带,人们大多喜欢龙井、碧螺春等名茶和高级眉茶,在饮用时,也十分讲究茶具的洁净和用水的质量。

作为人们普遍爱饮的茶类,绿茶的饮法随茶品、地区的不同而不同,且丰富多彩、各具特色。

茶壶

饮用大众绿茶,注重茶的韵味,可以选用有盖的壶、杯或碗泡茶;壶泡法中的茶壶一般选用紫砂壶或瓷壶,泡茶前,先将茶壶和茶杯洗净。

壶泡法适用于冲泡中低档绿茶,这类茶叶中多纤维素,耐冲泡,茶味也较浓。相应地,壶泡法一般不宜泡饮细嫩的名茶,因为茶壶中水太多,不易降温,会焖熟茶叶,使茶叶失去清鲜香味。先取适量的茶叶放入壶中,茶量依据壶的大小和品饮人的习惯来定。再用 90℃~100℃ 的沸水高冲入壶,至满,盖好壶盖,3~5 分钟后即可酌入杯中品饮。

一般来说,来客敬茶是我国各族人民共同的礼节,敬客一般选用杯泡法较为正式。但是,低级茶叶及绿茶末多,适用壶泡法,这样不仅便于茶汤与茶渣分离,饮用起来也方便很多。

此外,饮茶人多时,用壶泡法较好,因为目的不在欣赏茶趣,而在解渴。

玻璃杯

如果饮用的是高档茶或绿茶,如品饮西湖龙井、洞庭碧螺春、君山银针、黄山毛峰等细嫩名优绿茶一般可选择玻璃茶具,也可选用白色薄胎细质瓷杯冲泡饮用,可以提高观赏、品茗的情趣。这些茶叶多条索纤细,柔嫩,身披白毫,一芽一叶或一芽二叶。选用透明的玻璃茶具,则可透过杯壁观赏到茶芽缓缓舒展的过程,集观赏与品啜于一身,充分领悟茶的品饮艺术。

玻璃杯泡饮法适用于品饮细嫩的名贵绿茶,以便于充分观察茶叶在水中的舒展、变化过程,欣赏茶叶的品质特色。

泡饮之前,要先赏茶,赏茶包括欣赏干茶的色、香、形。

首先从茶叶罐中取出茶叶放在白色瓷质的赏茶盘中,白色瓷质的赏茶盘可更加衬托出茶叶的翠绿色,显现出茶叶的形状。

在白色瓷质赏茶盘中先察看茶叶色泽,再干嗅茶中香气,最后观看茶叶形态,茶叶因品种不同形态也会不同。

通过这些步骤,可以先充分领略各种名茶地域性的天然风韵,故称为

"赏茶"。

瓷杯

瓷杯适用于泡饮中高档绿茶,如一、二级炒青、珠茶、烘青、晒青之类,重在适口、品味或解渴,使用的瓷茶杯一般为盖碗或盖杯。但泡饮细嫩名茶,如用不透明的白瓷杯,便不能透视茶在杯中变化的全貌,不能充分领略汤中茶趣,是此法的一大不足。

瓷茶杯的保温性能比玻璃茶杯强,对于较粗老的茶叶,持久的高温能使茶叶中的有效成分更容易浸出,从而得到滋味浓厚的茶汤。

瓷杯泡饮法其实是人们最常用的日常泡饮法,在冲泡前,一般先赏茶、清洁茶具。

瓷杯泡饮法可采取中投法或下投法。在瓷杯中放入干茶 2～3 克,以 95℃～100℃初开沸水高冲入杯冲泡,每杯注水量 200 毫升。

盖上杯盖,以防香气散逸,保持水温,以利茶身开展,加速下沉杯底,待 3～5 分钟后开盖。

然后可以嗅茶香、尝茶味,视茶汤浓淡程度,饮至三开即可。

虽然,瓷杯泡饮法十分方便,但是,这种泡法的缺点是:如水温过高,容易烫熟茶叶,水温较低则难以泡出茶叶汁液;而且因水量多,往往一时喝不完,使茶叶浸泡过久,茶汤变冷,色、香、味均受影响。

其他

陶器茶具,造型雅致,色泽古朴,特别是宜兴紫砂为陶中珍品,用来沏茶,香味醇和,汤色澄清,保温性能好,即使夏天茶汤也不易变质。

但由于陶器不透明,沏茶后难以欣赏杯中的芽叶美姿,是其缺陷。陶瓷茶具也有它的优缺点,家庭、办公室不太适宜,敬客不够庄重但经久耐用,但它携带方便,适宜于工厂车间、工地及旅行时使用。

至于塑料茶具,因质地关系,对茶味有影响,除临时使用外,平时都不适宜,尤其忌用塑料保暖杯冲泡高级绿茶,因杯中长期保温,使茶汤泛红,香气低闷,并有熟味,大煞风景。

红茶茶具

如果缺少精美的茶杯,那么即使红茶再美味,也尝不出那种独特的风味。

当然,不只是茶杯、茶壶、点心碟子、茶糖,甚至茶叶罐子等用品,就整个英国社会来说,红茶已经是"下午茶"的代名词,并且带动了一股社会风气。

饮茶的乐趣很大一部分在于茶壶、茶杯等茶具的精致、优美的感觉。

红茶高雅的芬芳以及深涩的味道,只有与合适的茶具搭配,才能烘托出那股独特的风味。无论使用哪种器皿,如果只是随手泡泡茶,喝了再说的话,根本谈不上是正确的饮茶方式。源于中国的具有人性化的饮茶方式,即用心品味出茶本身的美,在英国的茶文化中同样是相通的。

英国人的饮茶精神能够体会出红茶本身的美。基于这种追求人性化美感的心态,红茶对英国人而言,不再是单纯的饮料,而成为一种人类文化的模式。

坚固耐用的茶具

英国人的红茶与日常生活息息相关,并不是一种虚构世界里的产物。这一点可以通过英国的茶具组合感觉到。英国的茶具不仅精致美丽,而且十分坚固耐用,不容易摔破。

一位顾客曾经在位于牛津繁华街道上的一家著名陶瓷品商店内选购茶具,一不留神把茶具摔落地上,发出一声巨响,心里暗叫这下子可惨了。

这时,一位中年女店员面露微笑地走过来,并且对他说:"先生,请您不必担心!"这位顾客赶紧低头一看,躺在脚边的茶具完好无损!

"真是太对不起了。"

"哪里!请不用担心了。"只见店员一面说着,一面以充满自信的态度把地上的茶具一一捡起来,放回架子上。

绝对协调的美感

对英国人而言,生活用品光是实用还是不够的,他们更追求艺术价值及美观优雅。

英国茶具的美,不单单是华丽、漂亮的美,而是一种协调感极佳的美。

英国的茶具外表描绘着千变万化的英国植物及花卉图案,完全把英国人热爱园艺的习性反映在茶具器皿上。相信即使你到欧洲其他国家的任何一座公园里散步,也难以发现像英国公园这般拥有多姿多彩的花卉及植物。

英国茶具的特色在于真实自然,一点也不矫揉造作,甚至还流露出一股高贵优雅的气质。因此,这种美并不单单只在表面,它会使你满心欢喜,而这种欢喜绝不会随时间消逝。

这些美丽的茶具除了有一种无法言喻的宁静之外,还有充分的写实感,这份感动是难以从日常生活中轻易获得的。

当向美妙的英国瓷茶具内注入香气四溢的红茶时,那茶杯看起来宛如希腊雕像般,有一种宁静、自然的美。

茶杯

茶具组合当中,最具代表性的要算是茶杯了。

茶杯的演变

目前所称的红茶茶杯,指的是附有握把的杯子。但是在欧洲早期所制造的茶杯与托盘并没有任何握把。

当时制造的茶杯形状是模仿日本及中国的样式,但是为了方便饮用滚烫的热茶,最后还是在杯身装上了握柄。

那个时候欧洲制造的茶杯除了形状模仿东方样式之外,其大小都完全相同。目前,也许还看得到小型咖啡杯,但是小红茶茶杯恐怕就不容易发现了,茶杯的形状也很少采用细长型样式,多半都是以广口杯为主,因为以容量较大的广口杯盛装,更能够扩散出红茶幽雅的香气。

品质上等的茶杯

英国制的红茶茶杯品质上等,无论是茶杯或托盘均镶上一层金边。这是其他欧洲人所没有的习惯,也算是英国人特有的风格。

这层金边给人一种高级品的感觉,华丽而不低俗。虽然有种审美观念认为银色比金色看起来更高级,但是在茶具组合的设计方面,英国根本不曾采用过银色镶边。

英国的红茶茶杯有的以纯正瓷器制造,本身具有稳重的分量,握在手里感觉相当沉重。价格较便宜的产品,杯体本身比较轻巧,但也容易碎裂,因此比较不经济。总之,茶杯的形状要圆、要宽广,并且握在手里要有一定的重量,这才是佳品。

早晨饮茶时间所使用的茶杯通常是大茶杯。这种大茶杯又称为马克杯。而小茶杯的容量,给人感觉只能小口小口啜饮,多半不适用于晨间饮茶。

如果你平常到大型百货公司逛逛,会发现四处陈列着英国瓷器,其中最有名的品牌为维吉吾特、皇家明顿、皇家威斯特、皇室元冠、达比、道尔敦、史波特等等。这些名牌茶杯均有每家公司独创的图案款式,并且种类繁多,你可以依自己的喜好选择最适宜的产品。

如果你决定买一套名贵的茶具组合,那么可将其视为传家宝物,留给世世代代子孙享用。英国瓷器上的图案即使历经几十年也不会发生变化。此外,即使不慎毁坏组合中的任何配件,也能够单一购买之,非常经济实惠。

瓷器一般属于高级品,但是日常生活中也有一些既美观又耐用的非瓷茶杯。这些茶杯均是陶器品。在英国,中下级茶杯多半都是陶器品。这种陶器品虽然没有瓷器般精致,但是坚固耐用,实用价值高,也有一种颇具分量的感觉。

茶壶

茶壶就是我们日常生活使用的茶壶,其质料即使不是最上等的也无妨。在今天,一些中产阶级的家庭即使在早上也很少使用银制茶壶。

家庭常用茶壶

英国一般家庭所使用的茶壶是一种茶褐色的茶壶。这种茶壶属于陶器品,因此感觉有点重量,而且坚固耐用,装入滚烫的红茶也不易冷却。在冬天的早晨来上这么一壶茶,感觉一定很不错。

这种茶壶的另一个优点是即使沾上茶渍也不会很明显。由于这是每天必须要使用的器具,因此外表一定要耐脏,况且红茶比起绿茶更容易在茶壶上留下茶渍。所以,这种茶壶即使用久了也不会令人厌烦,而且相当方便,尤其是在茶杯里注满芬芳的红茶时,那份实实在在的感觉真好。

经济型茶壶

最经济型的茶壶要算是那种不锈钢制品。如果您有机会在伦敦中级旅馆住宿,就会看到这种不锈钢制的茶壶。在早餐的桌面上首先端出场的器皿就是它。

这种茶壶比起陶器茶壶更不容易沾上茶渍,加上质料耐用,即使乱摔乱撞也不易损坏,是一种日常生活中最便利的用品。

玻璃制茶壶

玻璃制茶壶则具有摩登现代感。通常茶袋无法直接置于茶杯中,可以试着放进玻璃制茶壶内,这不但有一股优雅的气质,还能将红茶的味道散发得淋漓尽致。

哈利欧尔的茶具制造商依旧出产颇具现代感的玻璃制茶壶。虽然这种茶壶不需使用茶叶篦子,非常便利,但是喜爱饮用正统红茶的人还是不使用它。

银壶

传统派人士还是喜欢用陶瓷或银制茶壶。银制茶壶以伦敦的"平与维夫"产品最为有名。它经长年累月的研磨,塑造出了优美高雅的形状。虽然其价格高出普通陶瓷器的两倍,但是仍值得珍藏。这种银制茶壶不管是在18世纪或者19世纪制造,不论银质成分纯度多寡,或者完全使用纯银打造,其价格都贵得惊人。

伦敦的"平与维夫"银制茶壶,加上砂糖罐及奶精罐成为一组银制茶具。

滤杓

所谓的滤杓就是茶叶篦子。凡是对饮茶有兴趣的人都知道这种用具。

在大多数的情况下,人们都不喜欢让茶叶残留在杯子中,此时就要用到滤杓。

虽然茶壶内通常附有滤茶叶的小洞,但是英国茶壶的滤网洞口太大,所以在泡茶时还是得使用滤杓。

通常使用的滤杓都是那种专门过滤日本茶、附有金属丝网的器具,到处都买得到。但是这种很普遍的滤杓在气氛优雅的高级茶会中多半不被使用。试想当你拿出华丽高级的瓷器茶具,优雅娴熟地招待客人时,突然取出日本滤杓使用,是十分不协调的,所以,这个时候需要使用高级滤杓。

品质上等的滤杓并没有金属丝网,而是直接在滤杓表面打出无数个小洞。

最高级的滤杓为纯银制品,其次才是黄铜镀银制品。镀银制品价格没有那么昂贵。市面上举目可见的是不锈钢制滤杓。

当然,金属丝网的滤杓如果再附上一块可旋转式的底座,那就可以在宴会场合中使用了。

广口奶精瓶

这种瓶子专门放置奶精(或牛奶)。

只有英国风味的红茶才充分使用奶精,所以英国人使用的奶精瓶都属于大尺寸的。

茶具组合中,这种器具也包含在内,是不可或缺的必需品。

虽然有的人喜欢在红茶中添加柠檬片而舍弃奶精,但是奶精瓶依旧随侍在旁。英国人喝红茶时,桌上摆罐奶精是理所当然的事。在英国经常可以看到许多大得惊人的广口奶精瓶,满装了香浓的牛奶。

在早餐时刻,摆上一瓶奶精是非常方便的。牛奶除了泡红茶之外,还可以拌玉米片食用,一举数得,而且让早餐看起来更丰富。

砂糖壶

现代人流行的饮茶方式是在红茶中添加一匙粉状砂糖,这种情况在伦敦和东京都一样,年轻人尤其喜欢。

砂糖罐的尺寸大小实际上是和广口奶精瓶差不多。不过,砂糖罐通常附有盖子。

不管你在饮用红茶时有没有添加砂糖的习惯,桌上总不能缺少这么一种配件,就算是纯粹装饰品也好,它已经成为茶具组合中不可欠缺的必需品。

茶铃

这是一种告知饮茶时间的器具。茶铃也可以在通知用餐时间的情况下使用,不过这时候它的称呼是"晚餐摇铃"或者"餐桌摇铃"。

使用摇铃的场面经常出现在小说情节之中。特别是那种乡间的豪华住宅,由于要通知家人饮茶或用餐时间可说是相当麻烦,因此使用这种摇铃比较方便。

这种摇铃有金属制品及陶瓷器制品两种。金属制品音质高亢,而陶瓷器制品的特征是声音较脆、较小。这种陶瓷器摇铃多半在外表会有一些精美的花草植物图案,令人看了爱不释手。时至今天,茶铃的装饰价值胜于实用价值。如果是那种白底花纹图案的瓷器摇铃,摆在茶桌上,其装饰效果更好。

茶巾

茶巾原本的用途是用来擦拭茶杯的。绘有英国植物及小鸟图案的茶巾,具有相当高的鉴赏价值。

在英国,无论何处都可以买到绘有当地植物、动物或美丽建筑物图案的茶巾。茶质料轻软,是一种相当漂亮的纪念品,若馈赠亲友,送者大方,受者实惠。

除了作为送礼的纪念品外，也有人将其挂在墙上装饰，这也是另一项创意。

茶巾的质材采用亚麻布，是一种爱尔兰亚麻布，这种布料耐洗，而且相当实用。

餐桌上不可或缺的桌布，其质料也采用亚麻织布。在茶会的餐桌上铺一条花纹图案的桌巾，非常美观大方。要尽可能选择与茶具造型、图案相协调的桌巾，以达到凸显的效果。

保温棉罩

保温棉罩的作用在于茶壶的保温，是冬季饮茶时不可或缺的必需品。热茶最好是趁热饮用，效果最佳，所以保温棉罩是必备用品。从前的家庭主妇都是自己裁剪适合的布料，依自己喜爱的样式设计造型，制作棉罩。把这种棉罩盖在茶壶上，刚好就是一个布娃娃形状，十分富有趣味感。

保温棉罩在一些百货公司及红茶专卖店均有出售，且价格非常便宜。

茶叶罐

茶叶罐也可称之为茶筒。当你购买 300～500 克的红茶叶时，总是希望能够用茶叶罐保存。

茶叶罐通常有金属及陶瓷两种。

茶叶罐市面上不容易买到，只有在英国红茶公司推出特选红茶产品时，才会以一些造型特殊、富有趣味的罐子、小茶壶填装茶叶。这些小罐子不要任意丢弃，可以保存起来装其他茶叶。

茶叶罐最好具有密闭性。如果盖子容易松脱，最好的方式则是在罐子上包上一层塑胶袋防潮。

英国超市或便利商店所卖的红茶通常都是纸盒装。购买罐装红茶的人较少。

英国的盒装红茶多半都是由斯里兰卡或印度进口，而非当地的产品，价格比较便宜。

茶叶滤球

茶叶滤球是一种多孔的金属球,将茶叶放在其中,浸泡热水,即可冲泡出香浓热茶。

"茶叶滤球"这个名词在牛津字典里找不到,所以有人认为这种器具也许是美国人发明的。

在英国商店里出售的茶叶滤球,标签上注明为"Teaball",但"Teaball"和"Teaborer"指的是同一种器具。

通常把茶壶内的红茶倒入茶杯时,必须使用茶叶篦子。但是有些人觉得使用这种茶叶篦子很麻烦,所以才会发明这种茶叶滤球。

这种茶叶滤球很方便,但是要处理滤球中塞满的红茶叶也是一件麻烦的事。

这种杯状壶用来盛装热水,在下午茶时间或茶会时刻使用这种热水壶相当方便。

在英国,进行传统泡茶方式的过程中,热水壶一定随侍在旁,扮演着举足轻重的角色。

当茶壶里的茶泡得太浓时,就必须添加一些热开水,以调和出适当的浓度。因此,将热水壶置于茶壶一侧,这是泡茶的基本规定。

托盘

托盘的种类很多,有银制品、木制品及塑胶制品等,其中又以木制品最为实用。

这种托盘呈长方形造型,在左右两端还附把手,使用起来很方便,并且到处都买得到。即使是木制品,在盘子上铺上一层白色蕾丝,看起来也非常优雅。

铺上蕾丝的构想来自英国家庭,由于已经司空见惯,久而久之就成为泡茶的基本礼节。

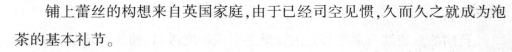

普洱茶茶具

冲泡普洱茶是一门艺术，它富有个性，且富于创造和变化，而不是一种一成不变的定式。正确的冲泡方法能充分展现普洱茶的茶性、茶美，使饮者达到陶冶情操、愉悦身心、养生延年的目的。

在冲泡之前，要根据品饮者的人数、所泡茶叶品种来准备泡茶的器具，诸如茶杯、茶壶、茶盘、煮水器、茶荷，以及茶巾、茶匙、茶托等物品。这些准备工作可以统称为备器。茶巾应选用吸水性较强的；一般需要准备两块茶巾，一块擦茶杯，一块用于包壶。

在众多的茶类中，普洱茶除了品质独特外，还以饮法独特、功效奇妙而著称。品饮普洱茶，分泡饮和煮饮两种基本方法。品饮普洱散茶，多采用泡饮方法；泡饮普洱茶，又以定点冲泡法为上。

煮饮法多使用陶炉或酒精炉加温烧煮。使用煮饮法的多半是遇上了一饼好熟普，泡到茶汤已淡，但仍不舍丢弃，继而煮之续其茶香。有人说能喝上好茶实为有福，而使用煮饮法饮茶之余味就是惜福了。

泡饮法是现在品饮普洱茶最常用的方式，既简单方便，又可以品味到普洱茶的真味。普洱茶的泡饮法大体有闷泡法、紫砂壶功夫泡法和盖碗冲泡法三种。

冲泡普洱茶可以使用紫砂壶、瓷壶和瓷盖碗三种茶具。

茶壶

陈年普洱茶（陈期在 20 年以上）和熟普洱茶宜使用紫砂壶冲泡，以减少陈茶中的杂味。选壶时最好选用续温力强、稍大些的壶，可以比泡乌龙茶的壶大两三倍；紫砂壶宜壁厚，茶壶盖口比例不要太大，否则茶壶续温力不强，容易使几泡之间的茶汤口味上有较大差异；茶壶宜出水流畅，沸水冲入壶中如不能马上倒出，也会影响口味；壶腹以圆球形的为佳，这样便于茶叶在较宽大的空间里舒展，茶汤的滋味会更圆润。紫砂壶中以宜兴紫砂壶为首选，

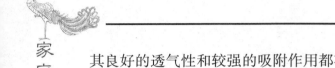

其良好的透气性和较强的吸附作用都有利于提高普洱茶的醇度及茶汤的亮度。刚买来的紫砂新壶要用茶水煮一煮,以去除窑味和土味,并经一段时间养壶后再冲泡好茶,以达到"壶熟茶香"的效果。

瓷壶适合用来冲泡香气细嫩、酸涩度不高、苦味不重的普洱茶,如嫩沱茶、云尖一类。但由于瓷壶不及紫砂壶的续温能力,所以用瓷壶冲泡出来的茶汤较之用紫砂壶冲泡出来的茶汤在口感上有所差异。但饮用者如果想品尝普洱茶的原味,瓷壶则是上选。

饮用陈放年份在 5 年以下的近年普洱茶,宜使用瓷盖碗冲泡。这是因为盖碗开口大,降温快,可以减轻茶汤的苦涩。盖碗冲泡法有利于提高冲泡温度,提高茶叶的香气,比较适宜冲泡条索粗老的普洱茶;而对于一些细嫩茶,要求冲泡者手艺非常娴熟,否则会将茶叶烫熟。

冲泡普洱茶时对茶壶容积的要求相对宽松,只要便于茶条舒张和滋味浸出即可。二三人同饮普洱茶,一般用 250 毫升紫砂壶冲泡,人多时可用400 毫升的茶壶冲泡。

对于一个初学者来说,最好选用玻璃杯或盖碗来冲泡,因为玻璃杯和盖碗硬度较好,即使在操作技巧不熟练的情况下也能客观公正地显示其茶性。另外,玻璃杯和盖碗能见度很好,易于观看茶汤,鉴其好坏。

烧水具

"随手泡"是现今最常见和常用的烧水器具,主要是因为它比较方便。但是,如果冲泡一些比较好的普洱茶时,应以铜壶或砂壶明火烧水为佳,因为这样可以保持水的活性,提高水温。

茶杯

品饮普洱茶的茶杯以白瓷杯、青瓷杯、玻璃杯较为常见,一般来说,这些质地的茶杯都有利于观赏普洱茶独具魅力的汤色。

茶杯应大于品饮乌龙茶的茶杯,以厚壁大口大杯为佳,这既适应普洱茶醇厚香甜的特性,也比较贴近云南人粗犷的饮茶习俗。

公道杯

普洱茶以茶汤晶莹亮丽、颜色多变而著称，熟普宛如琥珀、玛瑙，且久泡其艳不减、其味不退；生普清亮光润，宛如油膜包裹的蜜汁，久泡其色如故、其味不减。人们常常把云南普洱茶的汤色比喻为陈酒红、琥珀、石榴红、宝石红等，由此可见普洱茶的汤色是非常赏心悦目的。正因为如此，观色就成了普洱茶茶艺中的一道独特风景，因此公道杯以质地较好的透明玻璃器具为首选。

茶刀

茶刀是冲泡普洱紧压茶的一种特殊专用工具，它的形状比较像起子，一般以硬木或硬竹子制作。经常冲泡品饮紧压型普洱茶最好配备一把茶刀，因为紧压茶紧结难分，手掰困难，且容易掰碎，用茶刀顺茶饼、茶砖等紧压茶的纹理慢慢将其撬拨成薄片，既方便茶叶冲泡出汤，也能较好地保持茶叶的完好形态，减少碎末茶，准确反映紧压茶的品质。

工夫茶茶具

工夫茶的茶具极其讲究，这也是古人讲究饮茶之道的一个重要体现。现代工夫茶已将前人的用具精简了不少，但茶具的精美细致丝毫不减，且操作方便、韵味十足。

精美的茶具是工夫茶茶艺之美的重要体现。

翁辉东所著《潮汕茶经·工夫茶》记载，工夫茶具精妙微纤。到了现代，工夫茶具力求精美的原则也从未改变。

工夫茶具既注意造型美，又看重实用价值，其艺术性更是不可忽视。在品啜工夫茶之前，这些茶具已让茶客受到艺术美的熏陶。

一套精致的茶具配合色、香、味三绝的名茶，可谓相得益彰。

工夫茶所用的茶具精巧、细致,凡传统工夫茶的器皿都能用到,主要包括茶壶、茶杯、茶洗、茶盘、茶垫、水瓶、水钵、龙缸、红泥火炉、砂铫、羽扇、钢筷、锡罐、茶船、茶巾、竹筷、茶几、茶担等 18 种,除了锡罐、竹筷、茶担以外,其他均为常用茶具。茶壶、茶杯、茶盘、茶船、茶罐、茶巾等器具的使用皆有讲究,丝毫不得马虎。工夫茶具十分精巧,种类又多,令人爱不释手。

茶壶

茶壶俗名为"冲罐",多用江苏宜兴朱砂泥制成,以小、浅、齐、老为佳。其色泽有朱砂、紫砂、绿砂、古铁、栗色、石黄、天青等;款式有花形、柿形、菱形、鼓形,还有六角、栗子、珠子、圆、莲子等形状,式样精美,玲珑雅致,韵味十足。

在茶壶中,紫砂壶的名气最盛。宜兴紫砂陶起源于宋代,历经明、清两代的发展,到今天,紫砂壶的造型艺术日臻丰富、完美。冲泡工夫茶所用的茶壶多出产于宜兴,是宜兴紫砂壶中最小的一种。

台湾同胞喜用紫砂壶沏泡台湾茶,并一致认为唯有用宜兴紫砂壶才能沏出真茶之味,才能更得壶之真趣。

茶杯

自古以来,品饮工夫茶的茶杯就以小瓷杯为主。

清代人施鸿保在他的《闽杂记》中说:"漳泉各属,俗尚工夫茶,茶具精巧,壶有小如胡桃者,名孟公壶,杯极小者,名若琛杯,茶以武夷小川为尚。"

而在《清朝野史大观·清代述异》中,有对品饮工夫茶所用茶杯的更详尽的描述:"中国讲求烹茶,以闽之汀、漳、泉三府,粤之潮州府工夫茶为最。其器具亦精绝。用长方磁盘,盛壶一杯四,壶以铜制或用宜兴壶,小裁如拳,杯小如胡桃,茶必用武夷。"

若琛杯是前人品饮工夫茶之最佳器具,其白地蓝花、底平口阔,杯底书有"若琛珍藏"者,系康熙年间产品。

《夏门志》(公元1832年)对若琛杯有如下的记载:"俗好啜茶,器具精小,壶必曰孟公壶,杯必曰若琛杯。茶叶重一两,价有贵至四五番银者,名曰工夫茶。"

清代张心泰《粤游小识》也有记述:"潮郡尤嗜茶……以鼎臣制宜兴壶,大若胡桃,满贮茶叶,用坚炭煎汤,乍沸泡如蟹眼时,灌于壶内,乃取若琛所制茶杯,高寸余,约三四器,匀斟之……"这段文字明白说出"若琛所制茶杯",至于若琛为何时何地人氏,尚有待进一步考证。

如今,日常品饮工夫茶均采用精美小杯,直径仅3厘米左右,质薄如纸,色洁如玉,俗称"白玉杯"或"白果杯"。

选购此种茶杯有四字诀:小、浅、薄、白。小则一啜而尽;浅则水不留底;质薄如纸以使其能起香;色白如玉用以衬托茶的颜色。

目前,流行的白玉杯是以江西景德镇和潮州枫溪出品的白瓷小杯为佳。另外,也有人使用花瓷或紫砂小杯品饮工夫茶,但终究不如白玉杯纯净及便于衬托乌龙茶橙黄的茶汤。

茶洗

茶洗就是用来洗茶的工具,此工具从明代流传至今。

古代的茶洗

在明代,制茶法都是日光萎凋,这种方式容易使茶中混入杂物,因此在泡茶时要将第一泡倒掉,即洗茶。而这个洗茶的过程就是在茶洗中进行的。

17世纪中期,明代人冯可宾编撰了《茶笺》,书中详细记载了用竹筷夹茶叶"反复涤荡,去其尘土黄叶老梗使净",然后放入壶中,盖好焖一会儿,再用沸水冲洗的洗茶方式。

明代的茶洗形状仿若碗和盂,底部有孔。流传到清代,茶洗改成形如大碗,式样也增多。

冲泡工夫茶必备三个茶洗,一正二副。正洗用以浸茶杯,一个副洗用以浸冲罐,另一个副洗用以盛洗杯的水和已泡过的茶叶。

现代的茶洗

20世纪60年代,安溪创制了一种新茶洗。这种瓷制茶洗外观如铜鼓,分上下两层,上层是一个茶盘,可陈放几个茶杯,洗杯后的弃水直接倾入盘中,再通过中间小孔流入下层的储水空间。

事毕洗净后,茶杯、盖瓯(冲罐)等都可放入茶洗内。

这种新式茶洗简便、实用,而且不占用太多空间。

如今,茶洗的造型几经改进,上层茶盘的形状各不相同,有多种款式;下层造型与盘对应,上下连体,可合可拆,各司其职,兼备了茶盘和茶洗的综合效用。古代一正二副的茶洗配置,现在烹茶时已极少使用。

其他用具

茶盘

茶盘是用来盛茶杯的,有圆月形、棋盘形等各种款式。茶盘最讲究"宽""平""浅""白"四个字。茶盘盘面要宽,以便客人多时可多放杯子;盘底要平,使茶杯平稳,不易摇晃;盘边要浅,色要白,这都是为了衬托茶杯、茶壶,使其美观。

茶船

茶船形状如小钵,使用时将冲罐置于其中,承受沸汤。

茶具组

茶具组包括茶匙、茶夹、茶针、茶漏等在工夫茶冲泡过程中要用到的一些小物件。

茶巾

顾名思义,茶巾就是茶具中用以净涤器皿所用之毛巾。茶巾要时时保持干净、清爽。

茶垫

茶垫一般比茶盘小,是用来置冲罐的,也有各种式样。茶垫宜"夏浅冬深"。冬深便于浇罐时多装些沸水,使茶不易冷。

茶垫里要垫上一层垫毡。垫毡是用丝瓜络按茶垫的形状大小剪成的,之所以要用丝瓜络,是因为丝瓜络不产生异味。垫毡的作用是保护茶壶,因为工夫茶在洒茶后还要将茶壶倒置过来,以免壶里积水。

水瓶与水钵

水瓶与水钵都是用以贮水烹茶的。

水瓶修颈垂肩,平底,有提柄,素瓷青花者最好。

水钵如一个普通花盆般大,款式很多。明代所制的水钵"红金彩"是用五金釉描金鱼二尾在钵底,舀水时,水动,好像金鱼也动,是罕见的珍品。

龙缸

龙缸类似栽种莲花之莲缸,用以贮存大量的泉水。一般龙缸都是密盖,下托以木几,放在书斋一角,古色古香。龙缸也是素瓷青花,有明宣德年造的,现在很难见到。

红泥小火炉

红泥小火炉为长形,高六七寸,炉的高低不等,下半部有格,盛橄榄核炭。置炭的炉心深而小,这样可使火势均匀、省炭。小炉有盖和门,不用时把盖一关,既节约又方便。红泥小火炉门边往往还有一副文雅的对联,以增添茶兴。

如今,也有用适合摆放在桌子之上烧炭的小炉或现代煮水器,如电炉、酒精灯炉、电磁炉等。它们集生火、煮水于一身,既无杂味,又方便实用,造型也较雅致。

中华茶道

砂铫

潮安枫溪的砂铫最为著名,俗称"茶锅"。一般来说,砂铫都是用砂泥做成的,很轻巧,水一开,小盖子会自动掀动,发出阵阵的声响。这时的水冲茶刚刚合适。当然,用钢锅、铝锅来煮水冲茶也无不可,但意境和滋味终究要差一些。

羽扇与钢筷

羽扇是用来煽火的,煽火时既须用劲,又不可煽过炉门左右,这样既能保持一定火候,也表示对客人的尊敬。用洁白鹅翎编制成的扇,大约过掌,配以竹柄丝穗,非常精雅,但现在已不多见。

钢筷可以用来钳炭、挑火,使主人双手保持清洁。

茶几

茶几即茶桌,用以摆设茶具。茶几式样繁多,选购时可依环境和个人爱好选适宜者。

茶罐

茶罐用来储放茶叶。值得注意的是,名贵的茶叶应用锡罐贮藏,因为其密封性能极佳。

品饮乌龙茶最精致的茶具称为"四宝",它们分别是玉书、烘炉、孟臣壶和若琛杯。在传统的工夫茶泡法中,砂铫、红泥火炉、橄榄核炭、羽扇等器具必不可少,但是 20 世纪 70 年代后期,它们逐渐地被煤油炉、酒精灯炉所代替,而现在几乎都改用电热壶或电磁水壶了。这些煮水器十分方便,适应现代人忙碌而快节奏的生活方式,十分省时、省事。

花草茶茶具

花草是大自然的馈赠,长期饮用可强健身体,有的可纾解紧张情绪,镇定心神,帮助睡眠;有的可改善胃胀气,帮助消化。

虽然花草茶不如药物有立竿见影的效果,但如果每天饮用一杯,既可以起到养身保健的功效,也不会上瘾,更不会对身体造成不良影响,所以说,花草茶是现代生活中一种相当健康的饮品。

选择合适的器皿，就能冲泡出味道恰到好处的花草茶，并且也使得冲泡一杯好茶的过程成了一件十分有趣的事情。

透明的玻璃壶

用来冲泡花草茶的茶壶可以是陶瓷或耐热的玻璃制品，最好是透明的耐热玻璃制品。

注入热水后，用透明的玻璃壶可以欣赏到草叶或花朵在水中慢慢舒展的过程，还可以看到真实的茶汤颜色。

此外，茶壶最好不要选择壶嘴过于细长的，因为这样很容易被花草阻塞。

质地优良的花茶杯

冲泡花草茶所使用的杯盘也十分重要，茶杯的种类不拘。一般来讲，在选择花茶杯时要考虑到如下几点：

最好为透明玻璃制品，或者是内里为纯白色的陶瓷制品，这样方便欣赏茶汤和茶花；使用玻璃杯子时要注意选择耐热型的，以免茶杯因忽然受热导致冷热不均而破裂；造型优雅，杯口要较宽。

茶壶最好要有过滤的器具

选择茶壶时最好有过滤器。

像薰衣草、迷迭香等，由于花叶细小，若不过滤的话，倒出时细渣会随着茶水流到茶杯中，而影响喝花草茶的感觉，因此最好挑选有过滤器的茶壶。若冲泡综合花草茶，也可以将不耐泡的种类放在过滤器中。

冲泡好花草茶之后，需要用滤茶器把茶水倒进杯子。滤洞的大小由茶叶和花朵的大小决定，小花叶就要使用滤洞较小的。中国在很早以前就有附滤茶器的茶壶或是杯子，专门用来冲泡花草茶。

此外，冲泡花茶的分量可以用手或茶匙来控制，用茶匙时以小量茶匙的分量为准。

因地选具

中国地域辽阔，各不一样地的饮茶习俗不同，故对茶具的要求也不尽

中華茶道

相同。

长江以北一带居民,大多喜爱选用有盖瓷杯冲泡花茶,以保持花香,或者用大瓷壶泡茶,尔后将茶汤倾入茶盅(杯)饮用。在长江三角洲沪杭宁和华北京津等地一些大中城市中,人们爱好品饮细嫩名优茶,既要闻其香、啜其味,还要观其色、赏其形,因此,特别喜欢用玻璃杯或白瓷杯泡茶。在江、浙一带的许多地区,人们饮茶注重茶叶的滋味和香气,因此喜欢选用紫砂茶具泡茶,或用有盖瓷杯沏茶。

福建及广东潮州、汕头一带的居民,习惯于用小杯啜乌龙茶,故选用"烹茶四宝"——潮汕风炉、玉书碨、孟臣罐、若琛杯泡茶,以鉴赏茶的韵味。潮汕风炉是一只缩小了的粗陶炭炉,专门做加热之用;玉书碨是一把缩小了的瓦陶壶,高柄长嘴,架在风炉之上,专门做烧水之用;孟臣罐是一把比普通茶壶小一些的紫砂壶,专门做泡茶之用;若琛杯是只有半个乒乓球大小的 2~4 只小茶杯,每只只能容纳 4 毫升茶汤,专供饮茶之用。小杯啜乌龙,与其说是解渴,还不如说是闻香玩味。这种茶具往往又被看作是一种艺术品。

四川人饮茶特别钟情盖茶碗,喝茶时,左手托茶托,不会烫手,右手拿茶碗盖,用以拨去浮在汤面的茶叶。加上盖,能够保香,去掉盖,又可观姿察色。选用这种茶具饮茶,颇有清代遗风。至于我国边疆少数民族地区,至今仍习惯于用碗喝茶,古风犹存。

因人选具

不同的人用不同的茶具,这在很大程度上反映了人们的不同地位与身份。

在陕西扶风法门寺地宫出土的茶具表明,唐代王公贵族选用金银茶具、秘色瓷茶具和琉璃茶具饮茶;而陆羽在《茶经》中记述的同时代的民间百姓饮茶却用瓷碗。清代的慈禧太后对茶具更加挑剔,她喜用白玉作杯、黄金作托的茶杯饮茶。历代的文人墨客,都特别强调茶具的"雅"。宋代文豪苏东坡在江苏宜兴蜀山讲学时,自己设计了一种提梁式的紫砂壶,"松风竹炉,提壶相呼",独自烹茶品赏。这种提梁壶,至今仍为茶人所推崇。清代江苏溧阳知县陈曼生,爱茶尚壶。他工诗文,擅书画、篆刻,于是去宜兴与制壶高手杨彭年合作制壶,由陈曼生设计,杨彭年制作,再由陈曼生镌刻书画,作品人称"曼生壶",为鉴赏家所珍藏。

在脍炙人口的中国古典文学名著《红楼梦》中,对品茶用具更有细致的描写,其第四十一回"贾宝玉品茶栊翠庵"中,写栊翠庵尼姑妙玉在待客选择茶具时,因对象地位和与客人的亲近程度而异。她亲自手捧"海棠花式雕漆填金'云龙献寿'"的小茶盘,以及其名贵的"成窑五彩小盖钟"沏茶,奉献贾母;用镌有"晋王恺珍玩"的"瓟爬斝"烹茶,奉与宝钗;用镌有垂珠篆字的"点犀"泡茶,捧给黛玉;用自己常日吃茶的那只"绿玉斗",后来又换成一只"九曲十环一百二十节蟠虬整雕竹根的一个大盏"斟茶,递给宝玉。给其他众人用茶的是一色的官窑脱胎填白盖碗,而将"刘姥姥吃了","嫌腌臜"的茶杯竟弃之不要了。

现代人饮茶时,对茶具的要求虽然没那么严格,但也根据各自的饮茶习惯,结合自己对壶艺的要求,选择最喜欢的茶具。而一旦宾客登门,则总想把最好的茶具拿出来招待客人。另外,职业有别,年龄不一,性别不同,对茶具的要求也不一样。如老年人讲求茶的韵味,要求茶叶香高味浓,重在物质享受,因此,多用茶壶泡茶;年轻人以茶会友,要求茶叶香清味醇,重于精神品赏,因此,多用茶杯沏茶;男人习惯于用较大素净的壶或杯斟茶;女人爱用小巧精致的壶或杯冲茶;脑力劳动者崇尚雅致的壶或杯细品慢啜;体力劳动者常选用大杯或大碗,大口急饮。

因具选具

在选用茶具时,尽管人们的爱好多种多样,但以下三个方面却是都需要加以考虑的:一是要有实用性;二是要有欣赏价值;三是有利于茶性的发挥。

不同质地的茶具,这三方面的性能是不一样的。一般说来,各种瓷茶具,保温、传热适中,能较好地保持茶叶的色、香、味、形之美,而且洁白卫生,不污染茶汤。如果加上图文装饰,又含艺术欣赏价值。紫砂茶具,用它泡茶,既无熟汤味,又可保持茶的真香,加之保温性能好,即使在盛夏酷暑,茶汤也不易变质发馊。但紫砂茶具色泽多数深谙,用它泡茶,不论是红茶、绿茶、乌龙茶,还是黄茶、白茶和黑茶,对茶叶汤色均不能起衬托作用,对外形美观的茶叶,也难以观姿察色,这是其美中不足之处。

瓷器茶具的品种很多,其中主要的有:青瓷茶具、白瓷茶具、黑瓷茶具和彩瓷茶具。这些茶具在中国茶文化发展史上,都曾有过辉煌的一页。

青瓷茶具,以浙江生产的质量最好。早在东汉年间,已开始生产色泽纯正、透明发光的青瓷。晋代浙江的越窑、婺窑、瓯窑已具相当规模。宋代,作为当时五大名窑之一的浙江龙泉哥窑生产的青瓷茶具,已达到鼎盛时期,远销各地。明代,青瓷茶具更以其质地细腻、造型端庄、釉色青莹,纹样雅丽而蜚声中外。16世纪末,龙泉青瓷出口法国,轰动整个法兰西,人们用当时风靡欧洲的名剧《牧羊女》中的女主角雪拉同的美丽青袍与之相比,称龙泉青瓷为"雪拉同",视为稀世珍品。

当代,浙江龙泉青瓷茶具又有新的发展,不断有新产品问世。这种茶具除具有瓷器茶具的众多优点外,因色泽青翠,用来冲泡绿茶,更有益汤色之美。不过,用它来冲泡红茶、白茶、黄茶、黑茶,则易使茶汤失去本来面目,似有不足之处。

白瓷茶具,具有坯质致密透明,上釉、成陶火度高,无吸水性,音清而韵长等特点。因色泽洁白,能反映出茶汤色泽,传热、保温性能适中,加之色彩缤纷,造型各异,堪称饮茶器皿中之珍品。早在唐时,河北邢窑生产的白瓷器具已"天下无贵贱通用之"。唐朝白居易还作诗盛赞四川大邑生产的白瓷茶碗。元代,江西景德镇白瓷茶具已远销国外。如今,白瓷茶具更是面目一新。这种白釉茶具,适合冲泡各类茶叶。加之白瓷茶具造型精巧,装饰典雅,其外壁多绘有山川河流,四季花草,飞禽走兽,人物故事,或缀以名人书法,又颇具艺术欣赏价值,所以,使用最为普遍。

黑瓷茶具,始于晚唐,鼎盛于宋,延续于元,衰微于明、清。这是因为自宋代开始,饮茶方法已由唐时煎茶法逐渐改变为点茶法,而宋代流行的斗茶,又为黑瓷茶具的崛起创造了条件。

宋人衡量斗茶的效果,一看茶面汤花色泽和均匀度,以"鲜白"为先;二看汤花与茶盏相接处水痕的有无和出现的迟早,以"盏无水痕"为上。时任三司使给事中的蔡襄，在他的《茶录》中就说得很明白："视其面色鲜白，著盏无水痕为绝佳；建安斗试，以水痕先者为负，耐久者为胜。"而黑瓷茶具，正如宋代祝穆在《方舆胜览》中说的"茶色白，入黑盏，其痕易验"，所以，宋代的黑瓷茶盏成了瓷器茶具中的最大品种。

福建建窑、江西吉州窑、山西榆次窑等，都大量生产黑瓷茶具，成为黑瓷茶具的主要产地。黑瓷茶具的窑场中，建窑生产的"建盏"最为人称道。蔡襄《茶录》中这样说："建安所造者……最为要用。出他处者，或薄或色紫，皆不及也。"建盏配方独特，在烧制过程中使釉面呈现兔毫条纹、鹧鸪斑点、日曜斑点，一旦茶汤入盏，能放射出五彩纷呈的点点光辉，增加了斗茶的情趣。明代开始，由于"烹点"之法与宋代不同，黑瓷建盏"似不宜用"，仅作为"以备一种"而已。

彩色茶具的品种花色很多，其中尤以青花瓷茶具最引人注目。青花瓷茶具，其实是指以氧化钴为呈色剂，在瓷胎上直接描绘图案纹饰，再涂上一层透明釉，然后在窑内经 1300℃ 左右高温还原烧制而成的器具。然而，对"青花"色泽中"青"的理解，古今亦有所不同。古人将黑、蓝、青、绿等诸色统称为"青"，故"青花"的含义比今人要广。它的特点是：花纹蓝白相映成趣，有赏心悦目之感；色彩淡雅幽青可人，有华而不艳之丽。加之彩料之上涂釉，显得滋润明亮，更平添了青花茶具的魅力。

直到元代中后期，青花瓷茶具才开始成批生产，特别是景德镇，成了我国青花瓷茶具的主要生产地。由于青花瓷茶具绘画工艺水平高，特别是将中国传统绘画技法运用在瓷器上，因此这也可以说是元代绘画的一大成就。元代以后除景德镇生产青花茶具外，云南的玉溪、建水，浙江的江山等地也有少量青花瓷茶具生产，但无论是釉色、胎质，还是纹饰、画技，都不能与同时期景德镇生产的青花瓷茶具相比。

明代，景德镇生产的青花瓷茶具，诸如茶壶、茶盅、茶盏，花色品种越来越多，质量愈来愈精，无论是器形、造型、纹饰等都冠绝全国，成为其他生产青花茶具窑场摹仿的对象。清代，特别是康熙、雍正、乾隆时期，青花瓷茶具在古陶瓷发展史上，又进入了一个历史高峰，它超越前朝，影响后代。康熙年间烧制的青花瓷器具，更是史称"清代之最"。

综观明、清时期，由于制瓷技术提高，社会经济发展，对外出口扩大，以及饮茶方法改变，都促使青花茶具获得了迅猛的发展，当时除景德镇生产青花茶具外，较有影响的还有江西的吉安、乐平，广东的潮州、揭阳、博罗，云南的玉溪，四川的会理，福建的德化、安溪等地。此外，全国还有许多地方生产"土青花"茶具，在一定区域内，供民间饮茶使用。

第五章　茶之用水

"精茗蕴香,借水而发,无水不可论茶也。"由此可见,水质直接影响茶汤的品质。水质不好,就不能正确地反映茶叶的色、香、味,尤其对茶汤的滋味影响更大。

第一节　泡茶用水

水乃茶之母,无水则不可泡茶。水质的好坏也直接影响茶汤的质量,所以我们中国人自古就非常讲究泡茶用水。明代许次纾在《茶疏》中说:"精茗蕴香,借水而发,无水不可与论茶也。"明代张大复在《梅花草堂笔谈》中说得更为透彻:"茶性必发于水,八分之茶,遇十分之水,茶亦十分矣;八分之水,试十分之茶,茶只八分耳。"可见,水质对茶的重要性,水质不好,就不能正确反映茶叶的色、香、味,尤其对茶汤滋味影响更大。杭州"龙井茶,虎跑水"俗称杭州双绝;"蒙顶山上茶,扬子江心水"闻名遐迩;"狮河中心水,车云山上茶"中原闻名,等等。这些都是名泉伴名茶之佐证,美上加美,相互辉映。

泡茶用水的标准

唐代茶神陆羽在《茶经》的"五之煮"中就总结了煮茶用水的经验:"其

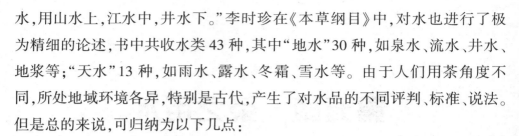

水,用山水上,江水中,井水下。"李时珍在《本草纲目》中,对水也进行了极为精细的论述,书中共收水类43种,其中"地水"30种,如泉水、流水、井水、地浆等;"天水"13种,如雨水、露水、冬霜、雪水等。由于人们用茶角度不同,所处地域环境各异,特别是古代,产生了对水品的不同评判、标准、说法。但是总的来说,可归纳为以下几点:

一是水要"甘""洁"。宋代蔡襄在《茶录》中提出:"……水泉不甘,能损茶味。"宋徽宗赵佶在《大观茶论》中说:"水以清轻甘洁为美。"王安石还有"水甘茶串香"的诗句。这些说明了水要有甘甜之味,洁净之美,才能是好水。

二是水要"活""鲜"。陆羽的"山水上"之说,"其山水,拣乳泉石池漫流者上",说的是活水。宋唐庚的《斗茶记》指出:"水不问江井,要之贵活。"明代高叔嗣在《煎茶七略》中说过:"井取多汲者,汲多则水活。"

三是水宜"轻"。宋徽宗赵佶、明代张源都在其茶事著作中提到水宜"轻"之说。而清乾隆则更把"水轻"提升到评水好坏之极致。他使用称水法,以水最轻者,定"天下第一泉"。

当然,随着现代科学技术的进步,我们对泡茶用水的评判,完全有条件用科技手段检测。

泡茶用水的选择

自古以来,泡茶用水究竟以何种为好,一直是人们关注和饶有兴趣的话题。自陆羽始,关于水的品评、轶文、趣事就有很多。

1.古人评水论泉

茶神陆羽对饮茶用水进行过潜心研究,唐代张又新《煎茶水记》中有陆羽品水的生动记载。大历元年(766),陆羽在扬州大明寺,御史李季卿出任湖州刺史途经扬州,邀陆羽同舟前往。当船行之镇江附近,泊岸休息。李季卿对扬子江南零水泡茶早有所闻,又深知陆羽善于评茶和品水,于是笑着对陆羽说："陆君善于茶，盖天下闻名矣！况扬子江南零水又殊绝，今者二妙千载一遇，何旷之乎？"于是命一位随兵，前去南零取水。军士取水归来后，陆羽"用勺扬其水"，便说："江则江矣，非南零者，似临岸之水。"随兵分辩道："我操舟江中，见者数百，汲水南零，怎敢虚假？"陆羽一声不响，将水倒掉一半，再"用勺扬之"，才点头说道："这才是南零水矣！"随兵听此言，不禁大惊，口称有罪，不敢再瞒，只好实言相告。原来，因江面风急浪大，军士取水上岸时，因小舟颠簸。壶水晃出近半，恐降罪，于是在江边加满而归，不想被陆羽识破，连呼："处士之鉴，神鉴也！"

李季卿见此情景，对陆羽惊叹不已。他恳切地问："处士有如此眼力，可否对品尝过的水作一评价。"于是陆羽按茶水品第排出宜茶之水二十等次，口授之：

第一，庐山康王谷水帘水；

第二，无锡县惠山寺石泉水；

第三，蕲州（今湖北浠水一带）兰溪石下水；

……

第二十，雪水。

这是唐人张又新在《煎茶水记》中记载的被广为传诵的陆羽鉴水故事和茶水排名录，尽管有演绎的成分，过分渲染了陆羽品水的本领，但是否真有此事，已无法考证。

此后，张又新又发现了已故刑部侍郎刘伯刍的品水名录：

第一，扬子江南零水；

第二，无锡惠山寺石泉水；

第三，苏州虎丘寺石泉水；

……

张又新不满足于前人记载，又一一游历品评，认为刘伯刍说得比较准确。但当他品到浙江桐庐严子陵钓台之水时，认为它远远超过了扬子江的南零水。

从张又新开始，引起了我国历代文人雅士中爱茶爱水之人对水的品评标准和天下第一泉的争论。欧阳修在《大明水记》中对陆羽能辨南零水与扬子江水有异议,并提出自己对茶水的看法:水味尽管有"美恶"之分,但把天下之水排出次第,这不可能,无疑是"妄说"。

宋徽宗赵佶在他撰写的《大观茶论》中,提出了泡茶用水"以清轻甘洁为美"的观点,这在当时的历史条件下,无疑是比较客观的。

宋代大政治家、文学家王安石平生爱茶,精于验水、品水。他晚年患痰火之症,多方求医,均不奏效,唯有用长江三峡的瞿塘中峡水,烹煮阳羡茶才有效果。一年,正逢大文学家苏东坡被谪迁黄州。王安石知道苏东坡家在四川,此去湖北黄州,需经瞿塘峡,于是拜托其在路经三峡时,取中峡水一瓮。不料苏东坡一时心情不好,随从又纵情三峡壮丽风光,直到下峡,忽想起王安石汲水之托。无奈只好取下峡水一瓮,因碍于情面,隐去实情。谁知王安石煮茶品味之后,立即指出此水并非瞿塘中峡水,乃下峡之水,苏东坡大惊,便问王安石:"何以见得?"王安石道:"上峡水流急,下流水流缓,惟中峡水流急缓相间,以上、中、下三峡之水烹阳羡茶,上峡味浓,下峡味淡,中峡浓淡相宜,此水煮阳羡茶,最利于治中脘病症。"苏东坡听后,既感惭愧,又佩服不已。

乾隆皇帝一生爱茶,有品名泉之嗜好。为了品评天下名泉水质,特地命人精制了一只银斗,并用银斗计量各种泉水,按水的密度从轻到重,评定优劣。结果是北京玉泉之水最轻,于是钦定为"天下第一泉",并亲撰《玉泉山天下第一泉记》。

乾隆皇帝靠这种方法评出钦定的"天下第一泉",为争论了上千年的孰为"天下第一泉"画上了一个句号,皇帝金口玉言,谁还敢再说三道四!自此不再为水的等次费唇饶舌。

2.现代泡茶用水

水对于茶如此重要,古人对水又是那么的痴情,那么现代人究竟用什么水才能泡出一杯好茶来呢?

经过现代科学分类,我们使用的水质可分为硬水和软水,泡茶用水以软水为宜。井水、河水多属于硬水,但经煮沸后则成为软水。所以,泡茶用水的选择还是相当丰富的。

(1)山泉水

一般说来,在天然水中,泉水是比较清爽的,杂质少,透明度高,污染少,水质最好。但是,由于水源和流经途径不同,其溶解物、含盐量与硬度等均有差异,因此并不是所有泉水都是优质的。有些泉水已失去饮用价值。

尽管山泉水泡茶最宜,但身居城市之中,能偶得甘泉配佳茗,固是享受,但也不必太强求。

(2)江河水、井水

因现代工业的污染,江河水直接用来饮用已不可能。而井水属地下水,但是否适宜泡茶,也不可一概而论,有些井水,水质甘美,是泡茶好水。一般来说,深层地下水有耐水层的保护,污染少,水质洁净;而浅层地下水易被污染,水质较差。

因保护地下水资源的需要,在大、中城市,开采地下水是不提倡甚至是不允许的,当然爱茶人就难有口福了。

(3)雨水、雪水

古人称雨水、雪水为"天泉"。但现在空气污染严重,雨、雪水均不适宜饮用。

(4)自来水

对于现代都市人来说,使用最方便的莫过于自来水了。自来水,一般都经过人工净化,不论是江、河水或湖水,只要消毒处理过,都适用于泡茶。但自来水中用过氯化物消毒,气味较重,用自来水泡茶,影响品质,破坏茶味。因此在使用自来水时,需经过适当净化处理。简单方法就是,将自来水贮存在缸中,静置一昼夜,待氯气自然逸失,再用来煮沸泡茶。最好的方法是买一净水器安装在水龙头上,经过过滤的自来水,泡茶效果大不一样。

(5)矿泉水

一般来说,现在市面上出售的筒装矿泉水不一定适合泡茶,因为水中矿物质的增加,影响水质本身的口感,若以此泡茶,未必能泡出茶之真味。若选用筒装矿泉水,要注意水的 pH 值应在 7.2 以下,水质较为甘滑,宜于茶性发挥。若 pH 值较高,不仅水的口感不佳,而且易使茶汤颜色变重。

(6)纯净水、蒸馏水

目前,城市中许多家庭饮用筒装纯净水、蒸馏水,水质绝对纯正。但水中一些对茶有益的矿物质也失去了,含氧量少,缺乏活性。纯净水泡茶,对茶汤表现毫无增减作用。

第二节　天下名泉

北京玉泉山玉泉
——天下第一泉

波声回太液

云气引甘泉

——胡应麟①

玉泉,在北京西郊玉泉山东麓,当人们步入风景秀丽的颐和园昆明湖畔之时,那玉泉山上的高峻塔影和波光山色,立刻会映入你的眼帘。

明代蒋一葵②在《长安客话》中,对玉泉山水作了生动的描绘:"出万寿寺,渡溪更西十五里为玉泉山,山以泉名。泉出石罅间,渚而为池,广三丈许,名玉泉池,池内如明珠万斗,拥起不绝,知为源也。水色清而碧,细石流沙,绿藻翠荇,一一可辨。池东跨小桥,水经桥下流入西湖③,为京师八景之一,曰:'玉泉垂虹'。"

玉泉山有金行宫遗址,相传,章宗尝避暑于此,胡应麟游玉泉诗:

飞流望不及,缥缈挂长川。

天际银河落,峰头玉井连。

波声回太液④,云气引甘泉。

更上遗宫顶,千林起夕烟。

王英⑤咏玉泉诗:

山下泉流似玉虹,清泠不与众泉同。

地连琼岛⑥瀛洲近,源与蓬莱⑦翠水通。

出润晓光斜映月,入潮春浪细含风。

迢迢终见归沧海,万物皆资润泽功。

玉泉

　　玉泉,这一泓天下名泉,它的名字也同天下诸多名泉佳水一样,往往同古代帝君品茗鉴泉紧密联系在一起。清康熙年间,在玉泉山之阳建澄心园,后更名曰静明园。玉泉即在该园中,自清初,即为宫廷帝后茗饮御用泉水。

　　清乾隆皇帝是一位嗜茶者,更是一位品泉名家。在古代帝君之中,尝遍天下名茶者,不乏其人,但实地品鉴天下名泉的,可能除乾隆无人莫属了。他对天下诸名泉佳水,曾做过深入的研究和品评,并有他独到的品鉴方法。除对水质的清、甘、洁做出比较之外,还以特制的银斗比较衡量,以轻者为上。他经过多次对名泉佳水品鉴之后,亦将天下名泉列为七品:

　　京师玉泉第一;

塞上伊逊之水第二；

济南珍珠泉第三；

扬子江金山泉第四；

无锡惠山泉、杭州虎跑泉共列第五；

平山泉第六；

清凉山、白沙(井)、虎丘(泉)及京师西山碧云寺泉均列为第七品。

乾隆在《玉泉山天下第一泉记》说："则凡出于山下，而有洌者，诚无过京师之玉泉，故定为天下第一泉。"

[笺注]

①胡应麟(生卒年不详)：字元瑞。明代兰溪(今属浙江省兰溪市)人。幼能诗。万历年间中举于乡，后久不第。筑石山中，购书四万余卷。记诵淹博，多所撰著。有《少室山房类稿》《笔丛》《诗薮》等书。

②蒋一葵(生卒年不详)：字仲舒，号石原。原籍武进(今属江苏)人。曾于明万历(1573—1620)年间在广西灵川做过官，后任京师西城指挥使。《长安客话》作于十六世纪明万历年间。书名中之"长安"，是封建时代对皇都的通称，取"长治久安"之意。

③西湖：即今之颐和园昆明湖。原名为西湖。清乾隆十五年(1750)，乾隆皇帝为庆祝其母亲六十寿辰，疏导玉泉诸派于西湖，改西湖为昆明湖；改瓮山为万寿山；改好山园为清漪园。

④太液：即太液池。明、清之在液池即元时之西华潭(今之北海、中南海)，为玉泉之水汇诸而成。池上跨金鳌、玉栋桥，桥北为北海，南曰中海，瀛台南曰南海。清高宗乾隆帝题曰："太液秋风"。为燕京八景之一。

玉泉之水是怎样汇诸于太液池的呢？据史料所载，明、清时期，玉泉水势甚盛。它同龙泉等诸派汇诸昆明湖，出而东南流，经德胜门入西水关，渚为积水潭，复出而入皇城为太液池，环绕紫禁城，经正阳门东水关，东流至东便门，注入太通河。

⑤王英(公元 1376—1450 年)：字时彦，号泉坡。明代金溪(今属江西

省)人。永乐进士,授翰林修撰,官至礼部尚书。在翰林院四十余年,屡为会试考官,朝廷文稿,多出其手,为著名书法家,四方求铭志、碑记者不绝。有《泉坡集》等传世。

⑥琼岛:即指今北京北海公园之琼华岛,亦名瑶岛。以玲珑怪石叠成,峰峦映秀,乃若天生,东麓有"琼岛春阴"为燕京八景之一。

⑦瀛洲与蓬莱:均为古代传说中的三仙山之一,在渤海中。常指具有仙灵神妙之地。典出《史记·秦始皇纪》二十八年:"齐人徐市等上书,言海中有三神山,名曰蓬莱、方丈、瀛洲,仙人居之。"唐李白《李太白诗》十五《梦游天姥吟留别》:"海客谈瀛洲,烟涛微茫信难求。"

庐山康王谷水帘水
——天下第一泉

泻从千仞石
寄逐九江船
——陆羽

江西九江庐山①康王谷水帘水,又称三叠泉、三级泉,在庐山东谷会仙亭旁。唐代茶人陆羽,当年在游历名山大川,品鉴天下名泉佳水时,曾登临庐山,品评诸泉,由于观音桥东的"招隐泉"水色清碧,其味甘美,被其评为"天下第六泉";同时又将水帘水评为"天下第一名泉"。并为该泉题写了气势雄浑的联句:"泻从千仞石,寄逐九江船。"

据《桑记》载:三叠泉之水"出自大月山下,由五老背东注焉。凡庐山之泉,多循崖而泻,乃三叠泉不循崖泻,由五老峰北崖口,悬注大盘石上,袅袅而垂练,既激于石,则摧碎散落,蒙密纷纭,如雨如雾,喷洒二级大盘石上,汇成洪流,下注龙潭,轰轰万人鼓也"。

若站在观山(为庐山山名之一)之上,可见一缕天泉,垂直飞泻而下,落在大盘石上,发出洪钟般的响声,泉山经过折迭散而复聚,再曲折回绕,又往下泻,谷风吹来,泉水如水绢飘于空中,好似万斗明珠,随风散落,在阳光下,

五光十色,晶莹夺目,蔚为壮观。赵子昂②《水帘泉诗》曰:

> 飞天如玉帘,
>
> 直下数千尺,
>
> 新月如镰钩,
>
> 遥遥挂空碧。

　　这康王谷水帘泉,自从陆羽品评为"天下第一名泉"之后,曾名盛一时,为嗜茶品泉者推崇乐道,如宋时精通茶道的品茗高手苏轼、陆游等都品鉴过帘泉之水,并留下了品泉诗章。如苏轼在《元翰少卿惠谷帘水一器,龙团二枚,仍以新诗为贶,叹味不已,次韵奉和》诗曰:"岩垂匹练千丝落,雷起双龙万物春。此山此水俱第一,共成三人鉴中人。"苏轼还在咏茶词中称赞:"谷帘自古珍泉。"陆游亦曾到庐山汲取帘泉之水烹茶,他在《试茶》中有"日铸焙香怀旧隐,谷帘试水忆西游"之句,并在《入蜀记》写道:"谷帘水……真绝品也。甘腴清冷,具备众美。非惠山所及。"

[笺注]

　　①庐山:又名匡山,或匡庐。在江西九江市(唐天宝元年曾改浔阳郡)南。飞峙长江(九江市江段亦称浔阳江)边,紧傍鄱阳湖。相传周朝有匡氏七兄弟上山修道,结庐为舍,故名。匡庐峰奇山秀,瀑布流泉,风景如画,凉爽宜人,是著名的避暑胜地。素有"匡庐奇秀甲天下"之称。

　　②赵子昂(公元1254—1322年):名孟𫖯,字子昂,自号松雪道人。宋太祖十一世孙。因赐第湖州,故为湖州人。子昂幼慧,过目成诵,为人才气英迈,神采焕发,如神仙中人。诗文清远,书法冠绝,为元代著名的画家和书法家,官至翰林承旨、荣禄大夫。

镇江金山中泠泉

——天下第一泉

男儿斩却楼兰首

闲品茶经拜羽仙

——文天祥①

金山，位于江苏镇江市西北，长江南岸。金山，古时曾叫作获苻山。因晋国在淝水战之中大败前秦皇帝苻坚，俘获大批俘虏囚于此山下而得名。唐代僧人裴头陀居此，在江边发现黄金数镒②，于是皇帝赐名为金山。

新中国成立后，金山山麓辟为金山公园。在金山公园西一里多，即是古今闻名的中泠泉，中泠泉亦称扬子江南零水。用中泠泉水沏茶，茶味清香甘洌。据唐代张又新《煎茶水记》载，品泉家刘伯刍对若干名泉佳水进行品鉴，较水宜于茶者凡七等，而中泠泉被评为第一，故素有"天下第一泉"之美誉，自唐迄今，其盛名不衰。

古往今来，人们为什么如此极欲一品中泠泉水呢？是因为真正的中泠泉水是极为难得的。该泉之水原来在波涛汹涌的江心，汲取其泉水极不容易。《金山志》记载："中泠泉，在金山之西，石弹山下，当波涛最险处。"由于这些原因，它被蒙上一层神秘的色彩：据说古人汲水要在一定的时间——"子午二辰"（即白天上午11时至下午1时；夜间23时至凌晨1时），还要用特殊的器具——铜瓶或铜葫芦，绳子要用一定的长度，垂入石窟之中，才能得到真泉水，若浅若深或移位于先后，稍不如法，即非中泠泉味了。无怪当年南宋诗人陆游游览此泉时，曾留下这样的诗句："铜瓶愁汲中濡水，不见茶山九十翁。"

南宋民族英雄文天祥有咏泉诗曰：

扬子江心第一泉，南金来北铸文渊③，

男儿斩却楼兰④首，闲品茶经拜羽仙⑤。

近百年来，由于长江江道北移，南岸江滩不断涨大，中泠泉到清朝末年已和陆地连成一片,泉眼完全露出地面。后人在泉眼四周砌成石栏方池,池南建亭,池北建楼。清代书法家王仁堪⑥写了"天下第一泉"五个苍劲有力的大字,刻在石栏上,从而使这里成了镇江的一处古今名胜。

[笺注]

①文天祥(公元1236—1283年):字履善,一字宋瑞,自号文山,吉水(今属江西)人。南宋杰出的民族英雄和爱国诗人。宝祐进士,知赣州。德祐初元兵入侵,他捐家产率义军应诏勤王,拜右丞相。后于元军交战中为元将张范所败,被囚燕(今北京)三年,终不屈,遂被杀。临刑时作《正气歌》。

②镒:古代衡量单位,二十四两为一镒。

③铸文渊:取夏禹收九州之金铸九鼎,以图象百物之意。诗人似乎在诗中呼吁国家(南宋政权)应该把取之于民的赋金用来保护和发展源远流长的民族文化遗产。

④楼兰:汉西域城国,在今新疆罗布泊西,地处西域通道上,今尚存古城遗址。汉武帝通西域使者经此至大宛等国。元封三年(公元前108年)归汉。后又改名为鄯善。在此诗中寓指侵入中原的元兵。

⑤羽仙:指陆羽。诗人在这首诗中说,我愿意在反抗外族侵略取得胜利之后,再来这里细细论经品茶。

⑥王仁堪:生卒年未详。字可庄,一字忍盫。福建闽县人。光绪三年(1877)进士及第,授翰林院修撰,官任江苏苏州、镇江知府。

济南趵突泉
——天下第一泉

画阁镜中,看幻作神仙福地

飞泉云外,听写成山水清音

——石韫玉

趵突泉,一名瀑流,又名槛泉,宋代始称趵突泉。在山东济南市西门桥南趵突泉公园内。向有泉城之誉的济南，有以趵突泉、黑虎泉、珍珠泉、五龙潭四大泉群，而趵突泉为七十二泉之冠。也是我国北方最负盛名的大泉之一。为古泺水发源地。据《春秋》记载，公元前 694 年，鲁桓公"会齐侯于泺"[①]，即在此地。

趵突泉，是自地下岩溶溶洞的裂缝中涌出，三窟并发，浪花四溅，声若隐雷，势如鼎沸，平均流量为 1600 升/秒。北魏地理学家郦道元《水经注》有云："泉源上奋，水涌若轮。"泉池略成方型，面积亩许，周砌石栏，池内清泉三股，昼夜喷涌，状如白雪三堆，冬夏如一，蔚为奇观。由于池水澄碧，清醇甘洌，烹茶最为相宜。宋代曾巩有"润泽春茶味更真"之句。

趵突泉

清代乾隆皇帝封它为"天下第一泉"。在泉池之北有泺源堂，始建于宋，清代重建。堂前抱柱上刻有元代书法家赵孟頫撰写之楹联：

云雾润蒸华不注[②]

波涛声震大明湖[③]

在后院壁上嵌有明清以来咏泉石刻若干。西南有明代"观澜亭"，中立"趵突泉""观澜""第一泉"等明清石碑。池东有来鹤桥，桥东大片散泉亦汇

391

注成池,在水上建有"望鹤亭"茶厅。古往今来,凡来济南的人无不领略一番那"家家泉水,户户垂杨","四面荷花三面柳,一城山色半城湖"的泉城绮丽风光。而清代乾隆末年,时任山东按察使的石韫玉④在《济南趵突泉联》语中,则更把趵突泉等名泉胜水,描绘成天上人间的灵泉福地,飞泉流云,一派仙乐清音,令人感到有些神奇虚幻。只有灵犀相通,才能领略那半是人间半是天上,似真似幻的奇妙意韵。

[笺注]

①鲁桓公"会齐侯于泺":公元前694年(周庄王三年)鲁桓公偕其夫人文姜(齐襄公之妹)来到齐国会齐襄公。而荒淫无耻的齐襄公与文姜私通,鲁桓公得知后责骂文姜。文姜将此事告诉其兄,齐襄公派公子彭生杀死鲁桓公。后为掩人耳目又杀了彭生。齐襄公后约于公元前686(周庄王十一年)年因其不得国人拥戴,为叛乱者所杀。

②华不注:山名,简称华山,又名金舆山。在山东历城县北部,济南市郊东北。

③大明湖:在济南市旧城北部,水面46.5公顷。大明湖始于北魏。清人刘凤诰咏湖诗有"四面荷花三面柳,一城山色半城湖"之句。大明湖风光秀丽,是泉城游览胜地之一。

④石韫玉:字子如。江苏苏州人。清乾隆五十五年(1790)进士及第,授翰林院修撰,官至山东按察使。有诗词文集传世。

无锡惠山寺石泉水
——天下第二泉

独携天上小圆月

来试人间第二泉

——苏轼

惠山寺,在江苏无锡市西郊惠山山麓锡惠公园内。惠山。一名慧山,又名惠泉山,由于惠山有九个山陇,盘旋起伏,宛若游龙飞舞,故称九龙山。宋苏轼有诗曰:"石路萦回九龙脊,水光翻动五湖天。"惠山素有"江南第一山"之誉。

无锡惠山,以其名泉佳水著称于天下。最负盛名的是"天下第二泉"。此泉共有三处泉池,入门处是泉的下池,开凿于宋代,池壁有明代弘治十四年(1501)杨理雕刻的龙头。泉水从上面暗穴流下,由龙口吐入下池。上面是漪澜堂,建于宋代。堂前有南海观音石,是清乾隆年间,从明朝礼部尚书顾可学别墅中移来的,堂后就是闻名遐迩的"二泉亭"。亭内和亭前有两个泉池,相传为唐大历末年(779),由无锡县令敬澄派人开凿的,分上池与中池。上池八角形水质最佳;中池呈不规则方形,是从若水洞浸出,据传,此洞隙与石泉是唐代僧人若冰寻水时发现的,故又称其为"冰泉"。

在二泉亭和漪澜堂的影壁上,分嵌着元代书法家赵孟頫和清代书法家王澍[①]题写的"天下第二泉"各五个大字石刻。

这清碧甘洌的惠山寺泉水,从它开凿之初,就同茶人品泉鉴水紧密联系在一起了。在惠山寺二泉池开凿之前或开凿期间,唐代茶人陆羽正在太湖之滨的长城(今浙江长兴县)顾渚山,义兴(今江苏宜兴市)唐贡山等地茶区进行访茶品泉活动,并多次赴无锡,对惠山进行过考察,曾著有《惠山寺记》。

惠山泉,自从陆羽品为"天下第二泉"之后,已时越千载,盛名不衰。古往今来,这一泓清泉,受到多少帝王将相、骚客文人的青睐,无不以一品二泉之水为快。唐代张又新亦曾步陆羽之后尘前来惠山品评二泉之水。在此前唐代品泉家刘伯刍,亦曾将惠山泉评为"天下第二泉"。唐武宗会昌(841—846)年间,宰相李德裕住在京城长安,喜饮二泉水,竟然责令地方官吏派人用驿递方法,把三千里外的无锡泉水运去享用。唐代诗人皮日休有诗讽喻道:

> 丞相常思煮茗时,郡侯催发只嫌迟;
> 吴关去国三千里,莫笑杨妃爱荔枝。

宋徽宗时,亦将二泉列为贡品,按时按量送往东京汴梁。清代康熙、乾隆皇帝都曾登临惠山,品尝过二泉水。

　　至于历代的文人雅士,为二泉赋诗作歌者,则更是不计其数。如时为无锡尉的唐代诗人皇甫冉在《无锡惠山寺流泉歌》云:"寺有泉兮泉在山,锵金鸣玉兮长潺潺,作潭镜兮澄寺内,泛岩花兮到人间……我来结绶未经秋,已厌微官忘旧游,且复迟回犹未去,此心只为灵泉留。"而在咏茶品泉的诗章中,当首推北宋文学家苏轼了,他在任杭州通判时,于宋神宗熙宁六年(1073)十一月至七年(1074)五月之间,来无锡曾作《惠山谒钱道人②烹小龙团登绝顶望太湖》,诗中"独携天上小圆月③,来试人间第二泉"之浪漫诗句,却独具品泉妙韵,诗人似乎比喻自己已化成仙,身携皓月,从天外飞来,与惠山钱道人共品这连浩瀚苍穹也已闻名的人间第二泉。这真可谓是咏茶品泉辞章中之千古绝唱了。所以为历代茶人墨客称道不已,亦曾被改写成一些名胜之地茶亭楹联以招徕游客,品茗赏联,平添无限雅兴。

[笺注]

　　①王澍(公元1668—1743年):字若林,一作若霜,亦自书为弱林,号虚舟,尝自书二泉寓客,别号竹云。江苏金坛人,后徙无锡。清康熙五十一年(1712)进士,官至吏部员外郎。书法独步一时,名播海内。有《禹贡谱》《朱程格物法》《朱子读书法》《淳化阁帖考证》等书传世。

　　②钱道人:即惠山寺道人,安道之弟。诗人有《至秀州赠钱安道并寄其弟惠山老》诗。

　　③小团月:喻指小龙团茶。制工选料极精,为雀舌冰芽所造,非常名贵,始创于唐末,盛行于宋代,向为皇帝贡品。

杭州虎跑泉

——天下第三泉

山势北连三竺去①
泉声西自五云来②
——张以宁③

虎跑泉,在浙江杭州市西南大慈山白鹤峰下慧禅寺(俗称虎跑寺)侧院内,距市区约5公里。这虎跑泉的来历,还有一个饶有兴味的神话传说呢。相传,唐元和十四年(819)高僧寰中(亦名性空)来此,喜欢这里风景灵秀,便住了下来。后来,因附近没有水源,他准备迁往别处。一夜忽然梦见神人告诉他说:"南岳有一个童子泉,当遣二虎将其搬到这里来。"第二天,他果然看见二虎跑(刨)地作穴,清澈的泉水随即涌出,故名为虎跑泉。张以宁在题泉联中,亦给虎跑泉蒙上了一层宗教与神秘的色彩。

原来,这虎跑泉水是从大慈山后断层陡壁下的砂岩、石英砂中渗出,据测定流量为43.2~86.4立方米/日。泉水晶莹甘洌,居西湖诸泉之首,和龙井泉一起并誉为"天下第三泉"。

虎跑泉原有三口井,后合为二池。在主池泉边石龛内的石床上,寰中正在头枕右手小臂侧身卧睡,神态安静慈善,那种静里乾坤不知春的超然境界,颇如一副寺院联语所云:

梦熟五更天几许钟声敲不破

神游三宝地半空云影去无踪

同时,栩栩如生的两只老虎正从石龛右侧向入睡的高僧走来,形象亦十分生动逼真。这组"梦虎图"浮雕寓神仙给寰中托梦,派遣仙童化作二虎搬来南岳清泉之典。"虎移泉眼至南岳童子;历百千万劫留此真源"——这副虎跑寺楹联也是写的这个神话故事,只是更具有佛教寓意。

"龙井茶叶虎跑水",被誉为西湖双绝。古往今来,凡是来杭州游历的人们,无不以能身临其境品尝一下以虎跑甘泉之水冲泡的西湖龙井之茶为快事。历代的诗人们留下了许多赞美虎跑泉水的诗篇。如苏东坡有:"道人不惜阶前水,借与匏尊自在偿。"清代诗人黄景仁(公元1749~1783年)在《虎跑泉》一诗中有云:"问水何方来?南岳几千里。龙象一帖然,天人共欢喜。"诗人是根据传说,说虎跑泉水是从南岳衡山由仙童化虎搬运而来,缺水的大慈山忽有清泉涌出,天上人间都为之欢呼赞叹。亦赞扬高僧开山引泉,造福苍生的功德。

近年来随着改革开放的飞速发展,旅游业的方兴未艾,也推动了杭州茶

虎跑泉

文化事业的蓬勃发展。杭州建了颇具规模的茶叶博物馆,以弘扬中华民族源远流长的茶文化优秀遗产,普及茶叶科学知识,促进中外茶文化的交流。如今,在西湖风景区的虎跑、龙井、玉泉、吴山等处均恢复或新建了一批茶室,中外茶客慕名而至,常常座无虚席。杭州市内的不少品茗爱好者,往往于每日清晨乘车或骑自行车到虎跑等名泉装取泉水,用以冲茶待客,或自饮品尝,以取陶然之乐。鉴于品泉者日益增多,杭州新闻界曾经呼吁,应适当节制每日取水量,以保护古泉的自然水量及其久享盛名的清爽甘醇。

[笺注]

①三竺:指杭州灵隐山之上、中、下三天竺。

②五云:指五云山。在杭州西湖西南面,濒临钱塘江。相传,古时有五彩瑞云萦绕山巅,因而得名。古人有句赞道:"石登千盘依碧天。五云辉映五峰巅。"

③张以宁:生卒年未详。福建古田人。元末曾官翰林学士承旨,明初召为侍读学士。

家庭经典藏书

中華茶道

杭州龙井泉
——天下第三泉

秀翠名湖，游目频来过溪处

腴含古井，怡情正及采茶时

——乾隆

龙井泉，在浙江杭州市西湖西面风篁岭上，为一裸露型岩溶泉。本名龙泓，又名龙湫，是以泉名井，又以井名村。龙井村是饮誉世界的西湖龙井茶的五大产地之一。而龙泓清泉，历史悠久，相传在三国东吴赤乌年间（公元238—250年）已发现。此泉由于大旱不涸，古人以为与大海相通，有神龙潜

龙井泉

居，所以名其为龙井。又被人们誉为"天下第三泉"。龙井泉旁有龙井寺，建于南唐保大七年（949年）。周围还有神运石、涤心沼、一片云等诸景胜迹。近处则有龙井、小沧浪、龙井试茗、鸟语泉声等石刻环列于半月形的井泉周围。

龙井泉水出自山岩中，水味甘醇，四时不绝，清如明镜，寒碧异常，如取小棍轻轻搅拨井水，水面上即呈现出一条由外向内旋动的分水线，见者无不奇。据说这是泉池中已有的泉水与新涌入的泉水间的比重和流速有差异之故，但也有认为，是龙泉水表面张力较大所致。

龙井之西是龙井村，满山茶园，盛产西湖龙井，因它具有色翠、香郁、味醇、形美之"四绝"而著称于世。古往今来，多少名人雅士都慕名前来龙井游历，饮茶品泉，留下了许多赞赏龙井泉茶的优美诗篇。

苏东坡曾以"人言山佳水亦佳，下有万古蛟龙潭"的诗句称道龙井的山

泉。杭州西湖产茶,自唐代到元代,龙井泉茶日益称著。元代虞集在游龙井的诗中赞美龙井茶道:"烹煎黄金芽,不取谷雨后,同来二三子,三咽不忍漱。"明代田艺衡《煮茶小品》则更高度评价龙井茶:"今武林诸泉,惟龙泓入品,而茶亦龙泓山为最。又其上为老龙泓,寒碧倍之,其地产茶为南北绝品。"

清代乾隆皇帝曾数次巡幸江南,在来杭州时,不止一次去龙井烹茗品泉,并写了《坐龙井上烹茶偶成》咏茶诗和题龙井联:"秀翠名湖,游目频来过溪处;胰含古井,怡情正及采茶时。"历代名人的这些诗词联语,为西子湖畔的龙井泉茶平添了无限韵致,愈令游人向往。

苏州虎丘寺石泉水
——天下第三泉

雁塔影标霄汉表
鲸钟声渡石泉间
　　　　——佚名

苏州虎丘,又名海涌山。在江苏省苏州市阊门外西北山塘街,距城约3.5公里。春秋晚期,吴王夫差葬其父阖闾于此。相传,葬后三日,有白虎蹲其上,故名虎丘。一说为"丘如蹲虎。以形名"。东晋时,司徒王珣和弟王珉在此创建别墅,后来王氏兄弟将其改为寺院,

虎丘寺石泉水

名虎丘寺,分东西三刹;唐代因避太祖李虎(李渊之祖父)名讳,改名为武丘报恩寺。武宗会昌年间寺毁,移往山顶重建时,将二刹合为一寺。其后该寺院屡经改建易名,规模宏伟琳宫宝塔,重楼飞阁,曾被列为"五山十刹"之一。古人曾用"塔从林外出,山向寺中藏"的诗句来描绘虎丘的景色。苏州

虚丘不仅以风景秀丽闻名遐迩，也以它拥有天下名泉佳水著称于世。

据《苏州府志》记载，茶圣陆羽晚年，在德宗贞元中（约于贞元九年至十七八年间）曾长期寓居苏州虎丘。一边继续著书，一边研究茶学及水质对饮茶的影响。他发现虎丘山泉甘甜可口，遂即在虎丘山上挖筑一石井，称为"陆羽井"，又称"陆羽泉"，并将其评为"天下第五泉"。据传，当时皇帝听到这一消息，曾把陆羽召进宫去，要他煮茶。皇帝喝后大加赞赏，于是封其为"茶神"。陆羽还用虎丘泉水栽培苏州散茶，总结出一整套适宜苏州地理环境的栽茶、采茶的办法。由于陆羽的大力倡导，"苏州人饮茶成习俗，百姓营生，种茶亦为一业"。

因虎丘泉水质清甘味美，在继陆羽之后，又被唐代另一品泉家刘伯刍评为"天下第三泉"。于是虎丘石井泉就以"天下第三泉"名传于世。那么，这一泓天下名泉的具体地址，究竟在哪里呢？如今来苏州虎丘的游人，有的往往未能亲临其址，一品味美甘醇的古泉之水而引为憾事。

这久已闻名天下的"虎丘石泉水"，即在这颇有古幽神异色彩的"千人石"右侧的"冷香阁"北面。这里一口古石井，井口约有一丈见方，四面石壁，不连石底，井下清泉寒碧，终年不断。这即是陆羽当年寓居虎丘时开凿的那眼古石泉，在冷香阁内，今设有茶室，这里窗明几净，十分清雅，是游客小憩品茗之佳处。

济南珍珠泉

——天下第三泉

逢人都说斯泉好

愧我无如此水清

——某县令

珍珠泉，在山东省济南市泉城路北珍珠饭店院内。为泉城七十二泉四大泉群之一，珍珠泉群之首。泉从地下上涌，状如珠串。泉水汇成水池，约一亩见方，清澈见底。清代王昶《珍珠泉记》云："泉从沙际出，忽聚忽散，忽断忽续，忽急忽缓，日映之，大者如珠，小者为玑，皆自底以达于面。"此名泉胜地曾被官府侵占。新中国成立后，重加修整，小桥流水，绿柳垂荫，花木扶疏，亭榭幽雅。附近还有濯缨、小王府、溪亭、南芙蓉、朱砂等诸名泉，组成珍珠泉群，均汇入大明湖。清代刘鹗《老残游记》描绘济南"家家泉水，户户垂杨"的景色，当是这一地区。

济南珍珠泉

珍珠泉水，清碧甘洌，是烹茗上等佳水，当年清乾隆皇帝在品评天下名泉佳水时，以清、洁、甘、轻为标准，将斯泉评为天下第三泉。以特制的银斗衡量，斗重一两二厘，只比被乾隆评为天下第一泉——北京玉泉之水略重二厘。以乾隆品泉标准来衡量，珍珠泉略胜闻名遐迩的扬子江金山第一泉和无锡惠山天下第二泉。

乾隆皇帝每逢巡山东时，喜欢以珍珠泉水煎茶。如，乾隆二十年（1756年）谕旨："朕明春巡幸浙江，沿途所用清茶水……至山东省，著该省巡抚将珍珠泉水预备应用。"

历代的文人墨客亦曾在珍珠泉畔咏题诗词楹联。济南某县令赞泉联曰："逢人都说斯泉好，愧我无如此水清。"清末民初人杨度题珍珠泉联云：

随地涌泉源，时澄澈一泓，

莫使纤尘淆渊鉴；

隔城看山色，祁庄严千佛，

广施法雨惠苍生。

扇子山蛤蟆石泉水

——天下第四泉

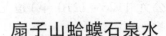

啮雪饮冰疑换骨

掏珠弄玉可忘年

——陆游

蛤蟆石，在长江西陵峡东段。距湖北宜昌市西北25公里处，灯影峡之东，长江南岸扇子山山麓，有一呈椭圆形的巨石，霍然挺出，从江中望去好似一只张口伸舌、鼓起大眼的蛤蟆，人们称之为蛤蟆石，又叫蛤蟆碚。

蛤蟆石地处滩险流急的扇子峡边，舟人过此视为畏途。郭相业在《蛤蟆碚》中写道："白狗峡，黄牛滩，千古人嗟蜀道难，江边蹲踞蛤蟆石，逆水牵舟难更难，贾客闻之心胆寒。"然而比这千万年蹲在长江边上的蛤蟆石更有名气的，则是隐匿在背后的那眼清泉。

在蛤蟆尾部山腹有一石穴，中有清泉，泠泠倾泄于"蛤蟆"的背脊和口鼻之间（因蛤蟆头朝北），漱玉喷珠，状如水帘，垂注入长江之中，名曰"蛤蟆泉"。泉洞石色绿润，岩穴幽深，其内积泉水成池，水色清碧，其味甘美。

唐代茶学家陆羽，约在天宝后期，涉足于巴山蜀水访茶品泉时，曾前来品鉴过蛤蟆石泉水。在其所著《煮茶记》（见之于唐代张又新《煎茶水记》）中载："峡州扇子山下，有石突然泄水独清泠，状如龟形，俗云蛤蟆口水第四。"这蛤蟆口水自从陆羽评其为"天下第四泉"以来，引起了嗜茶品泉者的浓厚兴趣，特别是北宋年间，许多著名品泉高手、茶道大师，都不避艰险，纷纷登临扇子山，以一品蛤蟆泉水为快，并留下了赞美泉水的诗篇。如北宋文学家、史学家欧阳修（公元1007—1072年）有诗赞曰："蛤蟆喷水帘，甘液胜饮酎[①]。"北宋诗人、书法家黄庭坚（公元1045—1105年）在诗中赞道："巴人漫说蛤蟆碚，试裹春芽来就煎。"北宋文学家、书法家和散文家苏轼（公元1037—1101年）和苏辙（公元1039—1112年）兄弟都曾登临蛤蟆碚品泉赋诗，赞赏寒碧清醇的蛤蟆泉水"岂惟煮茗好，酿酒更无敌"。

南宋爱国诗人陆游(公元 1125~1210 年)也是一位品泉家,他在《蛤蟆碚》诗中写道:

> 不肯爬沙②桂树边,朵颐③千古向岩前。
>
> 巴东峡里最初峡④,天下泉中第四泉。
>
> 啮雪饮冰疑换骨,掬珠弄玉可忘年。
>
> 清游自笑何曾足,擂鼓⑤冬冬又解船。

陆游这首诗作于南宋乾道六年(1170 年)十月于蛤蟆碚。诗人在《入蜀记》写道:

"十月九日登蛤蟆碚,《水品》所载第四泉是也。蛤蟆碚去路临江,头鼻吻颔绝类,而背脊疱处尤逼真,造物之巧有如此处。自背上深入得一洞穴,石色翠润。泉泠泠有声,自洞出,垂蛤蟆口鼻间成水帘入江。是日极寒,岩岭有积雪,而洞温然如春。"

[笺注]

①酎:经过两次以上复酿的醇酒。

②爬沙:唐代韩愈《月食诗效玉川子作》:"尝闻古老言,疑是蛤蟆精……爬(一作杷)沙脚手钝,谁使女解缘青冥。"桂树:指月宫中之桂树。长江三峡有一则古老的神话传说:远古时洪水泛滥成灾,玉帝降旨大禹下界治水,还派了一批天神相助。照管月宫桂树的蛤蟆精趁玉帝酒醉酣睡时,悄悄来到三峡找大禹,要求参加治水,以拯救受灾的百姓。这句诗是说,由于当年蛤蟆精不肯回月宫里去看桂树,所以也只好千年万载蹲在长江边上了。

③朵颐:鼓动腮颊,嚼食的样子,在诗人笔下的蛤蟆碚十分生动、逼真、有趣,千万年来,它总是摇动着口鼻,鼓动着腮颊,仿佛老在吃什么,又跃跃欲试地想跳入长江之中。

④最初峡:指扇子山峡。宋时在峡州(夷陵)县境。

⑤擂鼓句:时年诗人入蜀,沿长江三峡逆流而上,沿途游历名山胜迹。因为是集体乘船而行,冬冬擂鼓之声,是船主向乘客发出的开船信号。

中華茶道

上饶广教寺陆羽泉
——天下第四泉

一卷经文①,茗雪溪边证慧业②
千秋祀典③,旗枪风里弄神灵④
——佚名

　　陆羽泉,原在江西上饶广教寺内,现为上饶市第一中学校。唐代茶神陆羽于德宗贞元初(公元 785~786 年)从江南太湖之滨来到了信州上饶隐居。之后不久,即在城西北建宅凿泉,种植茶园。据《上饶县志》载:

陆羽泉

"陆鸿渐宅在府城西北茶山广教寺⑤。昔唐陆羽尝居此,号东冈子。刺史姚骥尝诣所居。凿沼为溟之状,积石为嵩华之形。隐士沈洪乔葺而居之。《图经》羽性嗜茶,环有茶园数亩,陆羽泉一勺为茶山寺。"

　　由于这一泓清泉,水质甘甜,亦被陆羽品评为"天下第四泉"。唐诗人孟郊(公元 751~814 年)在《题陆鸿渐上饶新开山舍》诗中有"开亭拟贮云,凿石先得泉"之句。陆羽泉开凿迄今已有一千二百多年,在古籍上多有记载。清代张有誉《重修茶山寺记》:"信州城北数(里)武峾然而峙者,茶山也,山下有泉,白色味甘。陆鸿渐先生隐于尝品斯泉为天下第四,因号陆羽泉。"至 20 世纪六十年代初尚存完好,可惜在后来"挖洞"时,将泉脉截断,如今在这眼古井泉边上尚保存清末知府段大诚所题:"源流清洁"四个篆字,作为后人凭吊古迹的唯一标志了。

　　陆羽当年在上饶隐居时开石引泉,种植茶园,在当地世代僧俗仕宦中间,产生了深远美好的影响。茶山寺、陆羽泉曾在历史上成为上饶著名胜迹,许多人为此写下了赞颂诗篇。刘景荣在《游茶山寺·有引》云:

信城北茶山寺有泉,陆羽遗迹在焉。余素阅《茶经》,知其旷世逸才,淹博经史,抱道潜身;遨游湖海,品天下之泉,揽山川之胜;逍遥一世,风流千古。景慕有年,今量信营,得游此地,拼赋一律,以志仰止。

> 鸿蒙[6]初判此山开,
>
> 一掬甘泉地涌来。
>
> 满经茶香高士种,
>
> 几行翠竹老僧栽。
>
> 只今钟声敲禅院,
>
> 忆昔鼎铛[7]沸曲台。
>
> 隐负经纶[8]人不在,
>
> 流风常在白云隈[9]。

僧人等旻在《过茶山寺饮陆羽泉诗》曰:

> 北廓晴峦回望明,
>
> 高贤[10]曾此辟榛荆。
>
> 云根过雨天涌碧,
>
> 石镈[11]穿林玉碎声。
>
> 树挂一瓢[12]藤可屋。
>
> 香浮节碗[13]醉还醒。
>
> 闲来自领东冈趣。
>
> 不羡沧浪咏濯缨[14]。

明代贡修龄在《幕雨同吴鼎陶司李游茶山四绝》(录其中二首)云:

> 其二
>
> 一勺清冷水,
>
> 涓涓无古今。
>
> 空山人不见,
>
> 想见品泉心。
>
> 其三
>
> 昔闻桑苎子[15],
>
> 萧散不为家。

今看种菊处，

曾开几树花。

在古人于上饶留下的诸多赞颂陆羽的翰墨中，莫过于一位佚名作者题《陆羽泉联》："一卷经文，苕雪溪边证慧业；千秋祀典，旗枪风里弄神灵。"这幅联语，不仅对仗工妙，则更高度集中地概括了茶神陆羽，为中国乃至世界的茶学、茶文化事业做出的卓越贡献，为世世代代的人们所景仰和祀典。

[笺注]

①一卷经文：指陆羽著述的三卷《茶经》。

②苕雪溪：从略。

慧业：佛教用语，意为以超人的智慧所选择的事业。

③祀典：古代祭祀的礼仪和制度。《国语·鲁》上："凡禘、郊、祖、宗、报，此五者国之典祀也。加之以社稷山川之神，皆有功烈于民者也。及前哲令德之人，所以为明质也。"

④旗枪：茶名，泛指高品细茶。初春芽刚刚萌发一芽一叶，展者为旗，未展者曰枪，是言茶之至嫩也。神灵：陆羽辞世后被人们祀为"茶神"。

⑤广教寺：据《上饶县志》卷之二十五《寺观志》载，广教寺（一称茶山寺）建于唐末哀帝天祐年间（公元904~907年）。这是陆羽辞世百年之后的事了。

⑥鸿蒙：指宇宙形成前的混沌状态。《西游记》："自从盘古破鸿蒙，开辟从兹清浊辨。"

⑦鼎铛：鼎为鼎状煎茶风炉，为陆羽首创；铛为锅釜温器。此泛指煎茶用之器具。

⑧经纶：整理丝缕，理出丝绪叫经，编之成绳叫纶，统称经纶《易屯》："云雷屯，君子以经纶。"《疏》："经为经纬，纶为纲纶。"

⑨隈：山水弯曲处。《管子·形势》："大山之隈，奚有于深。"隈，山曲也。

⑩高贤：指陆羽。

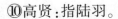

⑪石罅:石之缝隙,为导引泉水之石制渠道。

⑫树挂一瓢:古代隐士许由独居深山,人家送他一个瓢喝水。他喝罢就把瓢挂在树枝上。后来人们把四方云游的出家人,在一地暂时逗留,称为挂瓢。

⑬七碗:唐诗人卢仝在《谢孟谏议寄新茶》一诗中有七碗之名句。

⑭沧浪:水名,即汉水之别名。因陆羽在一个名叫"沧浪"的地方,被郡吏召为伶正之师,从而知遇竟陵太守李齐物,教以诗书,得以成为仕人。所以,在江湖上人们常以"沧浪子"来称呼陆羽。濯缨:洗涤冠缨。也比喻超脱尘世、操守高洁的君子。

⑮桑苎子:陆羽于唐上元初隐居吴兴苕溪时自号"桑苎翁",比喻自己是种麻养蚕的一介农夫。

扬州大明寺泉水

——天下第五泉

> 大江南北,亦有湖山,来自衡阳①
> 洞庭②,休道故乡无此好;
> 近水楼台,尽收烟雨,论到梅花③
> 明月,须知东阁占春多。
>
> ——方梦圆④

大明寺,在江苏扬州市西北约4公里的蜀岗中峰上,东临观音山。建于南朝宋大明年间(公元457~464年)而得名。隋代仁寿元年(601)曾在寺内建栖灵塔,又称栖灵寺。这里曾是唐代高僧鉴真大师居住和讲学的地方。现寺为清同治年间重建。

清乾隆三十年(1765年),乾隆皇帝巡幸扬州,担心人民因见"大明"二字而思念前朝(明朝),遂下令改名为"法净寺",并亲笔题了寺名。1980年4月,鉴真大师座像从日本回国探亲前夕,复称大明寺。在大明寺山门两边的墙上对称地镶嵌着:"淮东第一观"和"天下第五泉"十个大字。每字约一米见方,笔力遒劲。

著名的"天下第五泉"即在寺内的西花园里。西花园原名"芳圃"。相传,为清乾隆十六年(1751),乾隆皇帝下江南,到扬州欣赏风景的一个御花园,向以山林野趣著称。唐代茶人陆羽在沿长江南北访茶品泉期间,实地品鉴过大明寺泉,被列为天下第十二佳水。唐代另一位品泉家刘伯刍却将扬州大明寺泉水,评为"天下第五泉"。于是,扬州大明寺泉水,就以"天下第五泉"扬名于世。大明寺泉,水味醇厚,最宜烹茶,凡是品尝过的人都公认宋代欧阳修在《大明寺泉水记》所说"此水为水之美者也"是深识水性之论。

八十年代初,扬州园林部门又在西花园建了五泉茶社。这是一座仿古的柏木建筑,分上下两厅,两厅之间以假山连接,上厅好像置身于蜀岗之上,下厅背临湖水,犹似悬架在湖水之中。游人至此,在饱览蜀岗胜景之后,入座茶厅内小憩,细细地品饮着用五泉水冲泡的江南香茗,既可举目东望观音山色,又可俯视清雅秀丽的瘦西湖风光,那才真可谓是赏心悦目,烦襟顿开,不虚此行,如若能再悉心领略方梦圆所题《扬州第五泉联》的优美意境,那就更令人流连于扬州的江山胜迹与梅月风情。

[笺注]

①衡阳:今湖南省之市、县名。在此做五岳之一的南岳衡山之代词解。

②洞庭:湖南岳阳洞庭湖。在长江南岸,沿湖为岳阳、华容、南县、汉寿等市县,湘资沅澧等四水皆会于此,在岳阳城陵矶入长江。

③梅花:张尔荩题《扬州史可法祠墓》(衣冠冢在扬州市储门外梅花岭右,今扬州博物馆院内)联语:"数点梅花亡国泪,二分明月故臣心。"今史公祠围墙之北老梅花岭,据传为史可法抗清泣血誓师处。原来梅花岭多植梅树,花开满岭。

④方梦圆:生平不详。

怀远县白乳泉

——天下第七泉

应汲乳泉烹香雪

合邀明月饮高楼

——佚名

白乳泉,在安徽省怀远县城南郊,背依荆山,面临淮河,东和禹王庙隔河相望,西与卞和洞为邻。因其泉水甘白如乳,故得名。泉左有"望淮楼",登临闲叙,凭栏远眺,意趣盎然。这正如楼联所云:

怀远县白乳泉

片帆从天外飞来,劈开两岸青山,

好趁长风冲巨浪;

乱石自云中错落,酿得一瓯白乳,

合邀明月饮高楼。

泉右有双烈祠,为纪念辛亥革命"黄花岗七十二烈士"中怀远籍烈士宋玉琳、程良而建。祠上有亭,曰半山亭,可俯瞰怀远全城。这里峰峦叠翠,芳草如茵,古树参天,柏林似海,景色迷离,清幽宜人,实为天然佳境。

白乳泉水,含有多种矿物质,烹茶煮茗,芬芳清冽,甘美可口。泉水表面张力强,水倾注杯中,能突出杯面一米粒儿厚而不外溢,且能浮起硬币,游人观之,无不称奇。宋苏轼曾来此游历,烹茗品泉,赋诗留念,并将此泉誉为"天下第七名泉"。1965年郭沫若亲笔为"白乳泉""望淮楼"题名。

柏岩县淮水源

—— 天下第九佳水

半山垂下水晶帘

疑是银河落九天

——佚名

淮水源头,在地处鄂豫交界桐柏山北麓,河南省桐柏县(唐代属山南东道唐州)境内。陆羽在唐玄宗天宝后期,在荆楚大地沿江淮、汉水流域进行访茶品泉期间,曾前往桐柏县品鉴过淮水源头之水,并评为"天下第九佳水"。

古代品泉家,对陆羽把淮水源列入《水品》,是颇持有异议的。如明代徐献忠、周履靖在《水品全秩·卷上》"六品"论及淮水时说:"张又新记(按指:张在《煎茶水记》引陆羽二十《水品》有淮水源)淮水亦在品列,淮故湍悍浑浊,通海气,自昔不可食。今与河合脉,又水之大幻(患)也。李记(按指:李季卿记述陆羽论二十《水品》列有淮水源)以唐州柏岩县淮水源庶矣。"至于淮水源头之水,是"自昔不可食"呢? 还是诚如陆羽在《水品》中所评为"天下第九佳水"? 姑且不论,留待学者专家去进一步论证吧。但茶圣陆羽既然把"淮水源"列为天下佳水,那么淮水源头的河山胜迹,还是可以向读者作一简要介绍的。

陆羽在《水品》中说的"柏岩县"即今之河南省桐柏县。桐柏县是我国四大水系之一的淮水发源地。于东汉延熹六年(163)在桐柏县城西南15公里处建"淮渎庙"。后于北宋大中祥符七年(1014)从原址迁至县城东关。明清以来有增补修葺。这是历代官府与民间祭祀淮水之神的庙宇。遥想陆羽当年来桐柏县,亦自应是首先前往淮渎庙祭祀水神,然后再登临桐柏山寻访淮水之源,进行品鉴,那陆羽当年品泉之处究竟在何处呢?

桐柏山水帘洞水,清纯甘洌,胜过诸多名泉,也许是陆羽当年品泉处吧? 水帘洞,在桐柏县城西5公里,群山环抱,松柏苍翠,是桐柏山著名风景之

一。水帘洞距地高约20多米。如今洞内有泥塑猕猴一尊,猴身上有泉水流出,喷洒在石钵之中,发出清脆悦耳的声音;淮水源头之水,亦从山岩缝隙间渗泄于洞内成泉。而洞口则被山顶倾泻而下的瀑布遮盖,犹如珠帘垂挂。沿石壁前有阶梯和铁链可攀援而上,进入洞中,虽盛夏酷暑,仍凉气袭人,沁人心脾。这里自古以来就是游人荟萃避暑消夏的理想胜地。在水帘洞溪旁建有山寺,寺内墙上有历代文人、游客书写的诗和题记,赞颂水帘洞的奇妙和优美。其中有一首七绝云:

> 半山垂下水晶帘,
>
> 疑是银河落九天;
>
> 今古无人能卷得,
>
> 月钩空挂碧云边。

陆羽在天宝后期,还曾品鉴过蕲州兰溪石下水,汉水流域的汉江金州上游中零水、商州武关西洛水多处名泉佳水,其中列入其《煮茶记》者共有二十品。

玉虚洞下香溪水
——天下第十四佳水

玉洞玲珑,诗圣频来扣紫府

香溪剔透,茶仙亦步汲泠泉

——舒玉杰

玉虚洞,在湖北省秭归县香溪镇2公里处的谭家山麓、香溪河畔。相传,在唐天宝五年(746年)发现。洞门呈半月形,洞口刻有"玉虚洞天"四字。进洞右行,下台阶五十余级,即达洞之内厅,洞室开阔,呈不规则的长方形,平面纵长约85米,宽约40米,高约50米,全洞共约3600余平方米。宽敞壮丽,浑如地下宫殿。钟乳石附于四壁者形如龙虚、仙人、鸟兽;垂如洞顶者状如旗幡、宝盖、宫灯,千态万状,绚丽多姿。壁间垂一巨型钟乳石,似盘龙大柱,高十余米,尤为绝妙奇异。据载唐代大诗人李白、杜甫,南宋诗人陆

游等均曾游此。今洞中有宋人谢崇初等留下的摩崖题刻和清人甘立朝撰写的《游玉虚记》碑刻。

玉虚洞下,一年四季,有清泉长流,称为香溪泉,因泉水与香溪河相通,故名,泉水清碧甘洌,是烹茗佳水。唐代茶人陆羽约于天宝十二载至十四载(753~755)在荆楚大地、巴山蜀水访茶品泉期间曾游历玉虚洞,品尝香溪甘泉,定其为天下第十四佳水。

商州武关西洛水
——天下第十五佳水

秦关月夜迎逋客

洛水茶烟舞晓风

——舒玉杰

武关,在陕西省商州地区丹凤县城东 40 公里的峡谷之间。它自古以来与具有战略意义的名关——潼关、萧关、大散关称为秦之四塞。关址建立在峡谷间一块较高的平地上。关周匝约 1.5 公里,板筑土城墙,略成方形,东西各开以砖石包砌的券门洞,西门额刻"秦关要塞",东门为"武关"二字,门内额有"古少习关"四字。关东沿山盘曲,悬崖深壑,路狭难行,山环水绕,险隘天成。秦末汉高祖刘邦从河南入关灭秦,即取道于此关隘。

西洛水,即源出陕西省洛南(雒南)县冢岭山的伊洛之水(今称之洛河)的一条支流。从洛南流过丹凤县的武关之西,至太古河汇入丹江。茶圣陆羽当年在沿汉水流域品泉较水期间,曾西行进入陕西商州武关,品鉴过武关西洛水,并将其评为天下第十五佳水。试想当年,交通何等不便,陆羽为访茶品泉,在山川古道,险隘雄关,玉溪洞下,洛水之滨,都曾留下了茶人的足迹,谱写了传世千载的"水品"篇章。

天台山西南峰千丈瀑水

——天下第十七佳水

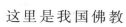

休疑宝尺难量度

直恐金刀易剪裁

——曹松

天台山西南峰千丈瀑水

在我国名山中,有两座天台山,一座在湖北省红安县北40公里处;而陆羽当年品泉的天台山,则是今浙江省天台县(按:唐时属台州,名兴唐县,从宋代起始称今名)城北之天台山。

这里是我国佛教天台宗的发祥地。山中有隋代古刹国清寺,是开皇十八年(598年)杨广承智者大师的遗愿所建。经清雍正年间重修,是一个拥有百余间殿宇的大型建筑群,为我国保存比较完好的著名大型寺院之一。天台山群峰竞秀,巉峭多姿;飞瀑流泉,洁白如练,有华顶秀色、石梁飞瀑、铜壶滴漏、赤城霞起、琼台月夜、桃源春晓等风景点,还有隋塔、隋梅、智者院、太白书堂等诸多古迹。

据清康熙五十六年(1717年)张联所辑《天台山全志》记载:陆羽品泉的西南峰名曰瀑布山,一名紫凝山。在天台县西四十里。有瀑布垂流千丈,与国清、福圣二瀑为三。其山出奇茗。《神异记》云:"馀姚人虞洪入山采茗,遇一道人引三青牛至此山,曰:'吾丹丘子也,闻子善具饮,今以茗奉给;祈子他日有瓯牺之余相遗也。'后尝与家人入山获大茗焉。"而陆羽在《茶经·七之事》里亦写了汉仙人丹丘子与虞洪入山获大茗(树)的传说。

在《天台山全志》之《泉》项下首列："陆羽《茶经》（按：原文如此；而应为《水品》）以天台瀑泉为天下第十七水。"又据载，王士性（临海人，明万历进士）在《入天台山志》有云："行至紫凝山，瀑布悬流一千丈，陆羽第为天下十七水，又行数里至紫凝峰，为天台九峰之一。"（据《全志》所载，其他八峰为：九华、玉女、玉泉、华琳、玉霄、卧龙、莲花、翠微——道家称之为七十二福地之一）

唐光化（898~901）进士曹松所作《瀑布》诗云："万仞得名云瀑布，遥看如织挂天台。休疑宝尺难量度，直恐金刀易剪裁。喷向林梢成夏雪，倾来石上作春雷。欲知便是银河水，堕落人间合却回。"又余爽（经历未详）《瀑布诗》云："九峰回合抱琼田，石蕊云英漱瀑泉。闻说丹成（疑为'丘'字）从此路，玉虹艺驾上青天。"这首诗是寓意汉仙人丹丘子曾来此山饮茗成仙的典故。

天台山，自古又是我国的茶产地之一。华顶云雾花，就是产在天台的华顶峰。天台山产茶历史悠久，据记载，东汉末年道士葛玄已在华顶植茶，隋唐以来，已渐有名气。唐时，日本高僧最澄渡海西来国清寺学佛，临归国时，还带去天台山的茶籽试种于日本的近江（滋贺县）阪本村国治山麓。陆羽约在唐大历年间曾来过天台山地区访茶品泉，他在《茶经·八之出》记载各地茶品有"台州下"之评语。

《天台山全志》对清康熙年间及其以前天台山产茶做了如下记载："茶，按，陆羽《茶经》台（州）越（州）下，注云：生赤城者与歙同。桑庄芝续谱云：天台山茶有三品，紫凝为上；魏岭次之；小溪又次之。紫凝，今（指1717年）之普门也；魏岭，天封也；小溪，国清也。"

综上所述可见，陆羽于唐代宗大历年间，曾来天台山谒拜国清寺等诸寺院；登华顶、紫凝等诸峰访茶；在国清、福圣、千丈等处品泉，在诸多瀑流、溪泉中，评定西南（紫凝）峰千丈瀑泉为天台山水系较佳水品。

桐庐严陵滩水
——天下第十九佳水

汉代严光,陵滩隐钓名香远

唐时陆羽,子濑烹茗韵味长

——舒玉杰

严陵滩,即严子陵钓台,又曰子陵滩、双台垂钓等诸多名称。在浙江省桐庐县西 15 公里富春山,山高 150 米,逶迤 35 公里,屏列江湄。在山半腰处有两块大盘石,屹立东西两岸,俯瞰富春江,各高约 70 米。有石砌磴道拾级可上。东为严光钓鱼台,西为谢翱台。

严光,生卒年未详。字子陵,东汉初会稽余姚(今属浙江省)人。少时曾与光武帝(刘秀)同游学,有高名。后秀称帝,光改姓名隐遁。光武帝派人觅访,征召到京,授谏议大夫,不受,遂退隐于富春山。后人称其所隐游之地为严陵山、严陵濑、严陵钓坛等。

谢翱(公元 1495～1575 年)字皋羽,自号晞发子。南宋长溪(今属福建福安县)人。尝为抗金名将文天祥咨事参军,后别去,宋亡,文天祥在组织义军转战于福建、广东时,被元军所俘,坚贞不屈,于元世祖至元二十年(1283)被害而死。翱闻讯悲恸不已,行至浙东,设天祥灵位于子陵钓台以祭,并作楚歌挽之。翱卒,葬于子陵台。两台各有石亭一座。临江有严先生祠,相传,为宋代范仲淹于北宋景佑年间(公元 1034～1038 年)所建。祠中有历代碑刻多种。

唐代茶人陆羽,当年为烹泉鉴水,不辞辛劳,不避艰险,曾涉足许多名山大川,访幽洞,探古泉,亦曾登临严光隐居垂钓的子陵滩,煮泉烹茗品鉴,并将严子濑列为天下第十九佳水。

唐代张又新亦曾步陆羽的后尘,前往品鉴过子陵滩水。他在《煎茶水记》中说:"及刺永嘉,过桐庐江,至严子濑,溪色至清,水味甚冷。家人辈用陈黑坏茶泼之,皆至芳香;又以煎佳茶,不可名其鲜馥也。又愈于扬子南零殊远。"而明代的品泉家徐献忠,约在唐代陆羽、张又新登严陵滩八百年之后,亦步前者的后尘,前往严陵滩烹茶鉴水。他在《水品全秩》中说:"张君过桐庐江,见严子濑溪水清冷,取煎佳茶,以为愈于南泠水。予尝过濑,其清港芳鲜诚在南泠上。而南泠性味俱重,非漱水及也。"并指出子陵滩水质最佳处是在严光钓台之下,滩溪之水旋绕回转,澄寂停留之处。只有沿陟立的石磴上下或架舟至台下才能取得。

避暑山庄热河泉

土厚登百谷
泉甘剖翠瓜
——康熙

避暑山庄热河泉

避暑山庄,在河北省承德市区,初建于清康熙四十二年(1703年)。它是清代帝王的离宫别苑,又名"热河行宫""承德离宫"。山庄虽以山名,而胜趣实在水。以热河泉水汇成十里湖区,又在琼岛湖滨兴建了大量亭榭楼阁,荟萃了水乡泽国的园林胜景,真山实水,自然成趣,从而形成了多层次景观的塞外江南。

热河泉,在承德避暑游览湖区东北部——金山亭北端,"香远益清"之北,湖畔立一块自然石,上刻"热河泉"三个秀美的大字。这里便是热河泉的源头。泉水四时涌流不绝,汇成千顷碧波。流经澄湖、如意湖、上湖、下湖,自银湖南部的五孔闸流出,沿长堤汇入武烈河。因此,于1933年曾在泉旁树一碑,上勒"热河"二字,当作世界上最短的"河"而载入《大英百科全书》,一时名扬于世。然而,它实际上只是一个泉,而并非河。所以,于1979年正式定名为"热河泉"。

诚然,古往今来的品泉大师,烹茗高手,在烹茶选水时,无不以"寒碧清甘"为泉水中之上品。本章之所以写了"避暑山庄热河泉",它虽不具有"寒"字,亦属最低水温的温泉之列,但实因该泉在我国诸多泉水中,具有超乎寻常的独特品质,是无与伦比的清饮甘泉,当然亦不失为烹茗佳水。

热河泉的形成,大约在七千万年前,这里曾经发生过规模巨大的火山喷发,安山岩浆沿岩层裂缝溢出,又使岩层出现了许多断裂缝。地面上的水通过断裂缝渗入地壳深处,经地温加热,水温升高,再由深处涌出,便形成了热泉。水温在 9°～11°。

热河泉,含有较高的碳酸钙、碳酸镁,矿化度低,水味甘甜;水中含有少量可溶性二氧化碳,清凉爽口,可谓是天然汽水;微量的氟可使牙齿洁白无龋;低量硼酸,又有清炎防腐之效。实可谓"泉味甘馨,怡神养寺"。若引用泉水灌溉果园,硕果累累,其味格外香甜。

当年康熙皇帝曾先后于康熙四十年、四十一年(公元 1701～1702 年)两次率王公大臣亲临承德实地考察,选址兴建热河行宫,一个重要的原因,就是看中了热河泉。康熙曾有诗赞美热河泉:"土厚登百谷,泉甘剖翠瓜。"乾隆皇帝亦曾赋诗赞曰:

夕阳红丝一湖明,入夕花藏只叶晶,

却是清香收不住,因风馥郁送舟轻。

每当盛夏,这里是清泉细波,水雾如纱,一派烟雨氤氲景象;而严冬之时,山庄内外,十里湖区银装素裹,雪地冰天,惟泉源头附近碧水涟漪,春意盎然,是热河泉给山庄带来了春天。

惠来海角甘泉

任凭卤盐浸和

难易灵性清甜

——佚名

海角甘泉,在广东省惠来县城神泉巷东南角。是自宋代发现的一海滩

泉眼,明代成为三面环海的陇堆上的泉井,水清甘洌。相传,明代有一神童苏福,曾为甘泉写一独联:

扶取携而不竭,任卤浸盐蒸,

独漂中淡。

清乾隆年间,在井边建一碑亭,把这一联语刻在石柱上。亭中树一《神泉亭碑记》,碑文是惠来知县王玮于乾隆十七年(公元1752年)所作。记载此泉:"受千斤卤而能甘","虽深广不数尺,而饮者千余","有功于民"。《潮州府志》载:"此泉发源于文昌山下,隆冬不竭而味甘,堡内咸资汲焉。"现在神泉镇几千人口皆汲此泉水烹茶烧饭,仍清甘如常。于是神泉之名,广为天下所知。

香溪河畔昭君井

清甘宝坪水

宜煮龙泉茶

——佚名

昭君井,又名楠木井。在湖北省兴山县王昭君的故里——南郊宝坪村,又名昭君村。一提王昭君,人们就会想起汉元帝竟宁元年(前33年)匈奴呼韩邪单于入朝求和亲时,昭君自愿请行,为民族和睦做出贡献的动人故事。而昭君的家乡那充满着神秘色彩和如梦幻般的绮丽风光,却更加令人向往。昭君村面临香溪水,背依纱帽山,群峰林立,岩壑含翠,桐林云涌,香溪回环。如今,昭君村附近尚有昭君寨、妃台山、昭君台、梳妆台、珍珠潭、望月楼等遗迹。

昭君井,是现存古迹中,更为人们所乐道的。井水清澈碧绿,四季不竭,冬暖夏凉,清甜可口。井台以甃石筑成,中嵌楠木,清晰可见。旁立石碑,上刻"楠木井"三字。相传,这井是昭君汲水之处。传说,原先此井水量甚少,稍旱即枯。昭君出世后,井水陡增,澄碧清亮。村人纷传,是昭君出世惊动玉帝,令黄龙搬来龙水所致。昭君入宫之后,昭君之母忽然梦见黄龙欲逸,井水将涸,村人即从西蜀秀山采来楠木嵌于井口,锁住了龙头。而使井水丰裕,长年不竭。楠木井从此便名扬于世。

昭君井水温，冬季可达 30℃，夏季水凉如冰，清冽甘醇，是烹茗煮茶的上好水质，如用以冲泡昭君村出产的"白鹤茶"（人们称之为"龙泉茶"），则更是清香鲜醇，韵味幽长。昭君井水龙泉茶，深受游人的赞赏。

天门文学泉

鸿渐昔品故乡水

竟陵今存陆子泉

——佚名

文学泉，又名陆子泉，俗称三眼井。在湖北省天门市城北门外。天门市在唐时为复州竟陵县，是茶圣陆羽的故乡。相传，陆羽在玄宗天宝年间，游历江南之前，曾在此汲水煎茶。因陆羽曾诏拜"太子文学，徙太常寺太祝"，故以"文学"名其泉。

陆子泉，在清代之前的数百年间，早已湮没，无迹可寻。清乾隆三十三年（公元 1768 年），因天旱无雨，居民们掘荷池寻水，得断碑一块，上刻有"文学"字迹，遂喜得泉水，清甘而冽，即甃井、建亭、立碑，以庆得水，并复胜迹。后亭被毁，新中国成立后重新修葺。此井口径 90 厘米，上覆八字形巨石，凿三孔作"品"字状，甚为别致。井后碑亭，为木结构建筑，六角重檐攒尖顶。内立石碑，正面题"文学泉"三字，背面题"品茶真迹"四字，字体苍劲古朴。亭后小庙，壁嵌片石，线刻陆羽小像，端坐品茶，颇有风雅之趣。像旁镌有许多名人诗词，井泉周围环以荷塘，波光潋滟，荷花飘香；岸柳摇曳，村舍掩映，别具秀丽风光。

三游洞下陆游泉

囊中日铸传天下

不是名泉不合尝

——陆游

三游洞,在西陵峡中灯影峡下游江北,距湖北省宜昌市10公里。唐元和十四年(819年)白居易、元微之、白行简三人曾来此寻幽探胜,赋诗抒怀,并由白居易撰《三游洞序》以纪其事。此洞始名"三游"。宋代苏洵、苏轼、苏辙父子三人赴京城开封应试,途经夷陵,亦曾同游三游洞,也题诗一首于洞壁之上,现今仍存。洞前高山夹峙,有清澈可见的下牢溪绕洞而过;登上洞顶,可一览南津关上长江中游河段险夷交替的壮丽景色。

改革开放以来,宜昌的旅游部门已将三游洞列为西陵峡口第一景观。修复和新建了一批新的景点:其中有立于洞室栩栩如生的白居易、白行简、元稹三尊大型汉白玉雕像,有拔地而起俯视奔腾大江的至喜亭;还有威风凛凛擂鼓督师的猛张飞等等;山道中的峡口长廊、山谷亭、军垒遗址等名胜古迹。真可谓是"夷陵有夷山,夷山多古洞。三游最著名,喧传自唐宋"。三游洞这座古今闻名的艺术殿堂与举世瞩目的长江葛洲坝毗邻,更是增添了它的传奇色彩与魅力,已成为令人神往的西陵峡的"今古奇观"。

陆游泉,从三游洞前逐级而下百余步,在半山腰的悬崖下,有座半壁亭,亭中有一方形小石潭,长、宽、深均约三尺许。潭边壁上石罅间,涌出一股清泉,潺潺流入潭内,清澈见底,潮明如镜。夏不枯竭,冬不结冰,取而复满,长盈不溢;味甘凉爽,饮者无不赞绝。昔日称之为"神水"。游者多以瓶罐盛之回家,以其烹茗煮茶为快事。

陆游于宋乾道六年(公元1170年)十月八日,入蜀途中,重登三游洞时汲取潭中泉水煎茶品鉴,并题诗于潭旁的石壁之上,今尚依稀可见当年摩崖壁刻遗迹。由于年深月久,风雨剥蚀,字迹已难于辨认。从此,这一泓方潭,便被人们称为"陆游泉"了。

陆游泉,依山面溪,周围巉岩壁立,苍藤繁茂,竹翠花明,风景十分秀丽,幽趣无穷。陆游在《三游洞前岩下小潭水甚奇取以煎茶》诗云:

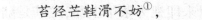

苔径芒鞋滑不妨[①],
潭边聊得据胡床[②]。

岩空倒看峰峦影，

涧远中含药草香。

汲取满瓶牛乳白③，

分流触石佩声长④。

囊中日铸传天下⑤，

不是名泉不合尝。

现今，泉亭已经过修葺，泉口用条石重新镶砌。亭系宋代建筑风格，古朴庄重，典雅大方。亭两边石柱刻有陆游"囊中日铸传天下，不是名泉不合尝"的诗句。登此胜境，可以观山峰秀色，听泉水清音。更不妨汲取此甘泉一尝，以谢放翁当年登临品泉传天下的美意。

[笺注]

①芒鞋：即草鞋。古代文人雅士登山涉水，寻幽探胜，为轻便防滑，多穿草鞋。如苏轼诗："芒鞋青竹杖，自挂百钱游。"陈道师诗："芒鞋竹杖最关身。"

②胡床：即交椅，又名交床。《渲繁露》云："今之交床，本自虏来，始名胡床；隋高祖意在忌胡，器物涉胡咸令改之，乃改交椅。"此胡床为可坐可卧、简易轻便的竹绳床。

③牛乳白：杜甫《太平泉眼》诗："取借十方僧，香美胜牛乳。"陆羽在《茶经》论述煎茶用水时主张："用山水上，江水中，井水下。其山水，拣乳泉石池漫流者上。"此泉正是山岩间流出的乳白色泉水，为煎茶上乘水品。

④分流：谓以容器从潭里取水。佩声：诗人俯身汲水时，腰间带的玉佩同潭石壁相击，发出十分悦耳的声音，在潭中回响。

⑤日铸：即日铸茶。即今犹产于浙江绍兴会稽山上的"日铸雪芽"。日铸茶久负盛名，唐宋以来即视为茶中上品，尤其是陆游，特别喜爱他家乡的日铸茶，外出游历时，亦常随身携带，寻泉烹饮，引为自豪。

江城北山让水廉泉

客饮让水胸怀阔

照鉴廉泉眼倍明

——王璟石

让水廉泉,在山清水秀、江天如画的吉林省江城吉林市北山风景胜地。当人们步入北山公园,即会看到在山门西侧有一口双眼小井,在水井之上横立一石,南面刻字是"廉泉让水";两侧对联是:"北岭生甘醴,江南是远源。"横石北面刻字一行:"中华民国六年十一月二十日立。"廉泉让水井正式建成,迄今已有七十余年的历史了。

廉泉让水井在正式建井之前,江城北山的玄天岭、桃源山、北山峰峦之间,经常有溪水山泉流下,汇集成潭。潭水甘甜,味如薄酒。这就是"北岭生甘醴"吧,而"江南是远源"呢?宛如玉带,流经江城东南市区的吉林第二松花江同廉泉只有十数里之隔,其水脉相通。正是:"问渠那得清如许?为有源头活水来。"由于此潭水好喝,遂于1917年正式建成双眼廉让水井。历来,江城北山附近,卖茶水的都到此井来提水煮茶,以招徕顾客。

相传,在好多年之前,天逢大旱,数月无雨,连这个潭水亦快枯涸了,可是北山附近的人们还是来这里挑水。一天清晨,两个小伙子为争位序打起来了。有位十几岁的小姑娘,正要挑起水桶回家烧茶。她看到争水情景,就放下了担子,双手提起两桶水,放在两位青年面前说:"两位大哥,不要争了,这是我等了一个来时辰,舀上来的两桶,你们急着用,就先挑回去吧。"两个青年很受感动,又言归于好了。这个姑娘的让水美举,就传为佳话了。也许是因为这个缘故吧,后来,在建井立碑时,就起了个名字叫"廉泉让水井"。

前人对吉林北山这一泓泉水的命名,寓意颇深。这正如王璟石先生赞美廉泉让水井的联语所云:"客饮让水胸怀阔,照鉴廉泉眼倍明。"民有谦让美德,官有廉洁风范,才能政通人和,国运愈益昌隆。

苏州东山柳毅井①

驰骋云路三千，我原过客
管领重湖八百，君亦书生
——左宗棠②

柳毅井，在江苏省苏州东山镇东北的松冈村。此即是传为神话故事"柳毅传书"的遗迹。因柳毅饮此甘泉而得名。附近还有龙女庙和白马土地庙。相传，柳毅传书时，曾系白马于此。太湖边还有一石壁，

苏州东山柳毅井

传为柳毅扣壁问讯之处。柳毅井边有明正德五年(1510)大学士王鏊题刻的石碑。井圈苔痕斑剥，陈旧古雅。泉井香甘津芳，是苏州东山名泉之一。古往今来的名人学士亦曾慕名前来寻幽揽胜，挥笔作诗题联。有一佚名联语赞曰："旱涝无盈涸，风摇亦不浊。"是谓任大自然风雨无常，而斯泉独清。

[笺注]

①柳毅：是神话小说中的人物。最初见于唐代李朝威小说《柳毅》。略云，柳毅应举不第，过泾阳(县名，唐时属京兆府)，遇牧羊女，恳请代为传书。遂得至龙宫，乃知女为洞庭龙君小女，误嫁匪类。困辱于泾川龙子。其叔钱塘龙闻而愤往擒食之，携女还。因欲以女妻毅，毅以义所不当，峻拒之。然意颇有眷顾之情。后载所赠珍宝归家。初取张氏、韩氏皆相继亡，乃再婚于范阳卢氏。居月余，毅因晚入户，视其妻，深觉类龙女，而逸艳丰厚，则又过之。因与话昔事。妻曰："余即洞庭君之女也。"柳毅井共有二处。另一处，据《今古图书集成·坤舆典》载，岳州府(今湖南岳阳市)柳毅井在君山，唐柳毅为龙女传书，一名传书井。相传，此亦是柳毅入洞庭龙宫下水处。

②左宗棠(1812~1885)：字季高。湖南湘阴人。二十一岁中举人，以后三次入京应试落第。曾历任浙江巡抚、闽浙总督、陕甘总督、军机大臣等职。能诗文，长书法，善作联语，为晚清文坛大家。

淄川东山柳泉

当年居士，借得灵泉，

烹茗下问云游客

几代名流，复临柳谷，

刻石铭文落拓仙

——舒玉杰

淄川东山柳泉

柳泉，在山东省淄博市淄川区蒲家庄东山谷中。这里风景优美，绿柳成荫。相传，清代时柳泉水源丰盛，泉流谷底，外溢为溪，四季不竭，时称"满井"。因泉水清冽甘甜，清代小说家蒲松龄先生，在功名无望，生活落魄之时，曾在这里设茶，广交四方风尘之客，为他的大作《聊斋志异》搜集创作素材。因蒲松龄号柳泉居士，后人即名之曰柳泉。于是，这柳泉连同蒲家庄"蒲松龄故居"，即成为淄川的名胜之地了。从清代起，文士名流都前来淄川柳泉，寻访胜迹，刻石铭文，景慕留仙。郭沫若、老舍、吴作人都曾来过这里。1979年作家沈雁冰游此，题"柳泉"二字，并立石碑于井泉之侧。在泉之东南里许有蒲松龄墓，墓前碑亭内立重刻清雍正三年（公元1725年）张元撰《柳泉蒲先生墓表》及沈雁冰新题墓碑铭。

桂平西山甜乳泉

深峪乳泉

众试皆甜

——佚名

乳泉,在广西桂平市西山,又名思灵山,距县城西仅 1 公里。从南梁王朝设桂平郡于西山起,渐成为游览胜地。山上古树参天,清泉甘冽,怪石嶙峋,曲径通幽。乳泉即在飞阁寺下,泉旁建有乳泉亭。

西山甜乳泉

乳泉池,约两尺见方。泉旁有清道光年间(公元 1821～1850 年)的石刻,文曰:"深峪乳泉,众试皆甜。"《桂平县志》写道:"泉水清冽如杭州龙井,四季长流,时有汁喷出,白如乳。"乳泉之名,由此得来。泉水是从岩石层中流出,冬不竭,夏不溢,其味清甜,泡茶茶香,酿酒酒醇。而这灵泉胜地又盛产桂平西山茶。《桂平县志》载:"西山茶,出西山棋盘石乳泉井观音岩下,矮株散生,根吸石髓,叶映朝暾,故味甘腴而气芬芳,杭州龙井未能逮也。"如以乳泉之水,泡西山之茶,则更是有如"西湖龙井虎跑水"之绝佳。

梧州冰井泉

琼花滟滟随云起

玉液溶溶滴月来

——佚名

冰井,在广西梧州市第二中学内。井之泉水出自大云山中,甘凉清冽,莹净可鉴。汲之烹茶则"碗面雪花映"取之煮豆浆,则滴水成珠,甘香甜滑。唐代容州管经略使元结作《冰井铭》,置于井东,曰:

火山无火,冰井无冰。

唯此清泉,甘寒可吸。

铸金磨石,篆刻此铭。

置之井上,彰厥后生。

宋代该州太守任通刻置"双井碑"立于井侧,明清游人的题咏则多。除文前所引之(佚名)妙联外,清代金武祥题"冰井"亦堪称井泉之佳联:

冰井留铭,且喜诗人足千古;

云山如画,恰宜冷地作重阳。

这些古迹,今在风景区内仍可寻觅。在冰井山馆,可品尝清香沁齿的白云茶和香甜可口的"冰泉豆浆"。

昆明杨官庄九龙泉

九龙泉,位于云南省昆明市东北45公里的官渡区小哨葛藤沟,为杨官庄水库龙头。因有九处泉源涌流,似九条白龙翻腾,故而得名。九龙泉至今已有八百多年历史。相传,清初平西王吴三桂曾饮马至此,发现泉水清澈甘冽,便在此屯兵,用泉水炊饮沐浴,久之,将士容光焕发,兵强马壮。

425

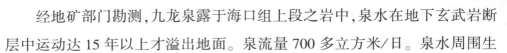

经地矿部门勘测,九龙泉露于海口组上段之岩中,泉水在地下玄武岩断层中运动达15年以上才溢出地面。泉流量700多立方米/日。泉水周围生态环境优美,山上树木葱郁;地质条件良好,泉水清澈。经国家地矿部云南中心试验室检测后发现,九龙泉水是昆明地区不可多得的天然稀有含锶矿泉水,水质未经处理就已达到国家用水标准,

昆明杨官庄九龙泉

常饮此泉水可养颜、健齿壮骨,减少血管疾病的发生。九龙泉是昆明远郊目前少有的未受到污染的清泉水,用该泉水泡茶,茶叶会更好地发挥出色香味,若冲泡绿茶,芽叶翠绿,汤色明亮,香清味醇,是理想的泡茶泉水。

九龙泉水,还是酿酒的绝好用水,在九龙泉附近的小哨、杨林一带多有佳酿美酒。

第三节 其他用水

要想泡好茶,既要根据实际需要了解各类茶叶、各种水质的特性,掌握好泡茶用水与器具,更要讲究有序而优雅的冲泡方法。因此,不仅要了解最适合泡茶的泉水,其余可用于泡茶的水也都要了解。

江河水

泡茶用水虽以泉水为佳,但溪水、江水与河水等长年流动之水用来沏茶也并不逊色。

宋代诗人杨万里曾写诗描绘船家用江水泡茶的情景,诗云:"江湖便是

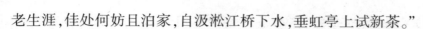

老生涯，佳处何妨且泊家，自汲淞江桥下水，垂虹亭上试新茶。"

明代许次纾在《茶疏》中说："黄河之水，来自天上，浊者土色也，澄之既净，香味自发。"

可见，有些江河之水尽管浑浊度高，但澄清之后，仍可饮用。

但是，值得注意的是，靠近城镇之处的江（河）水容易受污染。在唐代陆羽的《茶经》中就提道："其江水，取去人远者。"这就是说要取水煮茶，就要到远离人的地方去取江水。如今环境污染较为普遍，许多江水需要经过净化处理后才可饮用，而污染很严重的江水最好不要饮用。

井水

井水属地下水，是否适宜泡茶，不可一概而论。

有些井水的水质甘美，是泡茶好水，如北京故宫博物院文华殿东传心殿内的"大庖井"曾经就是皇宫里的重要饮水来源。

一般来说，深层地下水有耐水层的保护，污染少，水质洁净；而浅层地下水易被地面污染物污染，水质较差，所以深井比浅井好。其次，城市里的井水受污染多，多咸味，不宜泡茶；而农村井水受污染少，水质好，适宜饮用。

当然，也有例外，如湖南长沙城内著名的"白沙井"，井水从砂岩中涌出，水质好，而且终年长流不息，取之泡茶，香味俱佳。

雨水和雪水

雨水和雪水被誉为"天泉"。

古人惯用雪水泡茶，唐代大诗人白居易的《晚起》诗中就有"融雪煎香茗"一句，而宋代著名词人辛弃疾的《六幺令》中也有"细写茶经煮香雪"，元代诗人谢宗可《雪煎茶》诗中的"夜扫寒英煮绿尘"也是描写用雪水泡茶。清代曹雪芹在《红楼梦》"贾宝玉品茶栊翠庵"一回中，对用雪水泡茶的过程描述得有声有色：

当妙玉约宝钗、黛玉去吃"体己茶"时,黛玉问妙玉:"这也是旧年的雨水?"妙玉回答:"这是……收的梅花上的雪……隔年蠲的雨水哪有这样轻浮,如何吃得。"

雨水一般比较洁净,但因季节不同而有很大差异。秋季天高气爽,尘埃较少,雨水较为干净,泡茶滋味爽口回甘;梅雨季节和风细雨,有利于微生物滋长,用这时的雨水来泡茶品质较次;夏季雷阵雨常伴飞沙走石,水质不净,用这时的雨水泡茶,茶汤浑浊,不宜饮用。

自来水

自来水一般都是经过人工净化、消毒处理过的江(河)水或湖水。凡达到我国卫健委制定的饮用水卫生标准的自来水,都适于泡茶。

但有时自来水用过量的氯化物消毒,气味很重,用来泡茶,会严重影响品质。为了消除氯气,可将自来水贮存在缸中,静置一昼夜,待氯气自然逸失,再用来煮沸泡茶,其效果大不一样。所以,经过处理后的自来水也是比较理想的泡茶用水。